高等学校理工类课程学习辅导丛书

有机化学（第六版）学习指南

天津大学有机化学教研室
王光伟　聂　晶　马　宁　等编

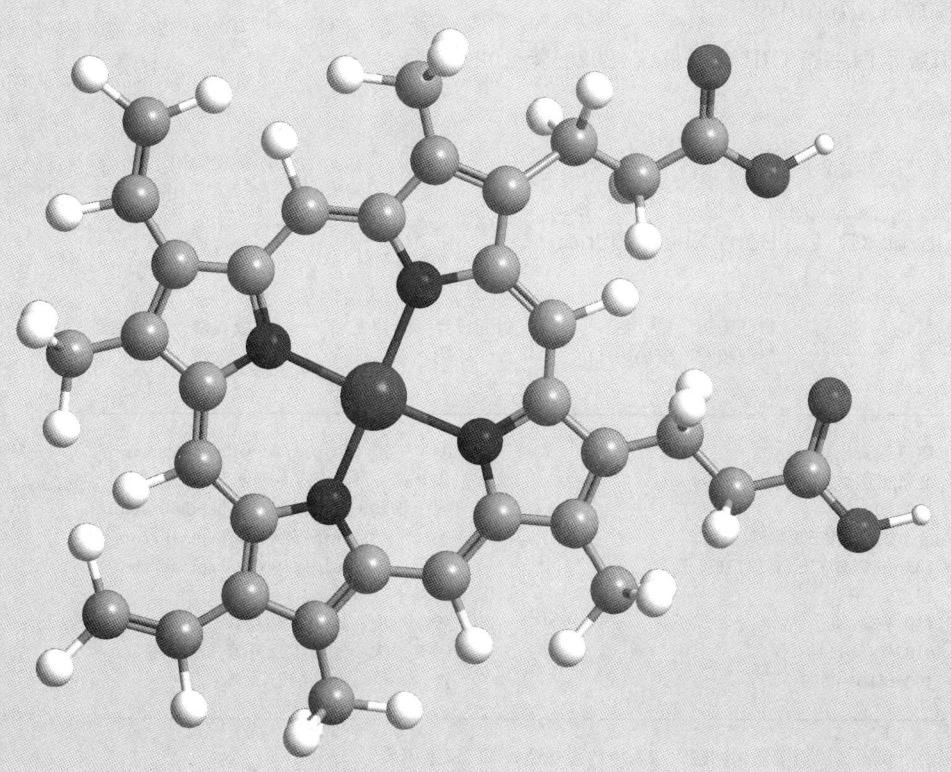

高等教育出版社·北京

内容提要

本书是天津大学有机化学教研室编《有机化学》(第六版)的配套参考书。全书的章序安排、练习和习题设置均与《有机化学》(第六版)一致，各章内容包括本章重点和难点、例题、练习和参考答案、习题和参考答案、小结五部分。例题侧重于阐明解题思路和解题方法；练习和习题均给出了详细答案，个别不易理解处还增加了注释。

本书可作为高等学校化学、应用化学、材料化学、药学、化学工程与工艺、制药工程及材料类专业学习有机化学课程的参考书，也可作为其他相关专业有机化学教学的参考资料。

图书在版编目(CIP)数据

有机化学(第六版)学习指南 / 王光伟等编. --北京:高等教育出版社，2020.8(2021.12重印)

(高等学校理工类课程学习辅导丛书)

ISBN 978-7-04-054201-1

Ⅰ.①有… Ⅱ.①王… Ⅲ.①有机化学-高等学校-教学参考资料 Ⅳ.①O62

中国版本图书馆 CIP 数据核字(2020)第 102909 号

Youji Huaxue (Di-Liu Ban) Xuexi Zhinan

策划编辑 翟 怡　　责任编辑 翟 怡　　封面设计 李树龙　　版式设计 王艳红
插图绘制 于 博　　责任校对 窦丽娜　　责任印制 耿 轩

出版发行 高等教育出版社
社　　址 北京市西城区德外大街 4 号
邮政编码 100120
印　　刷 北京宏伟双华印刷有限公司
开　　本 787mm×1092mm 1/16
印　　张 19.75
字　　数 400 千字
购书热线 010-58581118
咨询电话 400-810-0598
网　　址 http://www.hep.edu.cn
　　　　 http://www.hep.com.cn
网上订购 http://www.hepmall.com.cn
　　　　 http://www.hepmall.com
　　　　 http://www.hepmall.cn
版　　次 2020年8月第1版
印　　次 2021年12月第3次印刷
定　　价 35.00 元

物 料 号 54201-00

前　言

在推动高等教育内涵式发展的过程中，高等教育面临着新形势、新使命和新挑战，教材建设也面临着新的机遇。本书是国家级精品课程和精品资源共享课程“有机化学”的研究成果，是天津大学有机化学教研室编《有机化学》(第六版)的配套参考书。《有机化学》(第六版)着眼于“新工科”建设需求，在保持教材原有体系与特色的基础上，对部分内容进行了修订和调整，增加了丰富的数字资源。同时，基于中国化学会《有机化合物命名原则 2017》，对有机化合物的命名体系进行了修订。目前《有机化学》(第六版)已经出版发行，为了使读者对该教材有更全面和深入的了解，对该教材中的基本概念和关键知识点有更好的理解和把握，我们编写了此书。

本书共二十章，章序安排、练习和习题设置均与《有机化学》(第六版)一致，各章内容包括本章重点和难点、例题、练习和参考答案、习题和参考答案、小结五部分。书中的例题基本涵盖《有机化学》(第六版)练习和习题中的各种类型，并侧重于阐明解题思路和解题方法。练习和习题均给出了详细答案，个别不易理解处还增加了注释。各章小结主要对每章的基本概念和重要化学反应进行了梳理和归纳，有的还对教材内容进行了补充。

在学生学习有机化学的过程中，经常会问这样的问题：“我坚持学习，理解老师在课堂上所讲的内容，并且完成了所有作业，但为什么我的考试成绩却不理想?”造成这种困境的原因主要有两个方面：一是对有机化学基本概念的理解不够准确；二是在做题时无法分辨出题目所涉及的主要知识点，或者无法把知识点灵活地运用到解题过程中。本书列出了各章的重点和难点，帮助学生强化学习和理解。通过例题详解，逐步引导学生解题，培养学生面对问题时的思考方法，进而培养学生的创新思维能力。同时，为了更好地培养学生对基本概念和知识点的灵活运用能力，更直观地展现解题过程，本书还提供了重点题目的解题视频，以数字资源的形式呈现在各个章节中，读者可通过扫描书中相应位置的二维码观看。

本书的初稿是在天津大学有机化学教研室全体教师的共同努力下完成，具体参加本书编写的有赵温涛(第一至四章、第十七章)、马宁(第五章、第六章和第八章)、聂晶(第七章、第九章、第十章和第十五章)、王光伟(第十一至十四章)、黄跟平(第十六章、第十八至二十章)。全书由王光伟统稿和定稿。

本书的编写得到了天津大学张文勤教授的亲切关怀与悉心指导;高等教育出版社对本书的出版给予了大力支持和帮助,在此一并表示感谢。

限于编者水平,书中难免有错误与不妥之处,敬请兄弟院校师生和广大读者批评指正。

编　者

2020 年 1 月于天津大学

目　　录

第一章 绪　论

1.1 本章重点和难点

键能

1.1.1 重点

有机化合物的特性，结构式，轨道杂化理论，分子轨道理论，键能，电负性，共价键的极性与诱导效应，分子间作用力，酸碱概念和软硬酸碱理论，官能团。

电负性

1.1.2 难点

分子轨道理论，键能与化学键断裂的难易，元素电负性，诱导效应与化学键的极化方式，软硬酸碱的划分。

共价键的极性和诱导效应

1.2 例　　题

例一 ：NH_3分子中 H—N—H 键键角均为 107°，试解释氨分子中氮原子用什么类型的原子轨道与氢原子形成三个等价的单键。

Brönsted 酸碱理论

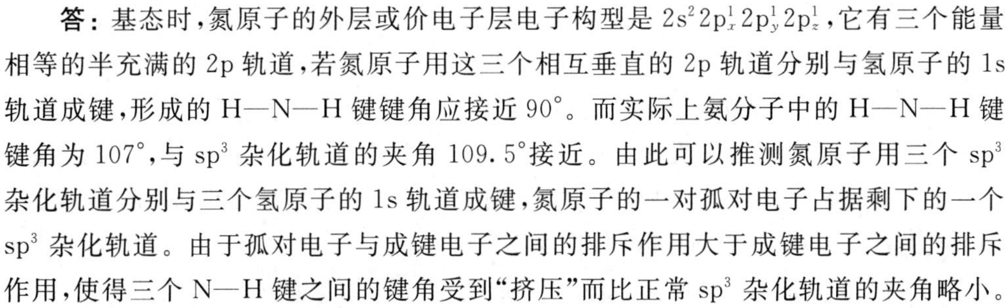

答： 基态时，氮原子的外层或价电子层电子构型是 $2s^2 2p_x^1 2p_y^1 2p_z^1$，它有三个能量相等的半充满的 2p 轨道，若氮原子用这三个相互垂直的 2p 轨道分别与氢原子的 1s 轨道成键，形成的 H—N—H 键键角应接近 90°。而实际上氨分子中的 H—N—H 键键角为 107°，与 sp^3 杂化轨道的夹角 109.5°接近。由此可以推测氮原子用三个 sp^3 杂化轨道分别与三个氢原子的 1s 轨道成键，氮原子的一对孤对电子占据剩下的一个 sp^3 杂化轨道。由于孤对电子与成键电子之间的排斥作用大于成键电子之间的排斥作用，使得三个 N—H 键之间的键角受到"挤压"而比正常 sp^3 杂化轨道的夹角略小。

Lewis 酸碱理论和软硬酸碱理论

例二 下列化合物哪些是与 H_2O 类似的溶剂：CCl_4、CH_3OH、$(CH_3)_2S{=}O$(二甲基亚砜)、液氨？说明理由。

答： CH_3OH 和液氨与 H_2O 类似，它们都是极性分子，都能自身形成分子间氢键，在溶液中能够溶剂化正离子和负离子。$(CH_3)_2S{=}O$ 虽是极性分子，但是它的偶极正端(带正电荷的 S)在分子内部，偶极负端(带负电荷的 O)在分子外部，$(CH_3)_2S{=}O$ 分子间不能形成氢键，且只能溶剂化正离子，故与 H_2O 不同。CCl_4 是非极性分子，故亦与 H_2O 不同。

在这些溶剂中，H_2O、CH_3OH 和液氨都是极性质子溶剂；$(CH_3)_2S=O$ 是极性非质子溶剂；CCl_4 是非极性溶剂。

例三 下列各溶液中，哪种物质是酸？哪种物质是碱？

(1) 氨水 (2) 盐酸 (3) 硫酸的乙酸溶液 (4) 氯化锌水溶液

答：(1) 在氨水中，NH_3 分子从 H_2O 中夺取质子生成 NH_4^+，因此，NH_3 是 Brönsted 碱；另外，NH_3 分子中氮原子可以给出一对电子，所以它也是 Lewis 碱。水提供质子，故水是 Brönsted 酸；严格地讲，H_2O 不是 Lewis 酸，它只是 Lewis 酸 H^+ 的载体，是 Lewis 酸碱络合物。

(2) 在盐酸中，H_2O 分子从 HCl 中夺取质子生成 H_3O^+，因此，H_2O 是 Brönsted 碱；另外，H_2O 分子中氧原子可以给出一对电子，所以它也是 Lewis 碱。HCl 提供质子，故是 Brönsted 酸。

由以上分析可见，某些化合物既可以是酸，也可以是碱。如水，当遇到比它强的碱时它是酸，当遇到比它强的酸时它是碱。

(3) 在硫酸的乙酸溶液中，乙酸既是 Brönsted 碱又是 Lewis 碱。硫酸则是 Brönsted 酸。

(4) 在氯化锌水溶液中，$ZnCl_2$ 是 Lewis 酸，H_2O 是 Lewis 碱。

1.3 习题和参考答案

(一) 用简练的文字解释下列术语：

(1) 有机化合物　(2) 键能　(3) 极性键

(4) 官能团　(5) 构造式　(6) 异裂

(7) 诱导效应　(8) 氢键　(9) sp^2 杂化

(10) Brönsted 碱　(11) Lewis 酸　(12) 电负性

答：(1) 有机化合物：碳氢化合物及其衍生物。

(2) 键能：形成化学键时体系所放出的能量或断裂化学键时体系所吸收的能量。

(3) 极性键：两个原子形成共价键时，两个原子的原子核对成键电子的吸引力不同，成键电子云偏向一方，这样的共价键称为极性键。

(4) 官能团：决定有机化合物特有性质的原子或原子团。

(5) 构造式：能够表达分子中原子之间相互连接顺序的化学式。

(6) 异裂：共价键断裂时，成键电子完全归属于成键的某一个原子或原子团的断裂方式。

(7) 诱导效应：由于成键原子的电负性不同而引起的电子云沿着键链依次偏移的现象。诱导效应随着碳链增长而迅速减弱。

(8) 氢键：由氢原子在两个电负性很强的原子之间形成“桥梁”而产生的类似化学键的分子间或分子内作用力。氢键的键能一般为 10～30 $kJ\cdot mol^{-1}$。

(9) sp^2 杂化:1 个 s 轨道和 2 个 p 轨道进行线性组合,形成 3 个相同的、能量介于 s 轨道和 p 轨道之间的新的原子轨道的过程。sp^2 杂化轨道的形状不同于 s 轨道或 p 轨道,而是"一头大、一头小"的形状,这种形状更有利于形成牢固的 σ 键。

(10) Brönsted 碱:能够接受质子的分子或离子。

(11) Lewis 酸:能够接受电子对的分子或离子。

(12) 电负性:原子吸引电子能力的相对强弱。

(二) 下列化合物的化学键如果都为共价键,而且外层价电子都达到稳定的电子层结构,同时原子之间可以共用一对以上的电子,试写出化合物可能的 Lewis 结构式。

(1) CH_3NH_2 (2) CH_3OCH_3 (3) CH_3COOH

(4) $CH_3CH{=}CH_2$ (5) $CH_3C{\equiv}CH$ (6) CH_2O

答:(1)
```
  H H
H:C:N:
  H H
```
(2)
```
  H   H
H:C:O:C:H
  H   H
```
(3)
```
    :O:
  H  ::
H:C:C:O:H
  H
```
(4)
```
  H H  H
H:C:C::C:H
  H
```
(5)
```
  H
H:C:C:::C:H
  H
```
(6)
```
H.
  C::O:
H.
```

(三) 试判断下列分子哪些是极性的。

(1) HBr (2) I_2 (3) CCl_4

(4) CH_2Cl_2 (5) CH_3OH (6) CH_3OCH_3

答:(1)、(4)、(5)、(6)为极性分子,其中(6)的 C—O—C 键键角为 112°,故有极性;(2)、(3)是非极性分子,其中(3)的 C—Cl 键虽为极性键,但 CCl_4 具有正四面体结构,四个 C—Cl 键偶极矩的矢量和为零。

(四) 根据键能数据,乙烷分子($CH_3—CH_3$)在受热裂解时,哪种键首先断裂?为什么?这个过程是吸热还是放热?

答:乙烷分子中只有 C—C 和 C—H 两种化学键,其中 C—C 键的键能 377 $kJ\cdot mol^{-1}$ 明显小于 C—H 键的键能 420 $kJ\cdot mol^{-1}$,因此,受热时 C—C 键优先断裂,该过程是吸热过程。

(五) 丁醇($CH_3CH_2CH_2CH_2OH$)的沸点(117.3 ℃)比其同分异构体乙醚($CH_3CH_2OCH_2CH_3$)的沸点(34.5 ℃)高得多,但两者在水中的溶解度均约为 8 g/100 g 水,试解释之。

答:丁醇分子之间可以形成氢键,而乙醚分子之间不能形成氢键,所以丁醇沸点比乙醚高很多;丁醇和乙醚均可与水分子形成氢键,故它们在水中都有一定的溶解度。

(六) 矿物油(相对分子质量较大的烃类混合物)能溶于正己烷,但不溶于甲醇或水,试解释之。

答:矿物油中包含非极性和弱极性分子,正己烷是弱极性分子,它们分子间作用力的性质相似,因此容易相互渗透而溶解。而甲醇和水都是强极性分子,分子间的相互作用主要是氢键。矿物油不能与甲醇或水形成分子间氢键，因此，矿物油不能与甲醇或水相互渗透而溶解。上述规律叫“相似相溶”原理，即极性相近的物质相互间容易溶解。

（七）下列各反应均可看成酸和碱的反应，试注明哪些化合物是酸，哪些化合物是碱，并标明是按照 Brönsted 酸碱理论还是按照 Lewis 酸碱理论分类的。

（1）$CH_3COOH + H_2O \rightleftharpoons H_3O^+ + CH_3COO^-$

（2）$CH_3COO^- + HCl \rightleftharpoons CH_3COOH + Cl^-$

（3）$H_2O + CH_3NH_2 \rightleftharpoons CH_3\overset{+}{N}H_3 + {}^-OH$

（4）$(C_2H_5)_2O + BF_3 \rightleftharpoons (C_2H_5)_2\overset{+}{O}-\overset{-}{B}F_3$

答：（1）$CH_3COOH + H_2O \rightleftharpoons H_3O^+ + CH_3COO^-$

酸　碱　酸　碱

（2）$CH_3COO^- + HCl \rightleftharpoons CH_3COOH + Cl^-$

碱　酸　酸　碱

（3）$H_2O + CH_3NH_2 \rightleftharpoons CH_3\overset{+}{N}H_3 + {}^-OH$

酸　碱　酸　碱

（4）$(C_2H_5)_2O + BF_3 \rightleftharpoons (C_2H_5)_2\overset{+}{O}-\overset{-}{B}F_3$

碱　酸　酸碱络合物

其中，(1)、(2)、(3)是按照 Brönsted 酸碱理论分类的；(4)是按照 Lewis 酸碱理论分类的。

习题（八）

（八）指出下列化合物或离子哪些是 Brönsted 酸，哪些是 Lewis 酸，哪些是 Brönsted 碱，哪些是 Lewis 碱，哪些是 Lewis 酸碱络合物。

（1）H_2O　（2）H_2SO_4　（3）H_3O^+　（4）$AlCl_3$

（5）$CH_3\overset{+}{N}H_3$　（6）CH_3OCH_3　（7）CO　（8）HCO_3^-

答：(1)、(2)、(3)、(5)、(8)均可提供质子，是 Brönsted 酸；(1)、(2)、(6)、(7)、(8)均可接受质子，是 Brönsted 碱。(4)能够接受孤对电子，是 Lewis 酸；(1)、(2)、(6)、(7)、(8)能够提供孤对电子，是 Lewis 碱。(1)、(2)、(3)、(5)、(8)也可视为 Lewis 酸碱络合物。

（九）按照不同的碳架和官能团，分别指出下列化合物属于哪一族、哪一类化合物。

（1）$H_3C-C(CH_3)_2-C(CH_3)_2-Cl$　（2）$H_3C-C(CH_3)_2-C(CH_3)_2-C(=O)-OH$　（3）N—H

（4）=O　（5）OCH_3　（6）$CH(=O)$

（7）$H_3C-C(CH_3)_2-NH_2$　（8）$H_3C-C(CH_3)_2-C\equiv CH$　（9）OH

答：(1) 脂肪族，卤代烷　　(2) 脂肪族，羧酸　　(3) 杂环族，胺
(4) 脂环族，酮　　(5) 芳香族，醚　　(6) 芳香族，醛
(7) 脂肪族，胺　　(8) 脂肪族，炔　　(9) 脂环族，醇

（十）根据官能团区分下列化合物，哪些属于同一类化合物？化合物类型是什么？如按碳架区分，哪些同属一族？属于什么族？

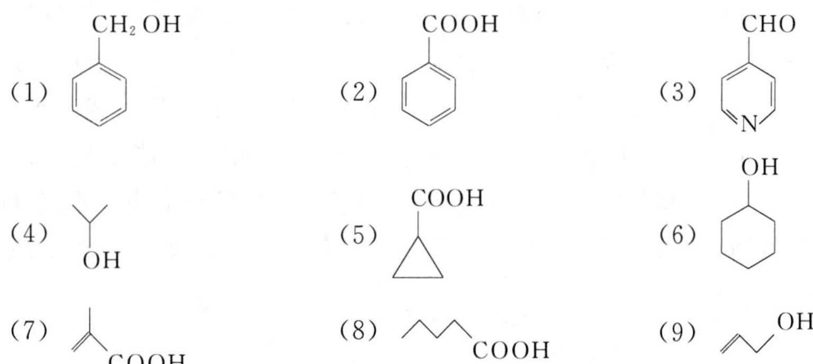

答：按照官能团分类，(1)、(4)、(6)、(9)属于醇类化合物，(2)、(5)、(7)、(8)属于羧酸类化合物，(3)属于醛类化合物；按照碳架分类，(1)、(2)属于芳香族化合物，(3)属于杂环类化合物，(4)、(7)、(8)、(9)属于脂肪族化合物，(5)、(6)属于脂环族化合物。

（十一）一种醇经元素定量分析，得知其 C 和 H 的质量分数为 $w_C=70.4\%$，$w_H=13.9\%$，试计算并写出其实验式。

答：根据分析数据 $w_C=70.4\%$、$w_H=13.9\%$，则 $w_O=15.7\%$。分别除以相对原子质量，则 C 原子相对个数$=70.4/12.01=5.86$，H 原子相对个数$=13.9/1.008=13.8$，O 原子相对个数$=15.7/16.0=0.981$。其 C、H、O 原子个数之比是 $5.86:13.8:0.981\approx6:14:1$。故该化合物的实验式为 $C_6H_{14}O$。

（十二）某碳氢化合物 C 和 H 的质量分数为 $w_C=92.1\%$，$w_H=7.90\%$；经测定相对分子质量为 78.1。试写出该化合物的分子式。

答：将 C 和 H 的质量分数分别除以其相对原子质量，得 C 原子相对个数$=7.67$，H 原子相对个数$=7.84$，即原子个数之比为 $1:1$，实验式为 CH。由于该化合物相对分子质量为 78.1，所以分子式为 C_6H_6。

（十三）乙烯与卤素发生加成反应，相关的键能（单位：$kJ\cdot mol^{-1}$）数据如下：

$$CH_2{=}CH_2 + X{-}X \longrightarrow X{-}CH_2{-}CH_2{-}X$$

$CH_2{=}CH_2$	X—X		X—C	C—C
728	X=F	157	465	368
	X=Cl	243	345	361
	X=Br	194	290	380
	X=I	153	220	387

根据这些键能数据，粗略计算（其他碳氢键键能视为等同，但实际上也不同）每一

种反应的焓变。上述正反应的熵变都是负值，并据此推断哪些反应根本不能进行到底，温度升高对正反应（加成反应）有利还是对逆反应（消除反应）有利。

答：将原料中与断裂有关的化学键键能减去产物中新形成的化学键键能即得反应的近似焓变。例如，乙烯与 F_2 加成，与断裂有关的化学键为C═C 双键和 F—F 单键，形成两个 C—F 单键和一个 C—C 单键。所以该反应焓变为 $(728\ kJ\cdot mol^{-1} + 157\ kJ\cdot mol^{-1}) - (368\ kJ\cdot mol^{-1} + 465\ kJ\cdot mol^{-1} \times 2) = -413\ kJ\cdot mol^{-1}$，可见乙烯与 F_2 加成是剧烈放热的。同理可以计算乙烯与 Cl_2、Br_2、I_2 加成的反应焓变分别为 $-80\ kJ\cdot mol^{-1}$、$-38\ kJ\cdot mol^{-1}$、$54\ kJ\cdot mol^{-1}$。由此可见，乙烯与 I_2 加成是吸热的。由于此类加成反应是双分子到单分子过程，熵变为负值，根据自由能变化计算公式（$\Delta G = \Delta H - T\Delta S$）可以估计乙烯与 I_2 加成的 ΔG 大于零，因此反应根本不能进行到底。在不考虑其他副反应的前提下，升高温度对放热反应（氟化、氯化和溴化）不利，对吸热反应（碘化）有利。

1.4 小　　结

1.4.1 杂化规则

在主教材中讨论了碳原子的 sp^3 杂化、sp^2 杂化和 sp 杂化，它们有许多相同之处，但也有不同之处。现将杂化的一般规则简要概述如下：

(1) 杂化是单一原子的不同轨道进行混合再重新分配的过程。

(2) 只有能级接近的原子轨道才能进行有效的杂化，如碳原子的 2s 轨道和 2p 轨道能级相近，可以进行有效杂化。

(3) 参加杂化的轨道数目与形成的杂化轨道数目相同。

(4) 多数杂化轨道的形状相似，但并非完全相同；杂化轨道 s 成分越多，就越“胖”一些。

(5) 杂化轨道在空间的取向取决于该原子杂化轨道的数目。例如，sp^3 杂化形成四面体构型（轨道夹角 109.5°），sp^2 杂化形成平面三角形构型（轨道夹角 120°），sp 杂化形成直线形构型（轨道夹角 180°）。

1.4.2 共价键的断裂与活性中间体

共价键的断裂一般有两种方式：

(1) 均裂　生成自由基活性中间体，进行自由基型反应。一般成键原子电负性相同或相近，键能较小的键容易均裂，在气相或在非极性溶剂中通过光照或高温来实现。

(2) 异裂　生成正离子和（或）负离子，进行离子型反应。其中正离子是亲电试剂，进行亲电反应；负离子是亲核试剂，进行亲核反应。

自由基、碳正离子、碳负离子是最常见的三种活性中间体（活性中间体不限于这三种），其一般特点如表 1-1 所示。

表 1-1 三种活性中间体的一般特点

活性中间体	生成方式	结构特点	价键数	价电子数	特性
自由基	均裂	扁三角锥形（非共轭） 平面形（共轭）	3	7	略显亲电性
碳正离子	异裂	一般为平面形	3	6	既是亲电试剂， 又是 Lewis 酸
碳负离子	异裂	三角锥形（非共轭） 平面形（共轭）	3	8	既是亲核试剂， 又是 Lewis 碱

1.4.3 有机反应的类型

在一定条件下，有机化合物的键合电子进行重新分配，发生旧键断裂和（或）新键生成，生成新的物质，这一变化过程称为有机反应。有机反应很多，但通常按照两种方法将其分为不同类型。

（1）根据化学键的断裂和生成方式分类，可分为以下三种类型：

① 离子型反应。有机化合物分子中的化学键发生异裂而进行的反应，称为离子型反应（在有机反应中最常见），如烯烃与氢卤酸的加成。

② 自由基型反应。有机化合物分子中的键通过均裂生成自由基中间体而进行的反应，通常称为自由基型反应，如烷烃在光照下氯化。

③ 周环反应。有机化合物分子中旧键的断裂和新键的生成同时进行，经过环状过渡态直接生成产物的反应，称为周环反应。

（2）根据反应物和产物的结构关系分类，可分为多种类型。例如，取代反应、加成反应、消除反应、氧化还原反应、重排反应、聚合反应和缩合反应等。

第二章 烷烃和环烷烃

2.1 本章重点和难点

角张力与扭转张力

烷烃与环烷烃的构象

2.1.1 重点

(1) 重要术语和概念 构造异构，伯、仲、叔、季碳原子，伯、仲、叔氢原子，σ 键的“自由旋转”，构型与构象，分子构象的表示法——锯架式和 Newman 投影式，构象异构体，对位交叉式构象，邻位交叉式构象，全重叠式构象，部分重叠式构象，椅型构象，船型构象，直立键，平伏键，扭转张力，非键张力，角张力。

(2) 结构 烷烃和环烷烃的稳定构象，多取代环己烷的稳定构象。

(3) 物理性质 烷烃和环烷烃的熔点、沸点与结构之间的关系。

(4) 化学性质 自由基取代反应及其机理，碰撞概率与键能对自由基取代反应的影响，键的解离能与自由基稳定性的关系，反应活性与选择性的关系，小环环烷烃的加成反应。

2.1.2 难点

环烷烃的结构与稳定性，烷烃和环烷烃的构象，自由基取代反应的反应活性与自由基的稳定性，自由基取代反应的机理。

2.2 例 题

例一 写出分子式为 C_7H_{16} 的烷烃和 C_6H_{12} 的环烷烃所有构造异构体的构造式。

答： 为了快速、准确地写出某一烷烃的全部构造异构体的构造式，可以采取以下办法，结合分子式为 C_7H_{16} 的烷烃说明如下。

(1) 将全部碳原子都放在主链上：

(2) 从主链上去掉一个碳原子作为取代基(甲基)，此时主链变为六个碳原子，且有取代基连在 C2 或 C3 上：

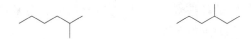

（3）从主链上去掉两个碳原子作为取代基（两个甲基或一个乙基），此时主链变为五个碳原子。两个甲基可以同时连在 C2 或 C3 上，也可分别连在 C2、C3 或 C2、C4 上；乙基只能连在 C3 上：

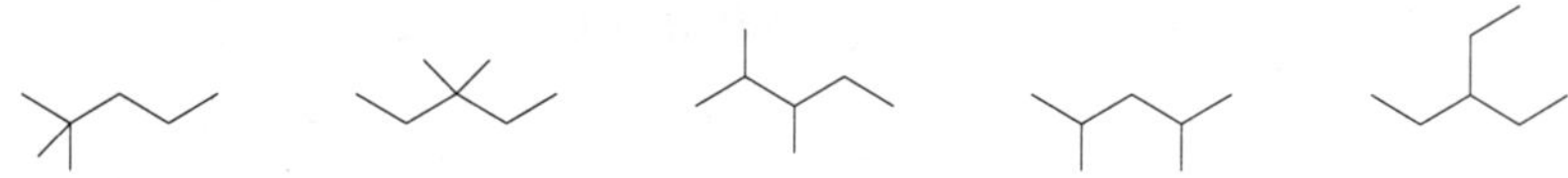

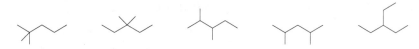

（4）从主链上去掉三个碳原子作为取代基（三个甲基），此时主链变为四个碳原子，因主链太短，取代基不可能含乙基、丙基或异丙基，否则主链将发生改变。三个甲基只能连在 C2、C2 和 C3 上：

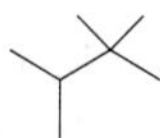

因此，分子式为 C_7H_{16} 的烷烃有九种构造异构体。

对于环烷烃，也可以采取类似的办法，以分子式为 C_6H_{12} 的环烷烃为例说明如下。

（1）写出包含全部碳原子的环：

（2）从环上去掉一个碳原子作为取代基（甲基），此时母体骨架变为五元环：

（3）从环上去掉两个碳原子作为取代基（两个甲基或一个乙基），此时母体骨架变为四元环，两个甲基可以连在同一个碳原子上，也可以连在 C1、C2 或 C1、C3 上；乙基只有一种连接方式：

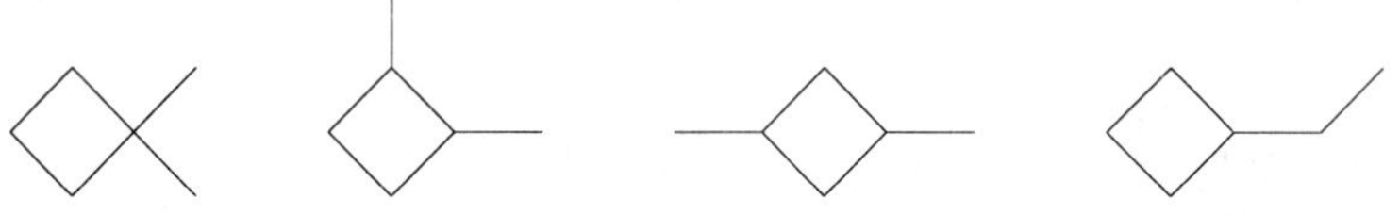

（4）从环上去掉三个碳原子作为取代基（三个甲基、一个甲基和一个乙基、丙基或异丙基），此时母体骨架变为三元环，三个甲基可以连在 C1、C1、C2 或 C1、C2、C3 上；一个甲基和一个乙基只能连在 C1、C1 或 C1、C2 上；丙基和异丙基各产生一种构造异构体：

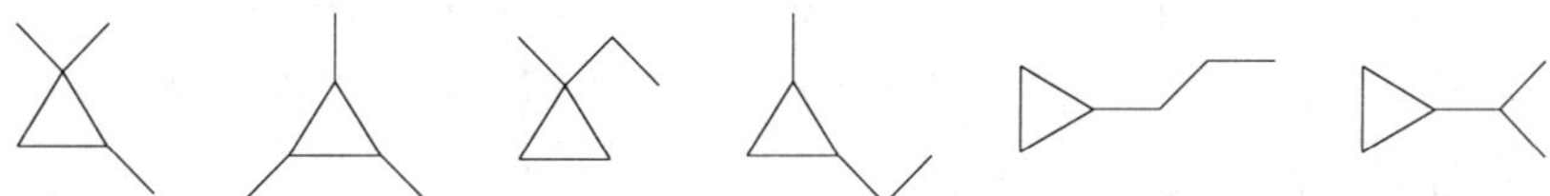

因此，分子式为 C_6H_{12} 的环烷烃有 12 种构造异构体。通常情况下，环烷烃的构造异构体要比相同碳原子数的烷烃多。

例二　命名下列各烃基：

(1) $—C(CH_3)_3$

(2) 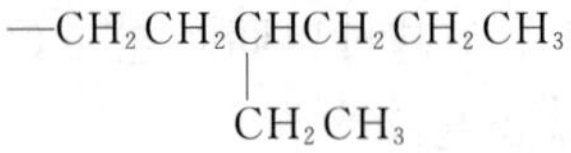 $—CH_2CH_2\underset{\displaystyle CH_2CH_3}{\underset{|}{C}H}CH_2CH_2CH_3$

(3) 环己基，C1 上连有 CH_2CH_3（结构式）

(4) 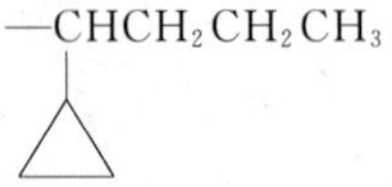 $—\underset{\displaystyle \triangle}{\underset{|}{C}H}CH_2CH_2CH_3$

答：关于烃基的命名，一般可遵循下列原则：

① 命名最常见的烷基和环烷基时，与取代基名称一致。例如，(1)$—C(CH_3)_3$ 称为叔丁基，也可以按系统命名法命名为 1,1-二甲基乙基。

② 对于比较复杂的烷基，首先选择包含基碳原子的最长链作为主链；主链编号时以"基"所在的碳原子为"1"（这一点与烷烃命名时主链的编号不同）；然后以包含基碳原子的主链为母体，其上的支链作为取代基，其命名原则和烷烃相似。例如，(2)的主链为己基，乙基在其 C3 上：

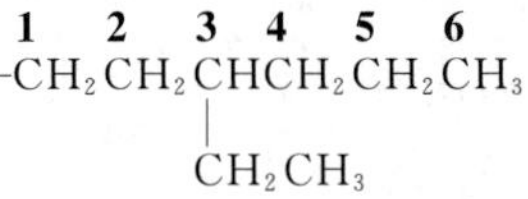

$$\overset{1}{—CH_2}\overset{2}{CH_2}\overset{3}{\underset{\displaystyle CH_2CH_3}{\underset{|}{C}H}}\overset{4}{CH_2}\overset{5}{CH_2}\overset{6}{CH_3}$$

因此，(2)可命名为 3-乙基己基。

③ 对于含有脂环的取代基，当基碳原子在脂环上，以脂环为母体；当基碳原子在脂肪链上，以脂肪链为母体。例如，(3)的基碳原子在六元环上，乙基连在其 C1 上，因此，(3)可命名为 1-乙基环己基；而(4)则称为 1-环丙基丁基。

例三　2-甲基丁烷的光氯化反应，生成的一氯代产物有几种构造异构体？预测各种一氯代产物的产率。

答：2-甲基丁烷有三种不同类型的氢原子（1°、2°、3°），但由于 2-甲基丁烷结构的特点，其 1°氢原子又分为两种：① 氢原子所在的 1°碳原子与 3°碳原子相连；② 氢原子所在的 1°碳原子与 2°碳原子相连。因此 2-甲基丁烷的一氯代产物有四种构造异构体：

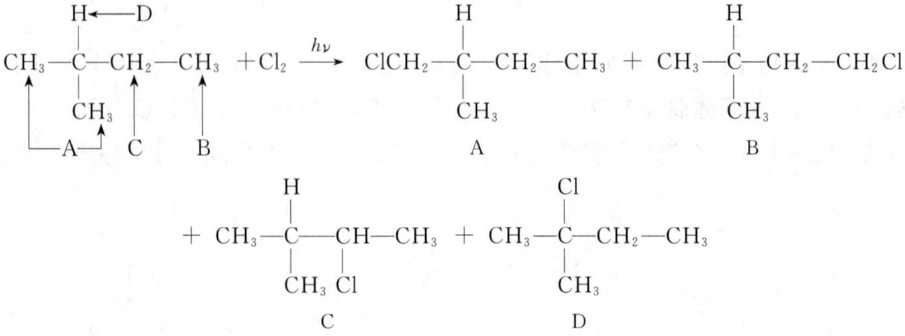

$$\underset{A}{CH_3}—\underset{\underset{\displaystyle CH_3\,(A)}{|}}{\overset{\overset{\displaystyle H\,(D)}{|}}{C}}—\underset{C}{CH_2}—\underset{B}{CH_3} + Cl_2 \xrightarrow{h\nu} \underset{A}{ClCH_2—\underset{\underset{\displaystyle CH_3}{|}}{\overset{\overset{\displaystyle H}{|}}{C}}—CH_2—CH_3}+\underset{B}{CH_3—\underset{\underset{\displaystyle CH_3}{|}}{\overset{\overset{\displaystyle H}{|}}{C}}—CH_2—CH_2Cl}$$

$$+\underset{C}{CH_3—\underset{\underset{\displaystyle CH_3}{|}}{\overset{\overset{\displaystyle H}{|}}{C}}—\underset{\underset{\displaystyle Cl}{|}}{CH}—CH_3}+\underset{D}{CH_3—\underset{\underset{\displaystyle CH_3}{|}}{\overset{\overset{\displaystyle Cl}{|}}{C}}—CH_2—CH_3}$$

已知烷烃在光照和较低温度(25 ℃)下进行氯化时,不同氢原子的相对活性之比大约为 1°∶2°∶3°=1∶4∶5。根据不同种类氢原子的数目,从统计学角度计算,可得出每一种一氯代产物的相对产率,然后将各一氯代产物的总和定为 100,即可粗略地算出各一氯代产物的产率。具体说明如下:一氯代产物 A,有 6 个 1°氢原子,其相对活性为 1,因此相对产率为 6;B 有 3 个 1°氢原子,其相对活性亦为 1,因此相对产率为 3;C 有 2 个 2°氢原子,其相对活性为 4,因此相对产率为 8;D 有 1 个 3°氢原子,其相对活性为 5,因此相对产率为 5。各一氯代产物相对活性的总和为 6+3+8+5=22。因此得出各一氯代产物的产率。即

A. $6/22\times100\%\approx27\%$　　B. $3/22\times100\%\approx14\%$

C. $8/22\times100\%\approx36\%$　　D. $5/22\times100\%\approx23\%$

上述内容可用表简要概括如下:

一氯代产物	氢原子数	相对活性	相对产率	产率/%
A	6	1	6	27
B	3	1	3	14
C	2	4	8	36
D	1	5	5	23

例四　在光照作用下,利用次氯酸叔丁酯代替氯气也能和烃(RH)进行氯化反应,生成一氯代烃:

$$R—H+(CH_3)_3COCl \xrightarrow{h\nu} R—Cl+(CH_3)_3COH$$

利用这种试剂,通过光氯化制备某些一氯代化合物,为避免分子中易与氯作用的官能团被破坏提供了一种有益的方法。与烃用氯气进行氯化反应相似,上述反应也是按自由基机理进行的,试写出其反应机理。

答:此反应按自由基机理进行,分为三个阶段。在光照作用下,首先是次氯酸叔丁酯较弱的 O—Cl 键发生均裂分解成自由基:

$$(CH_3)_3COCl \xrightarrow{h\nu} (CH_3)_3CO\cdot+Cl\cdot$$

由于 O—H 键的键能大于 Cl—H 键的键能,因此,$(CH_3)_3CO\cdot$自由基优先夺取 RH 分子中的 H 原子产生叔丁醇[$(CH_3)_3COH$],即

链增长:

$$RH+(CH_3)_3CO\cdot \longrightarrow R\cdot+(CH_3)_3COH$$

$$R\cdot+(CH_3)_3COCl \longrightarrow RCl+(CH_3)_3CO\cdot$$

最后,小概率的自由基之间的结合,使链反应终止。

2.3 练习和参考答案

练习 2.1 写出分子式为 C_6H_{14} 的烷烃和 C_6H_{12} 的环烷烃所有构造异构体的构造式。

答: 分子式为 C_6H_{14} 的烷烃共有 5 种构造异构体:

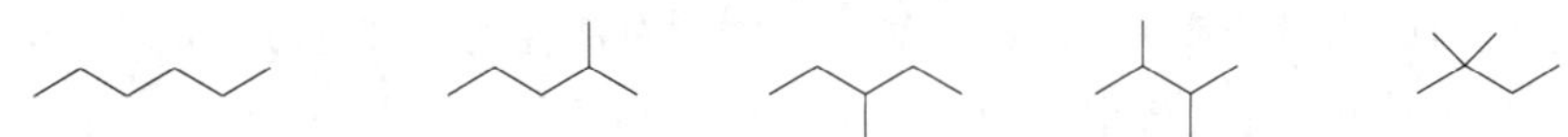

分子式为 C_6H_{12} 的环烷烃有 12 种构造异构体(见本章例一)。

练习 2.2 下列化合物哪些是同一化合物? 哪些是构造异构体?

(1) $CH_3C(CH_3)_2CH_2CH_3$　　(2) $CH_3CH_2CH(CH_3)CH_2CH_3$

(3) $CH_3CH(CH_3)(CH_2)_2CH_3$　　(4) $(CH_3)_2CHCH_2CH_2CH_3$

(5) $CH_3(CH_2)_2CH(CH_3)_2$　　(6) $(CH_3CH_2)_2CHCH_3$

答: (2)和(6),(3)、(4)和(5)分别是同一化合物;(1)、(2)、(3)是构造异构体。

练习 2.3 下列化合物的系统命名是否正确? 若有错误予以改正。

(1)
$$\begin{array}{l} \quad\ \ CH_2CH_3 \\ \quad\ \ | \\ CH_3CHCH_2CH_3 \end{array}$$
2-乙基丁烷

(2)
$$\begin{array}{l} \qquad\qquad\quad CH_3 \\ \qquad\qquad\quad | \\ CH_3CH_2CHCHCH_3 \\ \qquad\quad\ | \\ \qquad\quad CH_3 \end{array}$$
2,3-甲基戊烷

(3)
$$\begin{array}{l} \qquad\qquad\qquad CH(CH_3)_2 \\ \qquad\qquad\qquad | \\ CH_3CH_2CH_2CHCH_2CH_2CH_3 \end{array}$$
4-异丙基庚烷

(4)
$$\begin{array}{l} \quad\ CH_3\qquad CH_3\ \ CH_2CH_3 \\ \quad\ |\qquad\qquad |\qquad | \\ CH_3CHCH_2CH—CHCH_2CH_3 \end{array}$$
4,6-二甲基-3-乙基庚烷

(5)
$$\begin{array}{l} \qquad\qquad\qquad CH(CH_3)_2 \\ \qquad\qquad\qquad | \\ CH_3CH_2CH_2CHCH_2CH_3 \end{array}$$
3-异丙基己烷

(6)
$$\begin{array}{l} \qquad\qquad\quad C_2H_5\quad CH_2CH_2CH_3 \\ \qquad\qquad\quad |\qquad\quad | \\ CH_3CH_2CH_2CHCH_2CHCH_2CH_2CH_3 \end{array}$$
6-乙基-4-丙基壬烷

答: (1) 不正确,3-甲基戊烷　　(2) 不正确,2,3-二甲基戊烷

(3) 正确　　(4) 不正确,5-乙基-2,4-二甲基庚烷

(5) 不正确,3-乙基-2-甲基己烷　　(6) 不正确,4-乙基-6-丙基壬烷

练习 2.4 命名下列各化合物:

(1)
$$\begin{array}{l} \quad\ CH_3\ \ CH_3\qquad\qquad\qquad\quad CH_3 \\ \quad\ |\qquad |\qquad\qquad\qquad\qquad | \\ CH_3CH—CHCH_2CH_2CH_2CCH_3 \\ \qquad\qquad\qquad\qquad\qquad\quad\ | \\ \qquad\qquad\qquad\qquad\qquad\quad CH_3 \end{array}$$

(2)
$$\begin{array}{l} \quad\ CH_3 \\ \quad\ | \\ CH_3CH—CHCH_2CH_2CHCH_2CH_3 \\ \qquad\qquad |\qquad\qquad | \\ \qquad\qquad CH_3\qquad\quad CH_2CH(CH_3)_2 \end{array}$$

(3)
$$\begin{array}{l} \quad\ C_2H_5 \\ \quad\ | \\ CH_3CHCH_2CHCH_2CH_3 \\ \qquad\qquad\quad | \\ \qquad\qquad\quad CH_2CH_2CH_3 \end{array}$$

(4)
$$\begin{array}{l} \qquad\qquad\qquad\qquad CH_3\qquad\qquad\qquad\quad CH_3 \\ \qquad\qquad\qquad\qquad |\qquad\qquad\qquad\qquad | \\ CH_3CHCH_2CH—CCH_2CH_2CH_2CHCHCH_3 \\ \quad\ |\qquad\quad |\qquad |\qquad\qquad\qquad\quad | \\ \quad CH_3\quad\ CH_3\ \ CH_3\qquad\qquad\qquad CH_3 \end{array}$$

答：(1) 2,2,6,7−四甲基辛烷　　(2) 6−乙基−2,3,8−三甲基壬烷

(3) 5−乙基−3−甲基辛烷　　(4) 2,3,7,7,8,10−六甲基十一烷

练习 2.5　命名下列各化合物：

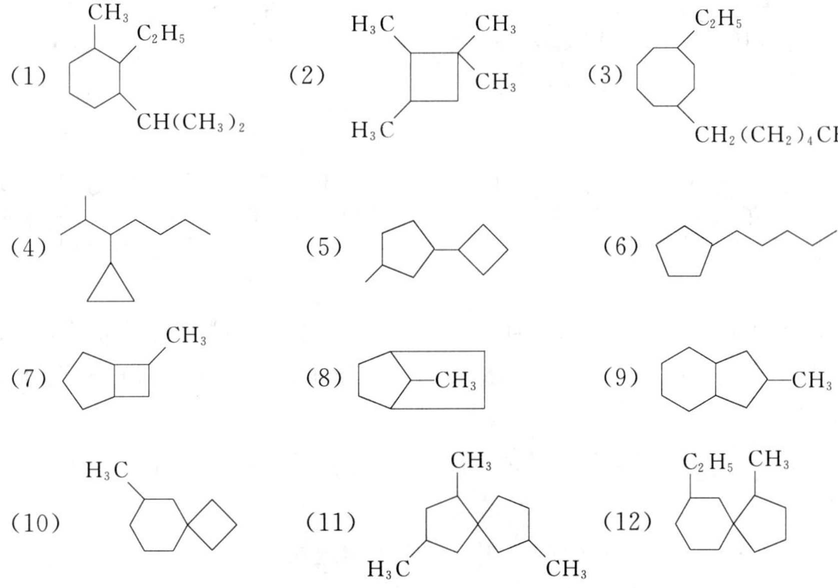

答：(1) 2−乙基−3−异丙基−1−甲基环己烷　(2) 1,1,2,3−四甲基环丁烷

(3) 1−乙基−4−己基环辛烷　　(4) 3−环丙基−2−甲基庚烷

(5) 1−环丁基−3−甲基环戊烷　　(6) 戊基环戊烷

(7) 6−甲基二环[3.2.0]庚烷　　(8) 7−甲基二环[2.2.1]庚烷

(9) 8−甲基二环[4.3.0]壬烷　　(10) 6−甲基螺[3.5]壬烷

(11) 1,3,7−三甲基螺[4.4]壬烷　　(12) 7−乙基−1−甲基螺[4.5]癸烷

练习 2.6　下列化合物中，哪个张力最大，最不稳定？

(1) 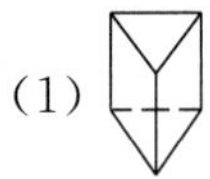　(2) 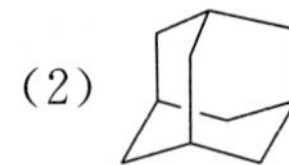　(3) 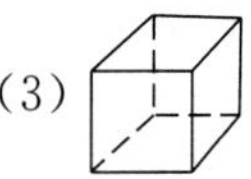

答：(1) 张力最大，最不稳定，因分子中含有两个高张力的三元环和三个四元环。

练习 2.7　已知丁烷沿 C2 与 C3 之间的 σ 键旋转可以写出六种典型的极限构象式，如果改为沿 C1 与 C2 之间的 σ 键旋转，可以写出几种典型的构象式？试用 Newman 投影式表示。

答：两种：

C_2H_5　H H H H H

H C_2H_5　H H H H H

练习 2.8 构造和构象有何不同？判断下列各对化合物是构造异构、构象异构，还是完全相同的结构。

答： 构造是指分子内原子的键合次序，而构象是由于单键的旋转而产生的分子内原子或基团在空间的排列方式。构造异构体是原子连接次序不同的分子，而构象异构体是同一种分子。

(1)和(3)分别是不同构象；(2)是不同构造；(4)为同一化合物同一构象，即完全相同的结构。

练习 2.9 写出下列每一个构象式所对应的构造式。

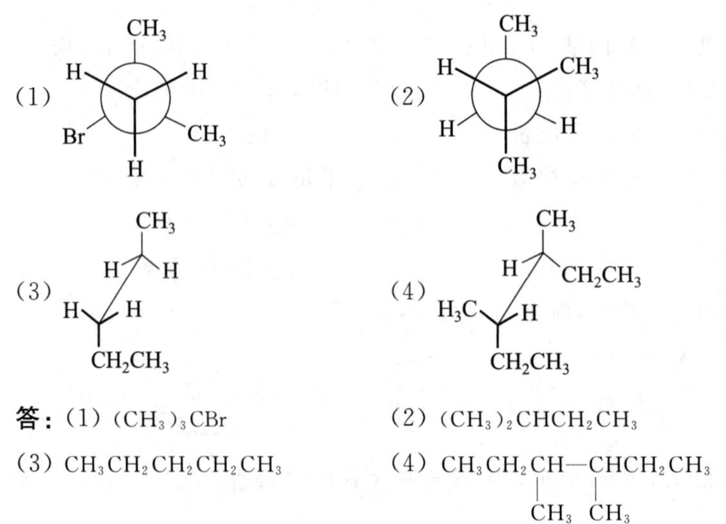

答：(1) $(CH_3)_3CBr$　　(2) $(CH_3)_2CHCH_2CH_3$

(3) $CH_3CH_2CH_2CH_2CH_3$　　(4) $CH_3CH_2\underset{\displaystyle CH_3}{\underset{|}{C}}H—\underset{\displaystyle CH_3}{\underset{|}{C}}HCH_2CH_3$

练习 2.10 写出 2,3-二甲基丁烷沿 C2—C3 σ 键旋转时能量最低和最高的构象式。

答：(1)（能量最低）　　(2)（能量最高）

练习 2.11 写出下列环己烷衍生物最稳定的构象式。

练习 2.11

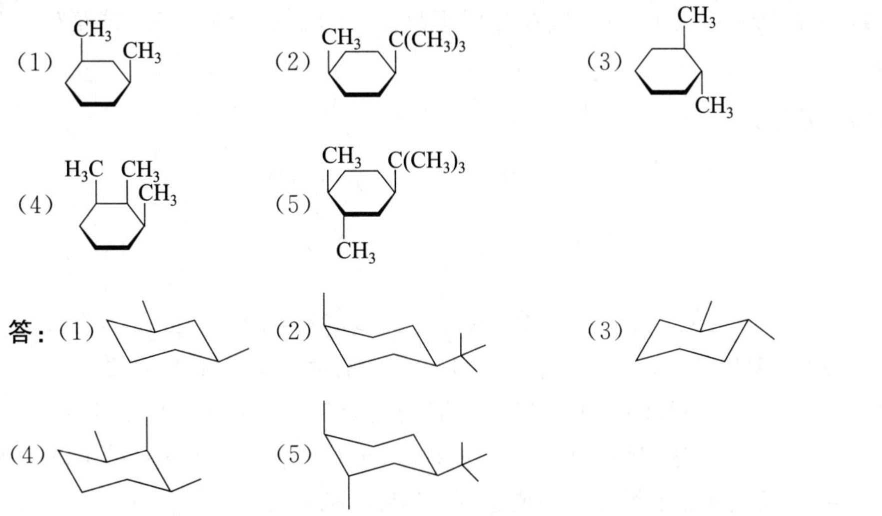

练习 2.12　比较下列各组化合物的沸点高低，并说明理由。

(1) 丁烷和 2-甲基丙烷　　　　(2) 辛烷和 2,2,3,3-四甲基丁烷

(3) 庚烷、2-甲基己烷和 3,3-二甲基戊烷

答：(1)、(2)和(3)均沸点依次降低。因为烷烃的构造异构体中，支链越多，分子之间作用力就越弱，所以沸点也就越低。

练习 2.13　比较下列各组化合物的熔点高低，并说明理由。

(1) 丁烷和 2-甲基丙烷　　　　(2) 辛烷和 2,2,3,3-四甲基丁烷

答：(1) 丁烷的熔点大于 2-甲基丙烷的熔点；(2) 2,2,3,3-四甲基丁烷的熔点大于辛烷的熔点。因为构造异构体的对称性越好，它在晶格中填充得越紧密，因此熔点越高。

练习 2.14　比较下列各组化合物的相对密度高低，并说明理由。

(1) 戊烷和环戊烷　　　　(2) 辛烷和环辛烷

答：(1)和(2)相对密度均是后者大于前者。因为后者的刚性和对称性均较前者大，分子之间作用力更大些，结合得较为紧密。

练习 2.15　甲烷氯化时观察到下列现象，试解释之。

(1) 将氯气先用光照，然后在黑暗中放置一段时间，再与甲烷混合，不生成甲烷氯代产物。

(2) 将氯气先用光照，然后立即在黑暗中与甲烷混合，生成甲烷氯代产物。

(3) 甲烷用光照后，立即在黑暗中与氯气混合，不生成甲烷氯代产物。

答：(1) 氯气光照可以产生氯原子，但是在黑暗中放置一段时间，氯原子会经过小概率的碰撞而重新结合为 Cl_2 分子，故不与甲烷反应；(2) 将氯气先用光照，立即在黑暗中与甲烷混合，此时氯原子仍然存在，因此可与甲烷进行自由基取代反应；(3) 甲烷的 C—H 键键能很高，一般紫外光不能将其打断，经光照不能产生自由基，故不与 Cl_2 反应。

练习 2.16 环己烷和氯气在光照下反应，生成氯代环己烷。试写出其反应机理。

答： 链引发 $Cl:Cl \xrightarrow{h\nu} 2Cl\cdot$

链增长 $Cl\cdot +$ —H $\longrightarrow$ $\cdot + HCl$

$\cdot + Cl_2 \longrightarrow$ —Cl $+ Cl\cdot$

练习 2.17 甲烷与氯气通常需要加热到 250 ℃以上才能反应，但加入少量(0.02%)四乙基铅[$Pb(C_2H_5)_4$]后，则在 140 ℃就能发生反应，试解释之，并写出反应机理。(提示：Cl—Cl 键和 C—Pb 键的解离能分别为 242 $kJ\cdot mol^{-1}$ 和 205 $kJ\cdot mol^{-1}$。)

答： 四乙基铅在这里作为自由基引发剂，由于 C—Pb 键的解离能比 Cl—Cl 键的解离能低，故反应在较低温度下即能进行。其反应机理为

链引发 $Pb(CH_2CH_3)_4 \xrightarrow{140℃} Pb + 4\cdot CH_2CH_3$

$Cl_2 + \cdot CH_2CH_3 \longrightarrow ClCH_2CH_3 + Cl\cdot$

链增长 $Cl\cdot + CH_4 \longrightarrow HCl + \cdot CH_3$

$\cdot CH_3 + Cl_2 \longrightarrow CH_3Cl + Cl\cdot$

链终止步骤略。

练习 2.18 以等物质的量的甲烷和乙烷混合物进行一元氯化反应时，产物中氯甲烷与氯乙烷之比为 1∶400，试问：(1) 如何解释这样的事实？(2) 根据这样的事实，你认为 $\cdot CH_3$ 和 $\cdot CH_2CH_3$ 哪一个稳定？

答： (1) 因为甲烷分子中的 C—H 键的解离能比乙烷分子中的大，较不活泼而较难被取代。

(2) $\cdot CH_2CH_3$ 较稳定。

练习 2.19 甲基环己烷的一溴代产物有几种构造异构体？试推测其中哪一种最多，哪一种最少。

答： 5 种。 (CH₃, Br) 最多， —CH_2Br 最少。

练习 2.20

练习 2.20 写出下列各反应式的产物：

(1) —$CH_3 \xrightarrow{HI}$

(2) —$CH_3 \xrightarrow[\triangle]{Br_2}$

(3) CH_3, CH_3 $\xrightarrow{Br_2}$

(4) $\xrightarrow[-60\ ℃]{Br_2}$

答： (1) $CH_3\underset{\displaystyle I}{\underset{|}{C}}HCH_2CH_3$

(2) $BrCH_2CH_2CH_2\underset{\displaystyle Br}{\underset{|}{C}}HCH_3$

（3） 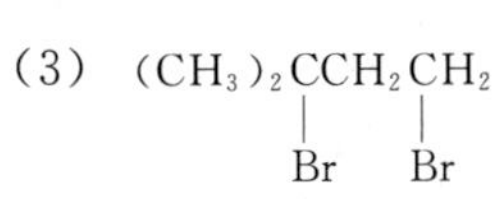

（4） 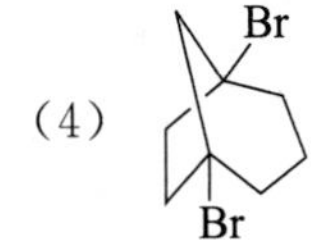

2.4 习题和参考答案

（一）命名下列各化合物。

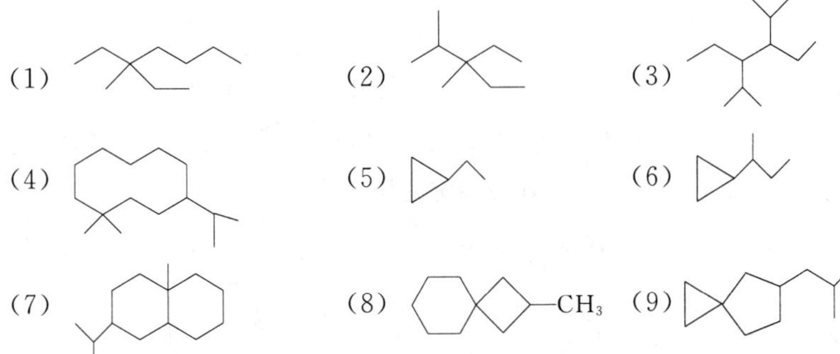

答：（1）3－乙基－3－甲基庚烷　　（2）3－乙基－2，3－二甲基戊烷

（3）3，4－二乙基－2，5－二甲基己烷

（4）1，1－二甲基－4－（1－甲基乙基）环癸烷

（5）乙基环丙烷　　（6）2－环丙基丁烷

（7）1－甲基－4－（1－甲基乙基）二环[4.4.0]癸烷

（8）2－甲基螺[3.5]壬烷　　（9）5－（2－甲基丙基）螺[2.4]庚烷

（二）命名下列各取代基。

（1）$(CH_3)_3CCH_2—$

（2）H_3C

（3）$CH_3CH_2CH_2CH_2\underset{|}{C}HCH_3$

（4） 

（5）CH_3

（6）$CH_3CH_2\overset{CH_2CH_2CH_3}{\overset{|}{C}}HCH_2\underset{|}{C}HCH_3$

答：（1）2，2－二甲基丙基　　（2）2－甲基环丙基

（3）1－甲基戊基　　（4）二环[2.2.1]庚－2－基

（5）2－甲基环己基　　（6）3－乙基－1－甲基己基

（三）根据下列名称，写出各化合物的构造式，如其名称与系统命名原则不符，予以改正。

（1）3，3－二甲基－2－乙基丁烷　　（2）1，5，5－三甲基－3－乙基己烷

（3）2－叔丁基－4，5－二甲基己烷　　（4）甲基乙基异丙基甲烷

（5）丁基环丙烷　　（6）1－丁基－3－甲基环己烷

答：

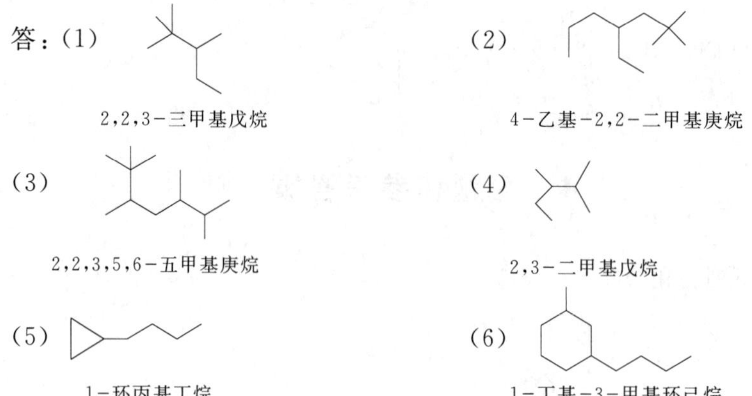

(1) 2,2,3-三甲基戊烷 (2) 4-乙基-2,2-二甲基庚烷

(3) 2,2,3,5,6-五甲基庚烷 (4) 2,3-二甲基戊烷

(5) 1-环丙基丁烷 (6) 1-丁基-3-甲基环己烷

(四) 以 C2 和 C3 的 σ 键为轴旋转，试分别画出 2,3-二甲基丁烷和 2,2,3,3-四甲基丁烷的极限构象式，并指出哪一种为其最稳定的构象式。

答：2,3-二甲基丁烷有六种极限构象式：

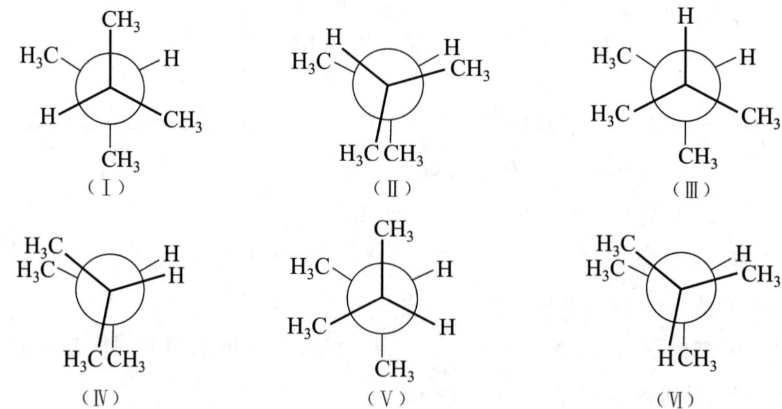

(Ⅰ) (Ⅱ) (Ⅲ) (Ⅳ) (Ⅴ) (Ⅵ)

其中，(Ⅰ)最稳定；(Ⅳ)最不稳定；(Ⅱ)和(Ⅵ)能量相同，较不稳定；(Ⅲ)和(Ⅴ)能量相同，较稳定。

2,2,3,3-四甲基丁烷有两种极限构象式：

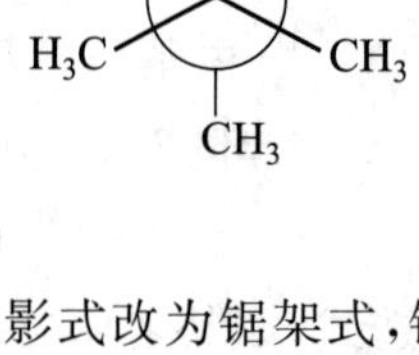

其中，第一个较稳定。

(五) 将下列的投影式改为锯架式，锯架式改为投影式。

(1) (2) (3)

（4） 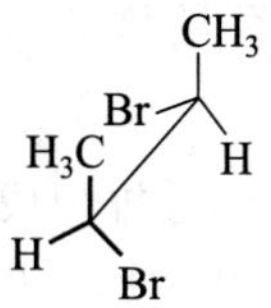 （5）

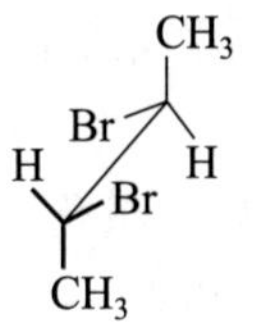

答：（1） 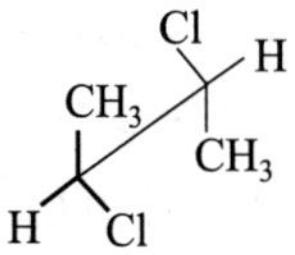 （2） 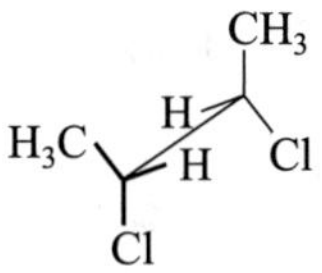 （3）

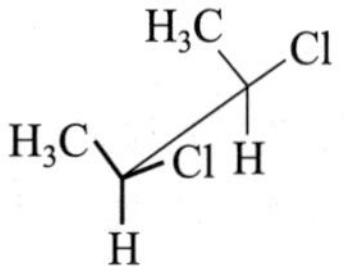

（4） 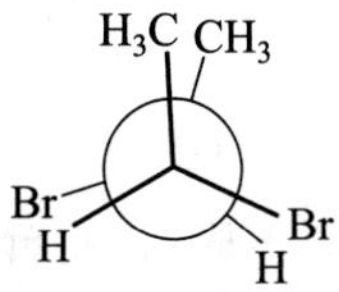 （5）

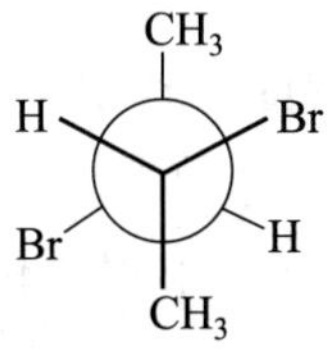

（六）用锯架式可以画出三种 $CH_3—CFCl_2$ 的交叉式构象：

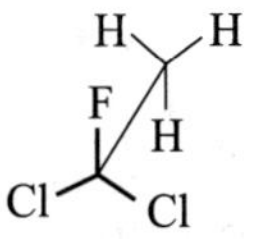

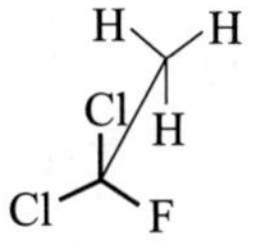

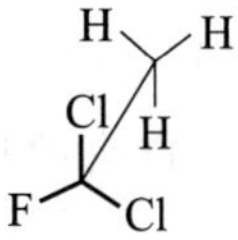

它们是不是 $CH_3—CFCl_2$ 的三种不同的构象式？用 Newman 投影式表示，并验证所得结论是否正确。

答：从 C1 和 C2 所连接的碳原子之间的相对关系即可看出，三种锯架式实为一种。其 Newman 投影式如下：

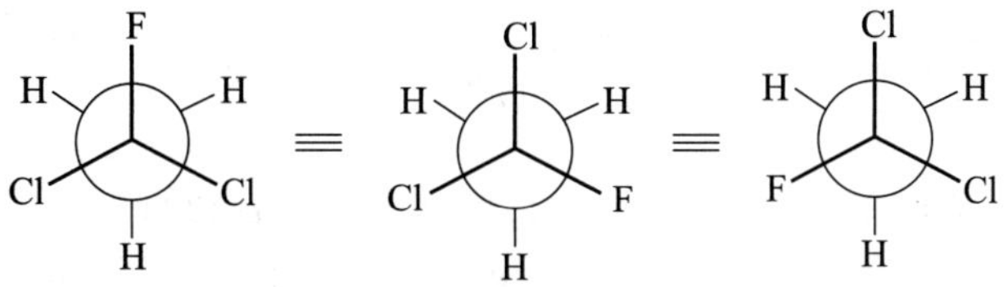

中间投影式整体逆时针旋转 120°，右边投影式整体顺时针旋转 120°均与左边投影式完全相同，故为同一构象式。

（七）试指出下列化合物中，哪些代表的是相同化合物而只是构象表示式不同，哪些是不同的化合物。

（1） 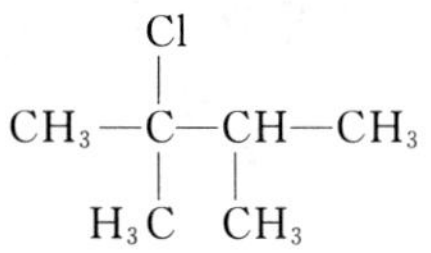 $CH_3—C(Cl)(H_3C)—CH(CH_3)—CH_3$ （2） 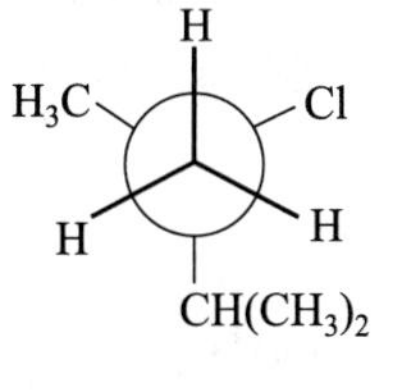 （3）

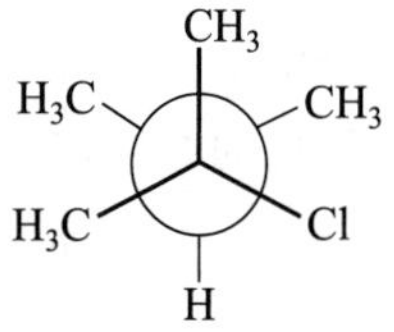

（4） 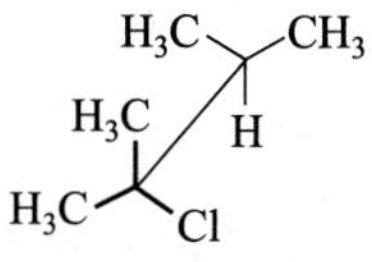 （5） 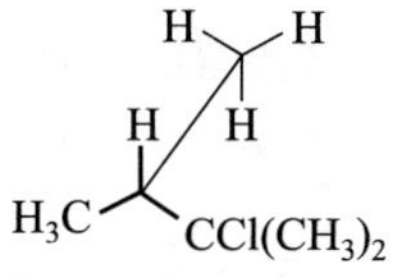 （6）

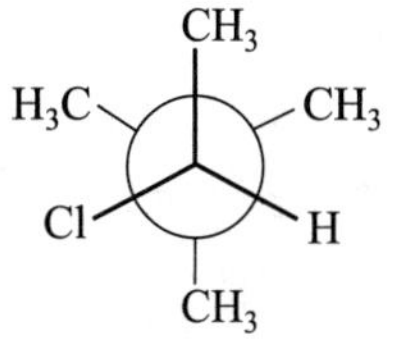

答：除(6)之外，其余均为同一化合物，其中(2)～(5)是不同的构象式，(1)为构造式。

（八）不参阅物理常数表，试将下列各组化合物按沸点由高到低排列成序。

(1) (A) 庚烷，(B) 己烷，(C) 2-甲基戊烷，(D) 2,2-二甲基丁烷，(E) 癸烷

(2) (A) 丙烷，(B) 环丙烷，(C) 丁烷，(D) 环丁烷，(E) 环戊烷，(F) 环己烷，(G) 己烷，(H) 戊烷

(3) (A) 甲基环戊烷，(B) 甲基环己烷，(C) 环己烷，(D) 环庚烷

答：(1) (E)＞(A)＞(B)＞(C)＞(D)

(2) (F)＞(G)＞(E)＞(H)＞(D)＞(C)＞(B)＞(A)

(3) (D)＞(B)＞(C)＞(A)

（九）已知烷烃的分子式为 C_5H_{12}，根据氯化反应产物的不同，试推测各烷烃的构造式。

(1) 一元氯化产物只有一种　　(2) 一元氯化产物可以有三种构造异构体

(3) 一元氯化产物可以有四种构造异构体

(4) 二元氯化产物可以有两种构造异构体

答：(1) $C(CH_3)_4$　　(2) $CH_3CH_2CH_2CH_2CH_3$

(3) $CH_3CH_2CH(CH_3)_2$　　(4) $C(CH_3)_4$

（十）已知环烷烃的分子式为 C_5H_{10}，根据氯化反应产物的不同，试推测各环烷烃的构造式。

(1) 一元氯化产物只有一种　(2) 一元氯化产物可以有三种构造异构体

答：(1)　　(2)

（十一）等物质的量的乙烷和 2,2-二甲基丙烷混合物与少量的氯反应，得到的乙基氯和 1-氯-2,2-二甲基丙烷的物质的量之比是 1∶2.3。试比较乙烷和2,2-二甲基丙烷中伯氢原子的相对活性。

答：分别除以氢原子个数，得乙烷和2,2-二甲基丙烷中的伯氢原子的相对活性比为(1/6)∶(2.3/12)＝1∶1.15，故2,2-二甲基丙烷中的伯氢原子较活泼。

习题(十二)

（十二）在光照下，2,2,4-三甲基戊烷分别与氯和溴进行一取代反应，其最多的一取代物分别是哪一种？通过这一结果说明什么问题？并根据这一结果预测2-甲基丙烷一氟化的主要产物。

答：2,2,4-三甲基戊烷构造式如下：

$$CH_3-\overset{\displaystyle CH_3}{\underset{\displaystyle CH_3}{\overset{|}{\underset{|}{C}}}}-CH_2-\underset{\displaystyle CH_3}{\underset{|}{CH}}-CH_3$$

该化合物有两种伯氢原子，分别为 9 个和 6 个，还有 2 个仲氢原子和 1 个叔氢原子。

根据氯原子夺取伯、仲、叔氢原子的相对活性 1∶4.4∶6.7(见主教材表 2-6)估算,不同氢原子被取代的比例为(9+6)∶8.8∶6.7,因此一氯化产物中相对较多的应为$(CH_3)_2CHCH_2C(CH_3)_2CH_2Cl$。根据溴原子夺取伯、仲、叔氢原子的相对活性 1∶80∶1 600 估算,不同氢原子被取代的比例为(9+6)∶160∶1 600,即叔氢原子优先被溴原子取代,因此一溴化产物中绝大多数应为$(CH_3)_2CBrCH_2C(CH_3)_3$。以上结果说明溴原子取代氢原子的选择性明显高于氯原子。2-甲基丙烷有 9 个伯氢原子和 1 个叔氢原子,而氟原子取代伯氢原子和叔氢原子的相对活性比为 1∶1.8,因此其伯氢原子与叔氢原子被氟原子取代的比例为 9∶1.8,即产物中绝大多数是伯氢原子被取代的 $FCH_2CH(CH_3)_2$。

主教材
表 2-6

(十三)将下列自由基按稳定性大小排列成序。

(1)$\dot{C}H_3$ (2)$CH_3CH(CH_3)CH_2\dot{C}H_2$ (3)$CH_3\dot{C}(CH_3)CH_2CH_3$ (4)$CH_3CH(CH_3)\dot{C}HCH_3$

答:(3)>(4)>(2)>(1)

(十四)在光照下,甲基环戊烷与溴发生一溴化反应,写出一溴化的主要产物及其反应机理。

习题(十四)

答:主要产物为 1-溴-1-甲基环戊烷。反应机理:

链引发 $$Br_2 \xrightarrow{h\nu} 2Br\cdot$$

链增长 $$Br\cdot + \text{(1-甲基环戊烷,叔碳上 H)} \longrightarrow \text{(1-甲基环戊基自由基)}\!-\!CH_3 + HBr$$

$$\text{(1-甲基环戊基自由基)}\!-\!CH_3 + Br_2 \longrightarrow \text{(1-溴-1-甲基环戊烷,Br、}CH_3\text{)} + Br\cdot$$

(十五)在光照下,烷烃与二氧化硫和氯气反应,烷烃分子中的氢原子被氯磺酰基(—SO_2Cl)取代,生成烷基磺酰氯:

习题(十五)

$$R—H+SO_2+Cl_2 \xrightarrow[\text{室温}]{h\nu} R—SO_2Cl+HCl$$

此反应称为氯磺酰化反应,亦称 Reed 反应。工业上曾利用此反应由高级烷烃生产烷基磺酰氯和烷基磺酸钠($R—SO_2ONa$,合成洗涤剂的原料)。此反应与烷烃的氯化反应相似,也是按自由基取代机理进行的。试参考烷烃卤化的反应机理,写出烷烃(用 R—H 表示)氯磺酰化的反应机理。

答:链引发 $$Cl\colon Cl \xrightarrow{h\nu} 2Cl\cdot$$

链增长 $$R—H+Cl\cdot \longrightarrow R\cdot+HCl$$

$$R\cdot+SO_2 \longrightarrow R—\overset{\overset{\displaystyle O}{\|}}{\underset{\underset{\displaystyle O}{\|}}{S}}\cdot$$

$$R-\overset{\overset{O}{\|}}{\underset{\underset{O}{\|}}{S}}\cdot + Cl_2 \longrightarrow R-\overset{\overset{O}{\|}}{\underset{\underset{O}{\|}}{S}}-Cl + Cl\cdot$$

首先,光照下最弱的 Cl—Cl 键发生均裂产生氯原子(自由基),所产生的氯原子夺取氢原子在能量上是有利的,而与 SO_2 的结合在能量上是不利的,所产生的烷基自由基与 SO_2 结合产生磺酰基自由基在能量上是有利的,后者进而从 Cl_2 中夺取氯原子得到烷基磺酰氯。下面以乙烷为例,通过对各基元反应自由能变化的分析,表明只有机理 1 是合理的。

机理 1　$CH_3CH_3 + Cl\cdot \longrightarrow \cdot CH_2CH_3 + HCl$　　$\Delta G = -12.4\ kJ\cdot mol^{-1}$

$\cdot CH_2CH_3 + SO_2 \longrightarrow CH_3CH_2-\overset{\overset{O}{\|}}{\underset{\underset{O}{\|}}{S}}\cdot$　　$\Delta G = -15.2\ kJ\cdot mol^{-1}$

$CH_3CH_2-\overset{\overset{O}{\|}}{\underset{\underset{O}{\|}}{S}}\cdot + Cl_2 \longrightarrow CH_3CH_2-\overset{\overset{O}{\|}}{\underset{\underset{O}{\|}}{S}}-Cl + Cl\cdot$　　$\Delta G = -1.2\ kJ\cdot mol^{-1}$

$\Delta G_r = -28.8\ kJ\cdot mol^{-1}$

机理 2　$SO_2 + Cl\cdot \longrightarrow Cl-\overset{\overset{O}{\|}}{\underset{\underset{O}{\|}}{S}}\cdot$　　$\Delta G = -1.4\ kJ\cdot mol^{-1}$

$Cl-\overset{\overset{O}{\|}}{\underset{\underset{O}{\|}}{S}}\cdot + CH_3CH_3 \longrightarrow CH_3CH_2-\overset{\overset{O}{\|}}{\underset{\underset{O}{\|}}{S}}-Cl + H\cdot$　　$\Delta G = 188.9\ kJ\cdot mol^{-1}$

$H\cdot + Cl_2 \longrightarrow Cl\cdot + HCl$　　$\Delta G = -216.3\ kJ\cdot mol^{-1}$

$\Delta G_r = -28.8\ kJ\cdot mol^{-1}$

习题(十六)

(十六) 根据所标注的有关键能(单位:$kJ\cdot mol^{-1}$)数据写出丙烷分别进行氯化和溴化的可能反应机理,并计算出链传递的每一个基元反应步骤的反应热,据此分析氯化和溴化的选择性。

$Cl\overset{243}{—}Cl$　　$Br\overset{194}{—}Br$　　$H\overset{410}{—}\overset{\overset{CH_3}{|}}{C}H—CH_2\overset{422}{—}H$　　$H\overset{366}{—}Br$　　$H\overset{432}{—}Cl$

$Cl\overset{354}{—}CH(CH_3)_2$　　$Br\overset{299}{—}CH(CH_3)_2$　　$Cl\overset{353}{—}CH_2CH_2CH_3$　　$Br\overset{298}{—}CH_2CH_2CH_3$

答:氯化 2°氢原子:

$Cl\cdot + H\overset{410}{—}\overset{\overset{CH_3}{|}}{C}H—CH_3 \longrightarrow H\underset{-432}{—}Cl + \cdot\overset{\overset{CH_3}{|}}{C}H—CH_3$　　$\Delta H_m^{\ominus} = -22\ kJ\cdot mol^{-1}$

$\cdot\overset{\overset{CH_3}{|}}{C}H—CH_3 + Cl\overset{243}{—}Cl \longrightarrow Cl\underset{-354}{—}CH(CH_3)_2 + Cl\cdot$　　$\Delta H_m^{\ominus} = -111\ kJ\cdot mol^{-1}$

氯化 1°氢原子:

$$Cl\cdot + H\overset{422}{—}CH_2CH_2CH_3 \longrightarrow H\underset{-432}{—}Cl + \cdot CH_2CH_2CH_3 \qquad \Delta H_m^{\ominus} = -10\ kJ\cdot mol^{-1}$$

$$\cdot CH_2CH_3CH_3 + Cl\overset{243}{—}Cl \longrightarrow Cl\underset{-353}{—}CH_2CH_2CH_3 + Cl\cdot \qquad \Delta H_m^{\ominus} = -110\ kJ\cdot mol^{-1}$$

溴化 2°氢原子：

$$Br\cdot + H\underset{410}{—}CH(CH_3)—CH_3 \longrightarrow H\underset{-366}{—}Br + \cdot CH(CH_3)—CH_3 \qquad \Delta H_m^{\ominus} = +44\ kJ\cdot mol^{-1}$$

$$\cdot CH(CH_3)—CH_3 + Br\overset{194}{—}Br \longrightarrow Br\underset{-299}{—}CH(CH_3)_2 + Br\cdot \qquad \Delta H_m^{\ominus} = -105\ kJ\cdot mol^{-1}$$

溴化 1°氢原子：

$$Br\cdot + H\overset{422}{—}CH_2CH_2CH_3 \longrightarrow H\underset{-366}{—}Br + \cdot CH_2CH_2CH_3 \qquad \Delta H_m^{\ominus} = +56\ kJ\cdot mol^{-1}$$

$$\cdot CH_2CH_2CH_3 + Br\overset{194}{—}Br \longrightarrow Br\underset{-298}{—}CH_2CH_2CH_3 + Br\cdot \qquad \Delta H_m^{\ominus} = -104\ kJ\cdot mol^{-1}$$

由上述反应机理和摩尔反应焓变可知，所有卤代链增长的第二步都是显著放热的，也就是说，速控步不是第二步，而是卤原子夺取氢原子的第一步。在氯化反应第一步中，氯原子无论夺取 2°还是 1°氢原子，都是放热的，根据 Hammond 假说，氯化反应第一步的过渡态更像原料丙烷，因此，氯原子无论夺取 2°还是 1°氢原子受碰撞概率影响都较大，化学选择性差。

在溴化反应第一步中，溴原子无论夺取 2° 还是 1° 氢原子，都是吸热的，根据 Hammond 假说，溴化反应第一步的过渡态更像烷基自由基，由于异丙基自由基比丙基自由基稳定，因此，溴原子夺取 2°氢原子产生异丙基自由基的反应活化能低，优先发生溴原子夺取 2°氢原子的反应，即丙烷的溴化主要取代 2°氢原子，化学选择性好。

2.5 小　　结

2.5.1 重要概念

（1）烷烃分子中，各种不同的 C—H 键的强度，按下列次序依次减弱：

$$\underset{(最强)}{H_3C—H} > \underset{1°}{RCH_2—H} > \underset{2°}{R_2CH—H} > \underset{3°(最弱)}{R_3C—H}$$

（2）烷基自由基的相对稳定性，按下列次序依次递减：

$$R_3\dot{C} > R_2\dot{C}H > R\dot{C}H_2 > \dot{C}H_3$$

（3）在烷烃的卤化反应中，不同类型的 C－H 键的相对活性，在相同的条件下约是一个常数，其活性次序如下：

$$3°\ C—H > 2°\ C—H > 1°\ C—H > CH_4$$

（4）环丙烷的烷基衍生物与卤化氢等不对称试剂加成时，氢原子加到含氢原子较多的成环碳原子上，卤原子加到含氢原子较少的成环碳原子上(即加成反应方向遵循 Markovnikov 规则)。例如：

$$\text{cyclopropyl–}CH_3 + HI \longrightarrow CH_3CH_2\underset{\displaystyle I}{\underset{|}{C}}HCH_3$$

2.5.2 烷烃和环烷烃物理性质的比较

(1) 直链烷烃和无取代基的环烷烃的物理常数(如熔点、沸点和相对密度)随相对分子质量的增加而有规律地增加。其中碳原子数相同的环烷烃比烷烃的熔点、沸点和相对密度高。

(2) 碳原子数相同的烷烃和环烷烃的支链越多，沸点越低。

(3) 碳原子数相同的烷烃和环烷烃的对称性越好，熔点越高。

(4) 烷烃和环烷烃不溶于水，而溶于非极性的有机溶剂(如 CCl_4 和 CS_2 等)。烷烃和环烷烃也是很好的非极性溶剂。

2.5.3 烷烃和环烷烃化学性质的比较

(1) 相同点 烷烃和环烷烃可发生氧化反应、异构化反应、裂化反应和自由基卤化反应，并且在自由基卤化反应中，不同氢原子的活性次序都是 3°H>2°H>1°H。例如：

$$(CH_3)_3CH \xrightarrow[h\nu\ \text{或}\ 127\ ℃]{Br_2} \underset{>99\%}{(CH_3)_3CBr} + \underset{<1\%}{(CH_3)_2CHCH_2Br}$$

$$\text{cyclohexyl–}CH_3 \xrightarrow[h\nu\ \text{或}\ \triangle]{Br_2} \underset{\text{(主产物)}}{\text{1-bromo-1-methylcyclohexane}} +$$

$$\underbrace{\text{cyclohexyl–}CH_2Br + \text{2-bromo-1-methylcyclohexane} + \text{3-bromo-1-methylcyclohexane} + \text{4-bromo-1-methylcyclohexane}}_{\text{(次产物)}}$$

(2) 不同点 小环环烷烃——环丙烷和环丁烷(尤其是环丙烷)——与烷烃不同，能与 H_2、X_2 和 HX 等发生开环加成反应。

2.5.4 烷烃的卤化反应

烷烃的卤化反应是一种自由基取代反应。

(1) 自由基反应的一般特点 ① 被光照或自由基引发剂(如过氧化物)所引发和加速。② 反应通常在气相中进行，即使在液相中进行，基本上也不受溶剂极性变化的影响，且与在气相中进行时很相似。③ 反应基本上不受酸或碱的影响。④ 自由基连锁反应包括三个阶段：引发阶段（链引发）、传递阶段（链增长）、终止阶段（链终止）。⑤ 反应被自由基抑制剂（如分子氧或对苯醌等）所减慢或完全抑制。

烷烃的卤化反应及机理

（2）烷烃卤化的反应机理

链引发　　$X_2 \xrightarrow[\text{或}\triangle]{h\nu} 2X\cdot$

链增长　　$X\cdot + RH \longrightarrow HX + R\cdot$

$R\cdot + X_2 \longrightarrow RX + X\cdot$

……

链终止　　$X\cdot + X\cdot \longrightarrow X_2$

$X\cdot + R\cdot \longrightarrow RX$

$R\cdot + R\cdot \longrightarrow RR$

（3）烷烃卤化的反应活性和选择性　卤素的活性顺序：$F_2 > Cl_2 > Br_2 > I_2$。由于活性越大的物种在进行反应时的选择性越小，因此卤原子的选择性顺序是 $I > Br > Cl > F$。值得注意的是，烷烃卤化时，常用的卤素是氯和溴。

第三章　烯烃和炔烃

3.1　本章重点和难点

3.1.1　重点

C^+、C·和C^-的结构与稳定性

(1) π键的形成与烯烃的结构。

(2) 次序规则、烯烃的顺反异构及命名。

(3) 超共轭效应与烯烃的氢化热。

(4) 催化氢化及机理、Lindlar催化剂、炔烃的溶解金属还原。

(5) 经由碳正离子机理的亲电加成反应,碳正离子的结构、稳定性与重排。

(6) 经由卤正离子中间体的亲电加成及机理,反式加成。

(7) 炔烃的亲核加成及机理。

(8) 烯烃与炔烃的自由基加成及机理。

(9) 硼氢化反应的方向与顺式加成。

(10) 烯烃的氧化反应及协同机理。

(11) 2-甲基丙烯二聚反应及机理。

(12) 烯烃α位的卤化反应及机理。

(13) 炔氢的酸性及高级炔烃的制备。

3.1.2　难点

次序规则,超共轭效应,碳正离子的稳定性与重排,各种亲电加成与亲核加成的方向,烯烃与炔烃的自由基加成机理与加成方向,自由基的稳定性,硼氢化反应的方向,环氧化反应机理,2-甲基丙烯二聚反应机理,烯烃α位的卤化反应机理。

3.2　例　　题

例一　下列两种互为异构体的烯烃,分别于25 ℃下在酸性水溶液中进行水合反应,其中一种异构体的反应速率比另一种异构体快7 000倍。哪一种异构体比较活泼？为什么？

H　　　　　　H

C=C　　　　　C=C

H　　CH_3　　H_3C　　H

答：当正电荷出现在与环丙基直接相连的碳原子上时，由于环丙基的弯曲 σ 轨道与空的 2p 轨道的共轭作用而稳定：

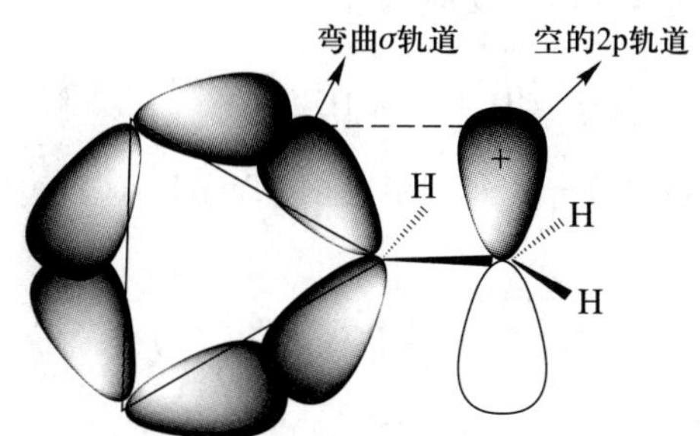

所以，两种烯烃与质子的亲电加成都是生成环丙甲基型正离子：

$$\text{(环丙基)(H)C=C(H)(CH}_3) \xrightarrow{H^+} \text{(环丙基)(H)}\overset{+}{C}\text{—CH}_2\text{CH}_3 \qquad (\text{Ⅰ})$$

$$\text{(环丙基)(H}_3\text{C)C=C(H)(H)} \xrightarrow{H^+} \text{(环丙基)(H}_3\text{C)}\overset{+}{C}\text{—CH}_3 \qquad (\text{Ⅱ})$$

从超共轭效应考虑，正离子（Ⅱ）有六个 C—H σ 键与正电荷所在的空的 2p 轨道发生超共轭，显然要比正离子（Ⅰ）稳定得多。因此，2-环丙基丙烯要比 1-环丙基丙烯容易进行水合（亲电加成）反应。

例二　解释下列反应，并写出反应机理。

$$\text{(2-甲基环己基)—CH=CH}_2 \xrightarrow{H^+} \text{(2-甲基环己烯-1-基)—CH}_2\text{—CH}_3$$

答：此反应第一步与经历碳正离子机理的烯烃的亲电加成反应相似，首先是烯烃与质子结合，生成较稳定的仲碳正离子，进而发生负氢迁移，重排为更稳定的叔碳正离子：

$$\text{(H)(环己基, H, CH}_3\text{)—CH=CH}_2 \xrightarrow{H^+} \text{(H)(环己基, H, CH}_3\text{)—}\overset{+}{C}\text{H—CH}_3 \xrightarrow[\text{(重排)}]{H^-\text{迁移}} \text{(环己基, H, CH}_3\text{)}\overset{+}{\text{—}}\text{CH}_2\text{—CH}_3$$

该叔碳正离子倾向于消除环上与甲基相连碳原子上的质子，生成比较稳定的四取代烯烃：

$$\text{(环己基正离子)}-CH_2-CH_3\ (H,\ CH_3) \xrightarrow{-H^+} \text{(环己烯)}-CH_2-CH_3\ (CH_3)$$

所以主要产物是 1-乙基-2-甲基环己烯。

例三　完成下列反应，并写出反应机理。

$$(CH_3)_2C{=}CH_2 \xrightarrow{Br_2,H_2O}$$

答：反应的主要产物是 1-溴-2-甲基丙-2-醇：$(CH_3)_2C(OH)-CH_2Br$。其反应机理如下所示：

$$(CH_3)_2C{=}CH_2 \xrightarrow[-Br^-]{Br_2} (CH_3)_2\overset{Br^+}{C\text{——}}CH_2 \quad \left[(CH_3)_2\overset{\delta^+}{C}\cdots\overset{\delta^+}{Br}\text{——}CH_2\right]$$

$$\xrightarrow{H_2O} (CH_3)_2C(\overset{+}{OH_2})-CH_2Br \xrightarrow{-H^+} (CH_3)_2C(OH)-CH_2Br$$

在此反应中，被极化的溴分子中带正电荷的溴与双键进行亲电加成，生成环状溴正离子。由于 C2 是叔碳原子，承载正电荷的能力比较强，所以该溴正离子的电荷分布是不对称的，正电荷主要分散在 C2 和溴原子上。最后，弱亲核试剂水进攻带正电荷较多的 C2 并进而失去质子生成主要产物。

3.3　练习和参考答案

练习 3.1　写出含有 6 个碳原子的脂肪族烯烃和炔烃的构造异构体的构造式。其中含有 6 个碳原子的烯烃，哪些有顺反异构体？写出其顺反异构体的构型式。

解题思路：为防止遗漏，首先写出 6 个碳原子构成的各种开链骨架（包括主链 6 个碳原子；主链 5 个碳原子，支链分别在 2 位和 3 位；主链 4 个碳原子，支链分别为 2,2 位和 2,3 位）：

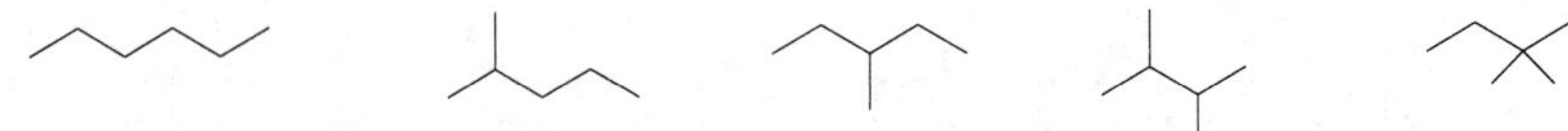

然后写出每一种碳架下面所有可能的双键位置异构体；最后再看哪些构造异构体存在顺反异构。

答：含有 6 个碳原子的烯烃有 13 种构造异构体，其中括号内的 4 种构造异构体各包含一对顺反异构体：

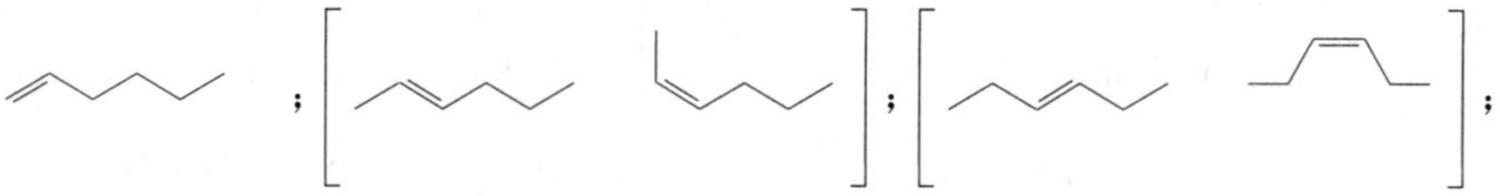

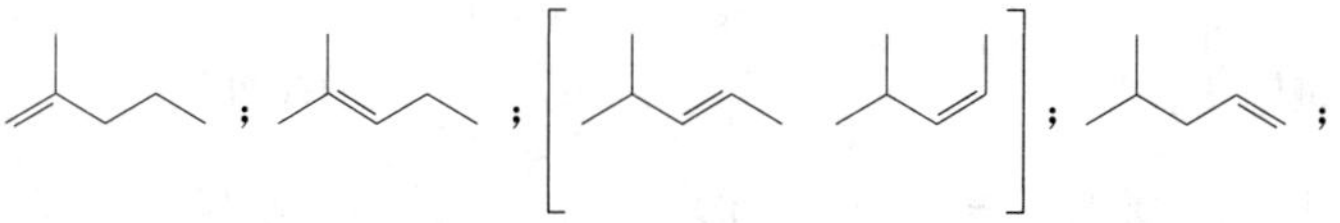

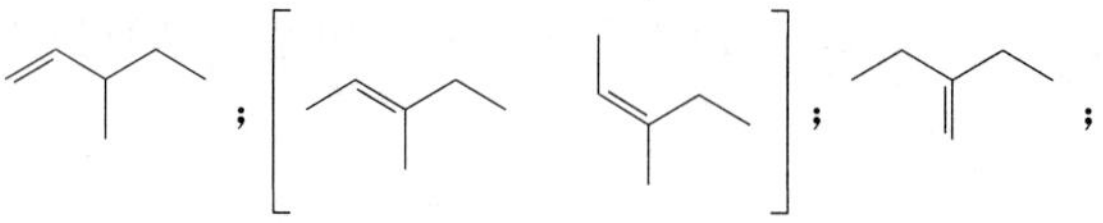

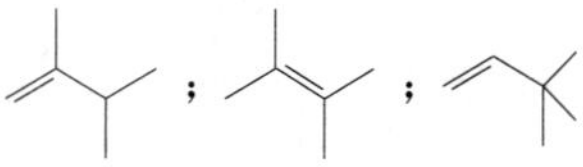

含有 6 个碳原子的炔烃有 7 种构造异构体：

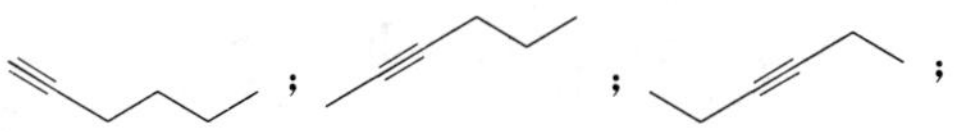

练习 3.2 用系统命名法命名下列各化合物：

(1) $(CH_3)_2CHCH{=}CHCH(CH_3)_2$

(2) $(CH_3)_2CHCH_2CH{=}CHCH(CH_3)CH_2CH_3$

(3) $CH_3CH_2C{\equiv}CCH_2CH_3$

(4) $CH_3CH_2C(CH_3)_2C{\equiv}CH$

(5) $CH_2{=}CHCH_2C{\equiv}CH$

(6) $HC{\equiv}C{-}C(CH_2CH_2CH_3){=}C(CH_2CH_2CH_3){-}CH{=}CH_2$

(7) 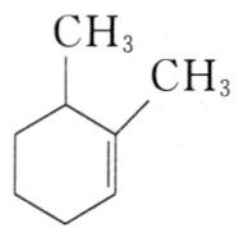 CH_3 CH_3

(8) 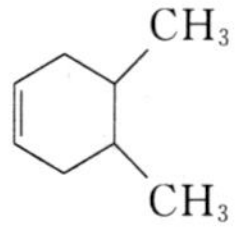 CH_3 CH_3

答：(1) 2,5-二甲基己-3-烯 (2) 2,6-二甲基辛-4-烯

(3) 己-3-炔 (4) 3,3-二甲基戊-1-炔

(5) 戊-1-烯-4-炔 (6) 4-乙炔基-5-乙烯基辛-4-烯

(7) 1,6-二甲基环己烯 (8) 4,5-二甲基环己烯

练习 3.3 用 Z,E-标记法命名下列各化合物：

(1) $\underset{\text{Br}}{\overset{\text{Cl}}{\diagdown}}C{=}C\overset{\text{H}}{\underset{\text{CH}_2\text{CH}_3}{\diagup}}$ (Cl、Br 在同一碳上；H、CH_2CH_3 在另一碳上)

(2) $\underset{\text{H}_3\text{CH}_2\text{C}}{\overset{\text{Cl}}{}}C{=}C\overset{\text{CH}_3}{\underset{\text{F}}{}}$ (Cl、H_3CH_2C 在同一碳上；CH_3、F 在另一碳上)

(3) $\underset{\text{H}_3\text{C}}{\overset{\text{H}}{}}C{=}C\overset{\text{CH}_2\text{CH}_2\text{CH}_3}{\underset{\text{CH}_2\text{CH}_3}{}}$

(4) $\underset{\text{H}}{\overset{\text{H}_3\text{C}}{}}C{=}C\overset{\text{CH}_2\text{CH}_2\text{CH}_3}{\underset{\text{CH(CH}_3)_2}{}}$

答：(1) (*Z*)-1-溴-1-氯丁-1-烯　　(2) (*E*)-3-氯-2-氟戊-2-烯

(3) (*E*)-3-乙基己-2-烯　　(4) (*E*)-3-(1-甲基乙基)己-2-烯

练习 3.4 完成下列反应式：

(1) 1-甲基环己烯 $\xrightarrow{\text{HI}}$

(2) $\underset{\text{H}_3\text{C}}{\overset{\text{H}}{}}C{=}C\overset{\text{CH}_3}{\underset{\text{Cl}}{}}$ $\xrightarrow{\text{HBr}}$

(3) $CH_2{=}CHCH_2C{\equiv}CH \xrightarrow{\text{HBr(1 mol)}}$　　(4) $CH_3(CH_2)_3C{\equiv}CH \xrightarrow{\text{HBr}}$

答：(1) 1-甲基环己烯 $\xrightarrow{\text{HI}}$ 1-碘-1-甲基环己烷（环上同一碳连 I 和 CH_3）

(2) $\underset{\text{H}_3\text{C}}{\overset{\text{H}}{}}C{=}C\overset{\text{CH}_3}{\underset{\text{Cl}}{}}$ $\xrightarrow{\text{HBr}}$ $CH_3CH_2\overset{\overset{\text{Cl}}{|}}{\underset{\underset{\text{Br}}{|}}{C}}CH_3$

注：两种可能的碳正离子中间体稳定性顺序为 $CH_3CH_2{-}\overset{+}{\underset{\underset{\text{Cl}}{|}}{C}}{-}CH_3$ > $CH_3{-}\overset{+}{C}H{-}\underset{\underset{\text{Cl}}{|}}{C}HCH_3$，因为前者氯原子 3p 轨道中的孤对电子可以进入碳的空轨道，使碳正离子稳定，且前者参与超共轭的 C—H σ 键多。

(3) $CH_2{=}CHCH_2C{\equiv}CH \xrightarrow{\text{HBr(1 mol)}} CH_3{-}\underset{\underset{\text{Br}}{|}}{C}HCH_2C{\equiv}CH$

(4) $CH_3(CH_2)_3C{\equiv}CH \xrightarrow{\text{HBr}} CH_3(CH_2)_3\underset{\underset{\text{Br}}{|}}{C}{=}CH_2$

练习 3.5

练习 3.5 写出下列反应的机理。

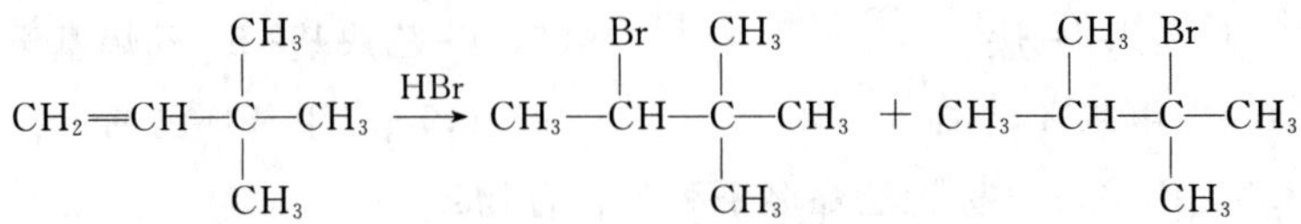

答：

$$CH_2{=}CH{-}\underset{CH_3}{\overset{CH_3}{C}}{-}CH_3 \xrightarrow[-Br^-]{HBr} CH_3{-}\overset{+}{C}H{-}\underset{CH_3}{\overset{CH_3}{C}}{-}CH_3 \xrightarrow[\text{重排}]{H_3C^-\text{迁移}} CH_3{-}\overset{CH_3}{CH}{-}\underset{CH_3}{\overset{+}{C}}{-}CH_3$$

$$\downarrow Br^- \qquad\qquad\qquad \downarrow Br^-$$

$$CH_3{-}\overset{Br}{CH}{-}\underset{CH_3}{\overset{CH_3}{C}}{-}CH_3 \qquad\qquad CH_3{-}\overset{CH_3}{CH}{-}\underset{CH_3}{\overset{Br}{C}}{-}CH_3$$

练习 3.6 烯烃加 H_2SO_4 的反应机理，与烯烃加 HX 的机理相似。试写出丙烯与 H_2SO_4 加成的反应机理。

答： $CH_3CH{=}CH_2 \xrightarrow[-HOSO_2O^-]{HOSO_2OH} CH_3\overset{+}{C}H{-}CH_3 \xrightarrow{HOSO_2O^-} CH_3\underset{OSO_2OH}{CH}{-}CH_3$

练习 3.7 下列各组化合物分别与溴进行加成反应。指出每组中哪一个反应较快。为什么？

(1) $CF_3CH{=}CH_2$ 和 $CH_3CH{=}CH_2$ (2) $CH_3CH{=}CH_2$ 和 $(CH_3)_3N^+CH{=}CH_2$

(3) $CH_2{=}CHCl$ 和 $CH_2{=}CH_2$ (4) $ClCH{=}CHCl$ 和 $CH_2{=}CHCl$

答：(1) 后者快，因为前者中的三氟甲基是强吸电子取代基，降低了双键碳原子上的电子云密度，不利于亲电加成，而后者正好相反。

(2) 前者快，因为后者中的三甲氨基是强吸电子取代基，降低了双键碳原子上的电子云密度，不利于亲电加成，而前者正好相反。

(3) 后者快，因为前者中的氯原子的吸电子诱导效应大于其给电子共轭效应，总的作用结果是降低了双键碳原子上的电子云密度，使氯乙烯亲电加成速率比乙烯慢。

(4) 后者快，因为后者只有一个吸电子的氯原子而前者有两个。

练习 3.8 分别为下列反应提出合理的反应机理：

(1) 环辛烯 $+ Cl_2 \xrightarrow[-80\,℃]{CHCl_3}$ 反-1,2-二氯环辛烷（Cl、Cl）

(2) 环戊烯 $\xrightarrow[CCl_4,\,0\,℃]{Br_2,\,Cl^-}$ 反-1,2-二溴环戊烷（Br、Br） + 反-1-溴-2-氯环戊烷（Br、Cl）

答：(1) 环辛烯 $\xrightarrow[-Cl^-]{Cl_2}$ 环状氯鎓离子（Cl^+） $\xrightarrow{Cl^-}$ 反-1,2-二氯环辛烷（Cl、Cl）

(2) 环戊烯 $\xrightarrow[-Br^-]{Br_2}$ 环状溴鎓离子（Br^+） $\xrightarrow{Br^-}$ 反-1,2-二溴环戊烷（Br、Br）

环状溴鎓离子 $\xrightarrow{Cl^-}$ 反-1-溴-2-氯环戊烷（Br、Cl）

练习 3.9 完成下列反应式：

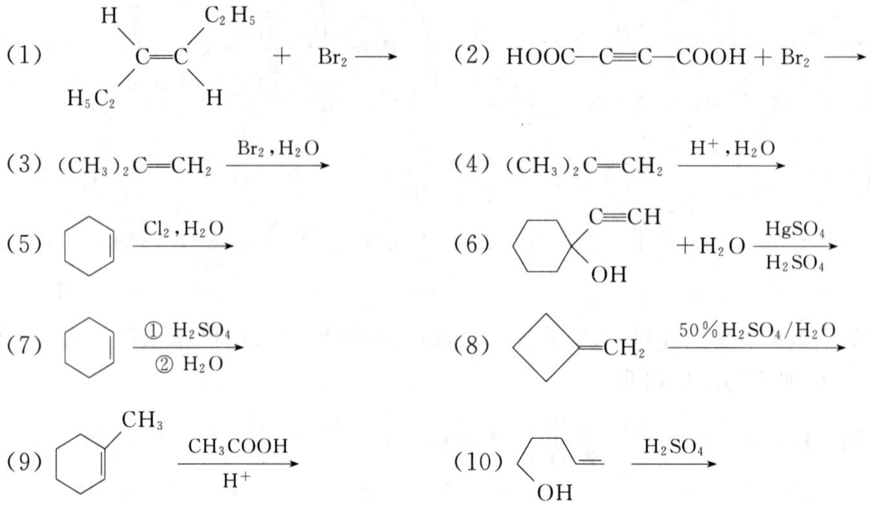

(1) (H)(C_2H_5)C=C(C_2H_5)(H)（反式）+ Br_2 ⟶ (2) HOOC—C≡C—COOH + Br_2 ⟶

(3) $(CH_3)_2C{=}CH_2 \xrightarrow{Br_2,H_2O}$ (4) $(CH_3)_2C{=}CH_2 \xrightarrow{H^+,H_2O}$

(5) 环己烯 $\xrightarrow{Cl_2,H_2O}$ (6) 1-乙炔基环己醇（C≡CH，OH）$+H_2O \xrightarrow[H_2SO_4]{HgSO_4}$

(7) 环己烯 $\xrightarrow[②\ H_2O]{①\ H_2SO_4}$ (8) 亚甲基环丁烷（=CH_2）$\xrightarrow{50\%H_2SO_4/H_2O}$

(9) 1-甲基环己烯（CH_3）$\xrightarrow[H^+]{CH_3COOH}$ (10) 4-戊烯-1-醇（OH）$\xrightarrow{H_2SO_4}$

答：(1) Br(H)(H_5C_2)C—C(Br)(C_2H_5)(H)
（反式加成）

(2) (Br)(HOOC)C=C(COOH)(Br)
（反式加成）

(3) $(CH_3)_2C(OH)—CH_2Br$

(4) $(CH_3)_2C(OH)—CH_3$

(5) 反-2-氯环己醇（OH，Cl）
（反式加成）

(6) 1-乙酰基环己醇（$C(=O)CH_3$，OH）

(7) 环己醇（OH）

(8) 1-甲基环丁醇（CH_3，OH）

(9) 1-甲基环己基乙酸酯（CH_3，$OOCCH_3$）

(10) 2-甲基四氢呋喃（O，CH_3）

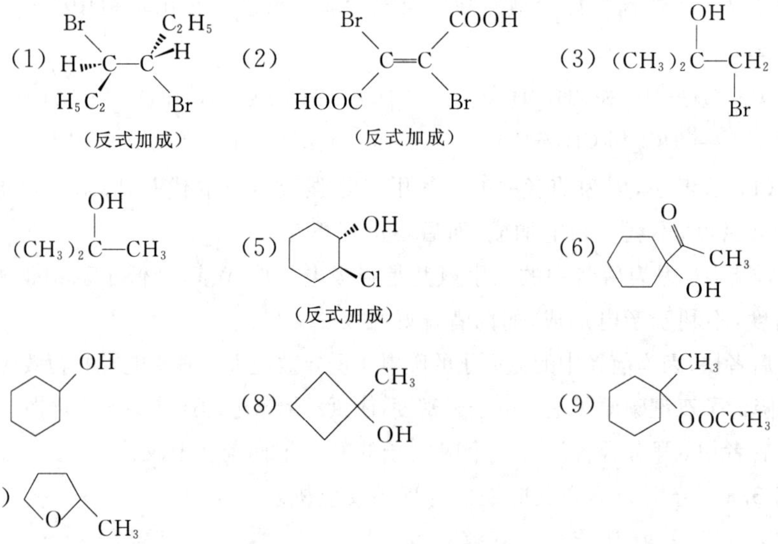

练习 3.10 写出乙炔与亲核试剂(^-CN/HCN)加成生成$H_2C{=}CHCN$的反应机理。

答： $HC{\equiv}CH \xrightarrow{^-CN} H\bar{C}{=}CHCN \xrightarrow{HCN} H_2C{=}CHCN + {}^-CN$

练习 3.11 在$C_2H_5O^-$的催化下，$CH_3C{\equiv}CH$与C_2H_5OH反应，产物是$CH_2{=}C(CH_3)OC_2H_5$而不是$CH_3CH{=}CHOC_2H_5$，为什么？

答：此反应为亲核加成反应，加成方向取决于碳负离子稳定性。因为甲基是给电子取代基，负电荷离给电子取代基越远越稳定。

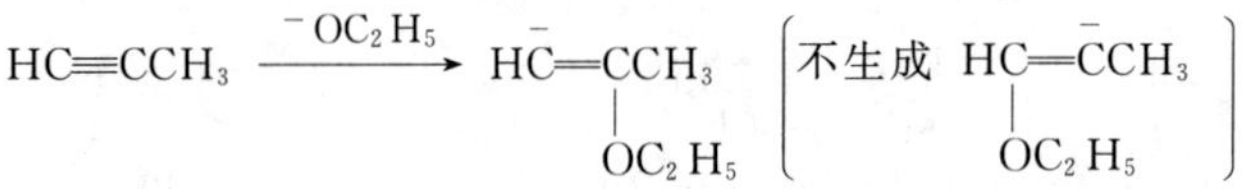

$$HC{\equiv}CCH_3 \xrightarrow{^-OC_2H_5} H\bar{C}{=}C(OC_2H_5)CH_3 \quad \left(\text{不生成}\ HC(OC_2H_5){=}\bar{C}CH_3\right)$$

练习 3.12 在酸催化下，下列化合物与溴化氢进行加成反应的主要产物是什么？如果反应在过氧化物作用下进行，其主要产物有何不同？为什么？

（1）2-甲基丁-1-烯 （2）2,4-二甲基戊-2-烯 （3）丁-2-烯

答：在酸催化下为经由碳正离子的亲电加成机理，加成方向主要取决于碳正离子稳定性。上述三种烯烃与 H^+ 加成分别生成 $CH_3-\overset{+}{C}(CH_3)-CH_2CH_3$、$CH_3-\overset{+}{C}(CH_3)-CH_2CH(CH_3)CH_3$ 和 $CH_3-\overset{+}{C}H-CH_2CH_3$，然后与溴负离子加成分别得到2-溴-2-甲基丁烷、2-溴-2,4-二甲基戊烷和 2-溴丁烷。如果反应在过氧化物作用下进行，为自由基加成机理，加成方向主要取决于 Br•与上述烯烃加成生成相应自由基的稳定性。所以在过氧化物作用下三种烯烃与溴化氢加成分别得到 1-溴-2-甲基丁烷、3-溴-2,4-二甲基戊烷和 2-溴丁烷。

练习 3.13 完成下列反应式：

（1）$(CH_3)_3CCH{=}CH_2 \xrightarrow[\text{② } H_2O_2,\,^-OH,\,H_2O]{\text{① } BH_3/THF}$

（2）$C_2H_5C(CH_3){=}CH_2 \xrightarrow[\text{② } H_2O_2,\,^-OH,\,H_2O]{\text{① } 1/2(BH_3)_2}$

（3）$CH_3(CH_2)_5C{\equiv}CC_2H_5 \xrightarrow[\text{② } CH_3CO_2H,\,0\ ℃]{\text{① } 1/2(BH_3)_2}$

（4）$n\text{-}C_4H_9C{\equiv}CH \xrightarrow[\text{② } H_2O_2,\,^-OH,\,H_2O]{\text{① } BH_3/THF}$

（5）$CH_3(CH_2)_9CH{=}CH_2 \xrightarrow{CH_3CO_3H}$

（6）$(H_3C)(H)C{=}C(H)(CH_3)$（反式：H_3C 与 H 在左，H 在右上，CH_3 在右下）$\xrightarrow{RCO_3H}$

（7）$(CH_3)_2C{=}C(CH_3)CH_2CH{=}CH_2 \xrightarrow[\text{氯仿},\,25\ ℃]{\text{过氧间氯苯甲酸}(1\ mol)}$

练习 3.13(7)

答：（1）$(CH_3)_3CCH_2-CH_2OH$ （2）$C_2H_5CH(CH_3)-CH_2OH$

（3）$CH_3(CH_2)_5(H)C{=}C(H)CH_2CH_3$（顺式） （4）$CH_3(CH_2)_4CHO$

（5）$CH_3(CH_2)_9$-环氧乙烷 （6）反-2,3-二甲基环氧乙烷（H_3C、H 与 H、CH_3）

(7) $(CH_3)_2C\overset{O}{—}C(CH_3)CH_2CH{=}CH_2$（环氧环连接两个碳，下方为 CH_3）（电子云密度高的双键更容易发生环氧化反应）

练习 3.14 完成下列反应式：

(1) $CH_3CH(CH_3)CH{=}CH_2 \xrightarrow[H_2O,0℃]{KMnO_4,^-OH}$

(2) $CH_3CH{=}CHC_3H_7\text{-}n \xrightarrow[H_2O,0℃]{KMnO_4,^-OH}$

(3) $CH_3CH_2C{\equiv}CCH_3 \xrightarrow[pH=7]{KMnO_4,H_2O}$

(4) $HC{\equiv}CCH_3 \xrightarrow[pH=12]{KMnO_4,H_2O}$

答：(1) $CH_3CH(CH_3)CH(OH)—CH_2(OH)$　　(2) $CH_3CH(OH)—CH(OH)C_3H_7\text{-}n$

(3) $CH_3CH_2C(=O)—C(=O)CH_3$　　(4) $CH_3COOH + CO_2$

练习 3.15 写出下列反应物的构造式：

(1) $C_8H_{16}(A) \xrightarrow[②\ H^+]{①\ KMnO_4,^-OH,H_2O,\triangle} (CH_3)_2CHCH_2CO_2H + CH_3CH_2CO_2H$

(2) $C_5H_{10}(B) \xrightarrow[②\ H^+]{①\ KMnO_4,^-OH,H_2O,\triangle} CH_3CH_2C(CH_3){=}O + CO_2$

(3) $C_7H_{12}(C) \xrightarrow[②\ H^+]{①\ KMnO_4,^-OH,H_2O,\triangle} CH_3CH(CH_3)CO_2H + CH_3CH_2CO_2H$

答：(A)　　(B)　　(C)

练习 3.16 某化合物分子式为 C_6H_{12}，经臭氧化-还原分解得到一分子醛和一分子酮，试推测该化合物有多少种可能的结构。如果已知得到的醛为乙醛，是否可以确定化合物的结构？写出其构造式。

答：一共有下列六种可能的烯烃，其中后两种都能生成乙醛和丁酮。

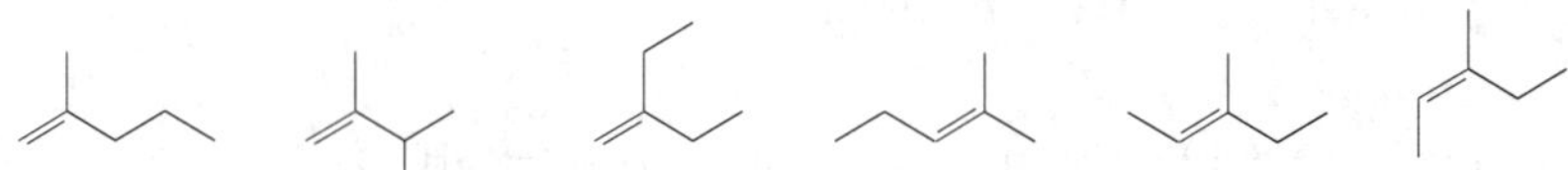

练习 3.17 某些不超过六个碳原子的不饱和烃经臭氧化-还原分解分别得到下

列化合物，试推测原来不饱和烃的结构。

（1）$CH_3CH_2CHO + CH_3CHO$　　（2）$C_2H_5\underset{\displaystyle |\atop \displaystyle CH_3}{C}HCHO + HCHO$

（3）$OHC—CH_2CH_2CH_2CH_2—CHO$

答：（1）　（2）　（3）

练习 3.18　完成下列反应式：

（1）$CH_3CH{=}CHCH_3 + Cl_2 \xrightarrow{\text{高温}}$　　（2）$C_2H_5CH{=}CH_2 \xrightarrow[\text{过氧化苯甲酰}]{NBS}$

答：（1）　Cl　+　Cl　　（2）　Br　+　Br

练习 3.19　2,3-二溴-1-氯丙烷可作为杀根瘤线虫的农药，请选择适当的原料合成之。

答：在高温下，丙烯与氯气进行自由基链反应得到 3-氯丙烯，随后与溴加成：

$$CH_2{=}CH—CH_3 \xrightarrow[500\ ℃]{Cl_2} CH_2{=}CH—CH_2Cl \xrightarrow{Br_2} \underset{}{CH_2}(Br)—CH(Br)—CH_2Cl$$

练习 3.20　由丙炔及必要的原料合成庚-2-炔。

答：反应式如下：

$$CH_3C{\equiv}CH \xrightarrow[\text{液氨}]{NaNH_2} CH_3C{\equiv}CNa \xrightarrow[\text{液氨}]{CH_3(CH_2)_3Cl} CH_3C{\equiv}C(CH_2)_3CH_3$$

练习 3.21　为了合成 2,2-二甲基己-3-炔，除用氨基钠和液氨外，现有以下几种原料可供选择，你认为选择什么原料和路线合成较为合理？

练习 3.21

（1）$CH_3CH_2C{\equiv}CH$　（2）$(CH_3)_3CC{\equiv}CH$　（3）CH_3CH_2Br　（4）$(CH_3)_3CBr$

答：应选择(2)和(3)，经(2)的炔钠与(3)进行亲核取代反应。如选(1)和(4)，(4)会发生消除反应。

练习 3.22　完成下列反应式：

（1）$CH_3CH_2C{\equiv}CNa + H_2O \longrightarrow$　　（2）$(CH_3)_3CC{\equiv}CH \xrightarrow[\text{② } CH_3I]{\text{① } NaNH_2\text{，液 } NH_3}$

（3）环己基$—C{\equiv}CLi + CH_3CH_2CH_2Br \longrightarrow$

（4）$(CH_3)_2CHCH_2C{\equiv}CH \xrightarrow[\text{② } CH_3(CH_2)_3Cl]{\text{① } Na}$

答：（1）$CH_3CH_2C{\equiv}CH$　　（2）$(CH_3)_3CC{\equiv}CCH_3$

（3）环己基$—C{\equiv}C—CH_2CH_2CH_3$　　（4）$(CH_3)_2CHCH_2C{\equiv}C(CH_2)_3CH_3$

练习 3.23 试将己-1-炔和己-3-炔的混合物分离成各自的纯品。

答: 将其加入硝酸银的氨溶液中,己-1-炔生成己-1-炔银沉淀,过滤出沉淀用稀硝酸酸化,分出有机相得到己-1-炔;母液分出有机相得己-3-炔。

3.4 习题和参考答案

(一) 用系统命名法命名下列各化合物:

(1) $CH_3CH_2CH_2C(=CHCH_3)—CHCH_2CH_3$ (C 上为 CH_2CH_3 双键取代,另一碳上连 CH_3)

$$\begin{array}{c} CH_2CH_3 \\ \| \quad | \\ CH_3CH_2CH_2C—CHCH_2CH_3 \end{array}$$

(2) $(CH_3)_2CHC\equiv CC(CH_3)_3$

(3) 环丁基, $CH_2═CH$, $C≡CH$, $C(CH_3)_3$ 取代的 $C═C$

(4) $CH_3CHCH_2CHC≡CH$(CH 上连 CH_3), CH_3, H_3C, H 取代的 $C═C$

(5) H, H_3C, $CH_2CH_2CH_3$, $CH(CH_3)_2$ 取代的 $C═C$

(6) F, H_3C, CH_3, Cl 取代的 $C═C$

(7) H_3C, Cl

(8) CH_3, H_3C

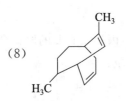

答:(1) 3-甲基-4-甲亚基庚烷

(2) 2,2,5-三甲基己-3-炔

(3) (*Z*)-4-叔丁基-3-环丁基己-1,3-二烯-5-炔

(4) (*Z*)-4-乙炔基-3,6-二甲基庚-2-烯

(5) (*Z*)-3-(1-甲基乙基)己-2-烯

(6) (*E*)-2-氯-3-氟丁-2-烯

(7) 10-氯-1-甲基螺[4.5]癸-6-烯

(8) (2*Z*,9*Z*)-8,10-二甲基二环[3.3.2]癸-2,9-二烯

(一般超过七元环的环烯,双键构型应该标明。此例中有一个八元环,但是属于桥环,其反式异构体不稳定,故可不标注双键构型。)

(二) 写出下列化合物的构造式,检查其命名是否正确,如有错误予以改正,并写出正确的系统名称。

(1) 顺-2-甲基戊-3-烯

(2) 反丁-1-烯

(3) 1-溴异丁烯

(4) (*E*)-3-乙基戊-3-烯

答：(1) $\ce{H3C(H)C=CH-CH(CH3)CH3}$，(*Z*)-4-甲基戊-2-烯

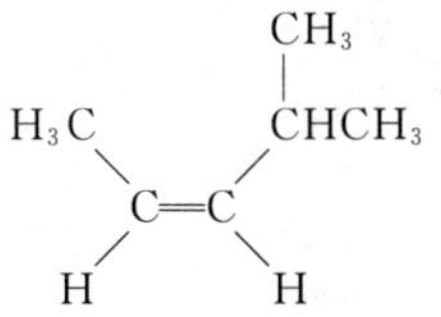

(2) $H_2C{=}CHCH_2CH_3$，丁-1-烯，无顺反异构

(3) $BrCH{=}C(CH_3)_2$，1-溴-2-甲基丙烯

(4) $(H_3C)(H)C{=}C(CH_2CH_3)_2$，3-乙基戊-2-烯，编号不正确，且无 *Z*，*E* 之分

（三）完成下列反应式：

(1) $CH_3CH_2C(CH_3){=}CH_2 + HCl \longrightarrow$

(2) $F_3CCH{=}CH_2 + HCl \longrightarrow$

习题(三)(2)

(3) $(CH_3)_2C{=}CH_2 + Br_2 \xrightarrow[\text{水溶液}]{NaCl}$

习题(三)(3)

(4) $CH_3CH_2C{\equiv}CH \xrightarrow[\text{② } H_2O_2,\ ^-OH, H_2O]{\text{① } 1/2(BH_3)_2}$

(5) 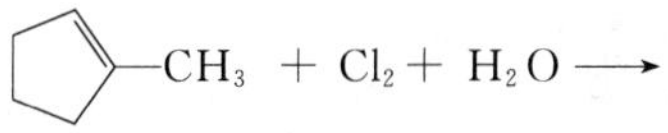 1-甲基环戊烯 $-CH_3 + Cl_2 + H_2O \longrightarrow$

(6) 1,2-二甲基环己烯 $\xrightarrow[\text{② } H_2O_2,\ ^-OH, H_2O]{\text{① } 1/2(BH_3)_2}$

(7) 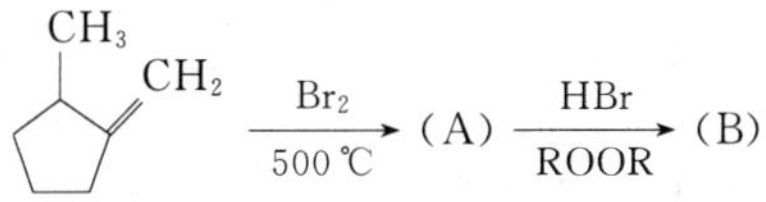 2-甲基-1-亚甲基环戊烷（CH_3，$=CH_2$）$\xrightarrow[500\ ℃]{Br_2}$ (A) $\xrightarrow[ROOR]{HBr}$ (B)

(8) $(CH_3)_2CHC{\equiv}CH \xrightarrow[\text{过量}]{HBr}$

(9) $C_2H_5C{\equiv}CH + H_2O \xrightarrow[H_2SO_4]{HgSO_4}$

(10) 环丙基 $-CH{=}CHCH_3 \xrightarrow[\triangle]{KMnO_4}$

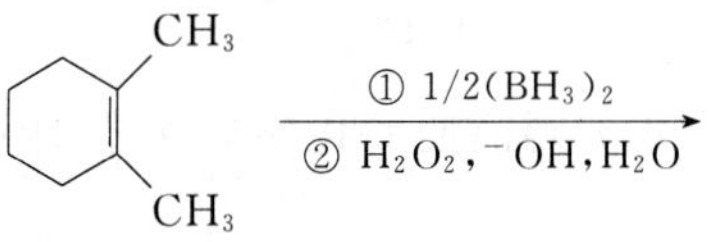

(11) 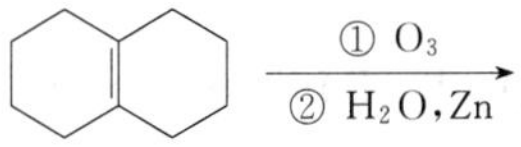 八氢萘（双环，环间双键）$\xrightarrow[\text{② } H_2O, Zn]{\text{① } O_3}$

(12) 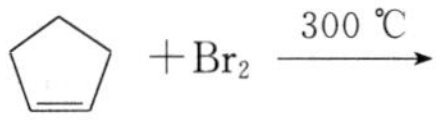 环戊烯 $+ Br_2 \xrightarrow{300\ ℃}$

(13) 溴代环己烷（Br）$+ NaC{\equiv}CH \longrightarrow$

(14) 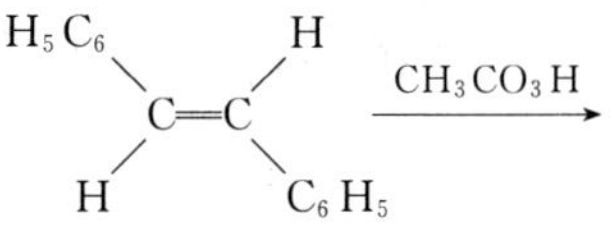 $(H_5C_6)(H)C{=}C(H)(C_6H_5)$ $\xrightarrow{CH_3CO_3H}$

答：(1) $CH_3CH_2C(CH_3)(Cl){-}CH_3$

(2) $F_3CCH_2CH_2Cl$

(3) $(CH_3)_2C(Br){-}CH_2Br$　　$(CH_3)_2C(Cl){-}CH_2Br$　　$(CH_3)_2C(OH){-}CH_2Br$

(4) $CH_3CH_2CH_2CHO$

(5) 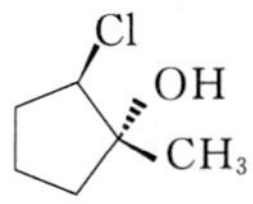 环戊烷，C1 上 Cl（楔形键），C2 上 OH 和 CH_3（楔形键）

(6) 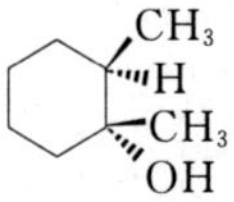 CH_3 H CH_3 OH

(7) (A) 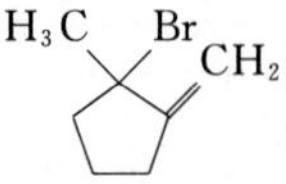 H_3C Br CH_2 (B) 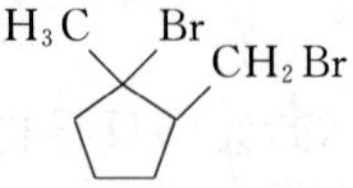 H_3C Br CH_2Br

(8) $(CH_3)_2CHCBr_2CH_3$ (9) $CH_3CH_2COCH_3$

(10) 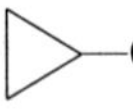 —COOH + CH_3COOH (11) 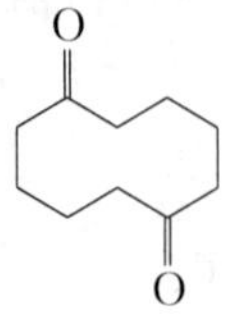 O O

(12) 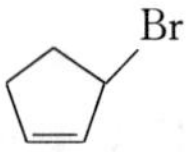 Br (13)

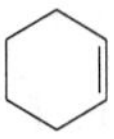

(14) 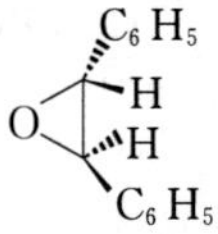 C_6H_5 H O H C_6H_5

(四) 用简便的化学方法鉴别下列各组化合物：

(1) (A) 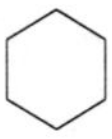 (B)  (C)

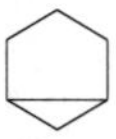

(2) (A) $(C_2H_5)_2C{=}CHCH_3$ (B) $CH_3(CH_2)_4C{\equiv}CH$ (C) 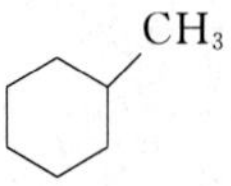 CH_3

答：(1) 先用 Br_2/CCl_4 溶液，褪色者是(B)和(C)，再用稀 $KMnO_4$ 溶液，褪色者为(B)。

(2) 使 Br_2/CCl_4 或稀 $KMnO_4$ 溶液褪色者是(A)和(B)，再与 $Ag(NH_3)_2NO_3$ 作用，生成白色沉淀者是(B)。

(五) 在下列各组化合物中，哪一种比较稳定？为什么？

(1) 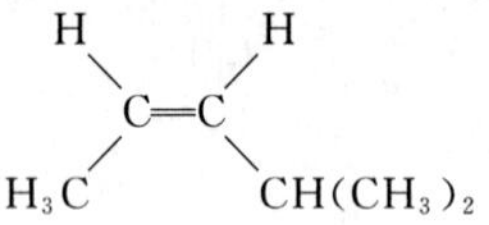 H H C=C H_3C $CH(CH_3)_2$ ， H $CH(CH_3)_2$ C=C H_3C H

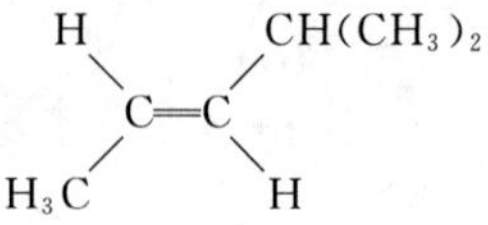

(2) CH_3 ， CH_3

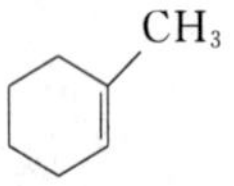

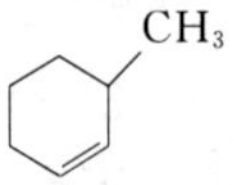

(3) 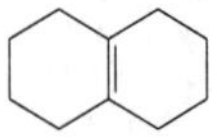 ， ，

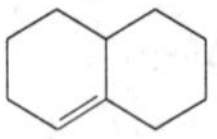

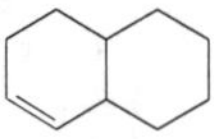

(4) 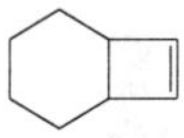 ，

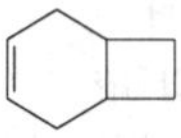

(5)  [环丁烯]，[环丙烯]，[环己烯]

(6) 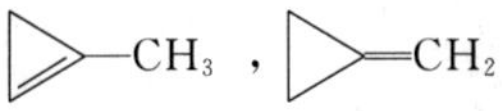 [1-甲基环丙烯 $-CH_3$]，[亚甲基环丙烷 $=CH_2$]

答：(1) 后者较稳定，两个大体积取代基处于碳碳双键异侧，空间效应较小。

(2) 前者较稳定，它相当于三取代乙烯，超共轭作用较明显。

(3) 第一个最稳定，它相当于四取代乙烯。

(4) 后者较稳定，其角张力较小。

(5) 第三个最稳定，其角张力最小。

(6) 后者较稳定，其角张力较小。

(六) 将下列各组活性中间体按稳定性由大到小排列成序：

(1) (A) $CH_3\overset{+}{C}HCH_3$　　(B) $Cl_3C\overset{+}{C}HCH_3$　　(C) $(CH_3)_3\overset{+}{C}$

(2) (A) $(CH_3)_2CHCH_2\dot{C}H_2$　　(B) $(CH_3)_2\dot{C}CH_2CH_3$　　(C) $(CH_3)_2CH\dot{C}HCH_3$

答：(1) (C)>(A)>(B)　　(2) (B)>(C)>(A)

(七) 下列离子均倾向于重排成更稳定的碳正离子，试写出其重排后碳正离子的结构。

(1) $CH_3CH_2\overset{+}{C}H_2$　　(2) $(CH_3)_2CH\overset{+}{C}HCH_3$

(3) $(CH_3)_3C\overset{+}{C}HCH_3$　　(4) 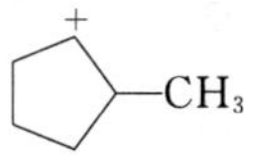 [环戊基正离子，正电荷在与 $-CH_3$ 相连碳的相邻碳上]

答：(1) $CH_3\overset{+}{C}HCH_3$　　(2) $(CH_3)_2\overset{+}{C}CH_2CH_3$

(3) $(CH_3)_2\overset{+}{C}CH(CH_3)CH_3$（即 $(CH_3)_2\overset{+}{C}CHCH_3$，CH 上连有 CH_3）　　(4) 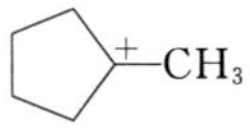 [环戊基正离子，正电荷在连有 $-CH_3$ 的碳上]

(八) 在聚丙烯生产中，常用己烷或庚烷作溶剂，但要求溶剂中不能有不饱和烃。如何检验溶剂中有无不饱和烃杂质？若有，如何除去？

答：用少量的 Br_2/CCl_4 溶液或 $KMnO_4$ 水溶液实验，若褪色说明有不饱和烃，用浓 H_2SO_4 溶液洗涤可除去。

(九) 解释下列实验事实(JACS 1957,79:3469)：

$$(CH_3)_3C—CH{=}CH_2 + Br_2 \xrightarrow[0\,℃]{CH_3OH} \underset{45\%}{(CH_3)_3C—\underset{Br}{CH}—\underset{Br}{CH_2}} + \underset{44\%}{(CH_3)_3C—\underset{Br}{CH}—\underset{OCH_3}{CH_2}}$$

$$CH_3(CH_2)_3CH{=}CH_2 + Br_2 \xrightarrow[0\,℃]{CH_3OH} \underset{31\%}{CH_3(CH_2)_3\underset{Br}{CH}—\underset{Br}{CH_2}} +$$

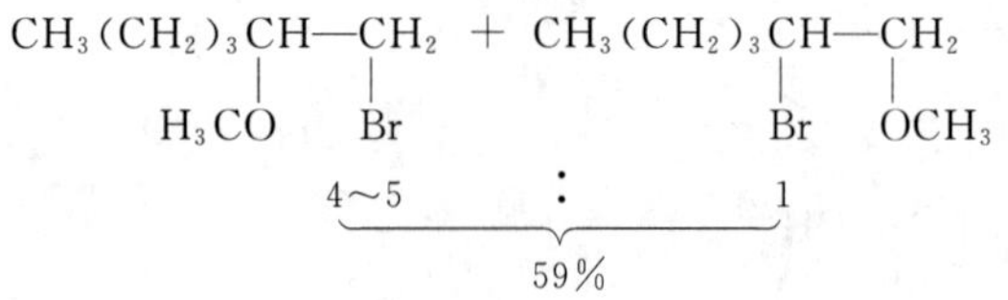

$$\underset{\mathrm{H_3CO}\quad\ \mathrm{Br}}{CH_3(CH_2)_3CH-CH_2} + \underset{\mathrm{Br}\quad\ \mathrm{OCH_3}}{CH_3(CH_2)_3CH-CH_2}$$

$$\underbrace{4\sim5 \quad : \quad 1}_{59\%}$$

答：第一例反应首先生成不对称溴正离子：$(CH_3)_3C-\overset{\delta+}{C}H-CH_2$（$\overset{\delta+}{Br}$ 桥连），尽管该溴正离子的C2上有较多正电荷，但由于叔丁基的空间效应妨碍甲醇对C2的亲核进攻，使得亲核进攻C1的产物增加。在第二例中，首先生成如下不对称溴正离子：$CH_3CH_2CH_2CH_2-\overset{\delta+}{C}H-CH_2$（$\overset{\delta+}{Br}$ 桥连），由于丁基的空间位阻较小，甲醇主要进攻溴正离子中带正电荷较多的C2。另外，溴负离子是比较弱的碱，也是比较软的碱，容易变形，当空间效应为主时，其亲核优势增大，所以第一例中溴负离子作为亲核试剂的产物多一些。

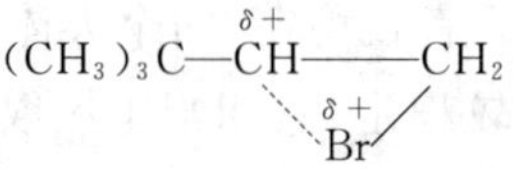

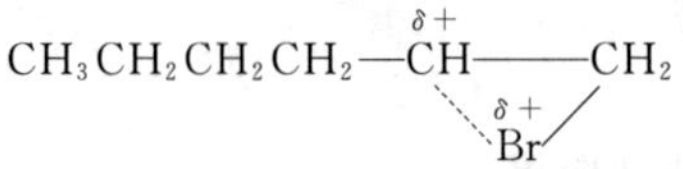

（十）写出下列各反应的机理：

（1）环己基$-CH=CH_2 \xrightarrow{HBr}$ 1-溴-1-乙基环己烷（环己烷C1上连 CH_2CH_3 和 Br）

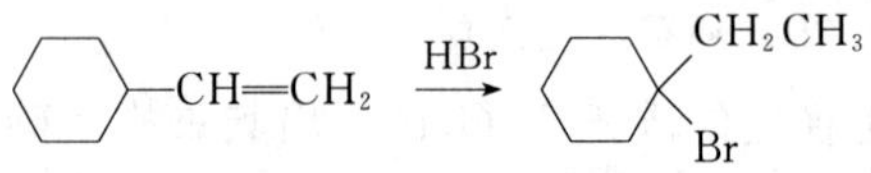

（2）2-甲基-1,2,3,4,5,6,7,8-八氢萘（H_3C 取代，环内双键）$\xrightarrow[ROOR]{HBr}$ 含 H_3C 与 Br 的十氢萘产物

（3）$(CH_3)_2C=CHCH_2\underset{\displaystyle CH_3}{\underset{|}{C}H}CH=CH_2 \xrightarrow{H^+}$ 环己烯（4位连 H_3C、CH_3，双键碳上连 CH_3）

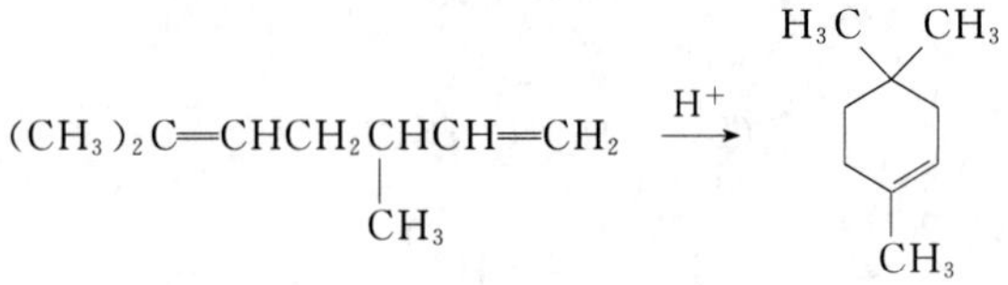

答：（1）环己基$-CH=CH_2 \xrightarrow{H^+}$ 环己基$-\overset{+}{C}H-CH_3 \xrightarrow{负氢迁移}$

环己基正离子（$\overset{+}{C}$）$-CH_2-CH_3 \xrightarrow{Br^-}$ 1-溴-1-乙基环己烷（CH_2CH_3，Br）

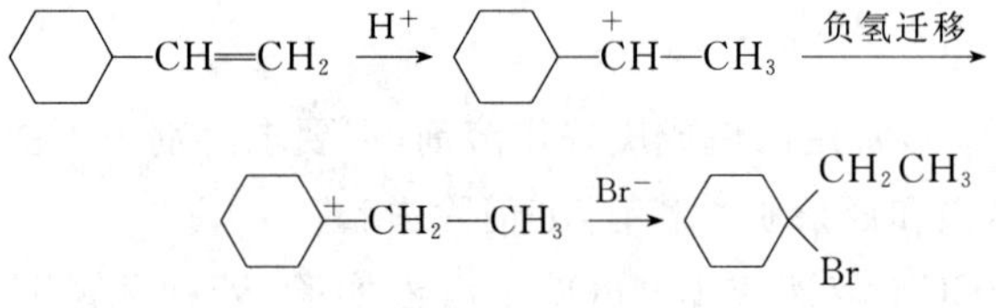

（2）$ROOR \xrightarrow{\triangle} 2\ RO\cdot$

$RO\cdot + HBr \longrightarrow ROH + Br\cdot$

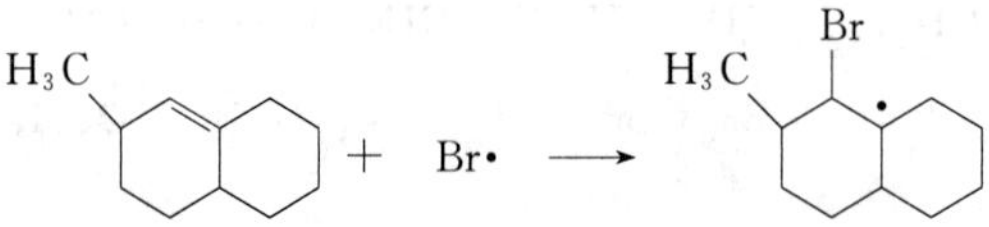

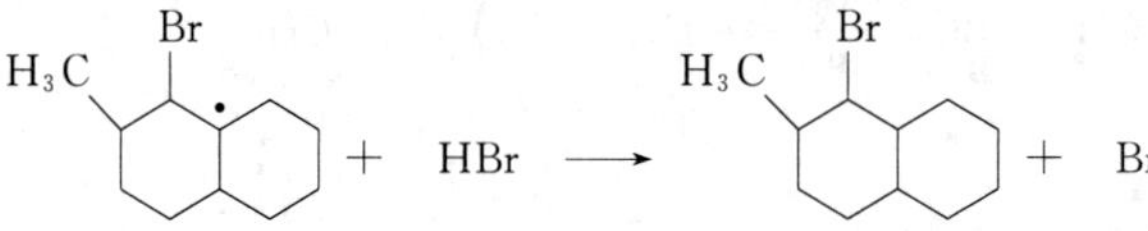

H_3C-取代八氢萘（环内双键） $+\ Br\cdot \longrightarrow$ H_3C、Br 取代的十氢萘自由基（$\cdot$）

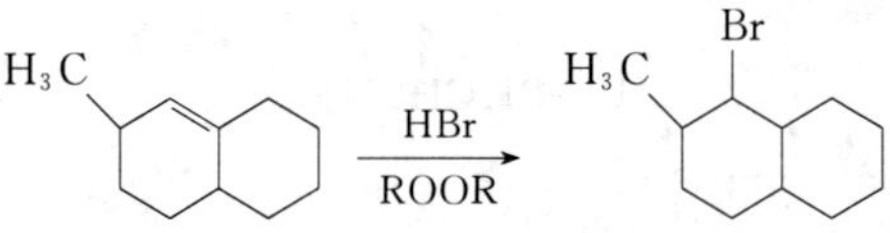

H_3C、Br 取代的十氢萘自由基（$\cdot$） $+\ HBr \longrightarrow$ H_3C、Br 取代的十氢萘 $+\ Br\cdot$

(3) 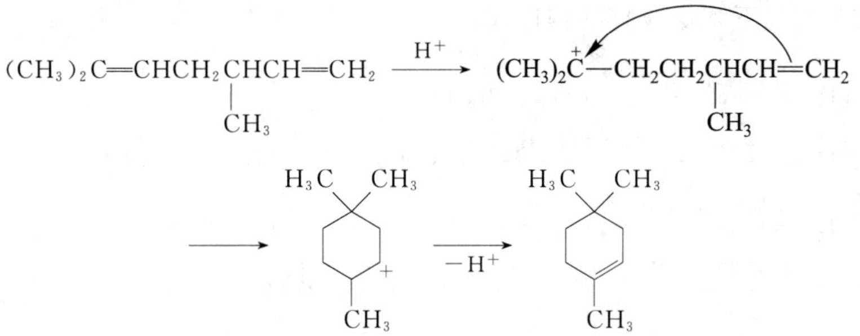 $(CH_3)_2C{=}CHCH_2CH(CH_3)CH{=}CH_2 \xrightarrow{H^+} (CH_3)_2\overset{+}{C}{-}CH_2CH_2CH(CH_3)CH{=}CH_2$

$\longrightarrow$ （1,1-二甲基-4-甲基环己基碳正离子，H₃C、CH₃、CH₃） $\xrightarrow{-H^+}$ （4,4-二甲基-1-甲基环己烯，H₃C、CH₃、CH₃）

（十一）预测下列反应的主要产物,并说明理由。

(1) $CH_2{=}CHCH_2C{\equiv}CH \xrightarrow[HgCl_2]{HCl}$

(2) $CH_2{=}CHCH_2C{\equiv}CH \xrightarrow[Pd-CaCO_3,喹啉]{H_2}$

(3) $CH_2{=}CHCH_2C{\equiv}CH \xrightarrow[KOH]{C_2H_5OH}$

(4) $CH_2{=}CHCH_2C{\equiv}CH \xrightarrow{C_6H_5CO_3H}$

(5) 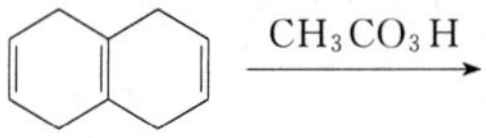 （双环二烯结构） $\xrightarrow{CH_3CO_3H}$

(6) $(CH_3)_3C{-}CH{=}CH_2 \xrightarrow{稀\ HI}$

答:(1) 主要生成 $CH_2{=}CHCH_2C(Cl){=}CH_2$。因为炔键形成的汞正离子稳定性差,容易开环。

(2) 主要生成 $CH_2{=}CHCH_2CH{=}CH_2$。因为炔键比烯键更易被催化剂吸附且炔键被还原为烯键的氢化热较大,因而炔键优先被还原。

(3) 主要生成 $CH_2{=}CHCH_2C(OCH_3){=}CH_2$。因为炔键进行亲核加成生成的烯基负离子比烯键亲核加成生成的烷基负离子稳定,因而炔键比烯键更易进行亲核加成,加成方向取决于负离子稳定性,负电荷在末端碳原子上的中间体碳负离子较稳定，所以最后得到 2-甲氧基戊-1,4-二烯。

(4) 主要在烯键上发生环氧化生成 $H_2C\overset{O}{—}CHCH_2C{\equiv}CH$。因为环氧化是亲电的协同加成机理,烯键较易给出电子。

(5) 中间双键电子云密度最高,优先发生环氧化,主要生成（中间双键环氧化的双环二烯）。

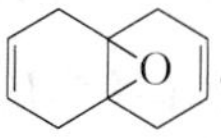

(6) 主要生成 $(CH_3)_2CICH(CH_3)_2$。首先发生亲电加成产生 C2 带正电荷的仲碳正离子,该碳正离子发生甲基负离子重排得到更稳定的叔碳正离子,后者与强亲核性的 I^- 结合得到 2-碘-2,4-二甲基丁烷。

（十二）写出下列反应物的构造式：

（1）$C_2H_4 \xrightarrow{KMnO_4,H_3O^+} 2CO_2 + 2H_2O$

（2）$C_6H_{12} \xrightarrow{KMnO_4,{}^-OH,H_2O} \xrightarrow{H_3O^+} (CH_3)_2CHCOOH + CH_3COOH$

（3）$C_6H_{12} \xrightarrow{KMnO_4,{}^-OH,H_2O} \xrightarrow{H_3O^+} (CH_3)_2CO + C_2H_5COOH$

（4）$C_6H_{10} \xrightarrow{KMnO_4,{}^-OH,H_2O} \xrightarrow{H_3O^+} 2CH_3CH_2COOH$

（5）$C_8H_{12} \xrightarrow{KMnO_4,{}^-OH,H_2O} \xrightarrow{H_3O^+} (CH_3)_2CO + HOOCCH_2CH_2COOH + CO_2$

（6）C_7H_{12} —
$\xrightarrow{2H_2,Pt} CH_3CH_2CH_2CH_2CH_2CH_2CH_3$
$\xrightarrow[NH_3 \cdot H_2O]{AgNO_3} C_7H_{11}Ag$

答：（1）$CH_2{=}CH_2$ （2）$(CH_3)_2CHCH{=}CHCH_3$

（3）$(CH_3)_2C{=}CHCH_2CH_3$ （4）$CH_3CH_2C{\equiv}CCH_2CH_3$

（5）$(CH_3)_2C{=}CHCH_2CH_2C{\equiv}CH$ （6）$CH_3(CH_2)_4C{\equiv}CH$

（十三）根据下列反应中各化合物的酸碱性，试判断每个反应能否发生（pK_a 的近似值：ROH 为 16，NH_3 为 38，RC≡CH 为 25，H_2O 为 15.7）。

（1）$RC{\equiv}CH + NaNH_2 \longrightarrow RC{\equiv}CNa + NH_3$

（2）$RC{\equiv}CH + RONa \longrightarrow RC{\equiv}CNa + ROH$

（3）$CH_3C{\equiv}CH + NaOH \longrightarrow CH_3C{\equiv}CNa + H_2O$

（4）$ROH + NaOH \longrightarrow RONa + H_2O$

答：（1）能发生；（2）和（3）不能；（4）为可逆反应，由于 H_2O 的 pK_a 略小于 ROH，反应的平衡常数小于 1。

（十四）给出下列反应的试剂和反应条件：

（1）戊-1-炔 ⟶ 戊烷 （2）己-3-炔 ⟶ 顺己-3-烯

（3）戊-2-炔 ⟶ 反戊-2-烯

（4）$(CH_3)_2CHCH_2CH{=}CH_2 \longrightarrow (CH_3)_2CHCH_2CH_2CH_2OH$

答：（1）在 Ni、Pt 或 Pd 等存在下催化加氢。

（2）在 Lindlar 或 P-2 催化剂存在下催化加氢。

（3）在液氨中用 Na 或 Li 还原。

（4）① $1/2(BH_3)_2$；② H_2O_2，NaOH，H_2O。

（十五）完成下列转变（不限一步）：

（1）$CH_3CH{=}CH_2 \longrightarrow CH_3CH_2CH_2Br$

（2）$CH_3CH_2CH_2CH_2OH \longrightarrow CH_3CH_2\underset{Br}{\underset{|}{C}}ClCH_3$

（3）$(CH_3)_2CHCHBrCH_3 \longrightarrow (CH_3)_2\underset{OH}{\underset{|}{C}}CHBrCH_3$

(4) $CH_3CH_2CHCl_2 \longrightarrow CH_3CCl_2CH_3$

答：(1) $CH_3CH{=}CH_2 \xrightarrow[(PhCOO)_2]{HBr} CH_3CH_2CH_2Br$（自由基加成链反应）

(2) $CH_3CH_2CH_2CH_2OH \xrightarrow[\triangle]{Al_2O_3} CH_3CH_2CH{=}CH_2 \xrightarrow{Br_2} CH_3CH_2CHBrCH_2Br$

$\xrightarrow[液氨]{NaNH_2} CH_3CH_2C{\equiv}CH \xrightarrow{HCl} CH_3CH_2\underset{\displaystyle Cl}{C}{=}CH_2 \xrightarrow{HBr} CH_3CH_2\underset{\displaystyle Br}{C}ClCH_3$

注：1,2-二溴丁烷消除一分子溴化氢会得到1-溴丁-1-烯和2-溴丁-1-烯的混合物。从热力学稳定性考虑，1-溴丁-1-烯比2-溴丁-1-烯稳定；从满足消除条件的可能构象分析，构象(A)中Br1和Br2都能消除，而构象(B)中只有Br2可发生消除，因此，1,2-二溴丁烷消除一分子溴化氢，1-溴丁-1-烯应该是主要产物。故不能采取只消除一分子HBr再加一分子HCl的办法。

(A)　　(B)

(3) $(CH_3)_2CHCHBrCH_3 \xrightarrow[\triangle]{KOH/醇} (CH_3)_2C{=}CHCH_3 \xrightarrow{Br_2/H_2O} (CH_3)_2\underset{\displaystyle OH}{C}CHBrCH_3$

(4) $CH_3CH_2CHCl_2 \xrightarrow[\triangle]{KOH/醇} CH_3C{\equiv}CH \xrightarrow{2HCl} CH_3CCl_2CH_3$

（十六）由指定原料合成下列各化合物（常用试剂任选）：

(1) 由丁-1-烯合成丁-2-醇

(2) 由己-1-烯合成己-1-醇

(3) $CH_3\overset{\displaystyle CH_3}{C}{=}CH_2 \longrightarrow ClCH_2\overset{\displaystyle CH_3}{C}\!-\!CH_2$（C 与 CH_2 之间以 O 桥连成环氧）

习题(十六)(1)

(4) 由乙炔合成己-3-炔

(5) 由己-1-炔合成己醛

习题(十六)(3)

(6) 由乙炔和丙炔合成丙基乙烯基醚

答：(1) $CH_3CH_2CH{=}CH_2 \xrightarrow[\triangle]{H_3PO_4,H_2O} CH_3CH_2\underset{\displaystyle OH}{C}HCH_3$

(2) $CH_3(CH_2)_3CH{=}CH_2 \xrightarrow[②\ H_2O_2,\ ^-OH]{①\ 1/2(BH_3)_2} CH_3(CH_2)_5OH$

(3) $CH_3\overset{\displaystyle CH_3}{\overset{|}{C}}{=}CH_2 \xrightarrow[500\ ℃]{Cl_2} ClCH_2\overset{\displaystyle CH_3}{\overset{|}{C}}{=}CH_2 \xrightarrow{CF_3CO_3H} ClCH_2\overset{\displaystyle CH_3}{\overset{|}{C}}\underset{O}{—}CH_2$

(4) $HC{\equiv}CH \xrightarrow[液氨]{NaNH_2} HC{\equiv}CNa \xrightarrow[液氨]{BrC_2H_5} CH_3CH_2C{\equiv}CH$

$\xrightarrow[液氨]{NaNH_2} CH_3CH_2C{\equiv}CNa \xrightarrow[液氨]{BrC_2H_5} CH_3CH_2C{\equiv}CCH_2CH_3$

(5) $CH_3(CH_2)_3C{\equiv}CH \xrightarrow[②\ H_2O_2,\ ^-OH]{①\ 1/2(BH_3)_2} CH_3(CH_2)_4CHO$

(6) $CH_3C{\equiv}CH + H_2 \xrightarrow[喹啉-硫]{Pd-BaSO_4} CH_3CH{=}CH_2 \xrightarrow[②\ H_2O_2,\ ^-OH,\ H_2O]{①\ 1/2(BH_3)_2}$

$CH_3CH_2CH_2OH \xrightarrow[KOH]{HC{\equiv}CH} CH_3CH_2CH_2OCH{=}CH_2$

（十七）解释下列事实：

(1) 丁-1-炔、丁-1-烯、丁烷的偶极矩依次减小，为什么？

(2) 普通烯烃的顺式和反式异构体的内能差为 4.2 $kJ\cdot mol^{-1}$，但4,4-二甲基戊-2-烯顺式和反式的内能差为 15.9 $kJ\cdot mol^{-1}$，为什么？

(3) 乙炔中的C—H 键比相应乙烯、乙烷中的 C—H 键键能增大、键长缩短，但酸性却增强了，为什么？

(4) 炔烃不但可以加一分子卤素，而且可以加两分子卤素，但却比烯烃加卤素困难，反应速率也小，为什么？

(5) 与亲电试剂 Br_2、Cl_2、HCl 的加成反应，烯烃比炔烃活泼。然而当炔烃用这些试剂处理时，反应却很容易停止在烯烃阶段，生成卤代烯烃，需要更强烈的条件才能进行第二步加成。这是否相互矛盾，为什么？

(6) 在硝酸钠的水溶液中，溴对乙烯的加成，不仅生成 1,2-二溴乙烷，而且还产生硝酸-2-溴代乙酯（$BrCH_2CH_2ONO_2$）和 2-溴乙醇，怎样解释这样的反应结果？试写出各步反应式。

(7) $(CH_3)_3CCH{=}CH_2$在酸催化下加水，不仅生成产物 $(CH_3)_3C\underset{\displaystyle OH}{\underset{|}{C}}HCH_3$ (A)，而且生成 $(CH_3)_2\underset{\displaystyle OH}{\underset{|}{C}}CH(CH_3)_2$ (B)，但不生成$(CH_3)_3CCH_2CH_2OH$ (C)。试解释原因。

(8) 丙烯聚合反应，无论是酸催化还是自由基引发聚合，都是按头尾相接的方式，生成甲基交替排列的整齐聚合物，为什么？

答：(1) 由于碳原子的杂化状态不同而电负性不同，其电负性由大到小的次序是叁键碳原子＞双键碳原子＞饱和碳原子，故偶极矩依次减小。

(2) 因为顺-4,4-二甲基戊-2-烯分子中甲基与体积较大基团叔丁基处于双键的同侧，空间效应较大，导致顺式异构体能量明显升高。

(3) 由于 sp 杂化碳原子含有较多的 s 成分，电负性较大，使乙炔中 C—H 键的键合电子靠近碳原子核，分子的酸性增强。

(4) 由于炔烃和卤素的加成是亲电加成，而叁键碳原子是 sp 杂化，对 π 电子的束缚力较强，不易给出电子，故难与亲电试剂卤素进行亲电加成；同时，叁键与溴亲电加成形成的溴正离子在三元环状结构中含有双键，角张力大，不稳定，不易生成。

(5) 炔烃加卤素等后，生成的卤代烯烃，由于卤原子吸引电子，双键碳原子上的电子云密度降低，故再进行亲电加成要比原料炔烃困难。

(6) 首先生成溴正离子。溴负离子、硝酸根、水都是亲核试剂，它们都有可能与溴正离子发生亲核加成：

$$CH_2{=}CH_2 \xrightarrow[-Br^-]{Br_2} H_2C\overset{\overset{+}{Br}}{\diagup\diagdown}CH_2 \begin{cases} \xrightarrow{Br^-} H_2C(Br){-}CH_2Br \\ \xrightarrow{^-ONO_2} H_2C(ONO_2){-}CH_2Br \\ \xrightarrow[-H^+]{H_2O} H_2C(OH){-}CH_2Br \end{cases}$$

(7)

$$(CH_3)_3CCH{=}CH_2 \xrightarrow{H^+} (CH_3)_3C\overset{+}{C}H{-}CH_3 \xrightarrow[-H^+]{H_2O} (CH_3)_3CCH(OH){-}CH_3$$

$$(CH_3)_3CCH{=}CH_2 \xrightarrow{H^+}\!\!\!\!\!\!\times\ (CH_3)_3CCH_2\overset{+}{C}H_2$$

$$(CH_3)_3C\overset{+}{C}H{-}CH_3 \xrightarrow{\text{甲基负离子迁移}} (CH_3)_2\overset{+}{C}CH(CH_3){-}CH_3 \xrightarrow[-H^+]{H_2O} (CH_3)_2C(OH)CH(CH_3){-}CH_3$$

(8) 因为经过比较稳定的仲碳正离子或仲碳自由基：

$$\sim\!\sim CH_2{-}\overset{+}{C}H(CH_3) \xrightarrow{CH_2{=}CH{-}CH_3} \sim\!\sim CH_2{-}CH(CH_3){-}CH_2{-}\overset{+}{C}H(CH_3)$$

$$\sim\!\sim CH_2{-}\dot{C}H(CH_3) \xrightarrow{CH_2{=}CH{-}CH_3} \sim\!\sim CH_2{-}CH(CH_3){-}CH_2{-}\dot{C}H(CH_3)$$

(十八) 化合物(A)的分子式为 C_4H_8，它能使溴的四氯化碳溶液褪色，但不能使稀的高锰酸钾溶液褪色。1 mol (A)与 1 mol HBr 作用生成(B)，(B)也可以从(A)的同分异构体(C)与 HBr 作用得到。(C)能使溴的四氯化碳溶液褪色，也能使酸性高锰酸钾溶液褪色。试推测(A)、(B)和(C)的构造式，并写出各步反应式。

简答：(A) 甲基环丙烷（$\triangleright\!\!-$） (B) $CH_3CH_2CH(Br)CH_3$（键线式） (C) $CH_3CH_2CH{=}CH_2$ 或 $CH_3CH{=}CHCH_3$

各步反应式略。

(十九) 分子式为 C_4H_6 的三种异构体(A)、(B)、(C)，可以发生如下的化学反应：

(1) 三种异构体都能与溴反应，但在常温下对等物质的量的试样，与(B)和(C)反应的溴的物质的量是(A)的 2 倍；

(2) 三者都能与 HCl 发生反应，而(B)和(C)在 Hg^{2+} 催化下与 HCl 作用得到的是同一产物；

(3) (B)和(C)能迅速地与含 $HgSO_4$ 的硫酸溶液作用，得到分子式为 C_4H_8O 的化合物；

(4) (B)能与硝酸银的氨溶液反应生成白色沉淀。

试写出化合物(A)、(B)和(C)的构造式，并写出有关的反应式。

答：(A) （环丁烯） (B) $CH_3CH_2C{\equiv}CH$ (C) $CH_3C{\equiv}CCH_3$

有关反应式如下：

(A) 环丁烯 $\xrightarrow{Br_2}$ 1,2-二溴环丁烷（反式）；(A) 环丁烯 $\xrightarrow{HCl}$ 氯代环丁烷

(A)

$$CH_3CH_2C{\equiv}CH \xrightarrow{HgSO_4,\ H_2SO_4} CH_3CH_2\overset{O}{\overset{\|}{C}}CH_3$$

$$CH_3CH_2CBr_2CHBr_2 \xleftarrow{2Br_2} CH_3CH_2C{\equiv}CH \xrightarrow{+Ag(NH_3)_2} CH_3CH_2C{\equiv}CAg$$

(B)

$$CH_3CBr_2CBr_2CH_3 \xleftarrow{2Br_2} CH_3C{\equiv}CCH_3 \xrightarrow[H_2SO_4]{HgSO_4} CH_3CH_2\overset{O}{\overset{\|}{C}}CH_3$$

(C)

(二十) 某化合物(A)的分子式为 C_7H_{14}，经酸性高锰酸钾溶液氧化后生成两个化合物(B)和(C)。(A)经臭氧化-还原分解也得相同产物(B)和(C)。试写出(A)的构造式。

答：(A) （2,3-二甲基戊-2-烯 键线式）

根据分子式和可氧化性判断(A)为烯烃，酸性高锰酸钾溶液氧化和臭氧化-还原分解产物相同，说明(B)和(C)都是酮，碳原子数最少的酮是丙酮，另一种酮必是丁酮，由此推知(A)为 2,3-二甲基戊-2-烯。

(二十一) 卤代烃 $C_5H_{11}Br$(A)与氢氧化钠的乙醇溶液加热，生成分子式为 C_5H_{10} 的化合物(B)。(B)用高锰酸钾的酸性水溶液氧化可得到一种酮(C)和一种羧酸(D)。而(B)与溴化氢作用得到的产物是(A)的异构体(E)。试写出(A)～(E)的构造式及各步反应式。

答：(A) （2-溴-3-甲基丁烷 键线式，Br） (B) （2-甲基丁-2-烯 键线式） (C) （丙酮 键线式，O） (D) CH_3COOH (E) （2-溴-2-甲基丁烷 键线式，Br）

各步反应式略。

（二十二）化合物 $C_7H_{15}Br$ 经强碱处理后，得到三种烯烃（C_7H_{14}）的混合物（A）、（B）和（C）。这三种烯烃经催化加氢后均生成 2-甲基己烷。（A）与 B_2H_6 作用并经碱性过氧化氢处理后生成醇（D）。（B）和（C）经同样反应，得到（D）和另一种异构醇（E）。写出（A）～（E）的结构。

答：（A）～（E）的结构如下：

（A） 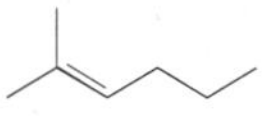　　（B） 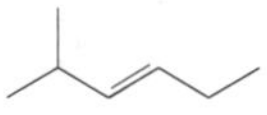　　（C）

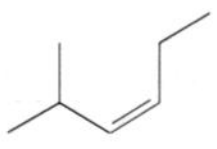

（D） 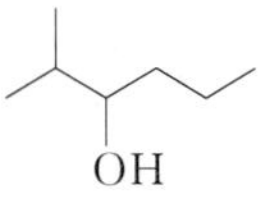　　（E）

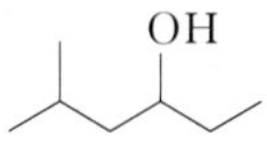

OH

OH

（二十三）有（A）和（B）两种化合物，它们互为构造异构体，都能使溴的四氯化碳溶液褪色。（A）与 $Ag(NH_3)_2NO_3$ 反应生成白色沉淀，用 $KMnO_4$ 溶液氧化生成丙酸（CH_3CH_2COOH）和二氧化碳；（B）不与 $Ag(NH_3)_2NO_3$ 反应，而用 $KMnO_4$ 溶液氧化只生成一种羧酸。试写出（A）和（B）的构造式及各步反应式。

答：（A）和（B）分别为丁-1-炔和丁-2-炔，各步反应式略。

（二十四）某化合物的分子式为 C_6H_{10}。能与两分子溴加成而不能与氯化亚铜的氨溶液起反应。在汞盐的硫酸溶液存在下，能与水反应得到 4-甲基戊-2-酮和 2-甲基戊-3-酮的混合物。试写出 C_6H_{10} 的构造式。

答：C_6H_{10} 的构造式为 $(CH_3)_2CHC\equiv CCH_3$。

（二十五）某化合物（A），分子式为 C_5H_8，在液氨中与氨基钠作用后，再与1-溴丙烷作用，生成分子式为 C_8H_{14} 的化合物（B）。用高锰酸钾氧化（B）得到分子式为 $C_4H_8O_2$ 的两种不同的羧酸（C）和（D）。（A）在硫酸汞存在下与稀硫酸作用，可得到分子式为 $C_5H_{10}O$ 的酮（E）。试写出（A）～（E）的构造式及各步反应式。

答：（A）为 $(CH_3)_2CHC\equiv CH$，（B）为 $(CH_3)_2CHC\equiv CCH_2CH_2CH_3$，（C）和（D）为 $(CH_3)_2CHCOOH$ 和 $CH_3CH_2CH_2COOH$，（E）为 $(CH_3)_2CHCOCH_3$。各步反应式略。

3.5 小　结

烯烃和炔烃都含有碳碳不饱和键，可进行加成反应、氧化反应和聚合反应等。烯烃分子中的 α-氢原子，受超共轭效应的影响而比较活泼，因而烯烃中的 α-氢原子易发生取代反应和氧化反应。

在炔烃分子中，由于叁键碳原子是 sp 杂化，电负性较强，使得与叁键碳原子直接相连的氢原子（炔氢）比较活泼，能与碱金属或强碱等发生反应得到炔基负离子，炔基负离子是强亲核试剂和强碱。

烯烃和炔烃的催化氢化反应

烯烃和炔烃经由碳正离子的亲电加成反应

烯烃和炔烃经由卤正离子的亲电加成反应

烯烃和炔烃经由汞正离子的亲核加成反应

烯烃和炔烃的自由基加成反应

烯烃和炔烃的硼氢化反应

3.5.1 烯烃和炔烃的加成反应

烯烃和炔烃的加成反应主要有五种类型：催化氢化、亲电加成、亲核加成、自由基加成和协同加成。

烯烃和炔烃的加成反应

- **催化氢化**

  $R—C≡C—R' \xrightarrow[\text{喹啉}]{H_2, Pd-CaCO_3}$ (R)(H)C=C(R')(H)；1,2-二甲基环己烯 $\xrightarrow{H_2, Pt}$ 顺-1,2-二甲基环己烷（两个 H 同侧，两个 CH_3 同侧）

  ① 催化氢化主要为顺式加成；
  ② 炔烃比烯烃容易催化氢化，取代少的比取代多的容易氢化；
  ③ 炔烃的氢化可以通过加入部分毒化的催化剂控制在烯烃阶段。

- **亲电加成**

  $R—CH═CH_2 \xrightarrow{HX} R—CH(X)—CH_2(H)$；环己烯 $\xrightarrow{Br_2}$ 1,2-二溴环己烷（两个 Br 反式）

  ① 烯烃比炔烃容易亲电加成；
  ② 亲电加成可经碳正离子或卤正离子机理；
  ③ 前者加成方向取决于碳正离子稳定性，后者为反式加成。

- **亲核加成**

  $R—C≡CH \xrightarrow[HOR']{NaOR'} R—C(OR')═CH_2$

  ① 炔烃比烯烃容易亲核加成；
  ② 直接与强吸电子取代基相连的烯键也容易发生亲核加成；
  ③ 亲核加成方向取决于碳负离子稳定性。

- **自由基加成**：$R—CH═CH_2 \xrightarrow[ROOR, △]{HBr} R—CH(H)—CH_2(Br)$

  ① 反应为自由基加成链反应；
  ② 需要自由基引发剂；
  ③ 只有溴化氢容易产生自由基。

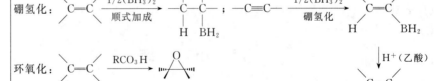

- **协同加成**

  硼氢化：$>C═C< \xrightarrow[\text{顺式加成}]{1/2(BH_3)_2} —C(H)—C(BH_2)—$；$—C≡C— \xrightarrow[\text{硼氢化}]{1/2(BH_3)_2}$ (H)C=C(BH₂)（H 与 BH_2 同侧） $\xrightarrow{H^+\text{(乙酸)}}$ (H)C=C(H)（顺式）

  环氧化：$>C═C< \xrightarrow{RCO_3H}$ 环氧化物
  （优先发生在电子云密度大的双键上）

  高锰酸钾氧化：$>C═C< + KMnO_4 \xrightarrow[\text{低温}]{H_2O, ^-OH} —C(OH)—C(OH)—$

  臭氧化：$>C═C< \xrightarrow{O_3}$ 臭氧化物 $\xrightarrow{Zn, H_2O} >C═O + O═C<$

3.5.2 烯烃和炔烃的其他反应

(1) 催化氧化反应　下列烯烃的催化氧化反应已用于工业生产。

$$CH_2{=}CH_2 + \frac{1}{2}O_2 \xrightarrow[\triangle,加压]{Ag} \underset{\diagdown O \diagup}{CH_2{-}CH_2}$$

$$CH_2{=}CH_2 + \frac{1}{2}O_2 \xrightarrow[\triangle,加压]{PdCl_2-CuCl_2, H_2O} CH_3{-}CHO$$

$$CH_3{-}CH{=}CH_2 + \frac{1}{2}O_2 \xrightarrow[\triangle,加压]{PdCl_2-CuCl_2, H_2O} CH_3{-}\overset{\overset{O}{\|}}{C}{-}CH_3$$

(2) 聚合反应　烯烃在酸催化下的低聚经历亲电加成，炔烃的二聚、三聚一般经历亲核加成。

$$2\ CH_2{=}C(CH_3)_2 \xrightarrow[100\ ℃]{50\%H_2SO_4} \underset{80\%}{CH_3{-}C(CH_3)_2{-}CH_2{-}C(CH_3){=}CH_2} + \underset{20\%}{CH_3{-}C(CH_3)_2{-}CH{=}C(CH_3){-}CH_3}$$

$$2\ HC{\equiv}CH \xrightarrow[80\sim84\ ℃]{CuCl-NH_4Cl} \underset{乙烯基乙炔}{CH_2{=}CH{-}C{\equiv}CH} \xrightarrow[CuCl-NH_4Cl]{HC{\equiv}CH} \underset{二乙烯基乙炔}{CH_2{=}CH{-}C{\equiv}C{-}CH{=}CH_2}$$

(3) α-氢原子的反应

(a) 取代反应。烯烃和炔烃 α-氢原子被氯原子或溴原子取代，属于自由基取代链反应机理。

$$\gt C{=}C\lt \ \ \underset{\diagup\diagdown}{C}{-}H \xrightarrow[X=Cl或Br]{X_2,\triangle} \gt C{=}C\lt \ \ \underset{\diagup\diagdown}{C}{-}X$$

若使用 NBS，可在较低温度下(80 ℃)进行 α-溴代。

(b) 氧化反应。只有少数烯烃的氧化具有合成价值。例如：

$$CH_2{=}CH{-}CH_3 + \frac{3}{2}O_2 + NH_3 \xrightarrow[\triangle,加压]{催化剂} CH_2{=}CH{-}CN + 3\ H_2O$$

(4) 炔氢的反应　用于端炔的鉴定、分离及高级炔烃的制备。

$$-C{\equiv}C{-}H \begin{cases} \xrightarrow{Ag(NH_3)_2NO_3} -C{\equiv}CAg \xrightarrow{HNO_3} -C{\equiv}CH \\ \xrightarrow{Cu(NH_3)_2Cl} -C{\equiv}CCu \xrightarrow{HCl} -C{\equiv}CH \\ \xrightarrow[或NaNH_2,液氨]{Na} -C{\equiv}CNa \xrightarrow{1°RX} -C{\equiv}C{-}R \end{cases}$$

3.5.3 超共轭效应

烯烃或炔烃 α 位的 C—H σ 轨道与 C=C 或 C≡C 的 π 轨道发生一定程度的轨

道重叠形成的共轭体系，称为 σ,π-超共轭。例如：

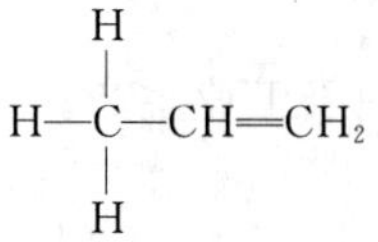

$$H-\overset{H}{\underset{H}{\overset{|}{\underset{|}{C}}}}-CH{=}CH_2 \qquad H-\overset{H}{\underset{H}{\overset{|}{\underset{|}{C}}}}-C{\equiv}CH \qquad H-\overset{H}{\underset{H}{\overset{|}{\underset{|}{C}}}}-C_6H_5$$

丙烯 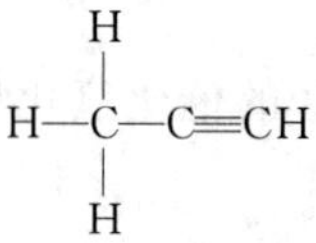　　　　丙炔 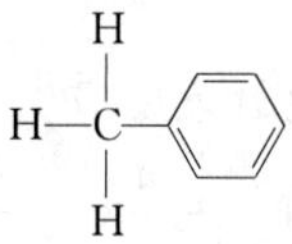　　　　甲苯

一般 α 位的 C—H σ 键越多，σ,π-超共轭效应越明显，相应的烯烃越稳定，因此不同烯烃氢化热由高到低的次序是丙烯＞丁-2-烯＞2-甲基丁-2-烯＞2,3-二甲基丁-2-烯。

另外在碳正离子与自由基中，α 位的 C—H σ 轨道与碳正离子空的 2p 轨道或自由基单电子所在的类 2p 轨道也存在轨道相互作用，称为 σ,p-超共轭。因此，碳正离子和自由基稳定性由高到低的次序都是叔丁基正离子（自由基）＞异丙基正离子（自由基）＞乙基正离子（自由基）＞甲基正离子（自由基）。

第四章 二烯烃 共轭体系

4.1 本章重点和难点

4.1.1 重点

(1) 重要术语和概念 共轭二烯烃,s-顺式构象,s-反式构象,共轭体系与共轭效应,电子离域,π,π-共轭,p,π-共轭,超共轭,1,4-加成,1,2-加成,动力学控制的反应,热力学控制的反应,电环化反应,立体专一性反应,双烯合成,周环反应,Diels-Alder反应,协同反应,共振论,极限结构,共振杂化体,书写极限结构的原则。

(2) 结构 丙二烯与丁-1,3-二烯的结构,烯丙基正离子和烯丙基自由基的结构。

(3) 化学性质和反应 共轭二烯烃亲电加成反应的机理,反应温度、溶剂的性质和反应物的结构对共轭二烯烃加成方式的影响,Diels-Alder反应及烯烃臭氧化反应机理,反应物的结构对双烯合成反应的影响,周环反应的特点,异戊二烯的化学合成方法和环戊二烯的化学性质。

4.1.2 难点

丁-1,3-二烯与臭氧的分子轨道,共轭体系与共轭效应,共振论的基本概念与极限结构的书写,共振论在解释中间体稳定性方面的应用,1,4-加成的理论解释,电环化反应与前线轨道理论,臭氧化反应机理。

共振论及应用

4.2 例 题

例一 写出下列化合物、离子或自由基的极限结构,并指出其中哪一个贡献最大。

(1) $CH_3—CH═CH—CH═CH—\overset{+}{C}H_2$ (2) 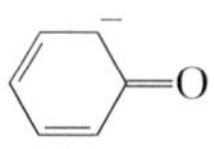 [环己二烯负离子—═O 结构]

(3)  [环己二烯自由基结构] (4) 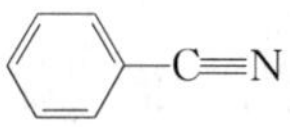 [苯环—C≡N 结构]

答: (1) 为正离子,电子离域的方向是向着碳正离子方向,而且是 π 电子转

移，即

$$CH_3-CH=CH-CH=CH-\overset{+}{C}H_2 \longleftrightarrow CH_3-CH=CH-\overset{+}{C}H-CH=CH_2$$
$$\longleftrightarrow CH_3-\overset{+}{C}H-CH=CH-CH=CH_2$$

三个极限结构的贡献基本相同。

（2）是负离子，电子离域的方向是从带负电荷的碳原子转向其他原子，即

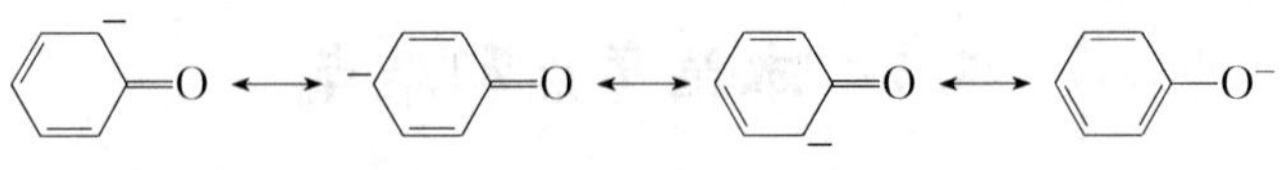

$$=O \longleftrightarrow =O \longleftrightarrow =O \longleftrightarrow -O^-$$

最后一个极限结构的贡献最大，因为它的负电荷在氧原子上，符合电负性原则且具有完整的芳香性苯环。

（3）是自由基，其极限结构如下：

三个极限结构的贡献相同。

（4）是化合物，其极限结构如下：

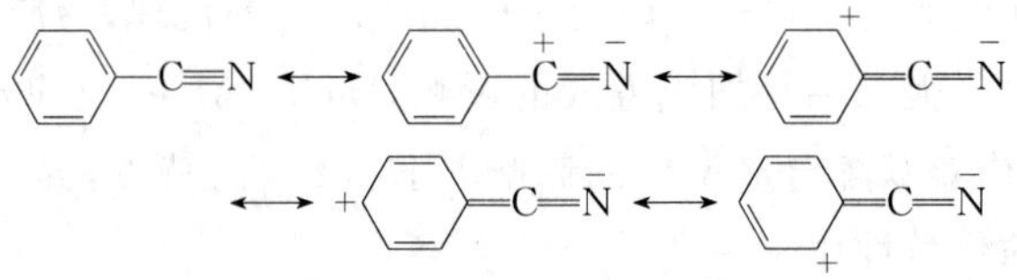

$$-C\equiv N \longleftrightarrow -\overset{+}{C}=\overset{-}{N} \longleftrightarrow =C=\overset{-}{N} \longleftrightarrow =C=\overset{-}{N} \longleftrightarrow =C=\overset{-}{N}$$

第一个极限结构的共价键最多，且没有电荷分离，对共振杂化体的贡献最大。

例二 解释下列现象，下列现象说明什么问题？

（1）不同 1-烷基丁-1,3-二烯与顺丁烯二酸酐反应的相对活性（相对反应速率）不同：

R	H	CH_3	$C(CH_3)_3$
$k_{相对}$（25 ℃）	1	4.2	<0.05

（2）反戊-1,3-二烯与四氰基乙烯的反应活性比 4-甲基戊-1,3-二烯大 10^3 倍。

（3）2-叔丁基丁-1,3-二烯与顺丁烯二酸酐反应的速率比丁-1,3-二烯快 27 倍。

答：（1）1-烷基丁-1,3-二烯进行 Diels-Alder 反应时，由于烷基给电子，一般使反应速率略有增加。但当烷基是叔丁基时，由于叔丁基体积较大，阻碍了它与顺丁烯二酸酐的接近，使反应不易进行，即叔丁基空间效应的影响远大于其电子效应的

影响。

（2）已知双烯体在进行反应时需要采取 s-顺式构象，两种化合物的 s-顺式构象分别如下：

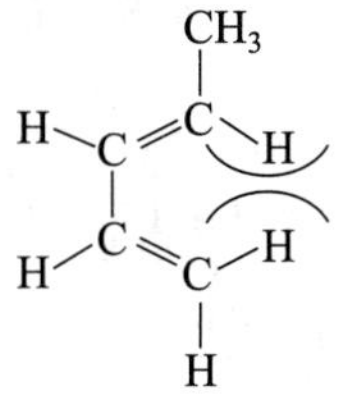

在 4-甲基戊-1,3-二烯分子的 s-顺式构象中，处于内侧的 4 位甲基与 1 位氢原子之间的非键张力不利于该分子采取 s-顺式构象，因此反应活性降低。

（3）在 2-叔丁基丁-1,3-二烯分子中，2 位叔丁基的存在使 s-顺式构象比 s-反式构象更稳定而更容易形成，因此有利于反应的进行。

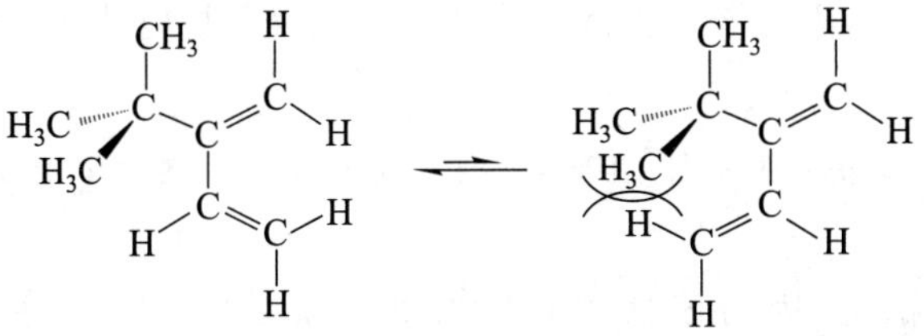

以上事实说明，立体效应对双烯合成也具有重要影响，其影响表现在两方面：① 若双烯分子中取代基阻碍了双烯体与亲双烯体相互接近，将使反应速率减慢；② 双烯体分子中的取代基若不利于它采取 s-顺式构象，则反应较难进行，甚至不能发生。

4.3 练习和参考答案

练习 4.1 下列化合物有无顺反异构体？若有，写出其构型式并命名。

（1）戊-1,3-二烯　（2）辛-2,4,6-三烯　（3）3-异丙基己-1,3-二烯

答：（1）戊-1,3-二烯有两种顺反异构体：

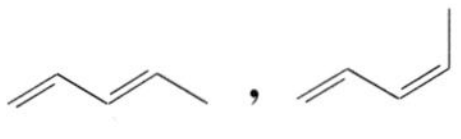

（2）辛-2,4,6-三烯有六种顺反异构体：

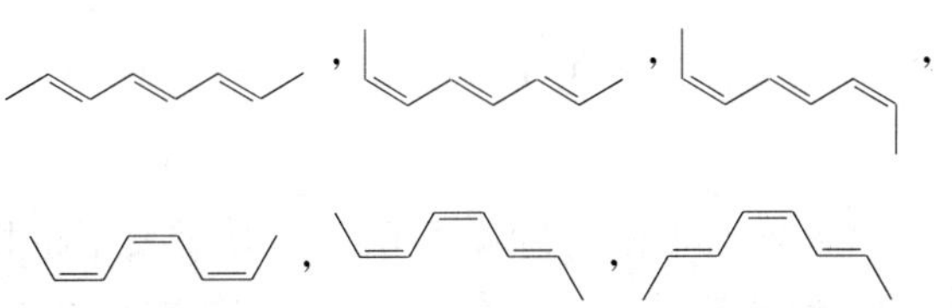

（3）3-异丙基己-1,3-二烯有两种顺反异构体：

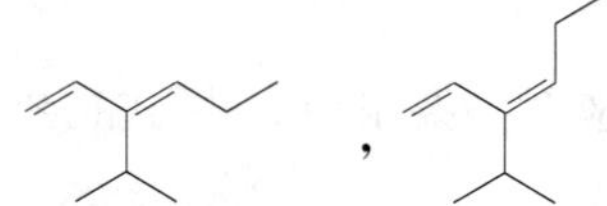

练习 4.2 (3)(5)

练习 4.2 下列各组化合物、碳正离子或自由基哪个最稳定？为什么？

(1) 3-甲基庚-2,5-二烯和 5-甲基庚-2,4-二烯

(2) $(CH_3)_2C{=}CH\overset{+}{C}H_2$，$CH_3CH{=}CH\overset{+}{C}H_2$ 和 $CH_2{=}CH\overset{+}{C}H_2$

(3) $\overset{+}{C}H_2CH{=}CHCH{=}CH_2$，$\overset{+}{C}H_2CH{=}CHCH_2CH_3$ 和 $CH_3\overset{+}{C}HCH_2CH{=}CH_2$

(4) $\dot{C}H_3$，$(CH_3)_2CH\dot{C}H_2$，$CH_3\dot{C}HCH_2CH_3$ 和 $(CH_3)_3\dot{C}$

(5) $(CH_2{=}CH)_2\dot{C}H$，$CH_2{=}CH\dot{C}H_2$ 和 $CH_3CH{=}\dot{C}H$

答: (1) 后者稳定，因后者存在 π,π-共轭效应；

(2) 第一个稳定，因为有 6 个 C—H σ 键与 p,π-共轭体系发生超共轭；

(3) 第一个稳定，因为该碳正离子中既存在 π,π-共轭效应，又存在 p,π-共轭效应；

(4) 最后一个稳定，因为该自由基中有 9 个 C—H σ 键与单电子所在轨道发生超共轭；

(5) 第一个稳定，因为该自由基中有 2 个 π 键与单电子所在 2p 轨道发生 p,π-共轭作用。

练习 4.3 解释下列事实：

练习 4.3(1)

(1) $$CH_3CH_2CH{=}CHCH_3 \xrightarrow{HCl} \underset{(主)}{CH_3CH_2CH_2CHClCH_3} + \underset{(次)}{CH_3CH_2CHClCH_2CH_3}$$

(2) $$CH_3CH{=}C(CH_3)CH_3 \xrightarrow{HCl} \underset{(主)}{CH_3CH_2CCl(CH_3)CH_3} + \underset{(次)}{CH_3CHClCH(CH_3)CH_3}$$

(3) $$CH_3CH{=}CH_2 \xrightarrow{HBr,过氧化苯甲酰} \underset{96\%}{CH_3CH_2CH_2Br} + \underset{4\%}{CH_3CHBrCH_3}$$

答: (1) 亲电加成可能有两种方向，分别产生碳正离子(Ⅰ)和(Ⅱ)：

$$CH_3CH_2CH{=}CHCH_3 \xrightarrow{H^+} \underset{(Ⅰ)}{CH_3CH_2CH_2\overset{+}{C}HCH_3} + \underset{(Ⅱ)}{CH_3CH_2\overset{+}{C}HCH_2CH_3}$$

其中(Ⅰ)有 5 个 C—H σ 键与带正电荷碳原子的 2p 轨道发生超共轭，而(Ⅱ)中只有 4 个 C—H σ 键参与超共轭，因此(Ⅰ)比(Ⅱ)稳定，最终产物以 2-氯戊烷为主。

(2) 亲电加成也有两种可能方向，分别产生碳正离子(Ⅲ)和(Ⅳ)：

$$CH_3CH{=}\overset{\overset{\displaystyle CH_3}{|}}{C}CH_3 \xrightarrow{H^+} CH_3CH_2\underset{+}{\overset{\overset{\displaystyle CH_3}{|}}{C}}CH_3 + CH_3\underset{+}{C}H\overset{\overset{\displaystyle CH_3}{|}}{C}HCH_3$$

(Ⅲ) (Ⅳ)

其中(Ⅲ)中有 8 个 C—H σ 键与带正电荷碳原子的 2p 轨道发生超共轭，而(Ⅳ)中只有 4 个 C—H σ 键参与超共轭；此外，(Ⅲ)中有 3 个烷基通过给电子诱导效应给电子，而(Ⅳ)中只有两个烷基给电子。因此(Ⅲ)比(Ⅳ)稳定，最终产物以 2-氯-2-甲基丁烷为主。

(3) 此反应经由溴原子对双键进行自由基加成，从超共轭效应分析，自由基 $CH_3\dot{C}HCH_2Br$ 比 $CH_3\underset{\underset{\displaystyle Br}{|}}{C}H\dot{C}H_2$ 稳定，因此 $CH_3\dot{C}HCH_2Br$ 优先生成，1-溴丙烷是主要产物。

练习 4.4 什么是极限结构？什么是共振杂化体？一种化合物可以写出的极限结构增多标志着什么？

答： 极限结构是一些离子或分子的经典结构式。用来描述电子离域的不同极限结构的组合是共振杂化体。一种化合物可以写出的极限结构增多，通常标志着电子的离域范围和程度增加，该化合物更加稳定。

练习 4.5 写出下列化合物或离子可能的极限结构，并指出哪个贡献最大。

(1) $CH_2{=}CH{-}\overset{-}{C}H_2$　(2) CO_3^{2-}　(3) $CH_2{=}CH{-}C{\equiv}CH$

答： (1) $CH_2{=}CH{-}\overset{-}{C}H_2 \longleftrightarrow {}^{-}CH_2{-}CH{=}CH_2$，两个极限结构贡献相同。

(2) $O{=}C(O^-)(O^-) \longleftrightarrow {}^{-}O{-}C(O^-){=}O \longleftrightarrow {}^{-}O{-}C(=O)(O^-)$，3 个极限结构贡献相同。

(3) $CH_2{=}CH{-}C{\equiv}CH \longleftrightarrow \overset{+}{C}H_2{-}CH{=}C{=}\overset{-}{C}H$，第一个极限结构贡献较大。

注：$\overset{-}{C}H_2{-}CH{=}C{=}\overset{+}{C}H$ 这样的极限结构不应写出，因为正电荷在 sp 杂化碳原子上，不稳定。

练习 4.6 指出下列各对化合物或离子是否互为极限结构。

(1) $CH_2{=}CH{-}CH{=}CH_2$ ，环丁烯（$\begin{matrix} CH{-}CH_2 \\ \| \quad\ \ | \\ CH{-}CH_2 \end{matrix}$）

(2) $H_3C{-}C{\equiv}CH$ ，$CH_2{=}C{=}CH_2$

(3) $H_3C{-}\overset{\overset{\displaystyle O}{\|}}{C}{-}CH_3$ ，$H_3C{-}\overset{\overset{\displaystyle OH}{|}}{C}{=}CH_2$

(4) $CH_2{=}CH{-}CH{=}CH{-}\overset{+}{C}H_2$ ，$\overset{+}{C}H_2{-}CH{=}CH{-}CH{=}CH_2$

答： 只有(4)中一对离子互为极限结构，其他三对都互为同分异构体。

练习 4.7 完成下列反应式，并说明理由。

（1）$CH_2{=}CH{-}CH{=}CH_2 + Br_2 \xrightarrow[CS_2]{-15\ ℃}$

（2）$CH_2{=}\underset{}{\overset{CH_3}{\overset{|}{C}}}{-}CH{=}CH_2 + Br_2 \xrightarrow[\text{氯仿}]{20\ ℃}$

（3）$CH_2{=}CH{-}CH{=}CH{-}CH{=}CH_2 \xrightarrow{Br_2}$

（4）$CH_2{=}CH{-}CH{=}CH_2 \xrightarrow[\text{乙酸}]{Br_2}$

答：（1）$CH_2{=}CH{-}CH{=}CH_2 + Br_2 \xrightarrow[CS_2]{-15\ ℃} CH_2{=}CH{-}\underset{Br}{\underset{|}{C}H}{-}\underset{Br}{\underset{|}{C}H_2}$

1,2-加成活化能较低且低温时该反应不可逆，故主要得到 1,2-加成产物。

（2）$CH_2{=}\overset{CH_3}{\overset{|}{C}}{-}CH{=}CH_2 + Br_2 \xrightarrow[\text{氯仿}]{20\ ℃} \underset{Br}{\underset{|}{C}H_2}{-}\overset{CH_3}{\overset{|}{C}}{=}CH{-}\underset{Br}{\underset{|}{C}H_2}$

高温时，无论 1,2-加成还是 1,4-加成均为可逆反应，虽然 1,2-加成的速率较快，但 1,2-加成产物容易分解为原料，因此最终得到热力学稳定的 1,4-加成产物。

（3）$CH_2{=}CH{-}CH{=}CH{-}CH{=}CH_2 \xrightarrow{Br_2} \underset{Br}{\underset{|}{C}H_2}{-}CH{=}CH{-}CH{=}CH{-}\underset{Br}{\underset{|}{C}H_2}$

1,6-加成产物热力学上最稳定。

（4）$CH_2{=}CH{-}CH{=}CH_2 \xrightarrow[\text{乙酸}]{Br_2} \underset{Br}{\underset{|}{C}H_2}{-}CH{=}CH{-}\underset{Br}{\underset{|}{C}H_2}$

极性溶剂有利于降低加成反应的活化能，使反应可逆，故有利于热力学稳定的 1,4-加成产物生成。

练习 4.8 完成下列反应式：

（1）$CH_2{=}\underset{H_3C}{\underset{|}{C}}{-}\underset{CH_3}{\underset{|}{C}}{=}CH_2 + CH_2{=}CHCHO \longrightarrow$

（2）$Ph{-}CH{=}CH{-}CH{=}CH{-}Ph + H_5C_2O_2CC{\equiv}CCO_2C_2H_5 \longrightarrow$

答：（1）CHO （2）Ph O O O Ph O

练习 4.9 下列化合物能否作为双烯体进行双烯合成反应？为什么？

（1） （2） （3） $=CH_2$

答：都不能。（1）不是共轭二烯烃，（2）和（3）虽然是共轭二烯烃，但是受环的束缚，不能采取 s-顺式构象。

练习 4.10 写出下列 1,3-偶极体的其他可能的极限结构：

臭氧	一氧化二氮	氧化腈	腈亚胺	叠氮化合物
$O{=}\overset{+}{O}{-}O^{-}$	$N{\equiv}\overset{+}{N}{-}\overset{-}{O}$	$R{-}C{\equiv}\overset{+}{N}{-}\overset{-}{O}$	$R{-}C{\equiv}\overset{+}{N}{-}\overset{-}{N}{-}R$	$R{-}\overset{-}{N}{-}\overset{+}{N}{\equiv}N$

重氮化合物	硝酮	亚胺叶立德	腈叶立德	甲亚胺亚胺
$R_2\overset{-}{C}{-}\overset{+}{N}{\equiv}N$	$R_2\overset{-}{C}{-}\overset{+}{N}(R){=}O$	$R_2C{=}\overset{+}{N}(R){-}\overset{-}{C}R_2$	$R{-}C{\equiv}\overset{+}{N}{-}\overset{-}{C}R_2$	$R_2C{=}\overset{+}{N}(R){-}\overset{-}{N}{-}R$

答：

$$\left[O{=}\overset{+}{O}{-}O^{-} \longleftrightarrow {}^{-}O{-}\overset{+}{O}{=}O\right]$$

$$\left[N{\equiv}\overset{+}{N}{-}\overset{-}{O} \longleftrightarrow \overset{-}{N}{=}\overset{+}{N}{=}O\right]$$

$$\left[R{-}C{\equiv}\overset{+}{N}{-}\overset{-}{O} \longleftrightarrow R{-}\overset{-}{C}{=}\overset{+}{N}{=}O\right]$$

$$\left[R{-}C{\equiv}\overset{+}{N}{-}\overset{-}{N}{-}R \longleftrightarrow R{-}\overset{-}{C}{=}\overset{+}{N}{=}N{-}R\right]$$

$$\left[R{-}\overset{-}{N}{-}\overset{+}{N}{\equiv}N \longleftrightarrow R{-}N{=}\overset{+}{N}{=}\overset{-}{N}\right]$$

$$\left[R_2\overset{-}{C}{-}\overset{+}{N}{\equiv}N \longleftrightarrow R_2C{=}\overset{+}{N}{=}\overset{-}{N}\right]$$

$$\left[R_2\overset{-}{C}{-}\overset{+}{N}(R){=}O \longleftrightarrow R_2C{=}\overset{+}{N}(R){-}\overset{-}{O}\right]$$

$$\left[R_2C{=}\overset{+}{N}(R){-}\overset{-}{C}R_2 \longleftrightarrow R_2\overset{-}{C}{-}\overset{+}{N}(R){=}CR_2\right]$$

$$\left[R{-}C{\equiv}\overset{+}{N}{-}\overset{-}{C}R_2 \longleftrightarrow R{-}\overset{-}{C}{=}\overset{+}{N}{=}CR_2\right]$$

$$\left[R_2C{=}\overset{+}{N}(R){-}\overset{-}{N}{-}R \longleftrightarrow R_2\overset{-}{C}{-}\overset{+}{N}(R){=}N{-}R\right]$$

练习 4.11 定向聚合生成的顺丁橡胶如经臭氧化-还原分解，主要应得到什么产物？

答： 丁二醛。

练习 4.12 完成下列反应式；

(1) 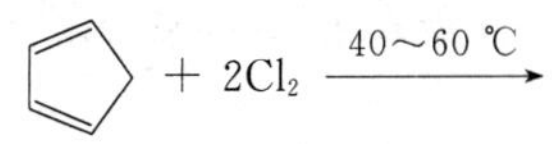 环戊二烯 $+ 2Cl_2 \xrightarrow{40\sim60\ ℃}$　　　　(2) 环戊二烯 $+ Br_2 \xrightarrow{300\ ℃}$

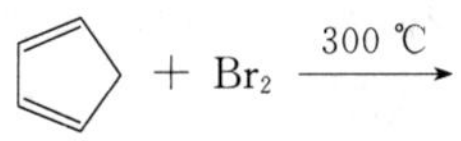

(3) 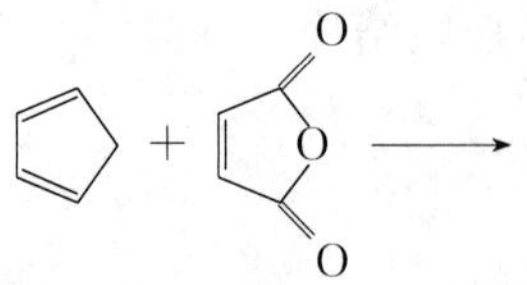 环戊二烯 + 马来酸酐 $\longrightarrow$　　(4) 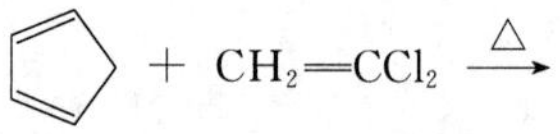 环戊二烯 + $CH_2{=}CCl_2$ $\xrightarrow{\triangle}$

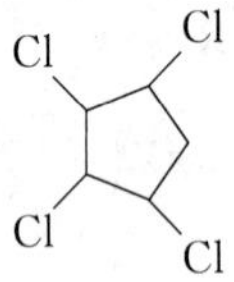

(5) 环戊二烯 + $H_5C_2O_2CC{\equiv}CCO_2C_2H_5$ 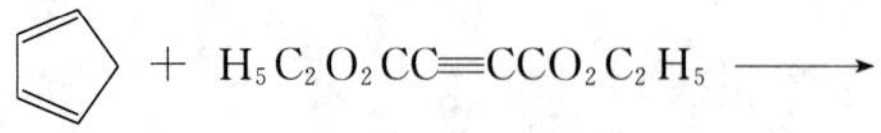 $\longrightarrow$　　(6) 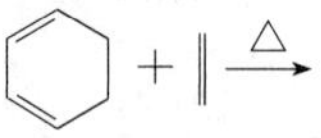 环己二烯 + ‖ $\xrightarrow{\triangle}$

答：(1) Cl Cl Cl Cl　　(2) 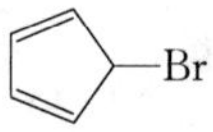 —Br　　(3) 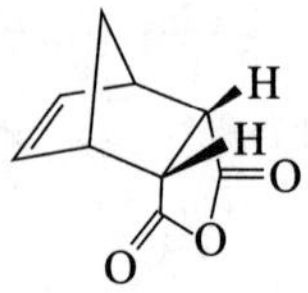 H H O O O

(4) 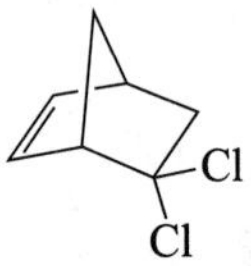 Cl Cl　　(5) $CO_2C_2H_5$ $CO_2C_2H_5$ 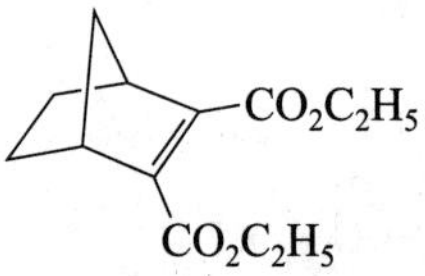　　(6)

4.4 习题和参考答案

(一) 用系统命名法命名下列化合物：

(1) $H_2C{=}CHCH{=}C(CH_3)_2$　　(2) $CH_3CH{=}C{=}C(CH_3)_2$

(3) 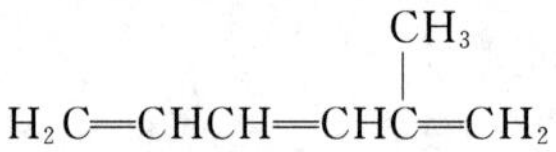 $H_2C{=}CHCH{=}CHC(CH_3){=}CH_2$　　(4) 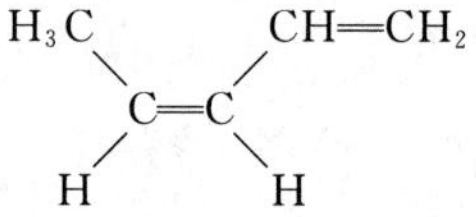 H_3C, $CH{=}CH_2$, $C{=}C$, H, H

答：(1) 4-甲基戊-1,3-二烯　　(2) 2-甲基戊-2,3-二烯

(3) 2-甲基己-1,3,5-三烯　　(4) 顺或(Z)-戊-1,3-二烯

(二) 下列化合物有无顺反异构现象？若有，写出其顺反异构体并用 Z,E-命名法命名。

(1) 2-甲基丁-1,3-二烯　　(2) 戊-1,3-二烯

(3) 辛-3,5-二烯　　(4) 己-1,3,5-三烯

(5) 戊-2,3-二烯

简答：(1)和(5)无顺反异构；(2)和(4)各有两种顺反异构体(略)；(3)有三种顺反异构体：

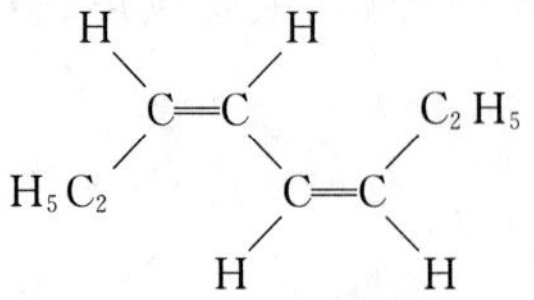

($3Z,5Z$)-辛-3,5-二烯　　($3Z,5E$)-辛-3,5-二烯　　($3E,5E$)-辛-3,5-二烯

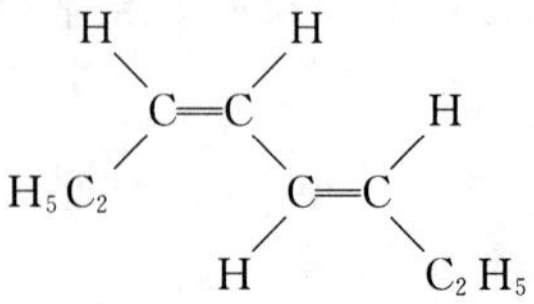

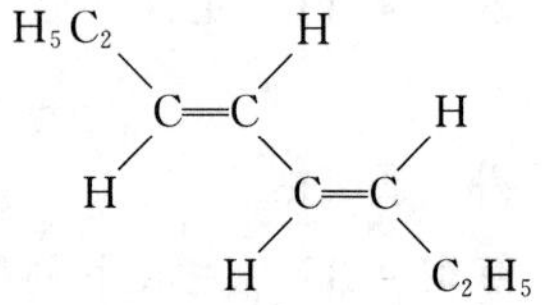

（三）完成下列反应式：

（1） [丁二烯] + HC≡CH $\xrightarrow{\triangle}$　（2） [2,3-二甲基丁二烯] + HOOCCH═CHCOOH ⟶

（3） [丁二烯] + [H, CO_2CH_3; H, CO_2CH_3] ⟶　（4） [丁二烯] + [H_3CO_2C, H; H, CO_2CH_3] ⟶

（5） [环戊二烯] + RMgX ⟶　（6） [环戊二烯] + [CHO] $\xrightarrow{\triangle}$ (A) $\xrightarrow{Br_2}$ (B)

（7） [1,3-环己二烯] + [丁烯酮, O] $\xrightarrow{\triangle}$　（8） [丁二烯] + [CH_2Cl] $\xrightarrow{\triangle}$ (A) $\xrightarrow[H^+,\triangle]{KMnO_4}$ (B)

（9） [CH_3, CH_3] $\xrightarrow{h\nu}$　（10） [H_3C, H_3C, CH_3, H, CH_3, H] $\xrightarrow{\triangle}$

答：（1） [环己烯]　（2） [COOH, COOH]

（3） [COOCH$_3$, H, COOCH$_3$, H]　（4） [COOCH$_3$, H, H, COOCH$_3$]

（5） [环戊二烯基]—MgX　（6）（A） [CHO]　（B） Br, Br, CHO

（7） [$COCH_3$]　（8）（A） [CH_2Cl]　（B） HOOC, HOOC, CH_2Cl

（9） [H, H, CH_3, CH_3]　（10） [CH_3, H_3C, H, H_3C, CH_3, H]　（电环化的逆反应）

（四）写出下列化合物或离子的极限结构，并指出哪种贡献最大。

（1） $CH_3—C≡N$　（2） $(CH_3)_2C═CH—\overset{+}{C}(CH_3)_2$

（3） $CH_2═CH—\overset{-}{C}H_2$　（4） [环戊二烯负离子]

(5) $\overset{-}{C}H_2—\underset{\underset{O}{\|}}{C}—CH_3$　　(6) $CH_3—\underset{\underset{O}{\|}}{C}—CH═CH_2$

答：各种化合物或离子的极限结构如下：

(1) $CH_3—C≡N \longleftrightarrow CH_3—\overset{+}{C}═\overset{-}{N}$

(2) $(CH_3)_2C═CH—\overset{+}{C}(CH_3)_2 \longleftrightarrow (CH_3)_2\overset{+}{C}—CH═C(CH_3)_2$

(3) $CH_2═CH—\overset{-}{C}H_2 \longleftrightarrow \overset{-}{C}H_2—CH═CH_2$

(4) 环戊二烯负离子的五个极限结构（负电荷依次位于五个碳原子上）$\longleftrightarrow \longleftrightarrow \longleftrightarrow \longleftrightarrow$

(5) $\overset{-}{C}H_2—\underset{\underset{O}{\|}}{C}—CH_3 \longleftrightarrow CH_2═\underset{\underset{O^-}{|}}{C}—CH_3$

(6) $CH_3—\underset{\underset{O}{\|}}{C}—CH═CH_2 \longleftrightarrow CH_3—\underset{\underset{\overset{}{O^-}}{|}}{\overset{+}{C}}—CH═CH_2 \longleftrightarrow CH_3—\underset{\underset{O^-}{|}}{C}═CH—\overset{+}{C}H_2$

其中，(1)前者共价键数目多，无电荷分离，贡献大；(2)两者贡献相同；(3)两者贡献相同；(4)五个极限结构贡献相同；(5)后者负电荷在电负性大的氧原子上，贡献大；(6)第一个共价键数目多，无电荷分离，贡献大。

习题(五)

（五）化合物 $CH_2═CH—NO_2$ 和 $CH_2═CH—OCH_3$ 同 $CH_2═CH_2$ 相比，前者 C═C 双键的电子云密度降低，而后者 C═C 双键的电子云密度升高。试用共振论解释之。

答：$CH_2═CH—NO_2$ 是下列三个极限结构构成的共振杂化体：

$$CH_2═CH—\overset{+}{N}\begin{matrix}↗O\\ \searrow O^-\end{matrix} \longleftrightarrow CH_2═CH—\overset{+}{N}\begin{matrix}O^-\\ O\end{matrix} \longleftrightarrow \overset{+}{C}H_2—CH═\overset{+}{N}\begin{matrix}O^-\\ O^-\end{matrix}$$

由于最后一个极限结构的贡献，原碳碳双键之间的电子云密度降低。而 $CH_2═CH—OCH_3$ 是由 $\left[CH_2═CH—OCH_3 \longleftrightarrow \overset{-}{C}H_2—CH═\overset{+}{O}CH_3 \right]$ 构成的共振杂化体，由于后者的贡献，原碳碳双键的电子云密度升高。

（六）解释下列反应：

(1) $CH_2═CH—CH═CH—CH═CH_2 + 2Br_2 \longrightarrow BrCH_2—CHBr—CH═CH—CHBr—CH_2Br$

(2) 亚甲基环己烷 $\xrightarrow[300\ ℃]{Br_2}$ 1-(CH_2Br)环己烯

答：(1) $CH_2═CH—CH═CH—CH═CH_2$ 与一分子 Br_2 加成主要得到 1,6-加成产物（分子内含有共

轭双键，且双键的两端连有烷基，超共轭效应较显著，是热力学最稳定的)，然后此 1，6-加成产物再与一分子 Br_2 进行 1，4-加成生成热力学稳定的 $BrCH_2CH(Br)CH{=}CHCH(Br)CH_2Br$。

(2) 由于反应过程中生成的烯丙型自由基中间体是下列两个极限结构的共振杂化体：

$$\text{(亚甲基环己基自由基)} \longleftrightarrow \text{(环己烯基)}\dot{C}H_2$$

因而可以生成 (环己烯基)CH_2Br 。

(七) 某二烯烃与一分子溴反应生成 2，5-二溴己-3-烯，该二烯烃若经臭氧化再还原分解则生成两分子乙醛和一分子乙二醛（O═CH—CH═O）。试写出该二烯烃的构造式及各步反应式。

答：该二烯烃构造式为 $CH_3CH{=}CHCH{=}CHCH_3$。各步反应式如下：

$$CH_3CH{=}CH{-}CH{=}CHCH_3 \xrightarrow{Br_2} CH_3\underset{\displaystyle Br}{\underset{|}{C}H}{-}CH{=}CH{-}\underset{\displaystyle Br}{\underset{|}{C}H}CH_3$$

$$\downarrow O_3$$

$$\text{(双臭氧化物)} \xrightarrow{Zn/H_2O} 2CH_3CHO + OHCCHO$$

(八) 2-甲基丁-1，3-二烯与一分子氯化氢加成，只生成 3-氯-3-甲基丁-1-烯和 1-氯-3-甲基丁-2-烯，而没有 3-氯-2-甲基丁-1-烯和 1-氯-2-甲基丁-2-烯。试简单解释之，并写出可能的反应机理。

习题(八)

答：质子加到 C1 上生成的碳正离子(Ⅰ)比质子加到 C4 上生成的碳正离子(Ⅱ)稳定：

$$\left[CH_2{=}CH{-}\overset{\displaystyle CH_3}{\overset{|}{\underset{+}{C}}}{-}CH_3 \longleftrightarrow {}^{+}CH_2{-}CH{=}\overset{\displaystyle CH_3}{\overset{|}{C}}{-}CH_3\right] > \left[CH_3{-}\overset{+}{C}H{-}\overset{\displaystyle CH_3}{\overset{|}{C}}{=}CH_2 \longleftrightarrow CH_3{-}CH{=}\overset{\displaystyle CH_3}{\overset{|}{C}}{-}\overset{+}{C}H_2\right]$$

(Ⅰ) (Ⅱ)

(Ⅰ)与氯离子结合生成 3-氯-3-甲基丁-1-烯和 1-氯-3-甲基丁-2-烯，而正离子(Ⅱ)不稳定，不易生成，因此不会有 3-氯-2-甲基丁-1-烯和 1-氯-2-甲基丁-2-烯生成。反应机理如下：

$$CH_2{=}CH{-}\underset{}{\overset{CH_3}{\overset{|}{C}}}{=}CH_2 \xrightarrow[-Cl^-]{HCl} \left[CH_2{=}CH{-}\overset{CH_3}{\overset{|}{\underset{+}{C}}}{-}CH_3 \longleftrightarrow {}^+CH_2{-}CH{=}\overset{CH_3}{\overset{|}{C}}{-}CH_3 \right]$$

$$\downarrow Cl^- \qquad\qquad \downarrow Cl^-$$

$$CH_2{=}CH{-}\overset{CH_3}{\overset{|}{\underset{Cl}{\underset{|}{C}}}}{-}CH_3 \qquad \underset{Cl}{\underset{|}{CH_2}}{-}CH{=}\overset{CH_3}{\overset{|}{C}}{-}CH_3$$

（九）分子式为 C_7H_{10} 的某开链烃(A)，可发生下列反应：(A)经催化加氢可生成3-乙基戊烷；(A)与硝酸银氨溶液反应可产生白色沉淀；(A)在 $Pd/BaSO_4$ 催化下吸收 1 mol H_2 生成化合物(B)，(B)能与顺丁烯二酸酐反应生成化合物(C)。试写出(A)、(B)、(C)的构造式。

答：(A) $CH_3{-}CH{=}\overset{C_2H_5}{\overset{|}{C}}{-}C{\equiv}CH$ (B) $CH_3{-}CH{=}\overset{C_2H_5}{\overset{|}{C}}{-}CH{=}CH_2$

(C) [环状结构：含 H_5C_2、CH_3 取代基的四氢邻苯二甲酸酐，环上有 O、O、O]

（十）下列各组化合物分别与 HBr 进行亲电加成反应，试按反应活性大小排列成序。

(1) $CH_3CH{=}CHCH_3$ ，$CH_2{=}CHCH{=}CH_2$ ，$CH_3CH{=}CHCH{=}CH_2$，$CH_2{=}\overset{H_3C}{\overset{|}{C}}{-}\overset{CH_3}{\overset{|}{C}}{=}CH_2$

(2) 丁-1,3-二烯，2-氯丁-1,3-二烯，丁-2-烯，丁-2-炔

答：(1) 活性依次增大；

(2) 活性依次降低。

（十一）下列两组化合物分别与丁-1,3-二烯[组(1)]或顺丁烯二酸酐[组(2)]进行 Diels-Alder 反应，试将其按反应活性由大到小排列成序。

(1) (A) $CH_2{=}CH{-}CH_3$ (B) $CH_2{=}CH{-}CN$ (C) $CH_2{=}CH{-}CH_2Cl$

习题(十一)(2)

(2) (A) $CH_2{=}\underset{CH_3}{\underset{|}{C}}CH{=}CH_2$ (B) $CH_2{=}CHCH{=}CH_2$

(C) $CH_2{=}\underset{(CH_3)_3C}{\underset{|}{C}}{-}\underset{C(CH_3)_3}{\underset{|}{C}}{=}CH_2$

答：(1) (B)＞(C)＞(A)（亲双烯体连有吸电子取代基有利于双烯合成反应）；

(2) (A)＞(B)＞(C)（双烯体连有给电子取代基有利于双烯合成反应，而化合

物(C)由于取代基空间位阻的影响,难以形成 s-顺式构象,不反应)。

（十二）试用简单的化学方法鉴别下列各组化合物：

(1) 己烷,己-1-烯,己-1-炔,己-2,4-二烯

(2) 庚烷,庚-1-炔,庚-1,3-二烯,庚-1,5-二烯

答：(1) 首先用 Br_2/CCl_4 溶液检出己烷(不起反应),再用 $Ag(NH_3)_2NO_3$ 检出己-1-炔(有白色沉淀生成),最后用顺丁烯二酸酐检出己-2,4-二烯(生成固体),余者为己-1-烯。

(2) 首先用 Br_2/CCl_4 溶液检出庚烷,再用 $Ag(NH_3)_2NO_3$ 检出庚-1-炔,最后用顺丁烯二酸酐检出庚-1,3-二烯,余者为庚-1,5-二烯。

（十三）选用适当原料,通过 Diels-Alder 反应合成下列化合物：

习题(十三)

(1) 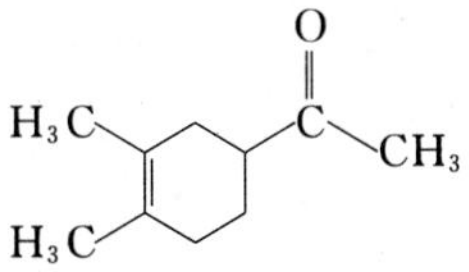 [结构式] (2) 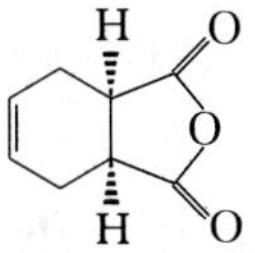 [结构式] (3) 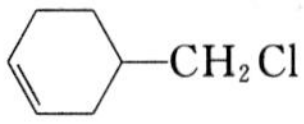 环己烯-CH$_2$Cl

(4) 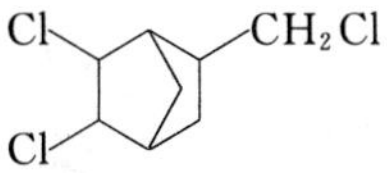 [结构式] (5) 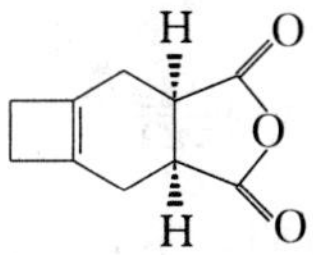 [结构式] (6) 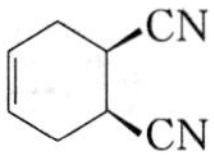 [结构式]

答：(1) [反应式]

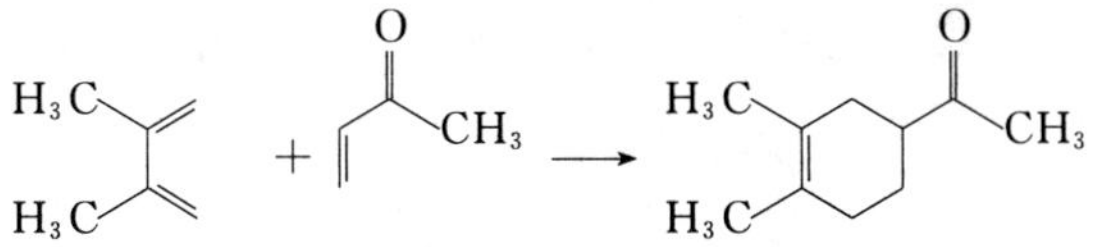

(2) 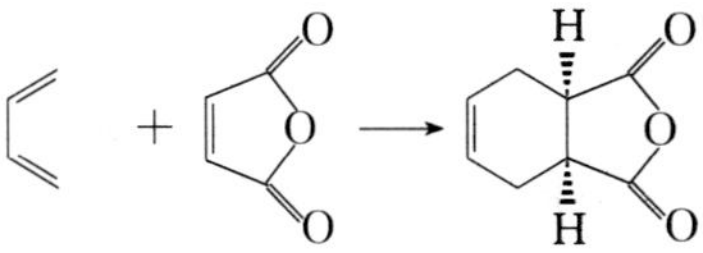 [反应式]

(3) 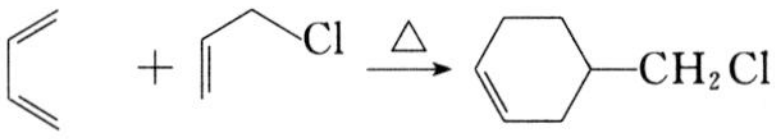 [反应式]

(4) 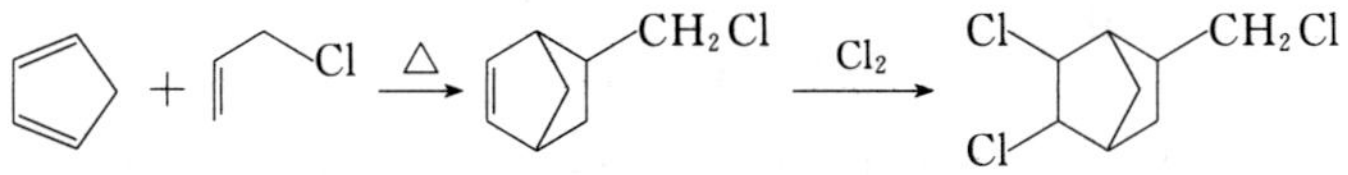 [反应式]

(5) 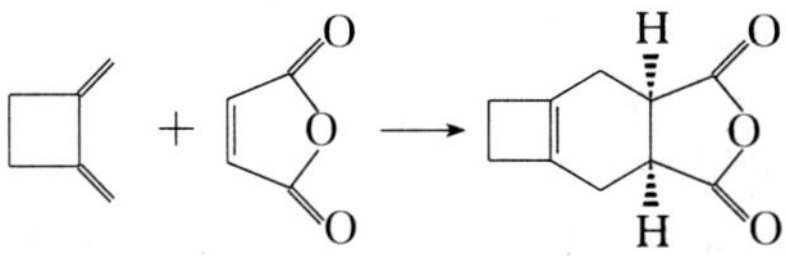 [反应式]

(6) 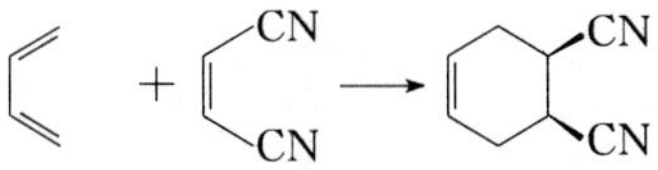 [反应式]

（十四）三个化合物(A)、(B)和(C),其分子式均为 C_5H_8,都可以使溴的四氯化碳溶液褪色,在催化下加氢都得到戊烷。(A)与氯化亚铜氨溶液作用生成棕红色沉

淀,(B)和(C)则不反应。(C)可与顺丁烯二酸酐反应生成固体沉淀物,(A)和(B)则不能。试写出(A)、(B)和(C)可能的构造式。

答:(A)为$CH_3CH_2CH_2C{\equiv}CH$,(B)为$CH_3CH_2C{\equiv}CCH_3$或$CH_3CH_2CH{=}C{=}CH_2$ 或$CH_3CH{=}C{=}CHCH_3$或$CH_2{=}CH{-}CH_2{-}CH{=}CH_2$,(C)为 $CH_3{-}CH{=}CH{-}CH{=}CH_2$。

(十五)丁-1,3-二烯聚合时,除生成高分子聚合物外,还有一种二聚体生成。该二聚体可以发生如下的反应:

(1) 还原后可以生成乙基环己烷;

(2) 溴化时可以加上两分子溴;

(3) 高锰酸钾氧化时可以生成β-羧基己二酸 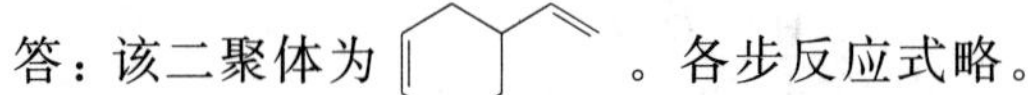。

根据以上事实,试推测该二聚体的构造式,并写出各步反应式。

答:该二聚体为 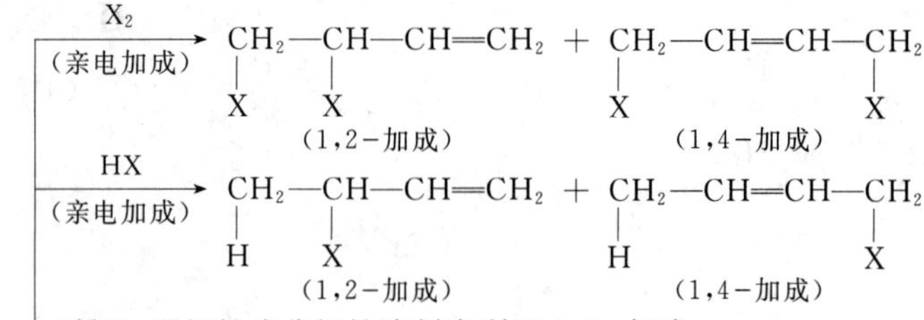 。各步反应式略。

4.5 小 结

4.5.1 共轭二烯烃的化学性质

现以丁-1,3-二烯为例说明如下:

环加成反应及理论解释

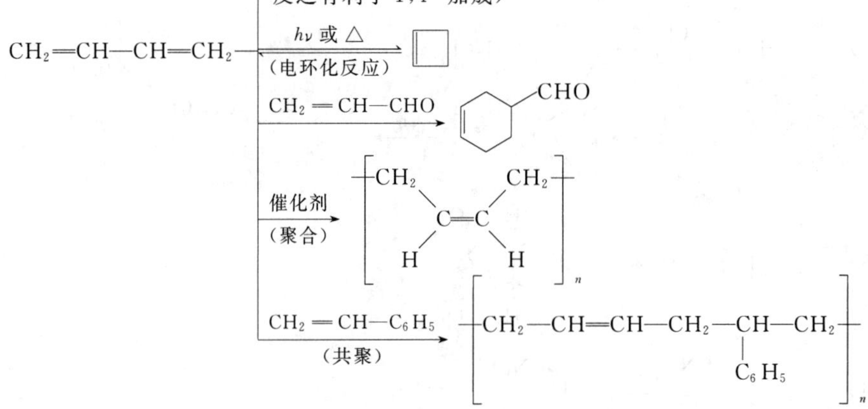

4.5.2 共轭体系的类型

构成共轭体系的必要条件是，构成共轭体系的原子共平面或接近共平面，且每个原子的 p 轨道相互平行或接近平行。

π,π－与 p,π－共轭

(1) π,π－共轭　这种体系的结构特征是单键重键（双键或叁键）交替存在，例如：

$CH_2{=}CH{-}CH{=}CH_2$　　$CH_2{=}CH{-}CH{=}O$　　$CH_2{=}CH{-}C{\equiv}N$

(2) p,π－共轭　一个 π 键和与之平行的 p 轨道直接相连组成的共轭体系，称为 p,π－共轭。根据组成共轭 π 键的相对电子数可出现下列三种情况。

(a) 离域电子数（如下例中都是 4 个）大于参与共轭的原子数（如下例中都是 3 个）：

$CH_2{=}CH{-}\ddot{Cl}$　　$CH_2{=}CH{-}\ddot{O}{-}CH_3$　　$CH_2{=}CH{-}\ddot{C}H_2$　　$\ddot{C}H_2{-}CH{=}O$

氯乙烯　　甲基乙烯基醚　　烯丙基负离子　　甲酰甲基负离子

(b) 离域电子数（如下例中分别是 3 个、3 个和 7 个）等于参与共轭的原子数（如下例中也分别是 3 个、3 个和 7 个，炔丙基自由基中只有一个 π 键参与 p,π－共轭）：

$CH_2{=}CH{-}\dot{C}H_2$　　$CH{\equiv}C{-}\dot{C}H_2$　　$C_6H_5{-}\dot{C}H_2$

烯丙基自由基　　炔丙基自由基　　苯甲基自由基

(c) 离域电子数（如下例中分别是 2 个和 6 个）少于参与共轭的原子数（如下例中分别是 3 个和 7 个）：

$CH_2{=}CH{-}\overset{+}{C}H_2$　　$C_6H_5{-}\overset{+}{C}H_2$

烯丙基正离子　　苄基正离子

第五章　芳烃　芳香性

5.1　本章重点和难点

单环芳烃的卤化反应

5.1.1　重点

（1）单环芳烃的构造异构和命名。

（2）苯的结构。

（3）苯环的亲电取代反应（卤化、硝化、磺化、Friedel－Crafts 烷基化和酰基化、氯甲基化）及其机理。

（4）芳烃侧链的 α－卤化及其机理、芳烃侧链的氧化反应。

（5）两类定位基及芳环上亲电取代反应定位规则。

（6）多取代苯的合成策略。

萘环上的亲电取代反应

（7）萘环上的亲电取代反应及其机理、取代萘亲电取代反应定位规则。

（8）萘的氧化和还原。

（9）芳香性及其判别方法（Hückel 规则）。

（10）多官能团化合物的命名。

5.1.2　难点

芳香性

苯环亲电取代反应机理，苯环上亲电取代反应定位规则的理论解释，苯环上亲电取代反应定位规则在合成多取代苯中的应用，萘的亲电取代反应一般发生在 α 位的理论解释，芳香性的判断，芳烃亲电取代反应中的动力学和热力学控制。

5.2　例　　题

例一　写出下列化合物一次亲电取代的主要产物：

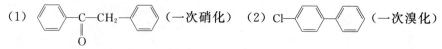

（1）$C_6H_5-\underset{\underset{O}{\|}}{C}-CH_2-C_6H_5$（一次硝化）　（2）$Cl-C_6H_4-C_6H_5$（一次溴化）

答：（1）该化合物有两个苯环，亲电取代优先发生在电子云密度较高的苯环上，即硝基应进入与甲叉基直接相连的右侧苯环。由于超共轭效应的影响，

$PhCOCH_2$—仍为邻、对位定位基，即硝基主要进入甲叉基的邻位和对位，得到邻、对位产物：

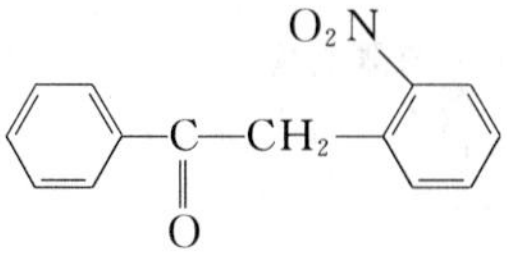

和

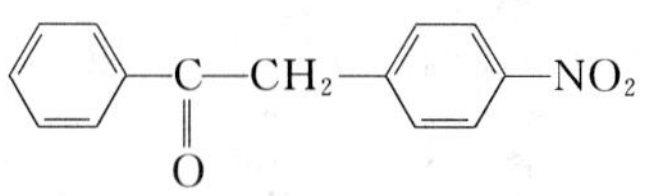

（2）该化合物的两个苯环，其一与氯原子直接相连，氯原子虽是第一类定位基，但它使苯环钝化，而不利于亲电取代反应，因此该化合物在进行溴化反应（亲电取代）时，主要在另一苯环上进行，且反应主要发生在对氯苯基的邻位和对位上。由于空间效应的影响，邻位取代产物较少。其一次溴化的主要产物：

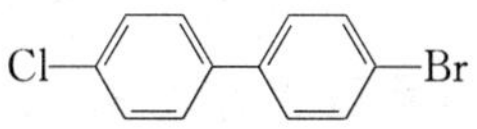

例二 实验结果表明，苯乙烯分子中的乙烯基是第一类定位基，（三氯甲基）苯分子中的三氯甲基是第二类定位基，试从理论上解释之。

答： 理论上，考察一取代苯进行亲电取代反应时所形成的 σ 络合物的稳定性，可以判断出该取代基属于哪一类。

苯乙烯在进行亲电取代反应时，可以形成以下三种 σ 络合物：

进攻邻位

进攻对位

进攻间位

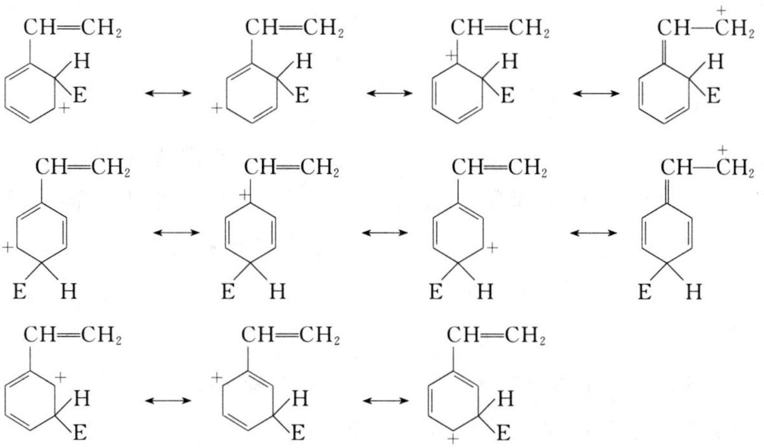

由以上可以看出，进攻邻位和对位所生成的 σ 络合物，均是四个极限结构的共振杂化体，且正电荷可以分散在乙烯基上。进攻间位所形成的 σ 络合物，是三个极限结构的共振杂化体，且正电荷只分散在苯环上。已知共振杂化体的极限结构越多，正电荷越分散、越稳定，因此，苯乙烯在进行亲电取代反应时，亲电试剂主要进攻乙烯基的邻位和对位，故乙烯基是第一类定位基。但是需要指出的是，苯乙烯在多数情况下更容易与亲电试剂在侧链上发生亲电加成！

（三氯甲基）苯进行亲电取代反应时，将形成以下三种 σ 络合物：

进攻邻位

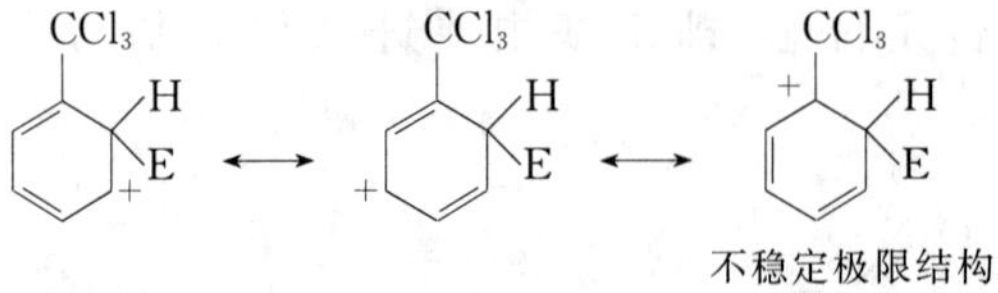

不稳定极限结构

进攻对位

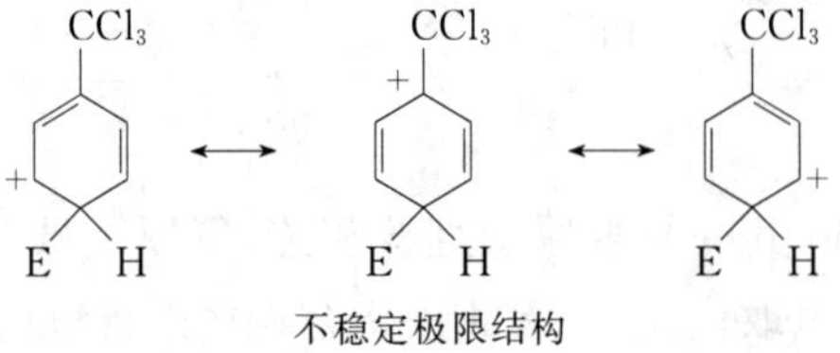

不稳定极限结构

进攻间位

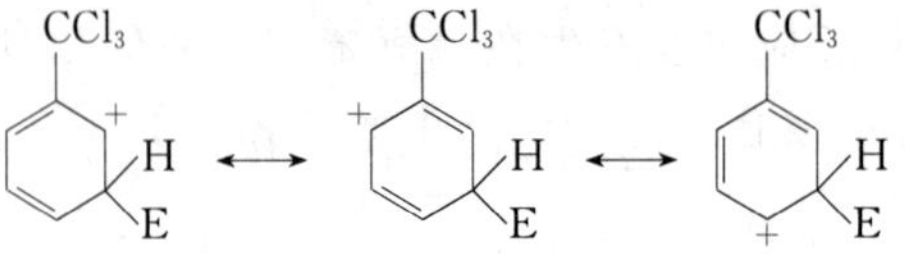

由以上可以看出，三种 σ 络合物虽然均是三个极限结构的共振杂化体，但进攻邻位和对位所形成的 σ 络合物的共振杂化体，均有一个极限结构是带正电荷的碳原子直接与强吸电子取代基—CCl_3 相连，正电荷更集中而不稳定，而进攻间位则不然。因此—CCl_3 与苯环直接相连时，—CCl_3 将引导亲电试剂进攻其间位，即—CCl_3 是第二类定位基。

例三 由甲苯及必要的原料合成下列化合物：

(1) 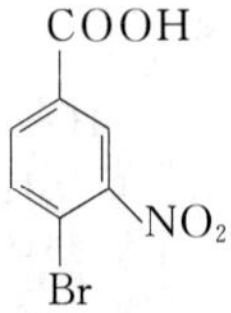 4-溴-3-硝基苯甲酸（COOH，NO_2，Br） (2) H_3C—萘

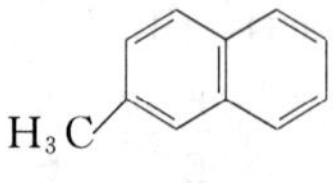

答：(1) 将甲苯和产物(4-溴-3-硝基苯甲酸)的构造式进行对比可以看出：由甲苯转变成产物，需要在苯环上引入—NO_2 和—Br；另外还应将—CH_3 转变成—COOH。但如何确定各步反应的先后顺序，则需根据各官能团在苯环上的相互位置而定。由于—Br 在—COOH 的对位，即原—CH_3 的对位，因此—Br 的引入，需在—CH_3 未转变成—COOH 之前进行。由于—NO_2 在—COOH(原—CH_3)的间位，因此—NO_2 的引入，需在—CH_3 转变成—COOH 之后进行。另外，—NO_2 处于—Br 的邻位，因此应先引入—Br，然后引入—NO_2。

通过上述分析可知，由甲苯合成 4-溴-3-硝基苯甲酸时，应首先进行溴化，然后将甲基氧化成羧基，最后进行硝化。合成路线如下所示：

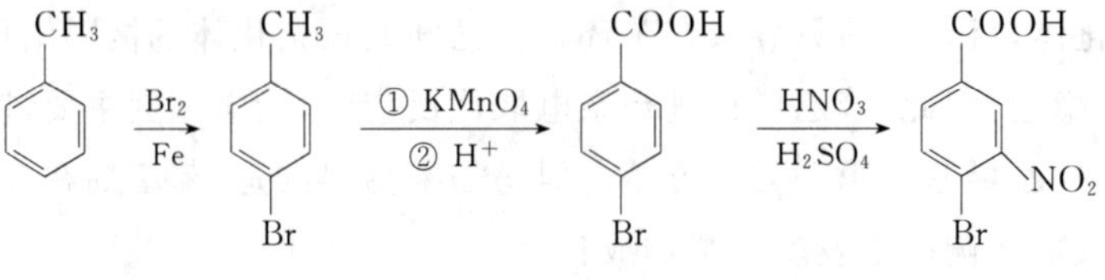

$$\text{C}_6\text{H}_5\text{CH}_3 \xrightarrow[\text{Fe}]{\text{Br}_2} p\text{-BrC}_6\text{H}_4\text{CH}_3 \xrightarrow[\text{② H}^+]{\text{① KMnO}_4} p\text{-BrC}_6\text{H}_4\text{COOH} \xrightarrow[\text{H}_2\text{SO}_4]{\text{HNO}_3} \text{4-溴-3-硝基苯甲酸}$$

反应第一步，由于空间效应的影响，以对位溴化产物为主；第三步硝化，—Br 与

—COOH 引导—NO_2 进入同一位置，产物较单一。

（2）将甲苯和产物（β－甲基萘）进行对比可以看出，可由含有一个苯环的化合物合成稠环芳烃，其合成方法一般是由苯或其衍生物与二元酸或其酸酐（环状酸酐较常用）进行酰基化反应后，将羰基还原成甲叉基，生成 γ－芳基丁酸类化合物，后者再经环化和芳构化，得到稠环芳烃。为了得到稠环芳烃的一些衍生物，还可利用反应中间体进行一些其他反应。这种合成稠环芳烃及其衍生物的方法，称为 Haworth 合成。本例化合物的合成路线如下：

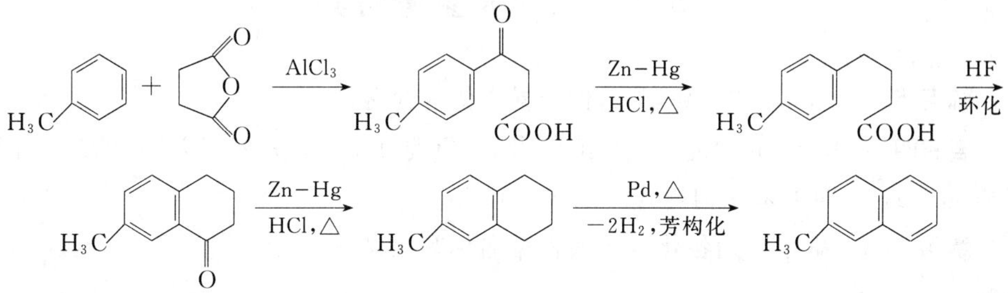

H_3C—C₆H₄ + 丁二酸酐 $\xrightarrow{AlCl_3}$ H_3C—C₆H₄—COCH_2CH_2COOH $\xrightarrow[HCl,\triangle]{Zn-Hg}$ H_3C—C₆H₄—$CH_2CH_2CH_2$COOH $\xrightarrow[环化]{HF}$

$\xrightarrow[HCl,\triangle]{Zn-Hg}$ $\xrightarrow[-2H_2,芳构化]{Pd,\triangle}$ H_3C—萘

利用 Haworth 合成可以制备萘的多种衍生物。如果用萘及其衍生物代替苯及其衍生物，则可合成其他稠环芳烃（如蒽）及其衍生物。

例四 命名下列各化合物：

（1）OH, CHO, CH_3 取代的苯环　（2）NH_2, Br, Br, COOH, Br 取代的苯环　（3）$ClCH_2CH_2CH(OH)—C(=O)NHCH_3$

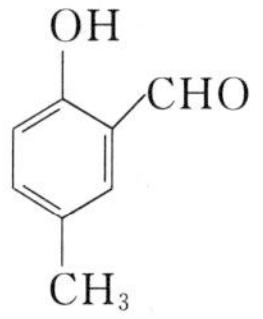

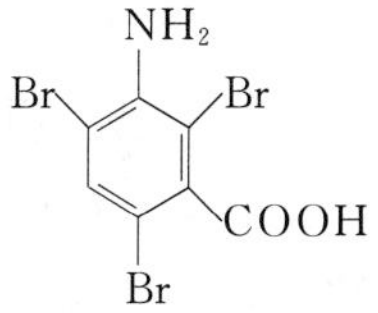

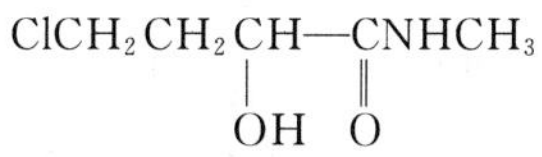

答： 该三种化合物均为多官能团化合物，因此，它们的命名应按照多官能团化合物的命名原则进行。

主教材
表 5-6

（1）根据“官能团的优先次序”表（见主教材表 5－6），—CHO 优先于—OH，应以—CHO 为母体官能团，由于—CHO 与苯环直接相连，故称苯甲醛。将—OH 和—CH_3 均作为取代基。编号时，应先将与—CHO 直接相连的苯环碳原子定为 1，然后使—OH 和—CH_3 具有较低位次，即 2 和 5。将各取代基（及位次）按其英文字母顺序置于母体名称前，羟基英文名为 hydroxy，甲基英文名为 methyl，故羟基列在甲基之前，该化合物的名称为 2－羟基－5－甲基苯甲醛，英文名为 2－hydroxy－5－methylbenzaldehyde。

（2）苯环上官能团的优先次序为—COOH 优先于—NH_2（在系统命名中卤原子不作为母体官能团），因此以—COOH 为母体官能团，母体为苯甲酸，—NH_2 和—Br 作为取代基。编号时，将与—COOH 直接相连的苯环碳原子定为 1。将各取代基按其英文字母顺序列出，氨基英文名为 amino，溴英文名为 bromo；三个溴原子均连在母体苯环上，表示其数目的“tri”不参与字母顺序排序，氨基列在溴之前，该化合物的名称为 3－氨基－2，4，6－三溴苯甲酸，英文名为 3－amino－2，4，6－tribromobenzoic acid。

(3) 该脂肪族化合物中官能团优先次序为—CONH—优先于—OH，因此以—CONH—为母体官能团，含有母体官能团的最长碳链有四个碳原子，故母体为丁酰胺。—Cl、—OH 和—CH_3 作为取代基，其英文名分别为 chloro、hydroxy 和 methyl，因此该化合物的名称为 4－氯－2－羟基－*N*－甲基丁酰胺，英文名称为 4－chloro－2－hydroxy－*N*－methylbutanamide。

5.3 练习和参考答案

练习 5.1 写出四甲(基)苯的构造异构体并命名。

答： 四甲(基)苯的构造异构体有三种，分别是 1,2,3,4－四甲苯、1,2,3,5－四甲苯和 1,2,4,5－四甲苯。构造式略。

练习 5.2 命名下列各化合物或根据名称写出结构：

(1) 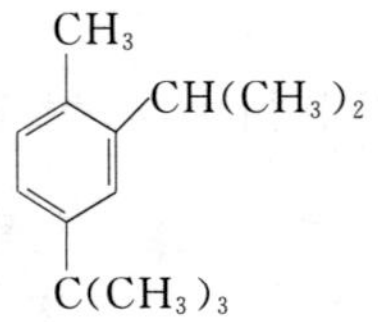 [苯环：1-CH_3，2-$CH(CH_3)_2$，4-$C(CH_3)_3$]　　(2) Ph_3CH

(3) 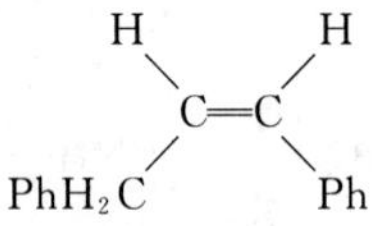 H(H)C=C(H)(Ph)，PhH_2C 与 H 同碳，两个 H 同侧　　(4) 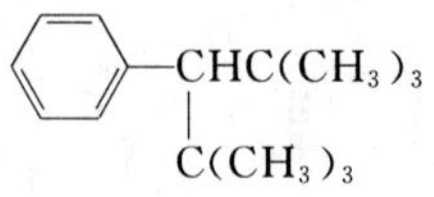 C_6H_5—$CHC(CH_3)_3$ | $C(CH_3)_3$

(5) 2－(3－甲苯基)二环[2.2.2]辛烷

(6) (*Z*)－(1－甲基丙－1－烯基)苯　(7) (*Z*)－5－甲基－1－苯基庚－2－烯

答： (1) 4－叔丁基－2－异丙基－1－甲基苯

英文名：4－(*tert*－butyl)－2－isopropyl－1－methylbenzene

(2) 三苯基甲烷(或甲爪基三苯)

(3) (*Z*)－丙烯－1,3－叉基二苯[或(*Z*)－1,3－二苯基丙烯]

(4) (1－叔丁基－2,2－二甲基丙基)苯(或 2,2,4,4－四甲基－3－苯基戊烷)

英文名：(1－(*tert*－butyl)－2,2－dimethylpropyl)benzene

(或 2,2,4,4－tetramethyl－3－phenylpentane)

(5) 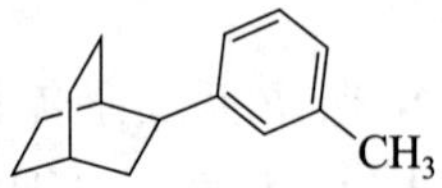 [二环[2.2.2]辛烷-2-基连接 3-甲苯基，苯环上 CH_3]　　(6) 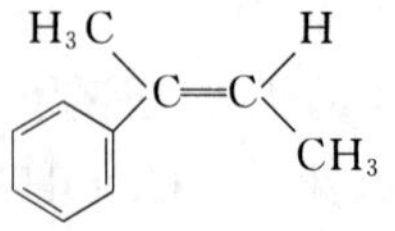 [C_6H_5(H_3C)C=C(H)CH_3]

(7) 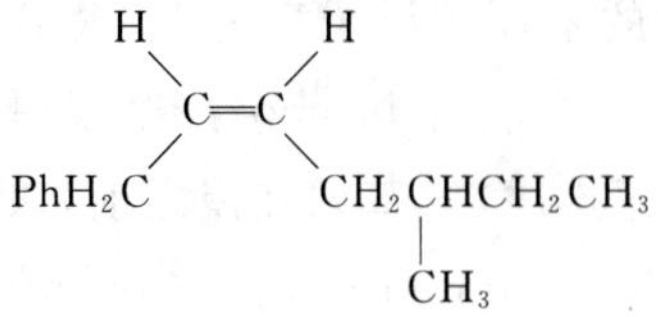 H、H 同侧：PhH_2C—CH=CH—$CH_2CHCH_2CH_3$，CH 上连 CH_3

练习 5.3 命名下列各取代基或根据名称写出结构：

(1) 2,6-二甲基苯基结构式（苯环上连 $-$，两侧邻位各有 CH_3）　　(2) $C_6H_5-CH_2CH_2-$

(3) 二苯甲基　　(4) 对甲基苄基　　(5) 3-苯基丙-2-烯基

答: (1) 2,6-二甲基苯基　　(2) 2-苯乙基

(3) Ph_2CH-　　(4) $H_3C-C_6H_4-CH_2-$

(5) $PhCH=CHCH_2-$

练习 5.4 甲苯的沸点比苯高 30.5 ℃，而熔点大约低 100 ℃，为什么？

答: 甲苯的相对分子质量大，在液态时分子间作用力比苯大，故沸点比苯高。但甲苯的对称性比苯差，在晶格中排列不够紧密，故熔点比苯低。

练习 5.5 写出乙苯与下列试剂作用的反应式(括号内是催化剂)：

(1) $Cl_2(FeCl_3)$　　(2) 混酸　　(3) 丁醇(BF_3)

(4) 丙烯(无水 $AlCl_3$)　　(5) 丙酸酐 $(CH_3CH_2CO)_2O$(无水 $AlCl_3$)

(6) 丙酰氯 CH_3CH_2COCl(无水 $AlCl_3$)

提示:(1)、(2)为邻位和对位混合产物；由于空间效应，(3)、(4)、(5)、(6)主要为对位产物；(3)引入仲丁基；(4)引入异丙基。

练习 5.6 由苯和必要的原料合成下列化合物：

(1) $C_6H_5-C_6H_{11}$（苯基环己烷）　　(2) 叔丁苯

(3) $C_6H_5-CH_2(CH_2)_5CH_3$　　(4) $C_6H_5-\overset{\displaystyle O}{\overset{\|}{C}}CH_2CH_2CO_2H$

答: (1) $C_6H_6 + C_6H_{10}$（环己烯）$\xrightarrow{AlCl_3}$ $C_6H_5-C_6H_{11}$

(2) $C_6H_6 \xrightarrow[AlCl_3]{(CH_3)_3CCl} C_6H_5-C(CH_3)_3$

(3) $C_6H_6 \xrightarrow[AlCl_3]{CH_3(CH_2)_5COCl} C_6H_5-\overset{\displaystyle O}{\overset{\|}{C}}(CH_2)_5CH_3 \xrightarrow[HCl,\triangle]{Zn-Hg}$

$C_6H_5-CH_2(CH_2)_5CH_3$

(4) C_6H_6 + 丁二酸酐 $\xrightarrow{AlCl_3} C_6H_5-\overset{\displaystyle O}{\overset{\|}{C}}CH_2CH_2CO_2H$

练习 5.7 写出下列化合物在 $AlCl_3$ 存在下的反应产物。

(1) $C_6H_5CH_2CH=C(CH_3)_2$（键线式）　　(2) $C_6H_5CH_2CH_2CH(OH)CH(CH_3)_2$（键线式）

(3) 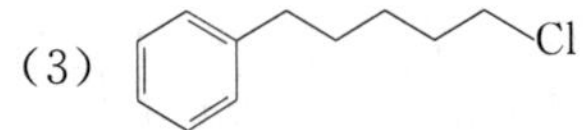

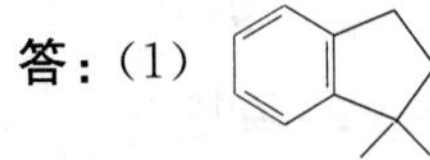

答：(1) (2) 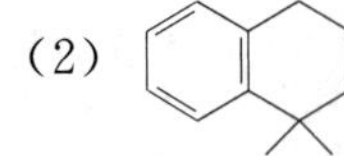 (3)

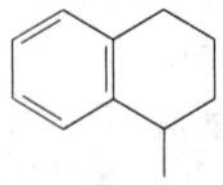

练习 5.8

练习 5.8 在氯化铝的存在下，苯和 1-氯-2,2-二甲基丙烷作用，主要产物是(1,1-二甲基丙基)苯，而不是(2,2-二甲基丙基)苯，试解释之。写出反应机理。

答： 反应的中间体 2,2-二甲基丙基正离子不稳定，易重排为叔碳正离子，最终得到重排产物。反应机理：

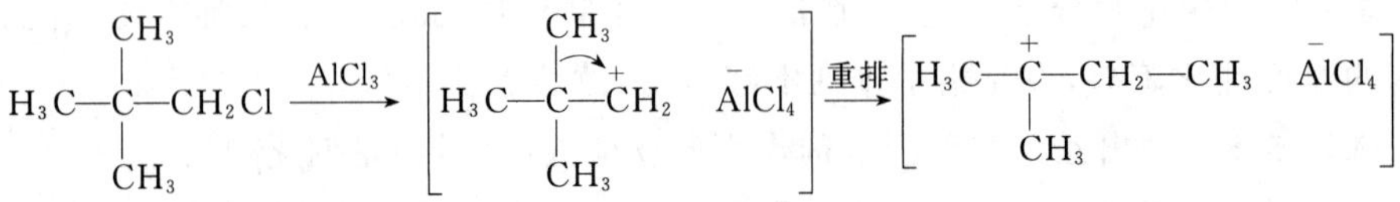

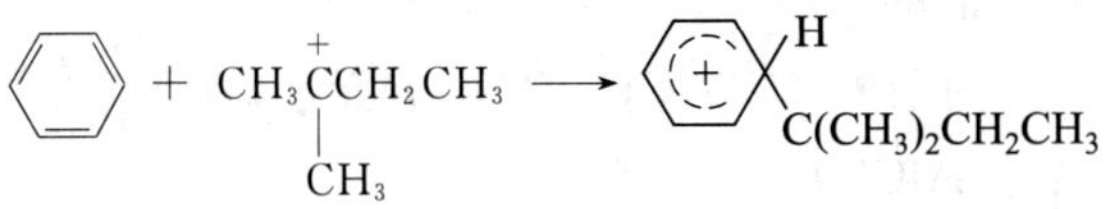

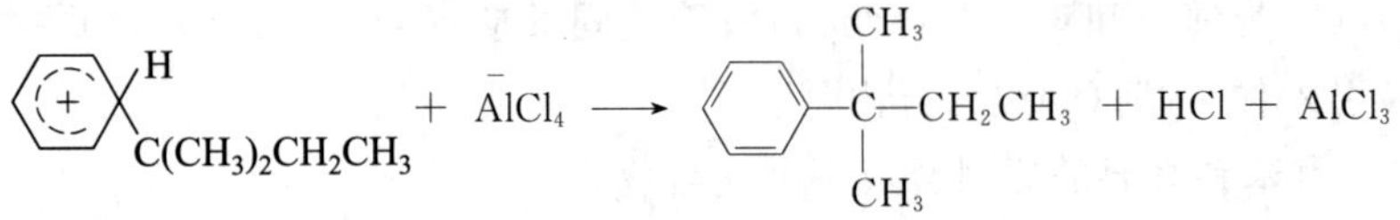

$$H_3C-C(CH_3)_2-CH_2Cl \xrightarrow{AlCl_3} \left[H_3C-C(CH_3)_2-\overset{+}{C}H_2 \quad \overset{-}{A}lCl_4\right] \xrightarrow{重排} \left[H_3C-\overset{+}{C}(CH_3)-CH_2-CH_3 \quad \overset{-}{A}lCl_4\right]$$

$$C_6H_6 + CH_3\overset{+}{C}(CH_3)CH_2CH_3 \longrightarrow [C_6H_6^{+}(H)C(CH_3)_2CH_2CH_3]$$

$$[C_6H_6^{+}(H)C(CH_3)_2CH_2CH_3] + \overset{-}{A}lCl_4 \longrightarrow C_6H_5-C(CH_3)_2-CH_2CH_3 + HCl + AlCl_3$$

练习 5.9 写出下列反应的产物：

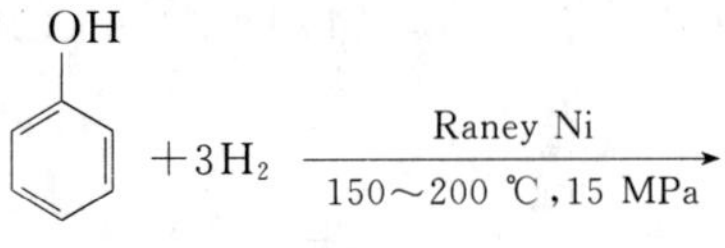

$$C_6H_5OH + 3H_2 \xrightarrow[150\sim200\ ℃,15\ MPa]{Raney\ Ni}$$

答： 产物为 环己醇（C_6H_{11}—OH）。

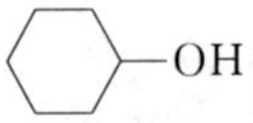

练习 5.10 在日光或紫外光照射下，苯与氯加成生成六氯化苯，是一个自由基链反应。写出其反应机理。

简答：

链引发 $Cl_2 \xrightarrow{h\nu} 2Cl\cdot$

链增长

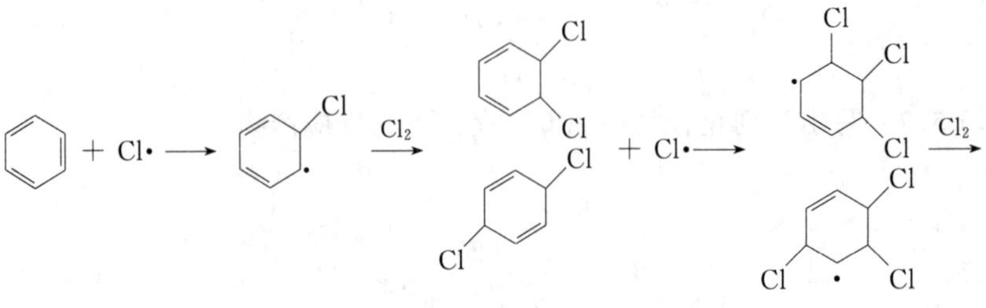

$$C_6H_6 + Cl\cdot \longrightarrow \cdot C_6H_6Cl \xrightarrow{Cl_2} C_6H_6Cl_2\ (5,6\text{-二氯代},\ 3,6\text{-二氯代}) + Cl\cdot \longrightarrow \cdot C_6H_6Cl_3 \xrightarrow{Cl_2}$$

链终止(略)。

练习 5.11 写出下列反应的产物或反应物的构造式：

(1) 邻氯甲苯 $\xrightarrow[h\nu]{Br_2}$　　(2) 邻二甲苯 $\xrightarrow[h\nu,125\ ℃]{2Br_2}$

(3) 甲苯 $\xrightarrow[Fe]{Br_2}$ $\xrightarrow[\triangle 或 h\nu]{3Cl_2}$　　(4) 甲苯 $\xrightarrow[\triangle 或 h\nu]{3Cl_2}$ $\xrightarrow[Fe]{Br_2}$

(5) 对叔丁基甲苯 $\xrightarrow[② 稀 H_2SO_4]{① KMnO_4,\triangle}$　　(6) C_9H_{12} $\xrightarrow[② 稀 H_2SO_4]{① KMnO_4,\triangle}$ 间苯二甲酸(COOH, COOH)

(7) C_6H_5—CH═CH_2 $\xrightarrow[过氧化物]{HBr}$　　(8) 茚 $\xrightarrow{HCl}$

练习 5.11(8)

答：(1) CH_2Br、Cl 取代苯(邻位)　　(2) 邻位 CH_2Br、CH_2Br 取代苯

(3) 对溴甲苯(CH_3, Br)，对溴三氯甲苯(CCl_3, Br)　　(4) CCl_3 取代苯，间溴三氯甲苯(CCl_3, Br)

(5) 对叔丁基苯甲酸(COOH, $C(CH_3)_3$)　　(6) 间乙基甲苯(CH_3, C_2H_5)

(7) C_6H_5—CH_2—CH_2Br　　(8) 1-氯茚满(Cl)

练习 5.12 试以苯和环己烯为原料合成(环己-1-烯基)苯。

简答： 苯 + 环己烯 $\xrightarrow{AlCl_3}$ $\xrightarrow[h\nu]{Br_2}$ $\xrightarrow[C_2H_5OH,\triangle]{KOH}$ (环己-1-烯基)苯

练习 5.13 甲基苯基醚在进行硝化反应时，为什么主要得邻位和对位硝化产

物？试从理论上解释之。

答: 从甲基苯基醚进行硝化反应时所生成的 σ 络合物的稳定性来判断。

进攻邻位 (Ⅰa) ⟷ (Ⅰb) ⟷ (Ⅰc) ⟷ (Ⅰd)

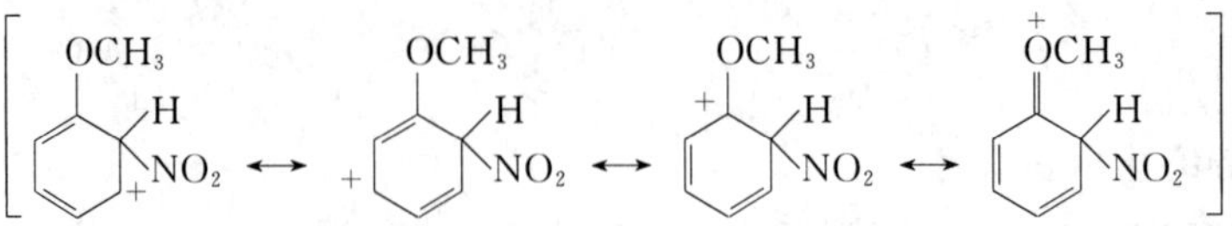

进攻对位 (Ⅱa) ⟷ (Ⅱb) ⟷ (Ⅱc) ⟷ (Ⅱd)

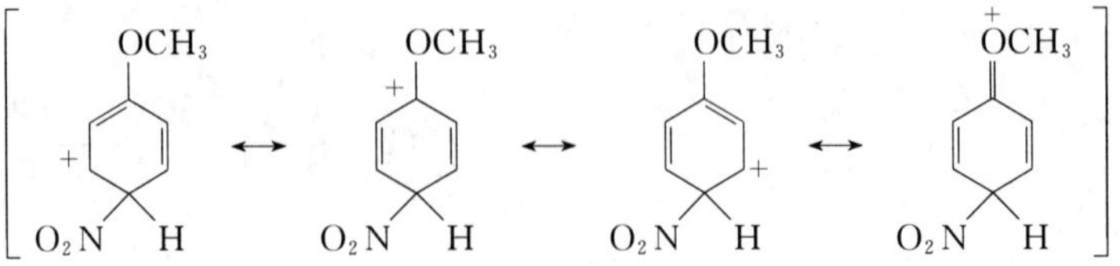

进攻间位

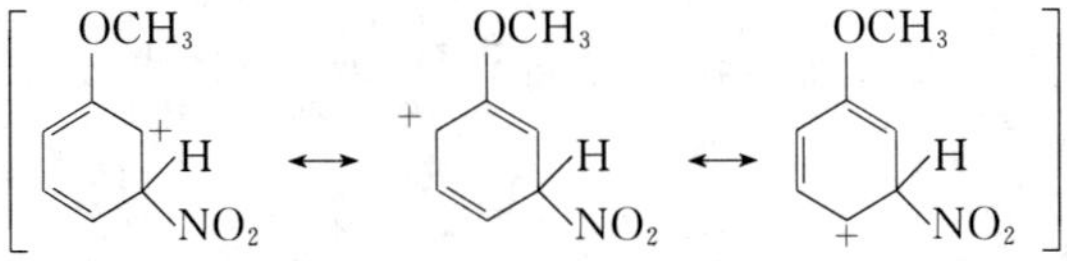

进攻邻位和对位时，其共振杂化体中，极限结构(Ⅰd)和(Ⅱd)的每个原子都具有完整的外电子层结构(八隅体规则)，贡献较大，因此相应的 σ 络合物较稳定而容易生成。进攻间位则不能产生与(Ⅰd)、(Ⅱd)类似的稳定极限结构。所以苯甲醚在进行硝化反应时，主要得邻硝基苯甲醚和对硝基苯甲醚。

练习 5.14 苯磺酸在进行硝化反应时，为什么得到间硝基苯磺酸？试从理论上解释之。

答: 从苯磺酸进行硝化反应时所生成的 σ 络合物的稳定性来判断。

进攻邻位 (Ⅰa) ⟷ (Ⅰb) ⟷ (Ⅰc)

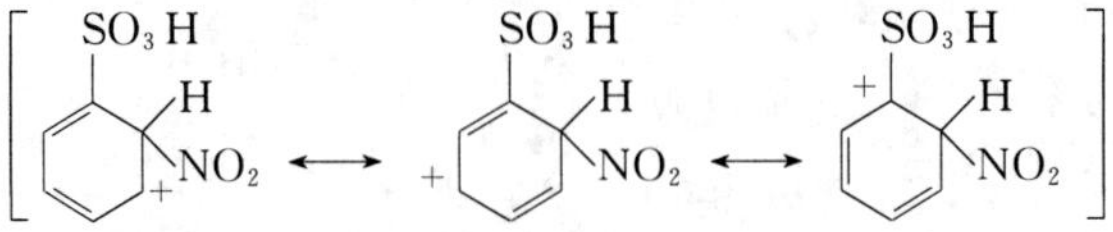

进攻对位 (Ⅱa) ⟷ (Ⅱb) ⟷ (Ⅱc)

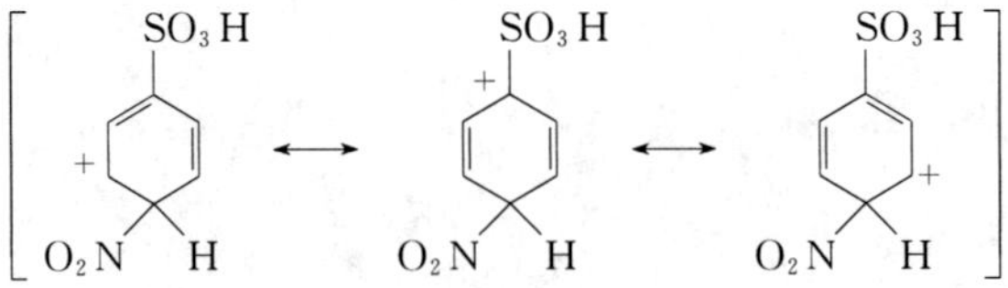

进攻间位 (Ⅲa) ⟷ (Ⅲb) ⟷ (Ⅲc)

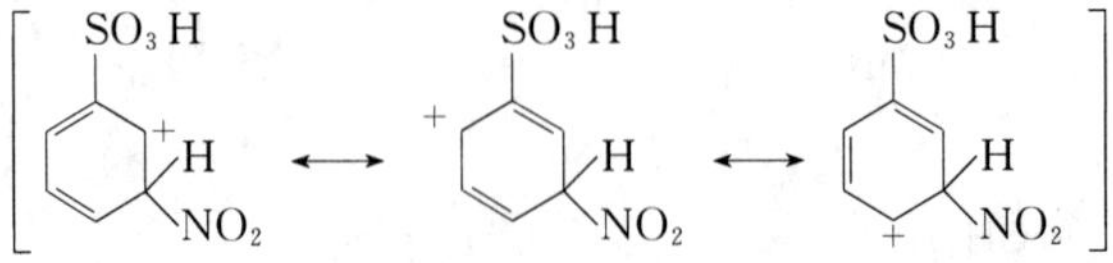

在苯磺酸的邻、对和间位受到进攻时所形成的 σ 络合物中，每种 σ 络合物都是三个极限结构的共振杂化体。但(Ⅰc)和(Ⅱb)两个极限结构，其带有正电荷的碳原子都直接与强吸电子取代基磺酸基相连，相应的 σ 络合物能量较高而不稳定。硝酰正离子进攻间位产生的 σ 络合物的三个极限结构(Ⅲa)、(Ⅲb)和(Ⅲc)，带正电荷的碳

原子都不直接与磺酸基相连，比前两种 σ 络合物稳定，能量较低而比较容易生成，因此苯磺酸的硝化反应主要发生在间位。

练习 5.15 解释下列事实：

反应	*o*−	*p*−
氯化	39%	55%
硝化	30%	70%
溴化	11%	87%
磺化	1%	99%

答： 引入的取代基（或原子）的空间效应依次增大（—Cl＜—NO_2＜—Br＜—SO_3H），使邻位产物比例依次减少，对位产物比例依次增加。

练习 5.16 写出下列化合物一溴化的主要产物。

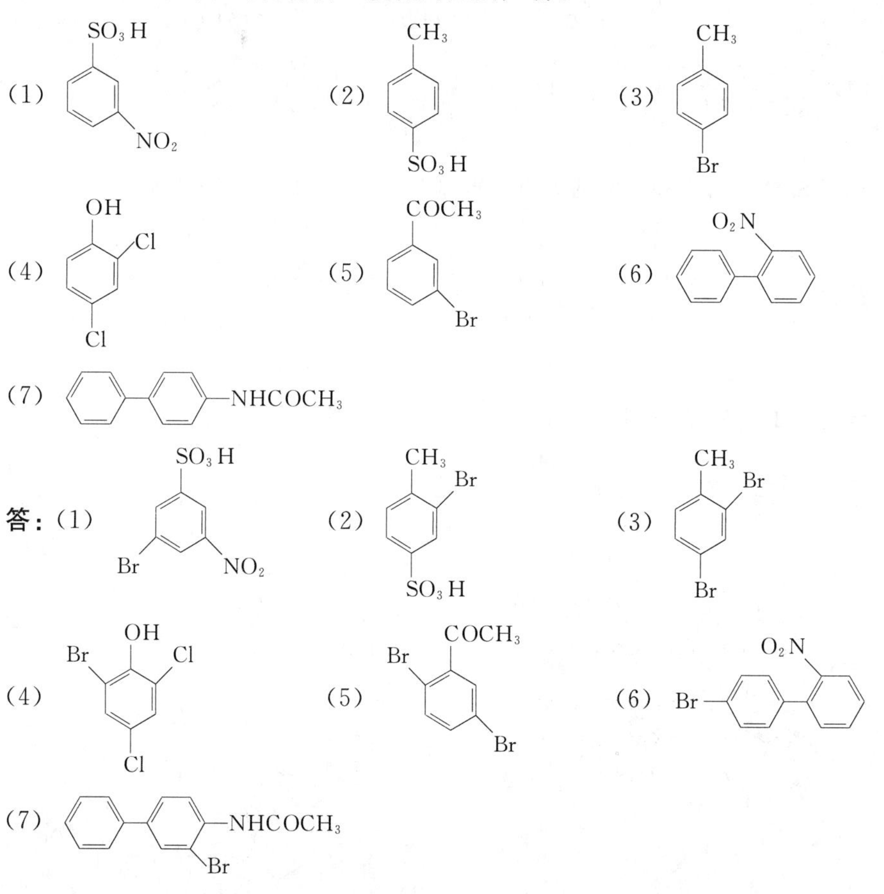

练习 5.17 由苯及必要的原料合成下列各化合物：

(1) 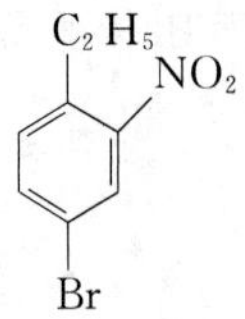 C_2H_5, NO_2, Br (2) C_2H_5, Br, SO_3H (3) 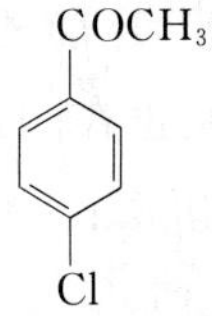 $COCH_3$, Cl (4) 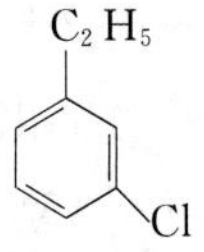 C_2H_5, Cl

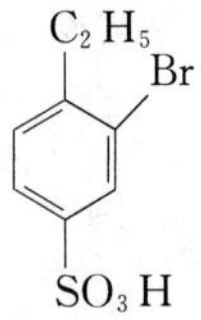

答：(1) $\xrightarrow[AlCl_3]{C_2H_5Br}$ C_2H_5 $\xrightarrow[Fe]{Br_2}$ C_2H_5, Br $\xrightarrow[浓\ H_2SO_4]{浓\ HNO_3}$ C_2H_5, NO_2, Br

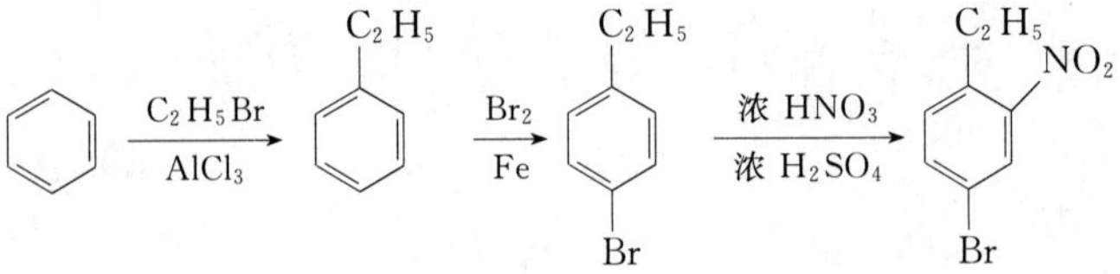

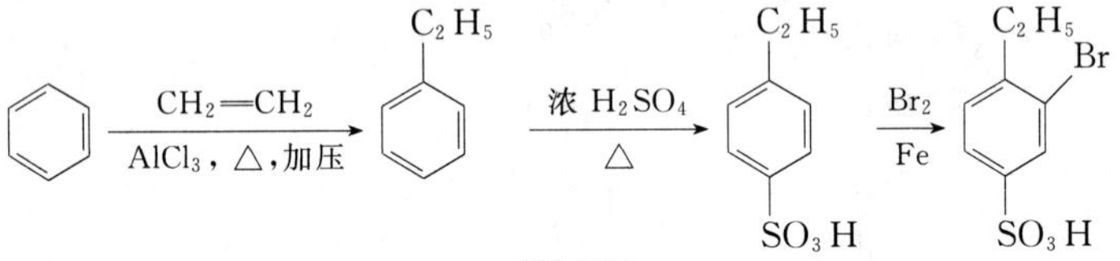

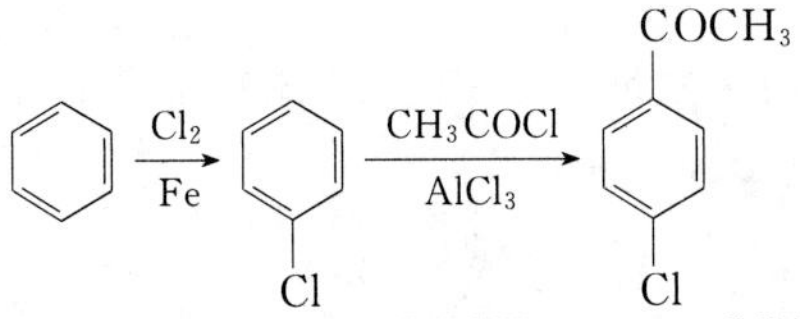

(2) $\xrightarrow[AlCl_3，\triangle，加压]{CH_2=CH_2}$ C_2H_5 $\xrightarrow[\triangle]{浓\ H_2SO_4}$ C_2H_5, SO_3H $\xrightarrow[Fe]{Br_2}$ C_2H_5, Br, SO_3H

(3) $\xrightarrow[Fe]{Cl_2}$ Cl $\xrightarrow[AlCl_3]{CH_3COCl}$ $COCH_3$, Cl

(4) $\xrightarrow[AlCl_3]{CH_3COCl}$ $COCH_3$ $\xrightarrow[Fe]{Cl_2}$ $COCH_3$, Cl $\xrightarrow[HCl，\triangle]{Zn-Hg}$ CH_2CH_3, Cl

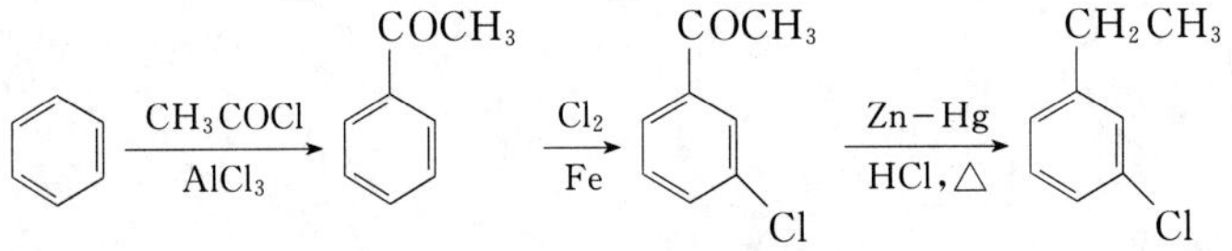

练习 5.18 由苯和必要的无机试剂制备 1,2-二溴-4-硝基苯。

答： $\xrightarrow[Fe]{Br_2}$ Br $\xrightarrow[浓\ H_2SO_4，\triangle]{浓\ HNO_3}$ Br, NO_2 $\xrightarrow[Fe]{Br_2}$ Br, Br, NO_2

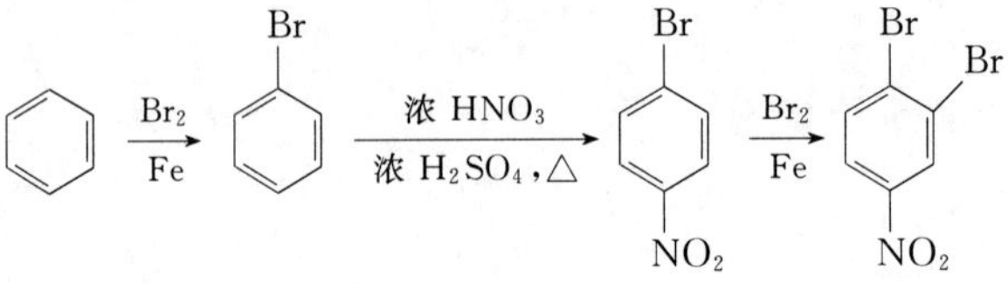

练习 5.19 完成下列反应式。

(1) 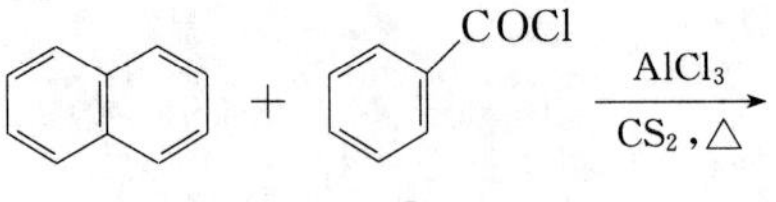 萘 + COCl $\xrightarrow[CS_2，\triangle]{AlCl_3}$

(2) 萘 + O, O, O $\xrightarrow[PhNO_2，\triangle]{AlCl_3}$

(3) OCH_3 $\xrightarrow[H_2SO_4]{K_2Cr_2O_7}$ (4) $\xrightarrow[\triangle]{Br_2，CCl_4}$

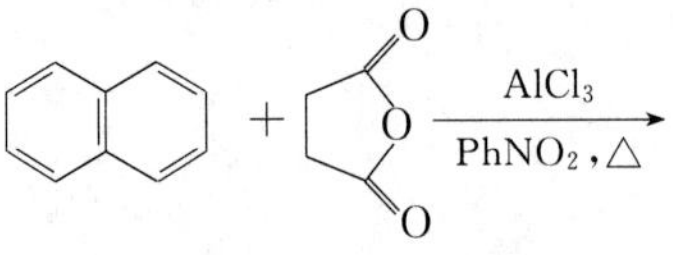

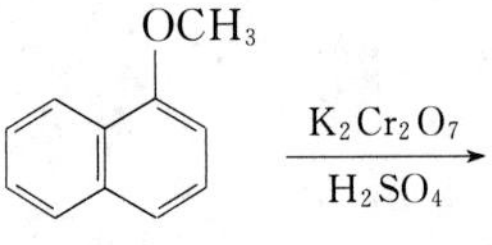

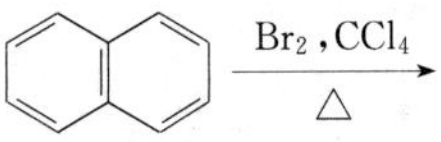

答： (1) 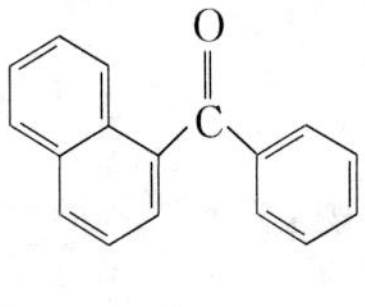 O, C (2) 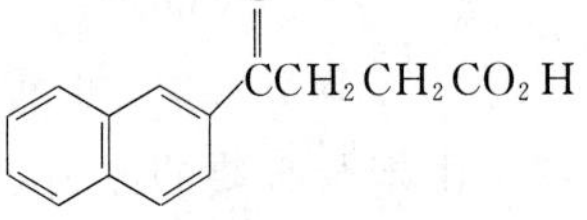 O, $CCH_2CH_2CO_2H$

(3) 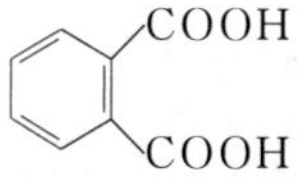 COOH COOH　　　　(4) 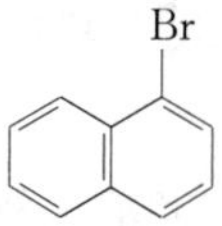 Br

练习 5.20 为什么萘剧烈氧化生成邻苯二甲酸酐后，不易再进一步被氧化？

答：由于邻苯二甲酸酐的苯环上连接了两个吸电子的羰基，使苯环电子云密度降低，因此难以被氧化开环。

练习 5.21 完成下列反应式。

(1) 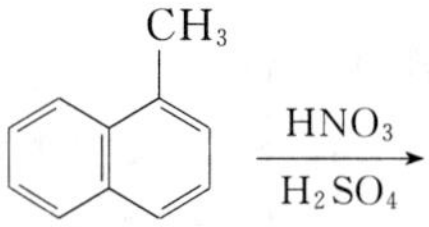 CH_3 $\xrightarrow[H_2SO_4]{HNO_3}$　　　　(2) COOH $\xrightarrow[Fe]{Cl_2}$

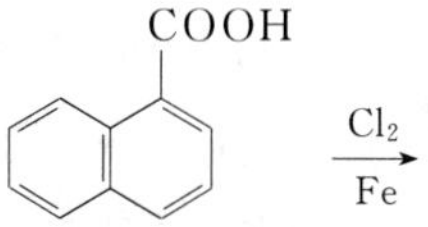

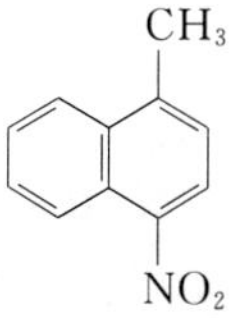

答：(1) CH_3 NO_2　　　　(2) Cl COOH + COOH Cl

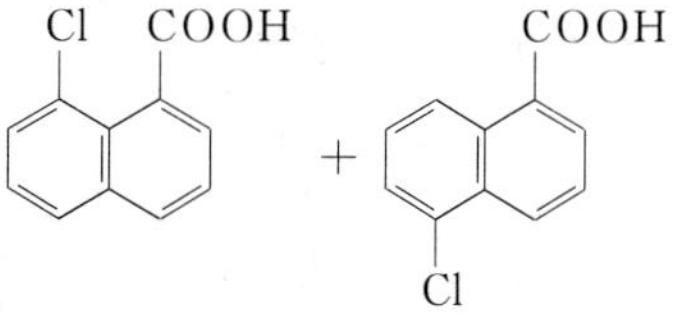

练习 5.22 应用 Hückel 规则判断下列化合物和离子是否有芳香性。

(1) 　　(2) 　　(3)

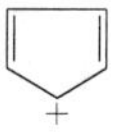

(4) 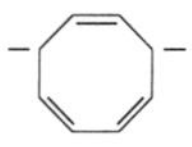　　(5) 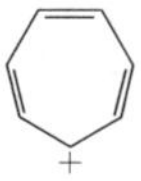　　(6)

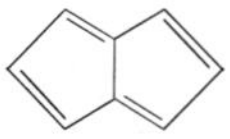

答：(4)和(5)分别有 10 个和 6 个 π 电子，符合 $4n+2$ 规则，有芳香性。其他结构无芳香性，因为(1)不是闭合的共轭体系；(2)、(3)有 4 个 π 电子，(6)有 8 个 π 电子，都不符合 $4n+2$ 规则。

练习 5.23 命名下列化合物。

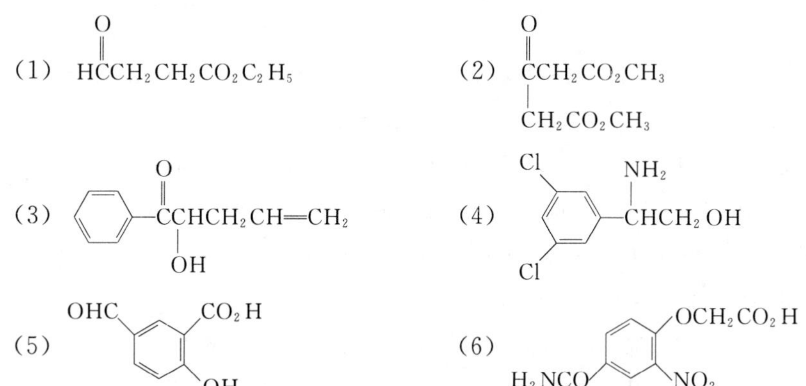

答：(1) 4−氧亚基丁酸乙酯　ethyl 4−oxobutanoate

(2) 3−氧亚基戊二酸二甲酯　dimethyl 3−oxopentanedioate

(3) 2−羟基−1−苯基戊−4−烯−1−酮　2−hydroxy−1−phenylpent−4−en−1−one

(4) 2-氨基-2-(3,5-二氯苯基)乙醇 2-amino-2-(3,5-dichlorophenyl)ethanol

(5) 5-甲酰基-2-羟基苯甲酸 5-formyl-2-hydroxybenzoic acid

(6) 2-(4-氨甲酰基-2-硝基苯氧基)乙酸 2-(4-carbamoyl-2-nitrophenoxy) acetic acid

5.4 习题和参考答案

(一) 写出分子式为 C_9H_{12} 的单环芳烃的所有同分异构体并命名。

简答:共 8 种异构体,其中 2 种单取代苯(丙苯和异丙苯),3 种二取代苯(邻乙基甲苯、间乙基甲苯和对乙基甲苯),3 种三取代苯(连三甲苯、偏三甲苯和均三甲苯)。

(二) 命名下列各化合物:

(1) 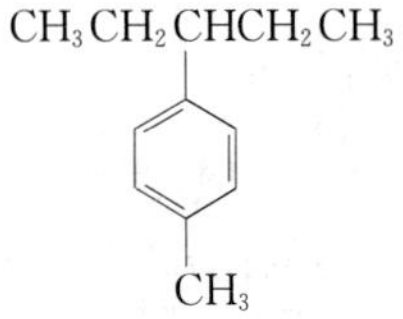 $CH_3CH_2CHCH_2CH_3$; CH_3

(2) 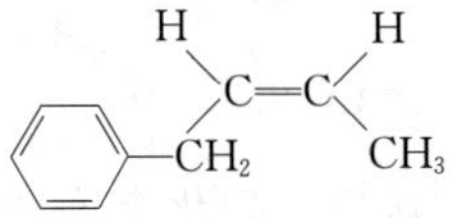 H, H; C=C; CH_2; CH_3

(3) CH_3; Cl; NO_2

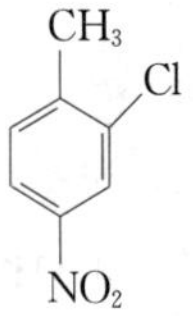

(4) CH_3; CH_3

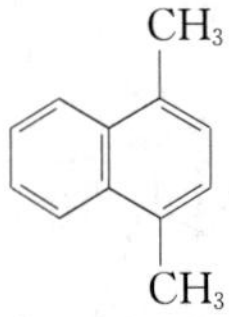

(5) 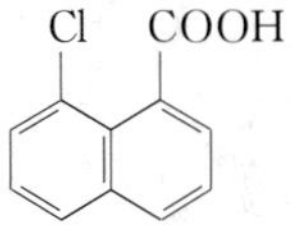 Cl COOH

(6) 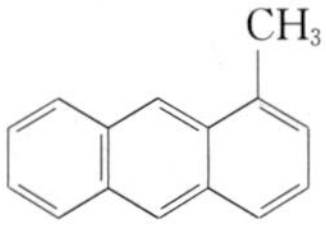 CH_3

(7) CH_3; NH_2; Cl

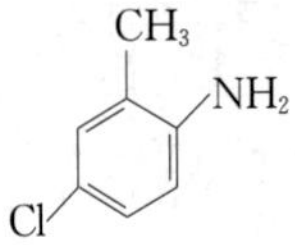

(8) 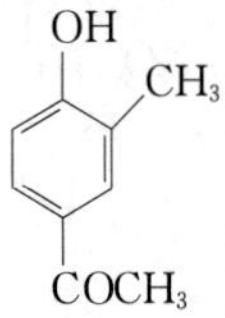 OH; CH_3; $COCH_3$

(9) OH; Br; SO_3H; SO_3H

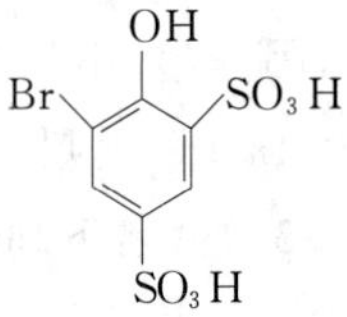

答:(1) 1-(1-乙基丙基)-4-甲基苯 1-(1-ethylpropyl)-4-methylbenzene

(2) (*Z*)-丁-2-烯基苯 (*Z*)-but-2-enylbenzene

(3) 2-氯-1-甲基-4-硝基苯 2-chloro-1-methyl-4-nitrobenzene

(4) 1,4-二甲基萘 1,4-dimethylnaphthalene

(5) 8-氯-萘-1-甲酸 8-chloro-1-naphthoic acid

(6) 1-甲基蒽 1-methylanthracene

(7) 4-氯-2-甲基苯胺 4-chloro-2-methylaniline

(8) 1-(4-羟基-3-甲基苯基)乙酮 1-(4-hydroxy-3-methylphenyl)ethanone

(9) 5-溴-4-羟基苯-1,3-二磺酸 5-bromo-4-hydroxybenzene-1,3-disulfonic acid

(三) 完成下列反应式:

(1) $C_6H_6 + ClCH_2CH(CH_3)CH_2CH_3 \xrightarrow{AlCl_3}$

(2) C_6H_6（过量）$+ CH_2Cl_2 \xrightarrow{AlCl_3}$

(3) $C_6H_5{-}C_6H_5 \xrightarrow[H_2SO_4]{HNO_3}$

(4) $C_6H_5{-}C_6H_{11} \xrightarrow[0\ ℃]{HNO_3,H_2SO_4}$

(5) $C_6H_6 + C_6H_{11}{-}OH \xrightarrow{BF_3}$

(6) $C_6H_5{-}CH_2CH_2{-}C_6H_5 \xrightarrow[ZnCl_2]{(CH_2O)_3,HCl}$

(7) $C_6H_5{-}CH_2CH_2CH_2CH_3 \xrightarrow[② H_3O^+]{① KMnO_4,^-OH,\triangle}$

(8) $C_6H_6 \xrightarrow[HF]{(CH_3)_2C{=}CH_2}$ (A) $\xrightarrow[AlCl_3]{C_2H_5Br}$ (B) $\xrightarrow[H_2SO_4,H_2O,\triangle]{K_2Cr_2O_7}$ (C)

(9) $C_6H_5{-}CH{=}CH_2 \xrightarrow{O_3}$ (A) $\xrightarrow[H_2O]{Zn}$ (B)

(10) $C_{10}H_8 \xrightarrow[Pt]{2H_2}$ (A) $\xrightarrow[AlCl_3]{CH_3COCl}$ (B)

(11) $C_6H_5{-}CH_2CH_2C(=O)Cl \xrightarrow{AlCl_3}$

习题(三)
(11)(12)

(12) $C_6H_5{-}CH_2CH_2C(OH)(CH_3)_2 \xrightarrow{HF}$

(13) C_6H_6 + 丁二酸酐 $\xrightarrow{AlCl_3}$ (A) $\xrightarrow[浓\ HCl]{Zn-Hg}$ (B)

(14) $C_6H_5{-}CH_2CH_3 \xrightarrow[CCl_4]{NBS,h\nu}$ (A) $\xrightarrow[\triangle]{KOH}$ (B) $\xrightarrow[CCl_4]{Br_2}$ (C)

答：(1) $C_6H_5{-}C(CH_3)_2{-}CH_2CH_3$　(2) $C_6H_5{-}CH_2{-}C_6H_5$

(3) $C_6H_5{-}C_6H_4{-}NO_2$（二次硝化要难一些）　(4) $O_2N{-}C_6H_4{-}C_6H_{11}$

(5) $C_6H_5{-}C_6H_{11}$　(6) $C_6H_5{-}CH_2CH_2{-}C_6H_4{-}CH_2Cl$

(7) $C_6H_5{-}CO_2H$　(8) (A) $C_6H_5{-}C(CH_3)_3$　(B) $C_2H_5{-}C_6H_4{-}C(CH_3)_3$　(C) $HOOC{-}C_6H_4{-}C(CH_3)_3$

(9) (A) 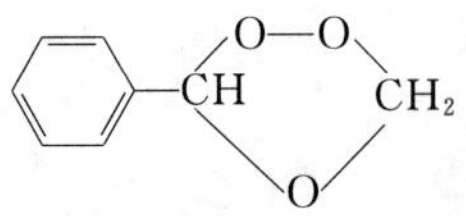 Ph—CH(O—O)(O)CH₂ → C_6H_5-CH ⟨O—O⟩ CH_2 ⟨O⟩ (B) 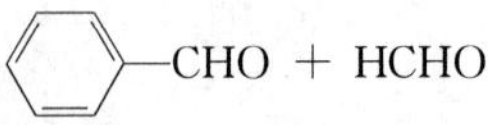 $C_6H_5-CHO + HCHO$

(10) (A) 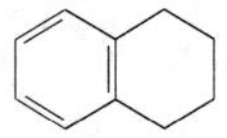 (B) 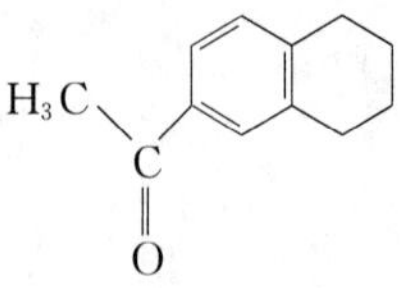 $H_3C-C(=O)-$

(11) 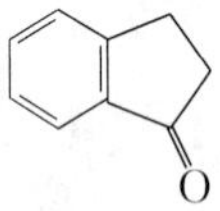 O (12) 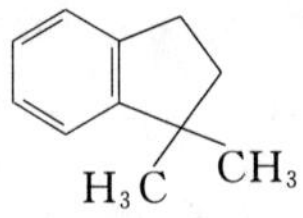 H_3C CH_3

(13) (A) 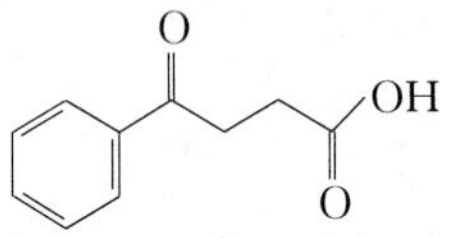 O … OH O (B) 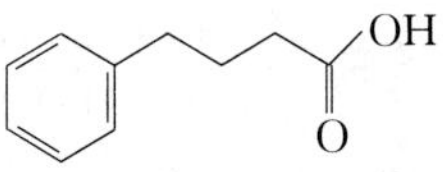 … OH O

(14) (A) 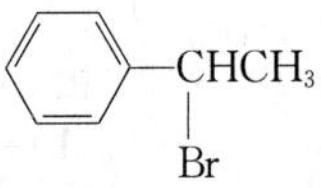 $C_6H_5-CHCH_3$ (Br) (B) $C_6H_5-CH=CH_2$ (C) $C_6H_5-CHCH_2Br$ (Br)

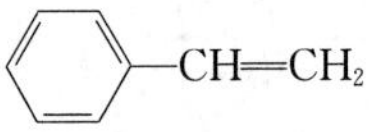

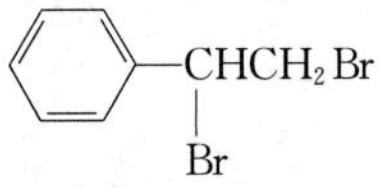

(四) 用简便的化学方法鉴别下列各组化合物：

(1) 环己烷、环己烯和苯 (2) 苯和己-1,3,5-三烯

答：(1) 先用溴水，使其褪色者是环己烯；再用 $Br_2(Fe)$，使其褪色者为苯。

(2) 使溴水褪色者是己-1,3,5-三烯。

(五) 写出下列各反应的机理：

(1) 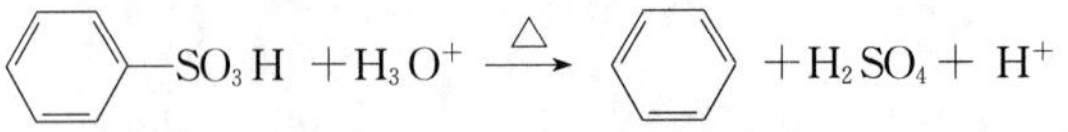 $C_6H_5-SO_3H + H_3O^+ \xrightarrow{\triangle} C_6H_6 + H_2SO_4 + H^+$

(2) 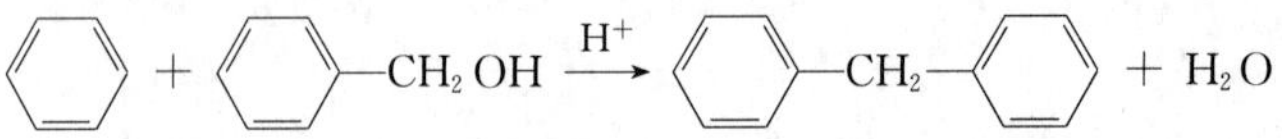 $C_6H_6 + C_6H_5-CH_2OH \xrightarrow{H^+} C_6H_5-CH_2-C_6H_5 + H_2O$

(3) 2 $(H_3C)(H_5C_6)C=CH_2 \xrightarrow{H_2SO_4}$ (H_3C, CH_3; H_3C, C_6H_5)

(4) $C_6H_6 + (CH_3CO)_2O \xrightarrow{AlCl_3} C_6H_5-C(=O)-CH_3 + CH_3CO_2H$

答：(1) $C_6H_5SO_3H \underset{}{\overset{H_2O, -H_3O^+}{\rightleftharpoons}} C_6H_5SO_3^- \overset{H_3O^+, -H_2O}{\rightleftharpoons}$ (H, SO_3^-, +) $\overset{H_2O, -H_2SO_4}{\rightleftharpoons} C_6H_6$

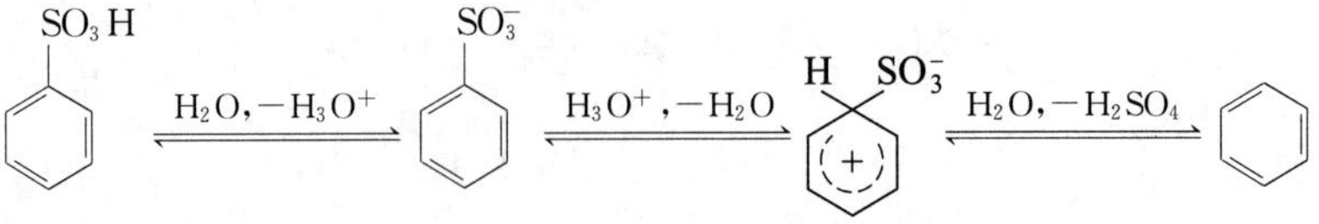

(2) 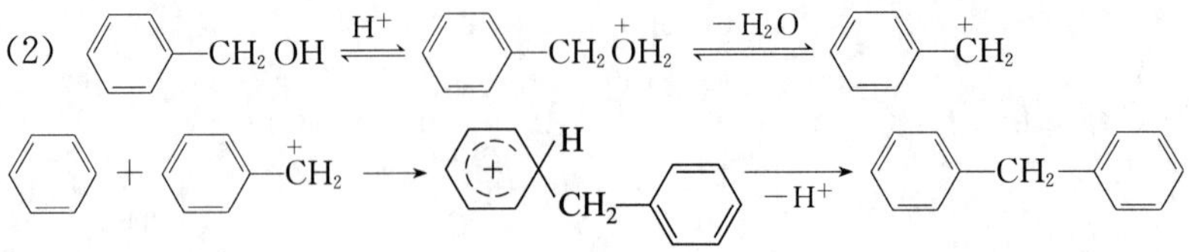 $C_6H_5-CH_2OH \overset{H^+}{\rightleftharpoons} C_6H_5-CH_2\overset{+}{O}H_2 \overset{-H_2O}{\rightleftharpoons} C_6H_5-\overset{+}{C}H_2$

$C_6H_6 + C_6H_5-\overset{+}{C}H_2 \longrightarrow$ (+, H, $CH_2-C_6H_5$) $\xrightarrow{-H^+} C_6H_5-CH_2-C_6H_5$

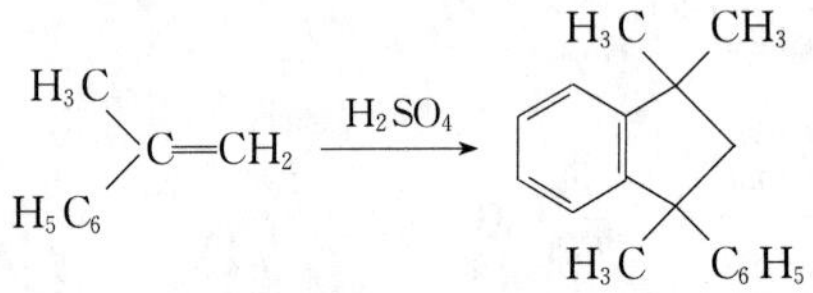

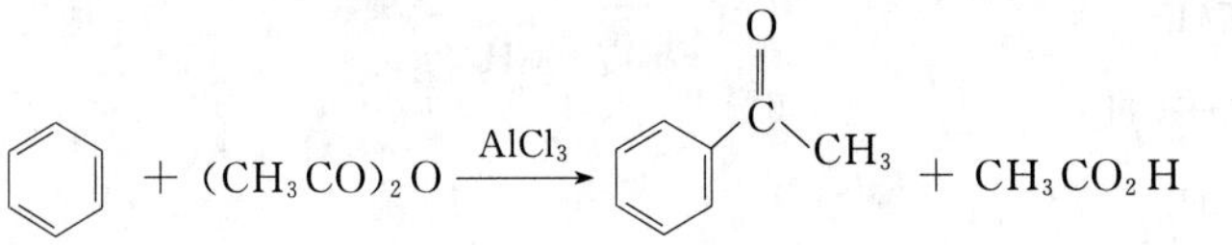

(3) $(H_3C)(H_5C_6)C{=}CH_2 \xrightarrow{H^+} C_6H_5\overset{+}{C}(CH_3)_2$ ；与 $H_2C{=}C(CH_3)(C_6H_5)$ 加成 $\longrightarrow C_6H_5C(CH_3)_2CH_2\overset{+}{C}(CH_3)(C_6H_5)$

$\longrightarrow$ （分子内芳环亲电取代中间体，σ-络合物）$\xrightarrow{-H^+}$ 1,1,3-三甲基-3-苯基茚满（H_3C, CH_3；H_3C, C_6H_5）

(4) $H_3C{-}\underset{\|}{C}(O){-}O{-}\underset{\|}{C}(O){-}CH_3 + AlCl_3 \rightleftharpoons$ $H_3C{-}C(=O{:})\!-\!O\!-\!C(=\overset{+}{O}{-}\bar{A}lCl_3){-}CH_3$

$\longrightarrow [\,H_3C{-}C{\equiv}\overset{+}{O} \longleftrightarrow H_3C{-}\overset{+}{C}{=}O\,] + Cl_3\overset{-}{A}lOCOCH_3$

$C_6H_6 + CH_3{-}\overset{+}{C}{=}O \longrightarrow$ σ-络合物（H, $C(=O)CH_3$）

σ-络合物 $+ Cl_3\overset{-}{A}lOCOCH_3 \longrightarrow C_6H_5COCH_3 + AlCl_3 + CH_3CO_2H$

（六）写出下列各化合物一次硝化的主要产物：

(1) $C_6H_5{-}NHCOCH_3$　(2) $C_6H_5{-}\overset{+}{N}(CH_3)_3$　(3) $CH_3{-}C_6H_4{-}OCH_3$（对位）

(4) 邻硝基甲苯（CH_3, NO_2）　(5) $CH_3{-}C_6H_4{-}COOH$（对位）　(6) 间二氯苯（Cl, Cl）

(7) $C_6H_5CF_3$　(8) 2-氯-1,4-二甲苯（CH_3, Cl, CH_3）　(9) 1-叔丁基-3-异丙基苯（$C(CH_3)_3$, $CH(CH_3)_2$）

(10) 2-甲氧基联苯（CH_3O）　(11) $CH_3{-}C_6H_4{-}CO{-}C_6H_5$

(12) $C_6H_5{-}CO{-}C_6H_4{-}NO_2$（间位）　(13) 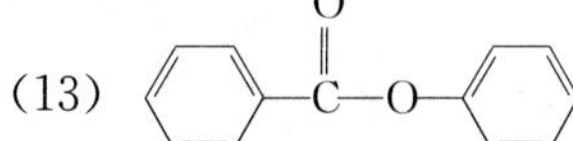

习题(六)
(11)(13)(17)

(14) 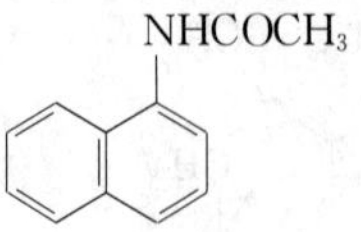 $NHCOCH_3$

(15) 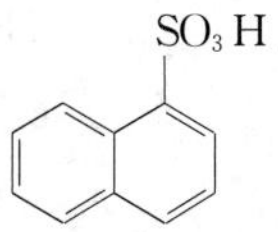 SO_3H

(16) 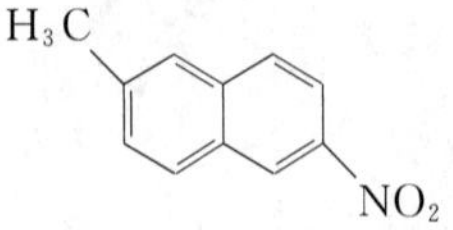 H_3C NO_2

(17) 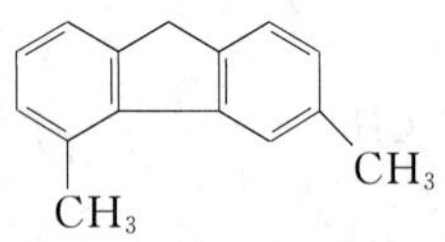 CH_3 CH_3

答：(1) O_2N— —$NHCOCH_3$

(2) $\overset{+}{N}(CH_3)_3$ O_2N

(3) CH_3 OCH_3 NO_2

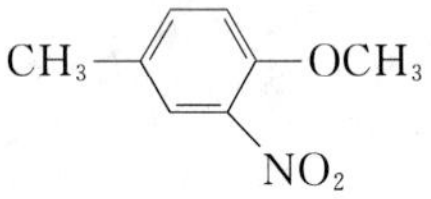

(4) 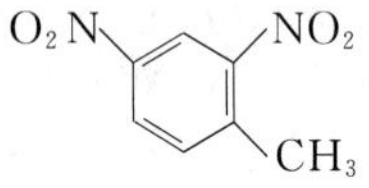 O_2N NO_2 CH_3

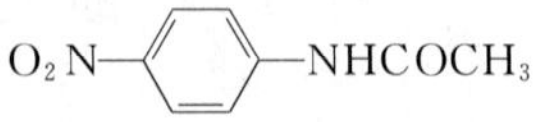

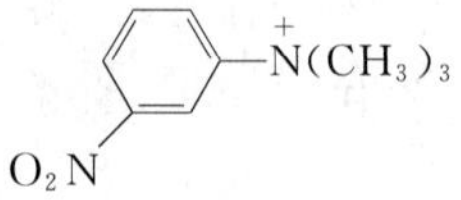

(5) 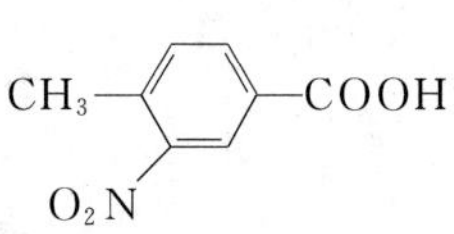 CH_3 $COOH$ O_2N

(6) 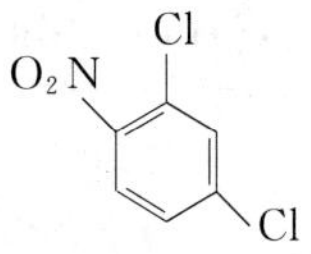 Cl O_2N Cl

(7)  CF_3 NO_2

(8) 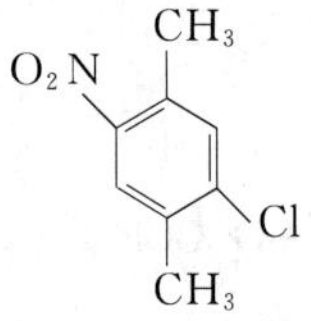 CH_3 O_2N Cl CH_3

(9) 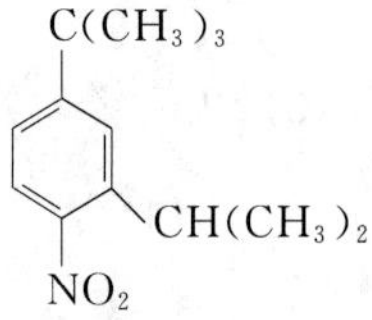 $C(CH_3)_3$ $CH(CH_3)_2$ NO_2

(10) 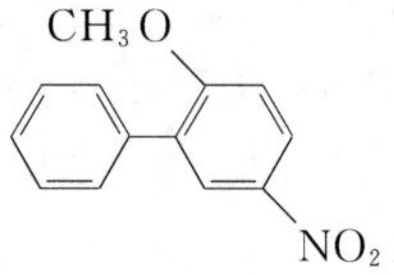 CH_3O NO_2

(11) 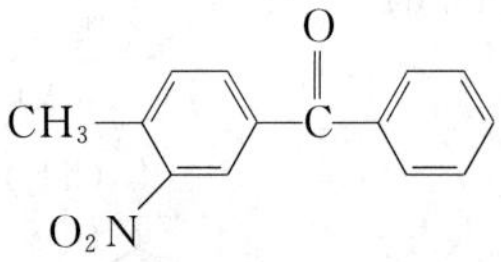 O CH_3 C O_2N

(12) 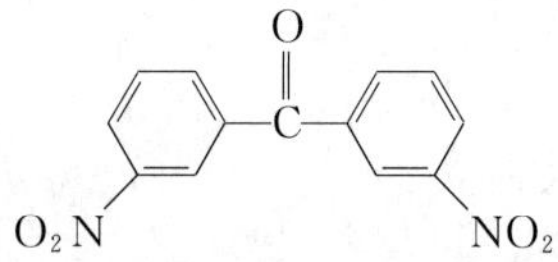 O C O_2N NO_2

(13) 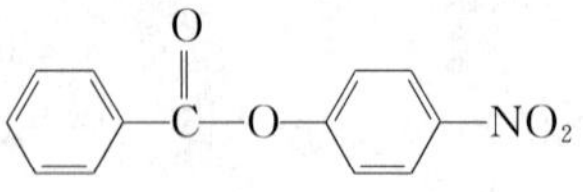 O C O NO_2

(14) 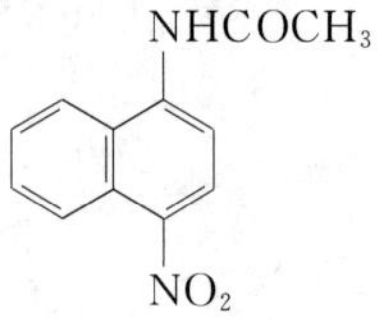 $NHCOCH_3$ NO_2

(15) 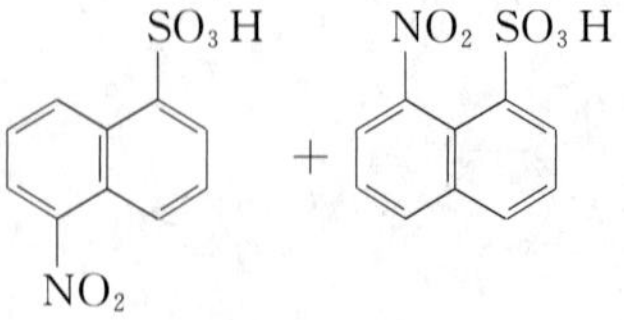 SO_3H NO_2 + NO_2 SO_3H

(16) 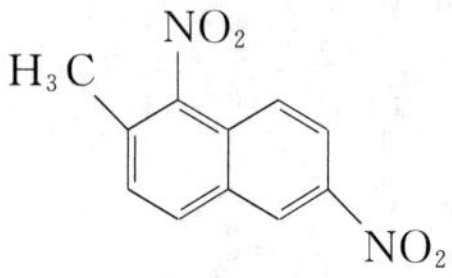 H_3C NO_2 NO_2

（17）

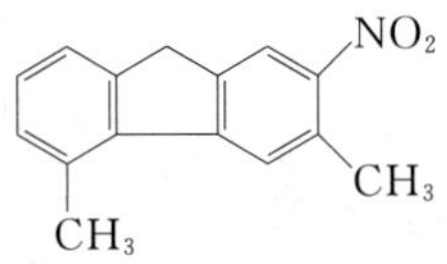

（此化合物为3,5-二甲基芴，将9位甲叉基视为两个甲基，该化合物与联苯的情况类似，由于两个苯环的共轭作用，亲电取代在2、7、4位有利。7位为5位甲基的间位，4位受左侧苯环上5位甲基的空间效应影响较大，因此一硝化主要发生在2位。）

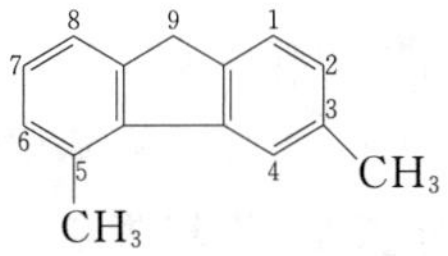

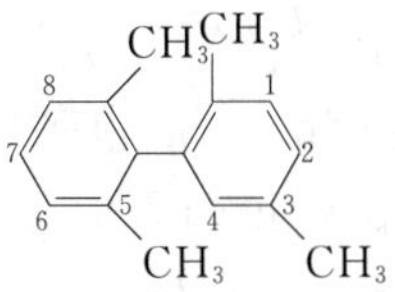

（七）利用什么二取代苯，经亲电取代反应可制备纯的下列化合物？

（1） 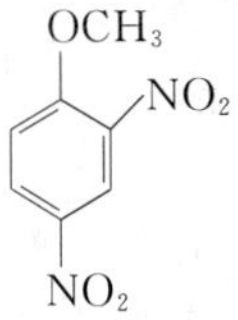　　（2）

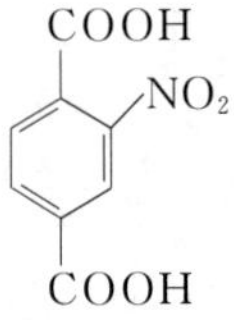

（3） 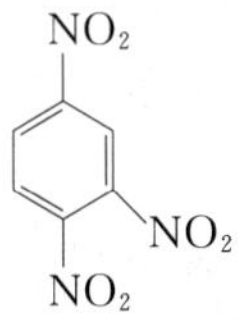　　（4）

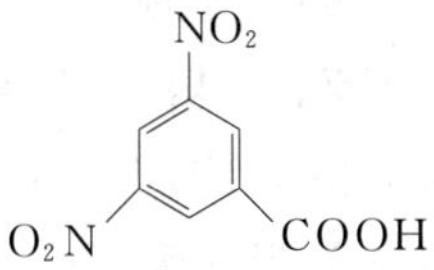

答：（1） 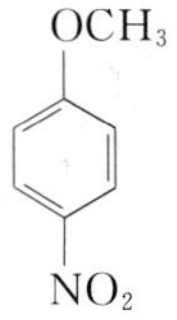　（2） 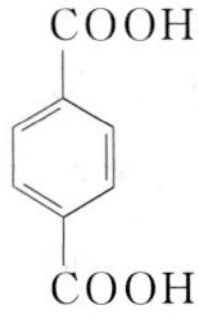　（3） 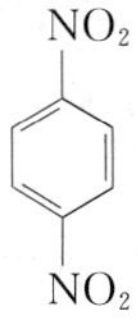　（4）

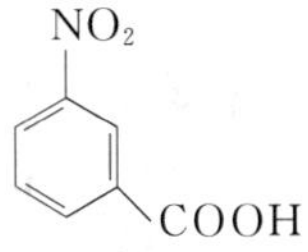

（八）将下列各组化合物，按其进行硝化反应的难易次序排列：

（1）苯、间二甲苯、甲苯

（2）

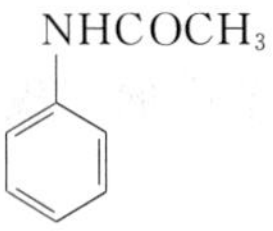

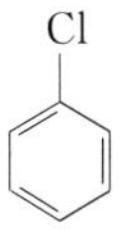

答：按由易到难次序排列：

（1）间二甲苯＞甲苯＞苯

（2）乙酰苯胺＞氯苯＞苯乙酮

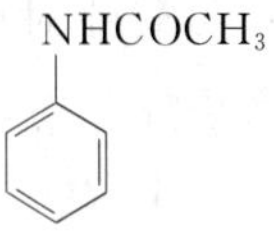

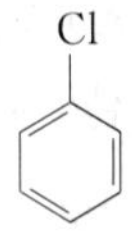

（九）比较下列各组化合物进行一元溴化反应的相对速率，按由大到小次序

排列。

(1) 甲苯、苯甲酸、苯、溴苯、硝基苯

(2) 对二甲苯、对苯二甲酸、甲苯、对甲基苯甲酸、间二甲苯

答：反应速率由大到小次序为

(1) 甲苯＞苯＞溴苯＞苯甲酸＞硝基苯

(2) 间二甲苯＞对二甲苯＞甲苯＞对甲基苯甲酸＞对苯二甲酸

(十) 在硝化反应中，甲苯、苄基溴、苄基氯和苄基氟除主要得到邻位和对位硝基衍生物外，也得到间位硝基衍生物，其含量分别为 3%、7%、14%和 18%。试解释之。

答：由于 H、Br、Cl、F 的电负性依次增大，吸电子诱导效应依次增强，使进攻邻、对位形成的共振杂化体中贡献大的极限结构的稳定性依次减弱：

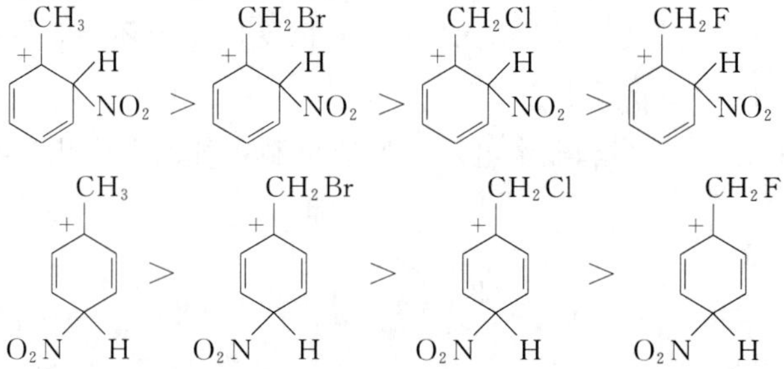

而对进攻间位形成的共振杂化体稳定性影响不大，因此间位产物依次增多。

也可从另一角度回答：甲苯、苄基溴、苄基氯和苄基氟分子中苯环上电子云密度依次降低，尤其是—CH_2X 的邻、对位，因此间位产物依次增多。

(十一) 在硝化反应中，硝基苯、(硝基甲基)苯、(2-硝基乙基)苯所得间位异构体的含量分别为 93%、67%和 13%。为什么？

答：在硝基苯分子中，硝基有强的吸电子诱导效应和吸电子共轭效应，因此主要得到间位产物。在(硝基甲基)苯、(2-硝基乙基)苯中，取代基分别为硝基甲基和 2-硝基乙基，硝基与苯环分别间隔 1 个和 2 个碳原子，它们都没有吸电子共轭效应。硝基甲基只有吸电子诱导效应，是弱的第二类定位基，间位产物减少。2-硝基乙基中由于硝基和苯环间隔 2 个碳原子，硝基的诱导效应更弱，使 2-硝基乙基成为给电子取代基，间位产物最少。

(十二) 甲苯中的甲基是邻、对位定位基，然而(三氟甲基)苯中的三氟甲基是间位定位基。试解释之。

答：由于氟原子电负性很强，3 个氟原子吸电子诱导效应的共同影响使三氟甲基成为吸电子取代基，具有间位定位作用。

(十三) 在室温下，甲苯与浓硫酸作用，生成约 95%的邻甲苯磺酸和对甲苯磺酸的混合物。但在 150～200 ℃反应较长时间，则生成间位(主要产物)和对位的混合物。试解释之(提示：间甲苯磺酸是最稳定的异构体)。

答：室温下甲苯与浓硫酸的反应为动力学控制反应，甲基的邻、对位电子云密度

较高，容易发生反应。由于在 150～200 ℃磺化反应为可逆反应，较长时间后，部分邻甲苯磺酸和对甲苯磺酸(尤其是邻甲苯磺酸)会转化为热力学更稳定的间甲苯磺酸，即热力学控制产物，因此产物为间位(主要产物)和对位的混合物。

(十四) 在 $AlCl_3$ 催化下苯与过量氯甲烷作用，在 0 ℃时反应，产物为 1,2,4－三甲苯，而在 100 ℃时反应，产物却是 1,3,5－三甲苯。为什么？

习题(十四)

答：在 0 ℃时反应，1,2,4－三甲苯是动力学控制产物，由于甲基使苯环活化，甲苯容易再继续与氯甲烷反应，生成邻二甲苯、对二甲苯和间二甲苯的混合物；其中每一种二甲苯再进行甲基化时都主要生成 1,2,4－三甲苯。在较高温度下反应，由于 1,3,5－三甲苯中三个甲基彼此相距最远，热力学最稳定，且由于 Friedel-Crafts 烷基化是可逆反应，1,2,4－三甲苯可以脱甲基后再发生甲基化生成热力学控制产物 1,3,5－三甲苯。

(十五) 将下列化合物按酸性由大到小排列成序：

习题(十五)

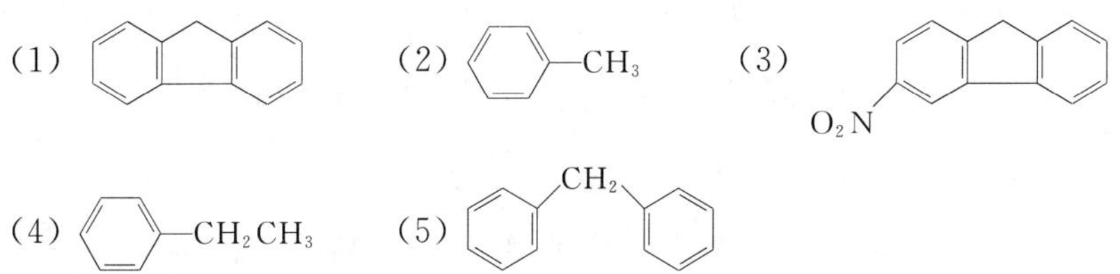

(4) $-CH_2CH_3$　(5) CH_2

答：(3)＞(1)＞(5)＞(2)＞(4)。

可根据它们失去 α 位质子后形成的碳负离子的稳定性来判断，越稳定则越易生成，化合物酸性越强。(1)和(3)中间环上甲叉基的质子失去后，不但负电荷可以分散到两个苯环上，而且得到具有芳香性的二苯并环戊二烯基负离子，因此比其他碳负离子稳定；其中(3)有硝基的吸电子作用，使碳负离子更稳定，酸性最强。(5)的碳负离子负电荷可以分散到两个苯环上，稳定性比(2)、(4)高。(4)的碳负离子由于甲基的给电子作用，比(2)稳定性差，最难生成，酸性最弱。

(十六) 下列反应有无错误？若有，请予以改正。

(1) CH_2 … NO_2 $\xrightarrow[H_2SO_4]{HNO_3}$ CH_2 … O_2N … NO_2

(2) $+FCH_2CH_2CH_2Cl \xrightarrow{BF_3}$ $-CH_2CH_2CH_2F$

(3) $\xrightarrow[H_2SO_4]{HNO_3}$ NO_2 $\xrightarrow[AlCl_3]{CH_3COCl}$ NO_2 $COCH_3$ $\xrightarrow[HCl]{Zn-Hg}$ NO_2 CH_2CH_3

习题(十六)(3)

(4) $+ClCH{=}CH_2 \xrightarrow{AlCl_3}$ $-CH{=}CH_2$

答：(1) 错。主要产物应为 O_2N … CH_2 … NO_2 。

（2）错。主要产物应为 $C_6H_5-CH(CH_3)CH_2Cl$ 。

（Friedel－Crafts 烷基化反应中，氟代烷活性高于氯代烷。）

（3）错。第二步中硝基苯不能进行 Friedel－Crafts 反应，最后一步中硝基和乙酰基一起被还原。所以间硝基苯乙酮的制备可改为

$$C_6H_6 \xrightarrow[AlCl_3]{CH_3COCl} C_6H_5COCH_3 \xrightarrow[H_2SO_4,\triangle]{HNO_3} m\text{-}O_2N-C_6H_4-COCH_3$$

（在工业上进行乙苯硝化，其产物中含少量间乙基硝基苯，可作为副产物分离出来；其实验室制法较复杂，此处略。）

（4）错。$ClCH=CH_2$ 中 C—Cl 键不易断裂，因此不宜作为乙烯基化试剂。因此由苯制备苯乙烯的反应式应改为

$$C_6H_6 \xrightarrow[AlCl_3]{C_2H_5Br} \xrightarrow{NBS} \xrightarrow[C_2H_5OH,\triangle]{KOH} C_6H_5-CH=CH_2$$

（$ClCH=CH_2$ 与苯也可反应，根据反应条件不同可得到 $C_6H_5-CHClCH_3$ 或进一步的反应产物 $C_6H_5-CH(CH_3)-C_6H_5$ ＋ 9,10-二甲基-9,10-二氢蒽。）

（十七）用苯、甲苯和萘等有机化合物为主要原料合成下列各化合物：

（1）对硝基苯甲酸 （2）邻硝基苯甲酸

（3）1－氯－4－硝基苯 （4）1，3－二溴－2－甲基－5－硝基苯

（5）$C_6H_5-C_6H_4-CH_2CH_2CH_2COOH$ （6）$C_6H_5-CH=CH-CH_3$

（7）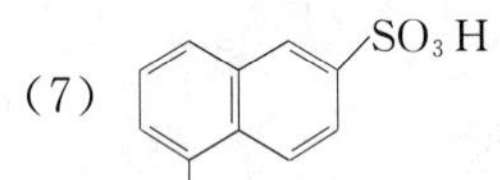

（8）2-溴-6-硝基苯甲酸（Br、COOH、NO2）

习题（十七）（8）

（9）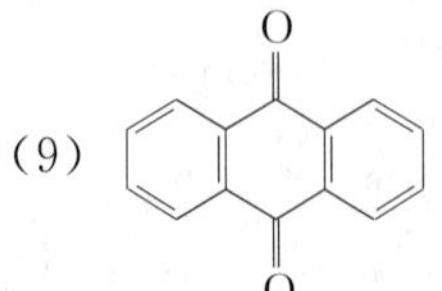

（10）$CH_3-C_6H_4-CO-C_6H_5$

答：（1）

$$p\text{-}CH_3C_6H_5 \xrightarrow[浓\ H_2SO_4]{浓\ HNO_3} p\text{-}O_2N-C_6H_4-CH_3 \xrightarrow[②\ H^+]{①KMnO_4,\triangle} p\text{-}O_2N-C_6H_4-CO_2H$$

(2) 甲苯 $\xrightarrow[\text{浓 } H_2SO_4]{\text{浓 } HNO_3}$ 邻硝基甲苯 $\xrightarrow[\text{② } H^+]{\text{① } KMnO_4,\triangle}$ 邻硝基苯甲酸（CO_2H，NO_2）

(3) 苯 $\xrightarrow[Fe]{Cl_2}$ 氯苯 $\xrightarrow[\text{浓 } H_2SO_4]{\text{浓 } HNO_3}$ 对硝基氯苯（Cl，NO_2）

(4) 甲苯 $\xrightarrow[\text{浓 } H_2SO_4]{\text{浓 } HNO_3}$ 对硝基甲苯 $\xrightarrow[FeCl_3,\triangle]{Br_2(\text{过量})}$ 2,6-二溴-4-硝基甲苯（CH_3，Br，Br，NO_2）

(5) 2 苯 $\xrightarrow[-H_2]{\text{高温}}$ 联苯 $\xrightarrow[AlCl_3]{\text{丁二酸酐}}$

联苯基-$C(=O)CH_2CH_2CO_2H$ $\xrightarrow[\text{浓 } HCl,\triangle]{Zn-Hg}$ 联苯基-$CH_2CH_2CH_2CO_2H$

(6) 苯 $\xrightarrow[AlCl_3]{CH_3CH_2COCl}$ $C_6H_5-\overset{O}{\overset{\|}{C}}CH_2CH_3$ $\xrightarrow[\text{浓 } HCl,\triangle]{Zn-Hg}$ $C_6H_5-CH_2CH_2CH_3$ $\xrightarrow[ROOR]{NBS}$

$C_6H_5-\underset{Br}{\underset{|}{C}H}CH_2CH_3$ $\xrightarrow[C_2H_5OH,\triangle]{KOH}$ $C_6H_5-CH{=}CHCH_3$

(7) 萘 $\xrightarrow[H_2SO_4]{HNO_3}$ 1-硝基萘（NO_2） $\xrightarrow[\text{高温}]{H_2SO_4}$ 5-硝基-2-萘磺酸（SO_3H，NO_2）

(8) 甲苯 $\xrightarrow[\triangle]{\text{浓 } H_2SO_4}$ 对甲苯磺酸（CH_3，SO_3H） $\xrightarrow[\text{浓 } H_2SO_4]{\text{浓 } HNO_3}$ （CH_3，O_2N，SO_3H） $\xrightarrow[FeCl_3,\triangle]{Br_2}$

（CH_3，O_2N，Br，SO_3H） $\xrightarrow[H_2O,\triangle]{HCl}$ （CH_3，O_2N，Br） $\xrightarrow[\text{② } H^+]{\text{① } KMnO_4,\triangle}$ （CO_2H，O_2N，Br）

(9) 萘 $\xrightarrow[\triangle]{O_2,V_2O_5}$ 邻苯二甲酸酐 $\xrightarrow[AlCl_3]{\text{苯}}$ 2-苯甲酰基苯甲酸（CO_2H） $\xrightarrow[\triangle]{\text{浓 } H_2SO_4}$ 蒽醌

(10) $H_3C-C_6H_5$ $\xrightarrow[\text{② } HCl]{\text{① } KMnO_4}$ $HOOC-C_6H_5$ $\xrightarrow[\text{多聚磷酸},\triangle]{H_3C-C_6H_5}$ $CH_3-C_6H_4-\overset{O}{\overset{\|}{C}}-C_6H_5$

（十八）*N*－苯基乙酰胺（$PhNHCOCH_3$）溴化时，主要得到 *N*－（2－溴苯基）乙酰胺和 *N*－（4－溴苯基）乙酰胺，但 *N*－（2,6－二甲基苯基）乙酰胺溴化时，则主要得到 *N*－（3－溴－2,6－二甲基苯基）乙酰胺，为什么？

答：在 *N*－（2,6－二甲基苯基）乙酰胺分子中，由于苯环上 2 位和 6 位两个甲基空间效应的影响，乙酰氨基的氮原子与苯环不再共平面，不能形成 p,π－共轭体系，乙酰氨基的给电子共轭效应不复存在。由于氮原子的电负性比碳原子大，此时乙酰氨基成为吸电子取代基，为间位定位基，因此定位作用服从于第二类定位基甲基。

（十九）四溴邻苯二甲酸酐是一种阻燃剂，主要用于聚酯、聚烯烃及合成纤维等。试由邻二甲苯及其他必要的试剂合成之。

答：邻二甲苯（CH_3, CH_3）$\xrightarrow[V_2O_5,\triangle]{O_2}$ 邻苯二甲酸酐 $\xrightarrow[发烟\ H_2SO_4,\triangle]{过量\ Br_2,I_2}$ 四溴邻苯二甲酸酐（Br, Br, Br, Br）

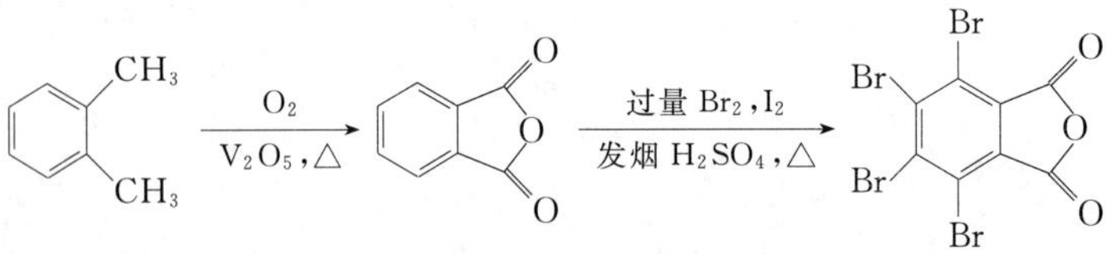

（二十）某烃的实验式为 CH，相对分子质量为 208，强氧化得苯甲酸，臭氧化－还原分解只得苯乙醛（$PhCH_2CHO$），试推测该烃的结构。

简答：$PhCH_2CH{=}CHCH_2Ph$。

（二十一）某芳香烃分子式为 C_9H_{12}，用重铬酸钾氧化后，可得一种二元酸。将该芳香烃进行硝化，所得一元硝基化合物只有两种。写出该芳香烃的构造式和各步反应式。

提示：对乙基甲苯。

（二十二）某不饱和烃（A）的分子式为 C_9H_8，（A）能和氯化亚铜氨溶液反应生成红色沉淀。（A）催化加氢得到化合物 C_9H_{12}（B），将（B）用酸性重铬酸钾氧化得到酸性化合物 $C_8H_6O_4$（C）。若将（A）和丁－1,3－二烯作用，则得到另一种不饱和化合物（D），（D）催化脱氢只得到 2－甲基联苯。试写出（A）～（D）的构造式及各步反应式。

提示：（A）邻甲基苯乙炔（CH_3，$-C{\equiv}CH$）　（D）（CH_3）

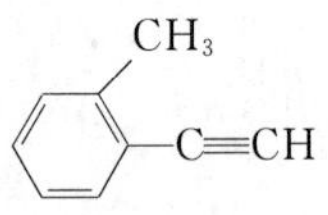

习题（二十三）

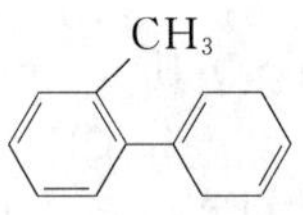

（二十三）按照 Hückel 规则，判断下列各化合物或离子是否具有芳香性。

（1）［环庚三烯正离子］Cl^-　（2）环庚三烯负离子　（3）环壬四烯基负离子

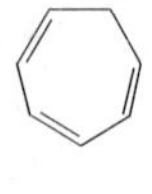

（4） 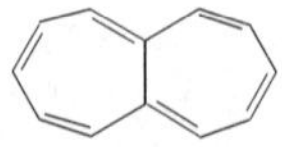　（5） 　（6）三苯基环丙烯正离子（Ph, Ph, Ph）

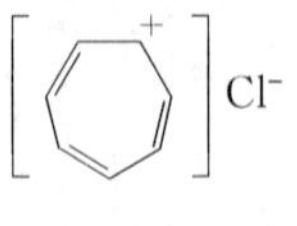

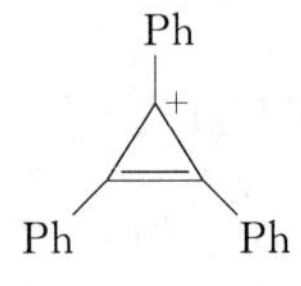

（7）环戊二烯正离子　（8）环辛四烯双正离子

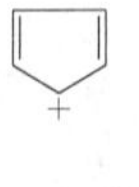

答：(1)、(3)、(8)的 π 电子数分别为 6、10、6，(6)中的环丙烯基正离子部分 π 电子数为 2，它们都符合 $4n+2$ 规则，有芳香性；(2)、(4)、(7)的 π 电子数分别为 8、12、4，不符合 Hückel 规则，无芳香性；(5) 不是闭合共轭体系，不符合 Hückel 规则，无芳香性。

5.5 小　　结

5.5.1 苯系和萘系化合物的化学性质

分别以苯、乙苯和萘为例，对苯系和萘系芳烃的化学性质小结如下：

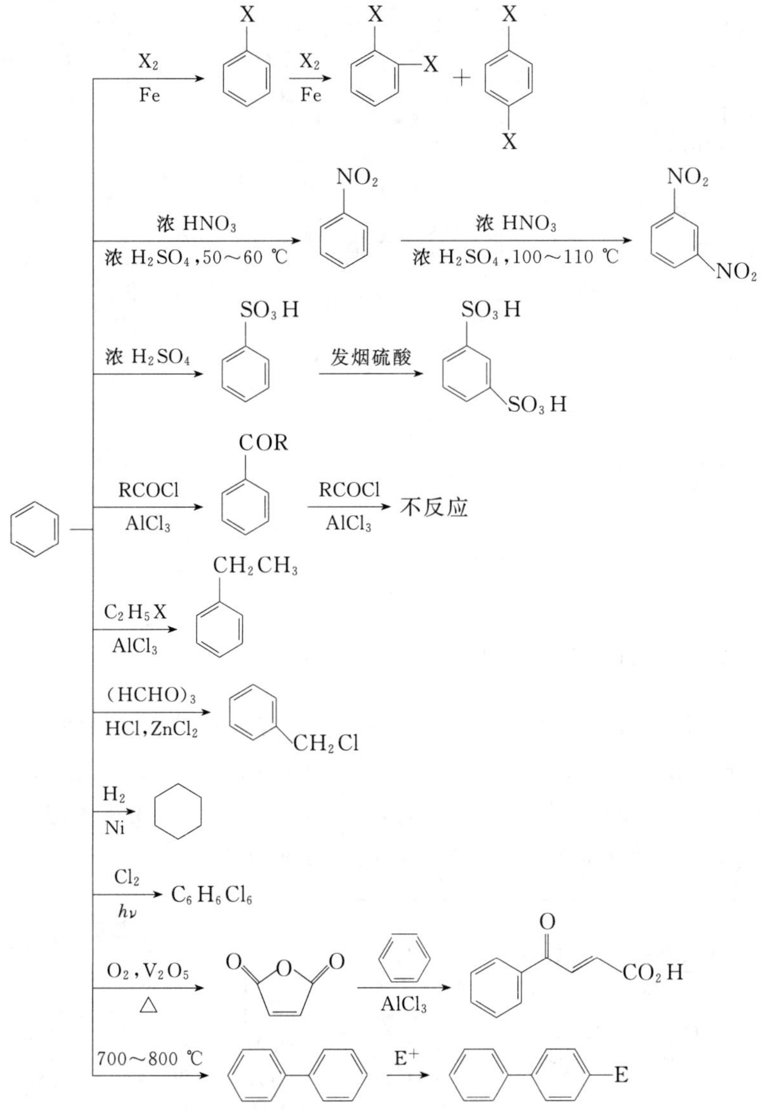

X_2 / Fe → X；X_2 / Fe → X—X + X、X

浓 HNO_3 / 浓 H_2SO_4，50～60 ℃ → NO_2；浓 HNO_3 / 浓 H_2SO_4，100～110 ℃ → NO_2、NO_2

浓 H_2SO_4 → SO_3H；发烟硫酸 → SO_3H、SO_3H

RCOCl / $AlCl_3$ → COR；RCOCl / $AlCl_3$ → 不反应

C_2H_5X / $AlCl_3$ → CH_2CH_3

$(HCHO)_3$ / HCl，$ZnCl_2$ → CH_2Cl

H_2 / Ni →

Cl_2 / $h\nu$ → $C_6H_6Cl_6$

O_2，V_2O_5 / △ → O O O；/ $AlCl_3$ → O CO_2H

700～800 ℃ → ；E^+ → E

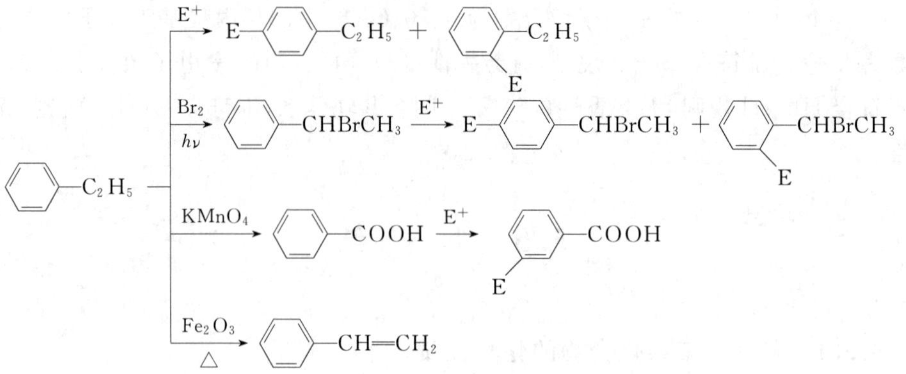

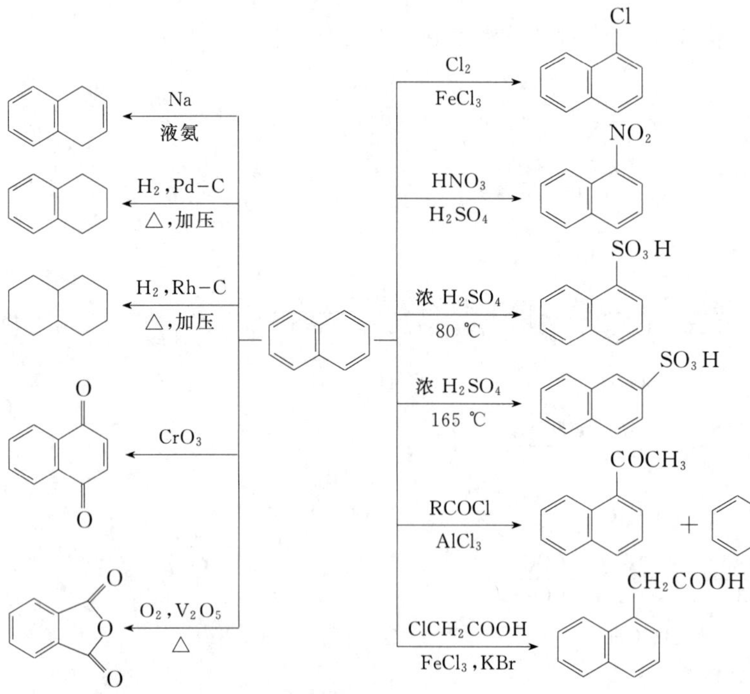

E^+ E—C₆H₄—C_2H_5 + o-E—C₆H₄—C_2H_5

$C_6H_5C_2H_5$

Br_2, $h\nu$ → C_6H_5—$CHBrCH_3$ →(E^+) E—C₆H₄—$CHBrCH_3$ + o-E—C₆H₄—$CHBrCH_3$

$KMnO_4$ → C_6H_5—COOH →(E^+) m-E—C₆H₄—COOH

Fe_2O_3, △ → C_6H_5—CH═CH_2

Na, 液氨

H_2,Pd−C, △,加压

H_2,Rh−C, △,加压

CrO_3

O_2,V_2O_5, △

Cl_2, $FeCl_3$ → Cl

HNO_3, H_2SO_4 → NO_2

浓 H_2SO_4, 80 ℃ → SO_3H

浓 H_2SO_4, 165 ℃ → SO_3H

RCOCl, $AlCl_3$ → $COCH_3$ + $COCH_3$

$ClCH_2COOH$, $FeCl_3$,KBr → CH_2COOH

5.5.2 两类定位基的活性

与苯相比，一取代苯在进行亲电取代反应时，第一类定位基一般使苯环活化，第二类定位基使苯环钝化，但不同的取代基使苯环活化或钝化的程度是不同的。为了帮助初学者估计二取代苯或多取代苯进行亲电取代反应时新引进基团进入苯环的位置，现将常见的基团按其致活或致钝能力的强弱粗略分类如下：

第一类定位基				第二类定位基	
很强致活基	强致活基	致活基	致钝基	强致钝基	很强致钝基
—NR_2，—NHR，—NH_2，—OR，—OH	—NHCOR，—OCOR	—Ar，—R，—CH═CH_2	—I，—Br，—Cl，—F，—CH_2X	—$CONH_2$，—COOH，—$COCH_3$，—CHO，—SO_3H，—CN	—CF_3，—NO_2，—$\overset{+}{N}(CH_3)_3$

5.5.3 Friedel-Crafts 反应的局限性

Friedel-Crafts 反应(以下简称傅-克反应)是在芳环上连接碳链的重要方法,可用来合成芳烃、芳酮、酮酸、芳醛、羧酸和芳醇等化合物,因此在有机合成中具有重要价值,但该反应也具有一定的局限性,现简述如下。

(1) 以卤代烃为烃基化试剂时,乙烯型和苯基型卤代烃,如 $CH_2{=}CHX$、环己烯基—X、苯基—X 不能在芳环上引入烯基和苯基。因为其中的 C—X 键难于断裂,故不能作为烯基化或苯基化试剂,但有时可作为烷基化试剂。

(2) 利用伯卤代烷、伯醇、α-烯烃进行烷基化时,烷基很容易发生重排。例如:

$$C_6H_6 + (CH_3)_3CCH_2OH \xrightarrow[\triangle]{BF_3} C_6H_5{-}C(CH_3)_2{-}CH_2CH_3$$

但酰基化反应不发生重排。

(3) 环上只连有强吸电子取代基(如$—NO_2$、$—CF_3$、—CN、$—SO_3H$、—CHO、$—COCH_3$、—COOH 和$—CONH_2$ 等)时,一般不发生傅-克烷基化和酰基化反应。

(4) 苯或取代苯的烷基化反应较难控制在一烷基化阶段,这是因为烷基是给电子取代基,烷基引入苯环后使苯环上的电子云密度升高,烷基苯比苯更容易进行烷基化反应。但如果采用过量的苯或取代苯,以及严格控制反应条件和加料方式,可以减少或避免多烷基化产物的生成。

酰基化反应通常得到一酰基化产物。这是因为酰基是强致钝基,使二酰基化不能发生。因为甲酰氯(HCOCl)不稳定,易分解为 CO 和 HCl,故用 CO + HCl 在芳环上引入甲酰基(—CHO)。

(5) 芳环上连有$—NH_2$、$—NR_2$ 等基团时,一般不能进行傅-克烷基化反应。这主要是因为芳胺是 Lewis 碱,而催化剂是酸,二者首先结合,使氮原子上带正电荷而成为吸电子取代基,使苯环钝化。例如:

$$C_6H_5{-}NR_2 \xrightarrow{AlCl_3} C_6H_5{-}\overset{+}{N}R_2{-}\overset{-}{A}lCl_3$$

由于上述种种局限性,傅-克反应的应用也受到一定限制。

第六章　立体化学

6.1　本章重点和难点

Fischer 投影式与绝对构型判断

立体化学在机理研究中的应用

6.1.1　重点

(1) 异构体的分类。

(2) 对称性及手性分子的判断。

(3) 对映异构、对映体、非对映体及光学活性。

(4) 比旋光度的测定和计算。

(5) 具有一个手性中心的对映异构、构型的 R,S-标记法、Fischer 投影式。

(6) 具有两个手性中心的对映异构。

(7) 脂环化合物的顺反异构和对映异构。

(8) 轴手性及其 R,S-标记法。

(9) 对映异构在研究反应机理中的应用。

6.1.2　难点

将分子的透视式或 Newman 投影式画成 Fischer 投影式，含有两个(或两个以上)手性碳原子化合物的构型异构及 R,S-标记法，具有两个(或两个以上)手性中心的脂环化合物的顺反异构和对映异构，多取代环己烷的稳定构象，轴手性及其 R,S-标记法。

6.2　例　　题

例一　写出$(2E,4S)$-4-溴-2-氯戊-2-烯的 Fischer 投影式。

答： 该化合物有一个 S 构型手性碳原子和一个 E 构型碳碳双键，其结构书写方式分别与对映异构体(简称对映体)和顺反异构体相同，具体说明如下：

(1) 写出 4-溴-2-氯戊-2-烯的构造式。

$$\underset{}{CH_3}-\underset{\underset{Br}{|}}{CH}-CH=\underset{\underset{Cl}{|}}{C}-CH_3$$

(2) 将碳碳双键上的原子和基团按要求排列成 E 构型。

```
H3CHBrC        CH3
       \      /
        C==C
       /      \
      H        Cl
```

(3) 按照书写 Fischer 投影式的要求，尝试画出($2E$,$4S$)-4-溴-2-氯戊-2-烯的投影式(暂不考虑手性碳原子的构型是否正确)。

```
          Cl
          |
    H     C
     \  //  \
      C      CH3
  H --+-- Br
      CH3
```

(4) 根据次序规则和 R,S-标记法标记所写 Fischer 投影式中手性碳原子的构型。如果恰是 S 构型，证明书写正确；如果是 R 构型，将横键上的 H 和 Br 互换即成 S 构型。

```
          Cl                                    Cl
          |                                     |
    H     C                               H     C
     \  //  \        H 和 Br 互换位置       \  //  \
      C      CH3    ——————————————→        C      CH3
  H --+-- Br                           Br --+-- H
      CH3                                   CH3
     R构型                                  S构型
```

例二 下列(2)～(6)各结构中哪些与(1)是同一化合物？

(1) Newman 投影式：前碳 H（上）、Br（右上…）、H_3C …；标注：H、H、Br、H_3C、Br、CH_3

```
(1)          H
        H    |    Br
          \  |  /
           ( Y )
          /     \
       H3C   |   Br
            CH3
```

```
(2)     CH3          (3)     CH3
    Br --+-- H            H --+-- Br
    Br --+-- H           Br --+-- H
        CH3                  CH3

(4)      Br          (5)     CH3          (6)     CH3
   CH3 --+-- H           Br --+-- H           Br --+-- H
   CH3 --+-- H          CH3 --+-- H           Br --+-- CH3
         Br                   Br                   H
```

答：(1)～(6)各结构的分子式都是 $C_4H_8Br_2$，C2 和 C3 所连接的原子和基团也都相同，即其构造式也相同，因此只能考察 C2 和 C3 的构型是否相同，以判断它们是否相同。(1)的 C2 和 C3 分别是 R 和 S；(2)分别为 R 和 S；(3)分别为 S 和 S；(4)分别为 R 和 S；(5)分别为 R 和 R；(6)分别为 R 和 R。其中只有(2)和(4)与(1)相同，故它们是同一化合物。

例三 下列各对化合物哪些属于对映体？哪些属于非对映体？哪些属于同一化合物？

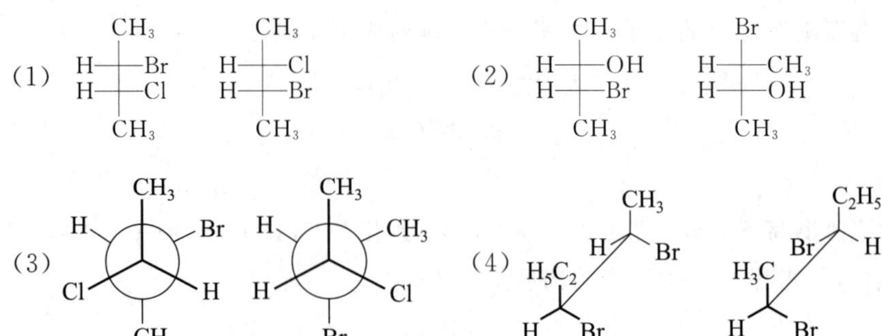

答：考察结构式之间关系的方法不尽相同，首先要考察它们的分子式和构造式。当分子式和(或)构造式不同时，它们之间的关系肯定不是对映体、非对映体或同一化合物。当分子式和构造式相同时，再比较它们之间的立体化学关系。考察的方法有多种，现简单分述如下(当然只采用一种方法亦可)。

(1) 这一对化合物的结构式是 Fischer 投影式，其分子式和构造式均相同，只是结构式不同。若将(1)中右边的式子在纸面上旋转 180°(在 Fischer 投影式中，这是允许的)，则形成如下关系：

它们之间是实物与镜像的关系，故是一对对映体。

(2) 两个化合物的分子式和构造式都相同。其中右式的含碳原子的基团不全在竖键上，是一种不规范的投影式书写方式，因此考察它们之间的关系，可通过分别考察手性碳原子(C2 和 C3)的构型来确定。如下所示：

左边式子是(2*S*,3*R*)，右边式子则是(2*R*,3*R*)，因此它们是非对映体。

(3) 两个化合物的分子式和构造式均相同。两个式子都是 Newman 投影式，因此可将其中一式的 C2—C3 σ 键旋转 120°或 240°，再观察它们之间的关系，如将右式的 C2—C3 键旋转 120°则形成如下关系：

它们之间是实物与镜像的关系，因此是一对对映体。

(4) 两个化合物的分子式和构造式均相同。两个式子都是锯架式，因此将右式旋转 180°(即前后颠倒)，使两式中的 CH_3 和 C_2H_5 分别形成重叠关系，然后再比较其他原子。

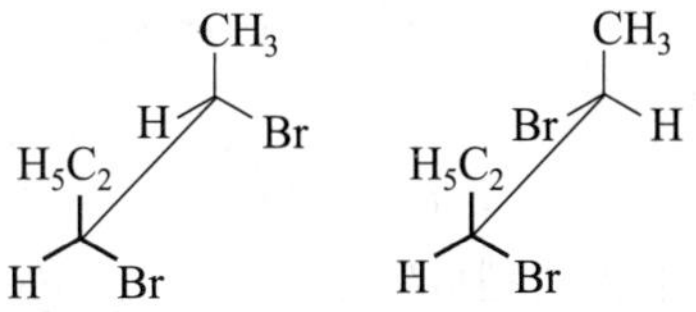

CH_3 H Br H_5C_2 H Br　　CH_3 Br H H_5C_2 H Br

两个式子不互为镜像，是非对映体。

例四　分子式为 $C_{22}H_{44}$ 的烃(A)加氢生成 $C_{22}H_{46}$；(A)用热的浓 $KMnO_4$ 溶液氧化，只生成一种羧酸 $CH_3(CH_2)_9COOH$；(A)与溴加成生成一对对映体的二溴代物。试推测(A)的结构。

答：(A)的分子式 $C_{22}H_{44}$ 符合 C_nH_{2n} 通式，可能是烯烃或环烷烃；加氢后生成的 $C_{22}H_{46}$(符合 C_nH_{2n+2})应是饱和烃；(A)被 $KMnO_4$ 氧化只生成 $CH_3(CH_2)_9COOH$，说明(A)为对称烯烃，且双键在 C11 和 C12 之间；(A)与溴加成生成一对对映体的二溴代物，说明该烯烃是顺式的。综上所述，(A)可能的结构如下：

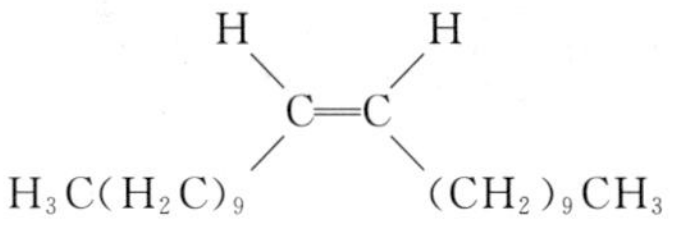

H　H
C=C
$H_3C(H_2C)_9$　$(CH_2)_9CH_3$

6.3 练习和参考答案

练习 6.1　下列化合物有无对称面或对称中心？

(1) 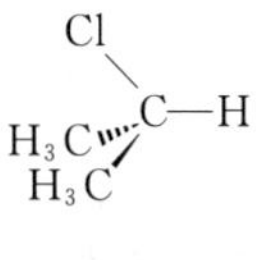 Cl, H_3C, H_3C, C—H　(2) 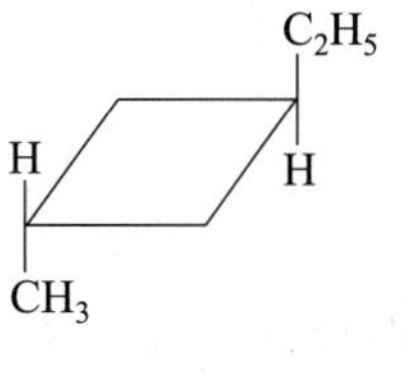 C_2H_5, H, H, CH_3　(3) CH_3, COOH, H, H, H, H, HOOC, CH_3

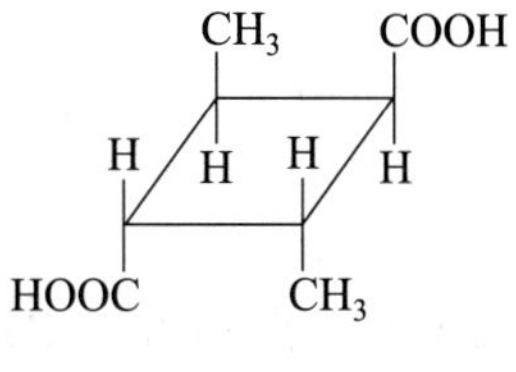

答：(1)和(2)各有一个对称面；(3)有对称中心。

练习 6.2　下列化合物各有几个手性碳原子？

(1) 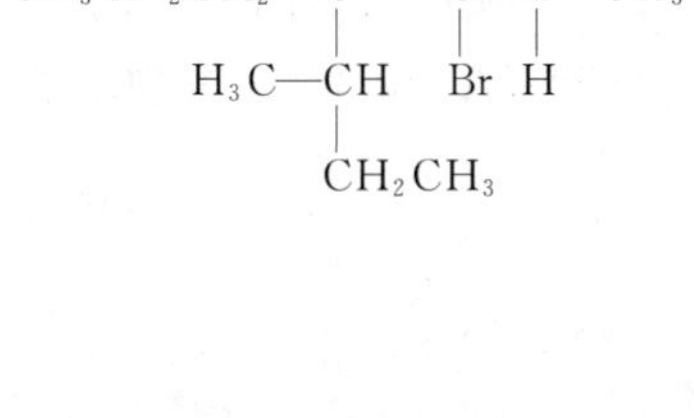 $CH_3CH_2CH_2—C(Cl)(CH(CH_3)CH_2CH_3)—CH(Br)—CH(F)—CH_3$

Cl　H　F
$CH_3CH_2CH_2$—C——C—C—CH_3
H_3C—CH　Br　H
CH_2CH_3

(2)

O　OH H　OH
$HOCH_2$—C—C—C—C—CH_2OH
H　OH H

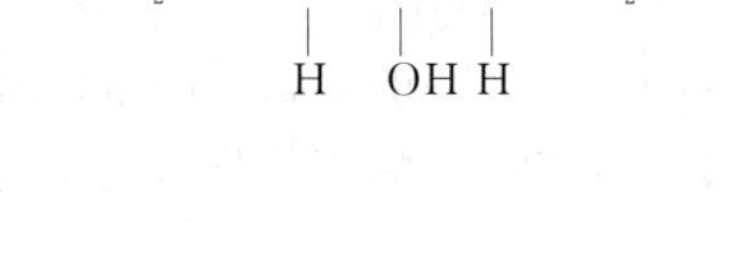

(3) 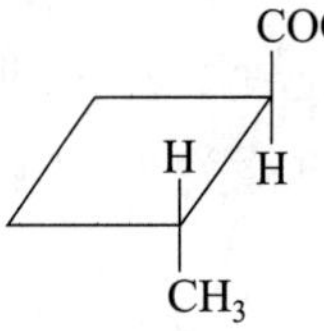　(4) 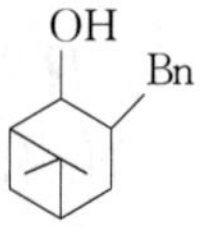　(5)

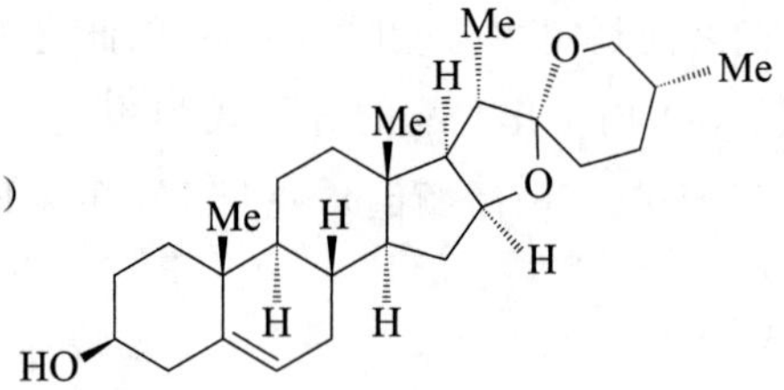

薯蓣皂苷元

答:(1) 4 个　(2) 3 个　(3) 2 个　(4) 4 个　(5) 11 个

练习 6.3　指出下列分子的构型(R 或 S)。

(1) 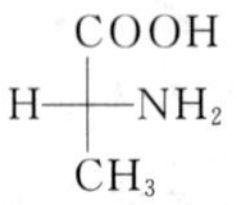　(2) 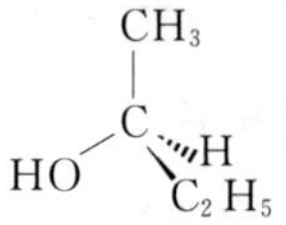　(3)

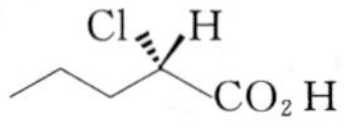

(4) 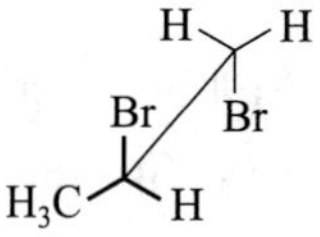　(5) 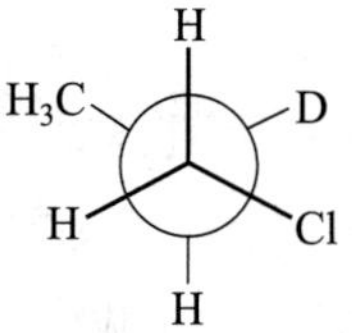　(6)

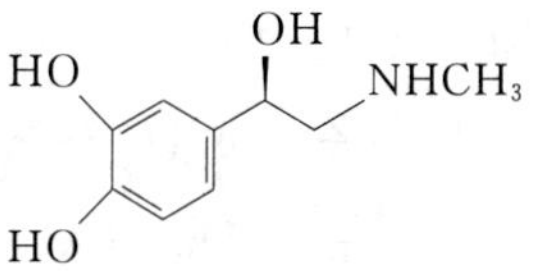

左旋肾上腺素

(7) 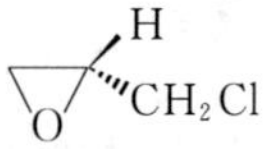　(8) 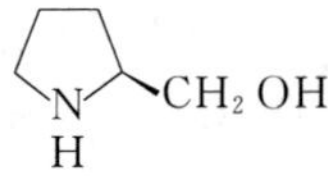　(9)

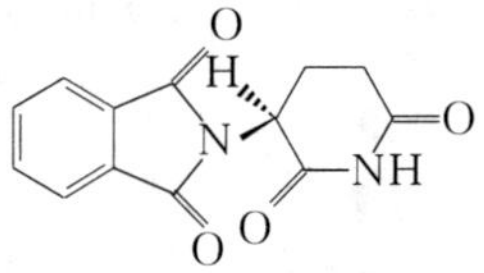

沙利度胺

答:(1) R　(2) S　(3) S　(4) S　(5) R　(6) R　(7) R　(8) S　(9) S

练习 6.4　将练习 6.3 中的(2)～(5)改画成 Fischer 投影式。

答:(2) 上 CH_3，左 H，右 OH，下 C_2H_5　(3) 上 CO_2H，左 Cl，右 H，下 $CH_2CH_2CH_3$

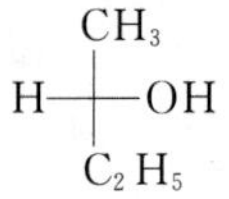

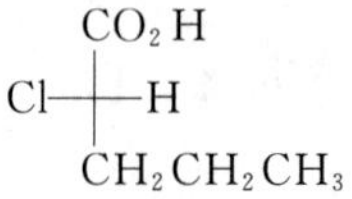

(4) 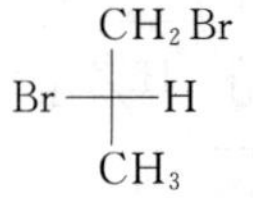 上 CH_2Br，左 Br，右 H，下 CH_3　(5) 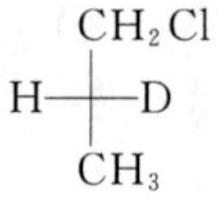 上 CH_2Cl，左 H，右 D，下 CH_3

练习 6.5

练习 6.5　下列(A)、(B)、(C)、(D)四种化合物在哪些情况下是有旋光性的?

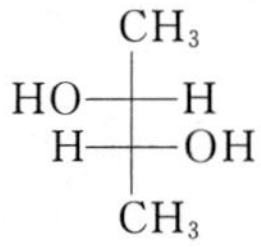

(A) 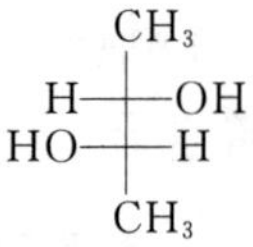　(B) 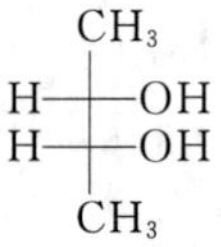　(C) 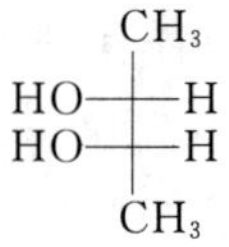　(D)

(1) (A)单独存在　(2) (B)单独存在　(3) (C)单独存在

(4) (A)和(B)的等物质的量混合物　(5) (A)和(C)的等物质的量混合物

(6) (A)和(B)的不等物质的量混合物。

答:(1)、(2)、(5)、(6)有旋光性,(3)、(4)没有。

练习 6.6 用 R,S-标记法命名酒石酸的三种异构体。

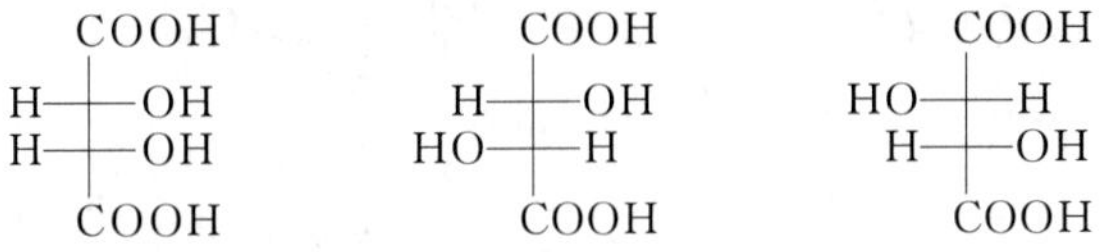

(A) (B) (C)

答:(A) (2R,3S)-2,3-二羟基丁二酸 (B) (2R,3R)-2,3-二羟基丁二酸 (C) (2S,3S)-2,3-二羟基丁二酸

练习 6.7 1,2-二甲基环丁烷有无顺反异构体?若有,请写出。

提示:有顺式、反式两种顺反异构体(其中顺式异构体为内消旋体,反式异构体包含一对对映体)。

练习 6.8 1,3-二甲基环戊烷有无顺反异构体和对映体?若有,请写出。

答:有顺反异构体,反式异构体包含一对对映体:

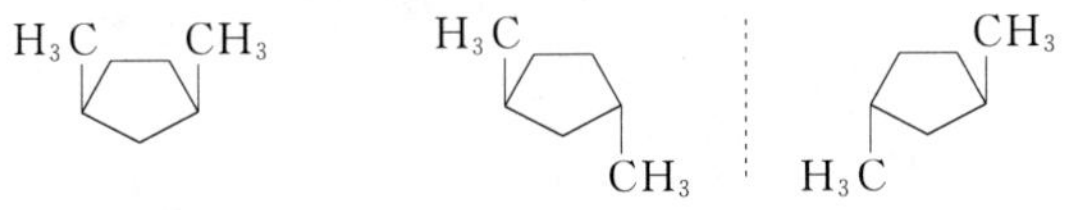

顺式,内消旋体 反式,对映体

练习 6.9 写出六氯化苯(1,2,3,4,5,6-六氯环己烷)每种构型异构体的稳定构象式。

答:1,2,3,4,5,6-六氯环己烷的所有构型异构体如下:

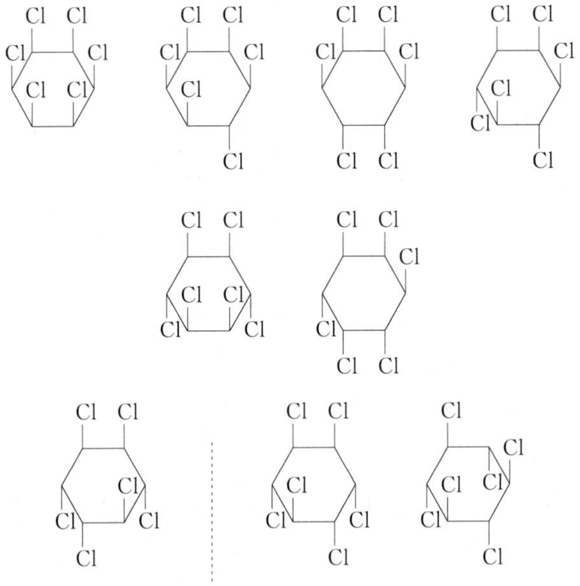

其稳定构象式分别为

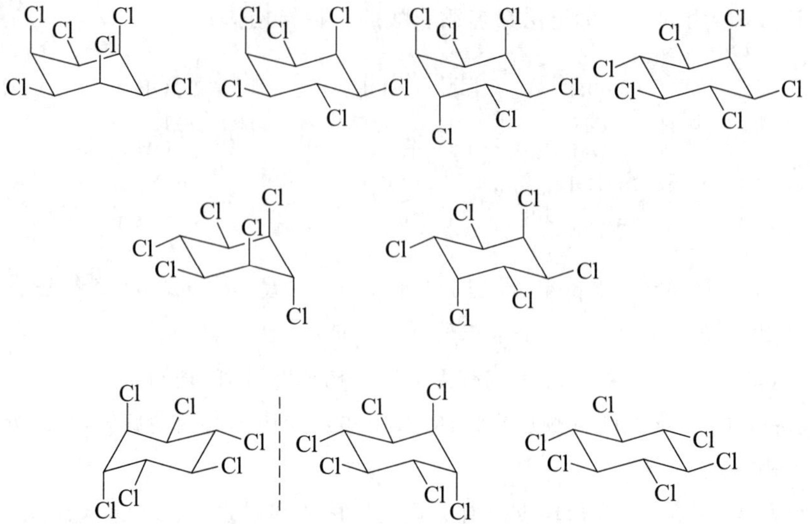

练习 6.10 下列各化合物在室温下哪些可以有对映体存在？写出对映体的结构式并标记其构型。

(1) 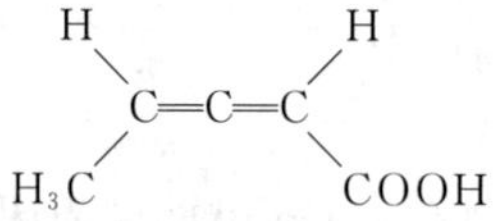 $H(H_3C)C=C=C(H)COOH$　　(2) $CH_3CH=C=C(CH_3)_2$

(3) $CH_3CH=C=CHC_2H_5$　(4) 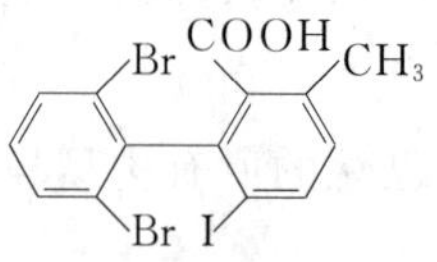　(5)

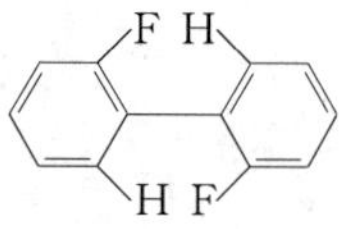

答:(1)和(3)有可拆分的对映体存在,分别为

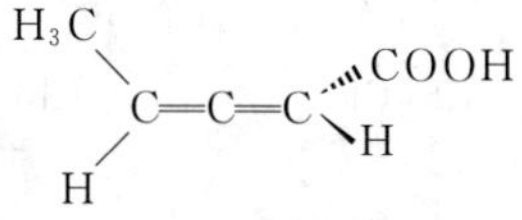

(R_a)-戊-2,3-二烯酸 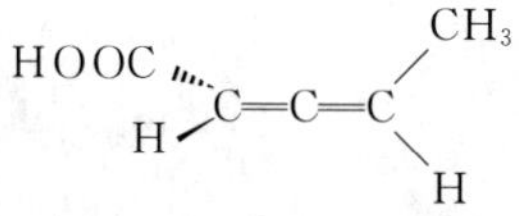　　(S_a)-戊-2,3-二烯酸

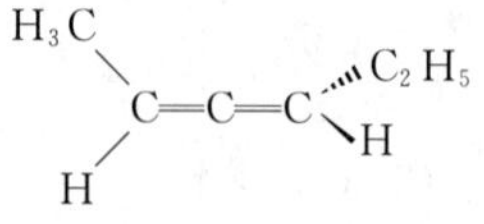

(R_a)-己-2,3-二烯 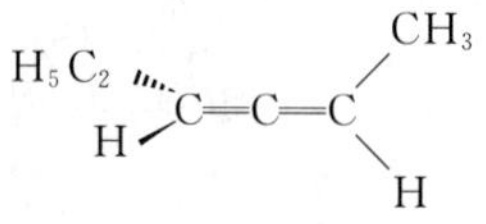　　(S_a)-己-2,3-二烯

(5)的对映体不能拆分。

练习 6.11 顺戊-2-烯与溴加成的产物是什么？产物分子中有几个手性碳原子？

答:加成产物是外消旋产物：

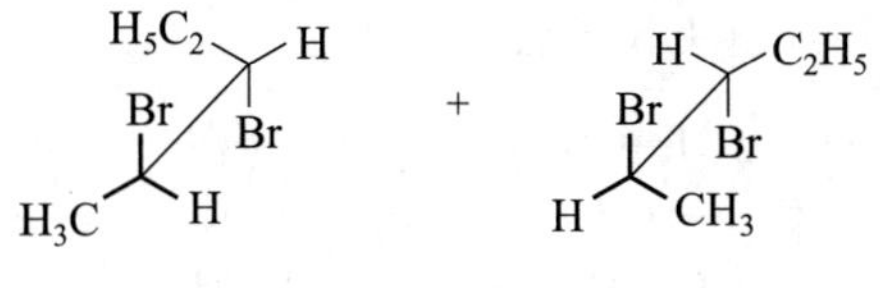

$2S,3S$ + $2R,3R$

产物分子中有 2 个手性碳原子。

练习 6.12 预测下列化合物与溴加成的产物。

(1) (E)-1,2-二氯乙烯　　(2) (Z)-1,2-二氯乙烯

答:(1) 产物为内消旋体:

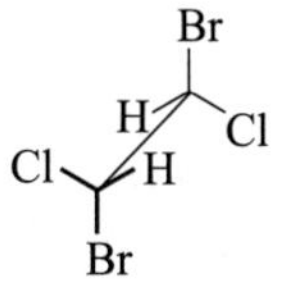

(2) 产物为外消旋体,即下列一对对映体的等物质的量混合产物:

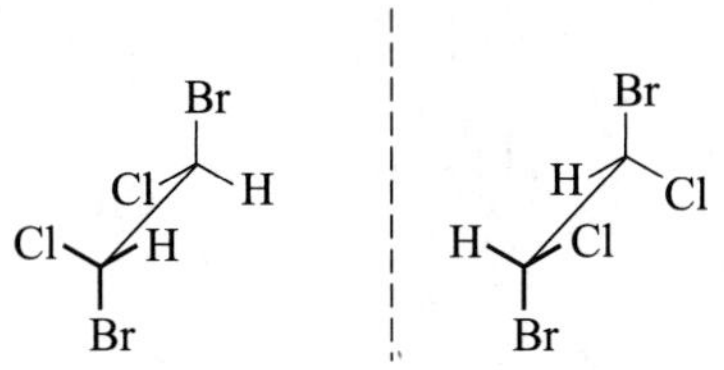

6.4 习题和参考答案

(一) 在氯丁烷和氯戊烷的所有异构体中,哪些有手性碳原子?

答:氯丁烷中有 2-氯丁烷;氯戊烷中有 2-氯戊烷、1-氯-2-甲基丁烷和 2-氯-3-甲基丁烷。

(二) 各写出一种能满足下列条件的开链化合物:

(1) 具有手性碳原子的炔烃 C_6H_{10};

(2) 具有手性碳原子的羧酸 $C_5H_{10}O_2$。

答:(1) 3-甲基戊-1-炔;(2) 2-甲基丁酸。

(三) 相对分子质量最低而有旋光性的烷烃是哪些?用 Fischer 投影式表明它们的构型。

答:$\begin{array}{c} C_2H_5 \\ H\text{—}\!\!+\!\!\text{—}CH_3 \\ CH_2CH_2CH_3 \end{array}$ 和 $\begin{array}{c} C_2H_5 \\ H_3C\text{—}\!\!+\!\!\text{—}H \\ CH_2CH_2CH_3 \end{array}$;$\begin{array}{c} CH(CH_3)_2 \\ H\text{—}\!\!+\!\!\text{—}CH_3 \\ C_2H_5 \end{array}$ 和 $\begin{array}{c} CH(CH_3)_2 \\ H_3C\text{—}\!\!+\!\!\text{—}H \\ C_2H_5 \end{array}$。

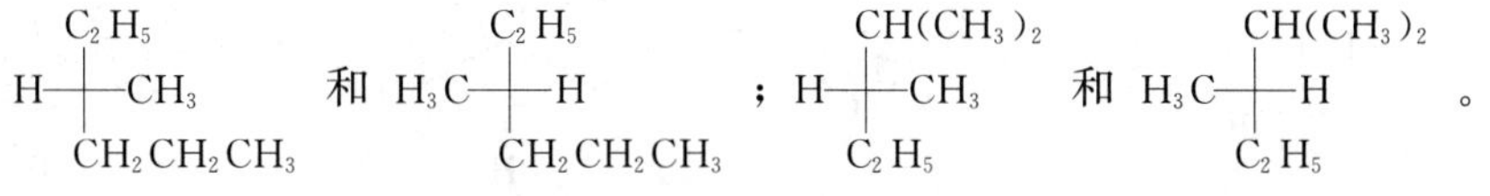

(四) C_6H_{12} 是一种具有旋光性的不饱和烃,加氢后生成相应的饱和烃。此不饱

和烃是什么？生成的饱和烃有无旋光性？

答：此不饱和烃是 H₃C—C(H)(CH=CH₂)(CH₂CH₃) 或 H—C(CH₃)(CH=CH₂)(CH₂CH₃)。

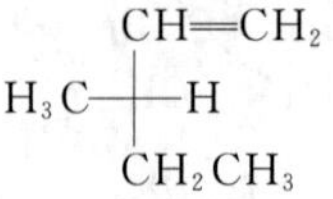

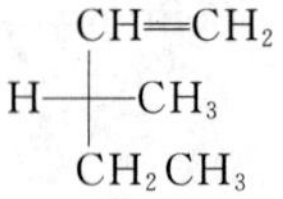

生成的饱和烃无旋光性。

（五）比较左旋丁-2-醇和右旋丁-2-醇的下列各项异同：

（1）沸点 （2）熔点 （3）相对密度 （4）比旋光度

（5）折射率 （6）溶解度 （7）构型

答：(4)和(7)不同，其余各项都相同。

（六）命名下列各化合物：

（1） 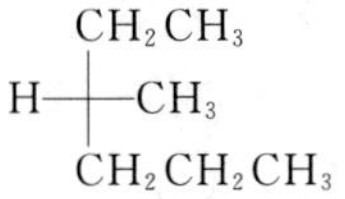 （2） 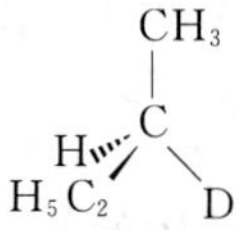 （3）

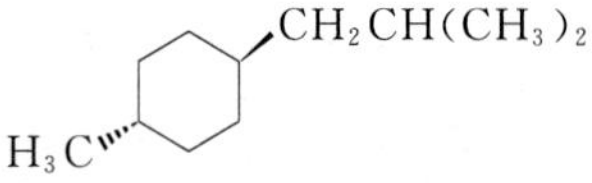

（4） 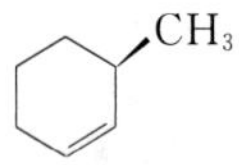 （5） 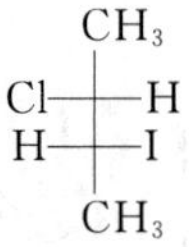 （6）

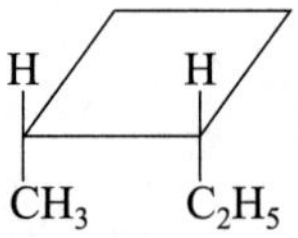

（7） 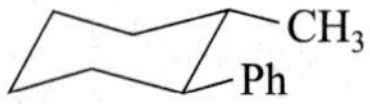 （8）

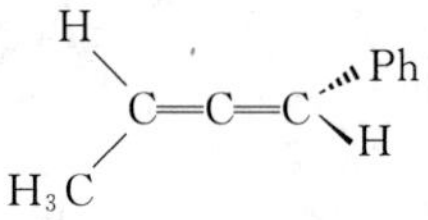

答：(1)（*S*）-3-甲基己烷 （2）（*R*）-2-氘丁烷

（3）反-1-甲基-4-(2-甲基丙基)环己烷 （4）（*R*）-3-甲基环己烯

（5）（2*R*,3*R*）-2-氯-3-碘丁烷

（6）（1*S*,2*R*）-1-乙基-2-甲基环丁烷

（7）（1*S*,2*S*）-1-甲基-2-苯基环己烷

（8）（S_a）-丁-1,2-二烯-1-基苯

（七）Fischer 投影式 H—C(Br)(CH₃)(CH₂CH₃) 是 *R* 型还是 *S* 型？下列各结构式，哪些同这个投影式是同一化合物？

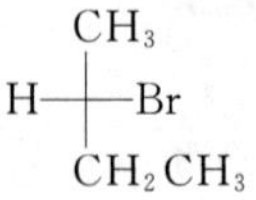

（1） 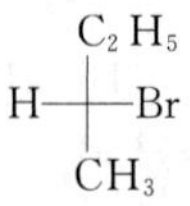 （2） 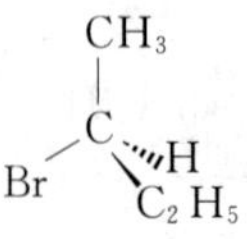 （3） 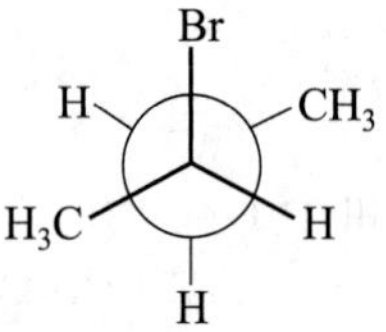 （4）

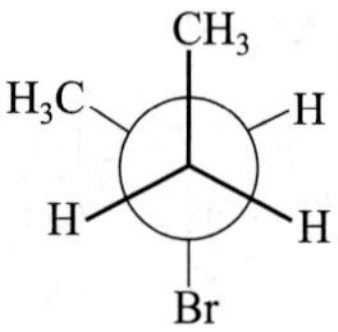

答：*S* 型。与(2)、(3)、(4)是同一化合物。

（八）将 3－甲基戊烷进行氯化，写出所有可能得到的一氯代物。哪几对是对映体？哪些是非对映体？哪些异构体不是手性分子？

答：1－氯－3－甲基戊烷有一对对映体：

$$\begin{array}{c|c} \begin{array}{ccc} & CH_2CH_2Cl & \\ CH_3 & — & H \\ & CH_2CH_3 & \end{array} & \begin{array}{ccc} & CH_2CH_2Cl & \\ H & — & CH_3 \\ & CH_2CH_3 & \end{array} \end{array}$$

2－氯－3－甲基戊烷有两对对映体：

对映体(A)　　对映体(B)

(A)中之一和(B)中之一为非对映体。

3－氯－3－甲基戊烷和 3－(氯甲基)戊烷不是手性分子：

$$\begin{array}{cc} \begin{array}{ccc} & CH_2CH_3 & \\ Cl & — & CH_3 \\ & CH_2CH_3 & \end{array} & \begin{array}{ccc} & CH_2CH_3 & \\ H & — & CH_2Cl \\ & CH_2CH_3 & \end{array} \end{array}$$

（九）(1) 写出 3－甲基戊－1－炔分别与下列试剂反应的产物。

(A) Br_2，CCl_4　　(B) H_2，Lindlar 催化剂　　(C) H_2O，H_2SO_4，$HgSO_4$

(D) HCl (1 mol)　　(E) $NaNH_2$，然后 CH_3I

(2) 如果反应物是有旋光性的，哪些产物有旋光性？

(3) 哪些产物同反应物的手性中心有同样的构型关系？

(4) 如果反应物是左旋的，能否预测哪个产物也是左旋的？

答：(1) (A)

$$\begin{array}{ccc} H & & Br \\ & C{=}C & \\ Br & & \begin{array}{l} CHCH_2CH_3 \\ | \\ CH_3 \end{array} \end{array}$$

(B) $CH_2{=}CHCH(CH_3)CH_2CH_3$

(C) $CH_3COCH(CH_3)CH_2CH_3$　　(D) $CH_2{=}CClCH(CH_3)CH_2CH_3$

(E) $CH_3C{\equiv}CCH(CH_3)CH_2CH_3$

(2) 所有产物都有旋光性；

(3) 所有产物与反应物的手性中心具有同样的构型关系；

(4) 都不能预测。

（十）下列化合物各有多少种构型异构体？

(1) $CH_3CH_2\underset{|}{\overset{OH}{C}}H—\overset{OH}{C}HCH_3$　　(2) $CH_3\overset{Cl}{C}H—\overset{Cl}{C}H—\overset{Cl}{C}HC_2H_5$

(3) $CH_3\overset{OH}{C}H—\overset{Cl}{C}H—\overset{Cl}{C}HCH_3$

简答:(1) 4 种　(2) 8 种　(3) 8 种

(十一) 根据给出的四种构型异构体的 Fischer 投影式,回答下列问题:

$$\begin{array}{c}CHO\\ H-\!\!\!+\!\!\!-OH\\ H-\!\!\!+\!\!\!-OH\\ CH_2OH\\ (\text{I})\end{array}\qquad\begin{array}{c}CHO\\ HO-\!\!\!+\!\!\!-H\\ HO-\!\!\!+\!\!\!-H\\ CH_2OH\\ (\text{II})\end{array}\qquad\begin{array}{c}CHO\\ HO-\!\!\!+\!\!\!-H\\ H-\!\!\!+\!\!\!-OH\\ CH_2OH\\ (\text{III})\end{array}\qquad\begin{array}{c}CHO\\ H-\!\!\!+\!\!\!-OH\\ HO-\!\!\!+\!\!\!-H\\ CH_2OH\\ (\text{IV})\end{array}$$

(1)(Ⅱ)和(Ⅲ)是否是对映体?　(2)(Ⅰ)和(Ⅳ)是否是对映体?

(3)(Ⅱ)和(Ⅳ)是否是对映体?　(4)(Ⅰ)和(Ⅱ)的沸点是否相同?

(5)(Ⅰ)和(Ⅲ)的沸点是否相同?

(6) 将这四种构型异构体等物质的量混合,混合物有无旋光性?

答:(1) 否;(2) 否;(3) 否;(4) 相同;(5) 不同;(6) 无。

(十二) 预测 $CH_3CH{=}C{=}CHCH{=}CHCH_3$ 有多少种构型异构体,指出哪些是对映体、非对映体和顺反异构体。

答:

(A) H, H_3C — C=C=C(H) — C(H)=C(H)(CH_3)

(B) H_3C, H — C=C=C(H) — C(H)=C(H)(CH_3)

(C) H, H_3C — C=C=C(H) — C(H)=C(CH_3)(H)

(D) H_3C, H — C=C=C(H) — C(H)=C(CH_3)(H)

(A)与(B)是对映体,(C)与(D)是对映体;(A)与(C)或(D)是非对映体,(B)与(C)或(D)是非对映体;(A)与(C)是顺反异构体,(B)与(D)是顺反异构体。

(十三) 写出 $CH_3CH{=}CHCH(OH)CH_3$ 的四种构型异构体的透视式。指出在这些异构体中哪两组是对映体?哪几组是非对映体?哪两组是顺反异构体?

答:

(A) CH_3, H, HO — C — C(H)=C(H)(CH_3)

(B) CH_3, HO, H — C — C(H)=C(H)(CH_3)

(C) CH_3, H, HO — C — C(H)=C(CH_3)(H)

(D) CH_3, HO, H — C — C(H)=C(CH_3)(H)

(A)与(B)是对映体,(C)与(D)是对映体;(A)与(C)或(D)是非对映体,(B)与(C)或(D)是非对映体;(A)与(C)是顺反异构体,(B)与(D)是顺反异构体。

(十四) 环戊烯与溴进行加成反应,预期将得到什么产物?产物是否有旋光性?是左旋体、右旋体、外消旋体,还是内消旋体?

习题(十四)

答:产物为 H, Br, Br, H + Br, H, H, Br ,无旋光性,是外消旋体。

(十五) 某烃分子式为 $C_{10}H_{14}$,有一个手性碳原子,氧化生成苯甲酸。试写出其结构式。

答:$PhCH(CH_3)CH_2CH_3$。

(十六) 用高锰酸钾处理顺丁-2-烯,生成熔点为 32 ℃的邻二醇,处理反丁-2-烯,生成熔点为 19 ℃的邻二醇。它们都无旋光性,但熔点为 19 ℃的邻二醇可拆分为两个旋光度相等、方向相反的邻二醇。试写出它们的结构式(标出构型)及相应的反应式。

答: H_3C, CH_3, C=C, H, H —稀 $KMnO_4$ / 低温→ CH_3; HO—(R)—H; HO—(S)—H; CH_3

H_3C, H, C=C, H, CH_3 —稀 $KMnO_4$ / 低温→ CH_3; H—(S)—OH; HO—(S)—H; CH_3 + CH_3; HO—(R)—H; H—(R)—OH; CH_3

(十七) 某化合物(A)的分子式为 C_6H_{10},具有光学活性。可与硝酸银的氨溶液反应生成白色沉淀。若以 Pt 为催化剂催化氢化,则(A)转变为 C_6H_{14}(B),(B)无光学活性。试推测(A)和(B)的结构式。

答:(A) $CH_3CH_2CH(CH_3)C \equiv CH$ 的一对对映体之一;

(B) $CH_3CH_2CH(CH_3)CH_2CH_3$。

6.5 小　　结

同分异构现象在有机化学中普遍存在,是造成有机化合物数目繁多的原因之一。它的产生,是由于分子内原子间连接的顺序不同,或是分子内原子或基团间虽然连接顺序相同,但在空间的排列不同。前者形成构造异构,后者形成立体异构。至本章为止,各种同分异构现象基本上都遇到了,其分类大致如下所示:

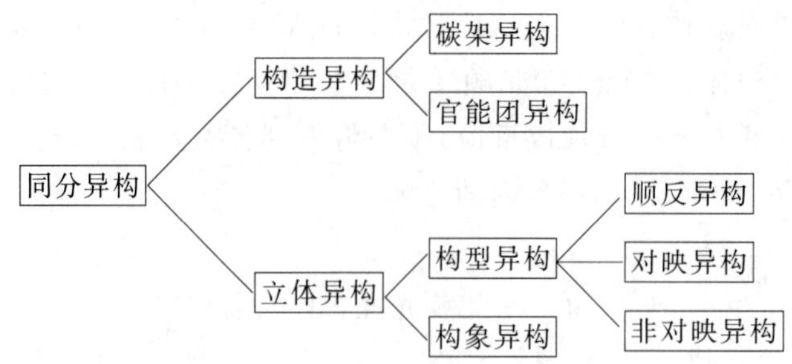

(1) 构造异构 构造异构主要包括以下两类。

① 碳架异构。碳原子数相同而连接成不同的碳架，称为碳架异构或碳链异构。例如：

② 官能团异构。分子式相同但官能团的位置或种类不同而形成不同类型化合物的异构，称为官能团异构。例如：

$$CH_3CH_2CH_2\overset{\overset{\large O}{\|}}{C}H \qquad CH_3\overset{\overset{\large O}{\|}}{C}CH_2CH_3 \qquad CH_3\overset{\overset{\large OH}{|}}{C}HCH{=\!=}CH_2$$

一种官能团能够转变为另一种官能团，且两者能够迅速转换而形成动态平衡的混合物，这种官能团之间相互转变的异构，称为互变异构。它是官能团异构的一种特殊表现形式(见主教材第十四章)。例如：

$$\underset{\text{酮式}}{CH_3-\overset{\overset{\large O}{\|}}{C}-CH_2COOC_2H_5} \rightleftharpoons \underset{\text{烯醇式}}{CH_3-\overset{\overset{\large OH}{|}}{C}{=\!=}CHCOOC_2H_5}$$

(2) 立体异构 分子的构造相同，但原子或基团在空间的排布不同而形成的异构，称为立体异构。它又分为构型异构和构象异构。

① 构型异构。分子中原子在空间的特定三维排布称为构型。分子的构造相同但构型不同，称为构型异构。它包括顺反异构、对映异构和非对映异构。

(a) 顺反异构：因双键或环不能自由旋转而引起的构型异构，称为顺反异构。

由双键引起的顺反异构，常见的为由 C═C、C═N 和 N═N 等构成的异构。例如：

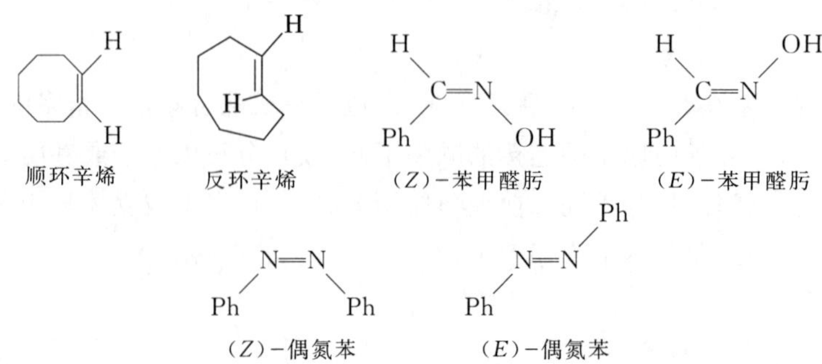

由环引起的顺反异构，例如：

顺-1,4-二甲基环己烷　　反-1,4-二甲基环己烷

(b) 对映异构和非对映异构：分子中由于手性因素而引起的两种分子结构互为镜像的现象，称为对映异构。

含有手性中心(如 C、N、S、P)的开链化合物。例如：

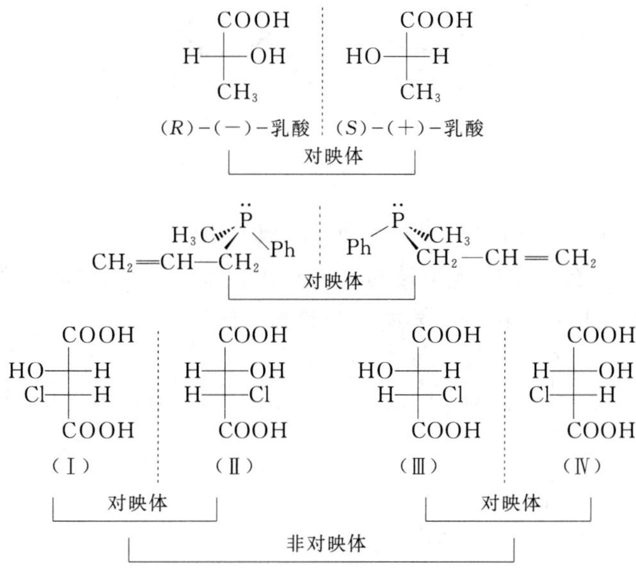

含有两个或多个手性碳原子的化合物(如上例)，既包括对映体，也包括非对映体。对映体是不能重合的镜像(实物与像)关系，非对映体不是镜像关系。对映体和非对映体的基本区别：在两个对映体中，非成键原子间的距离全部相同；在两个非对映体中，非成键原子间的距离不全相同。

含有手性中心的环状化合物，例如：

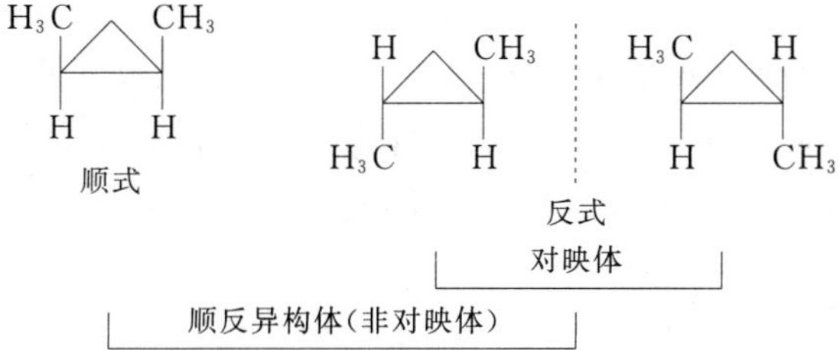

像 1,2-二甲基环丙烷这样的环状化合物中，既存在对映体，也存在顺反异构体(非对映体)。

含有手性轴的化合物，例如：

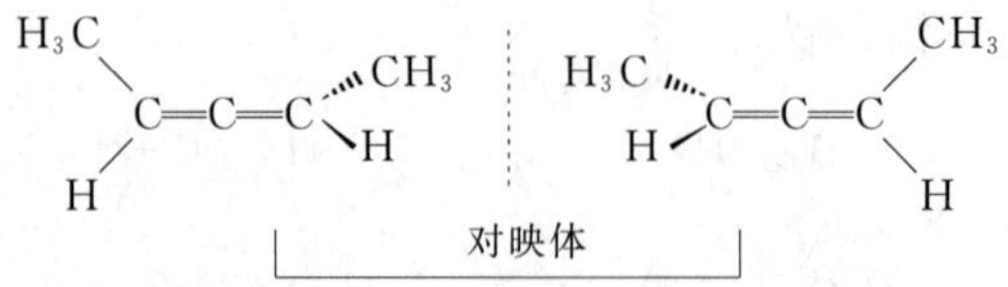

对映体

某些邻位取代的联苯，因为苯环间碳碳键的邻位上有足够大的取代基，使连接两个苯环的 σ 键的旋转受到了限制，也可以存在对映异构。例如：

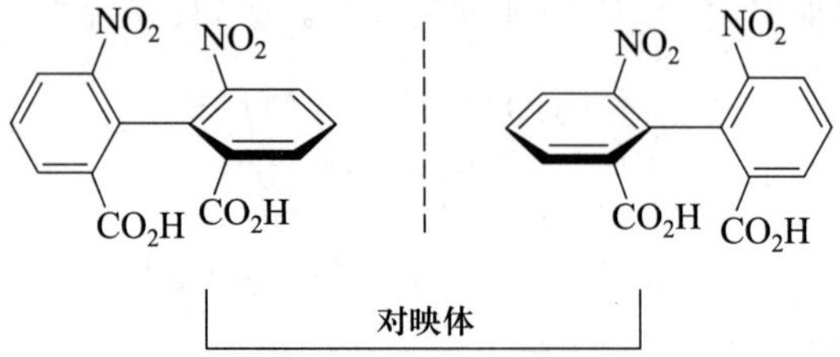

对映体

这是一种特殊的构型异构，两个构型异构体能被分离。

② 构象异构。分子中由于单键的自由旋转而形成的异构体，称为构象异构体。在室温下一般不能将不同的构象异构体分离开。例如：

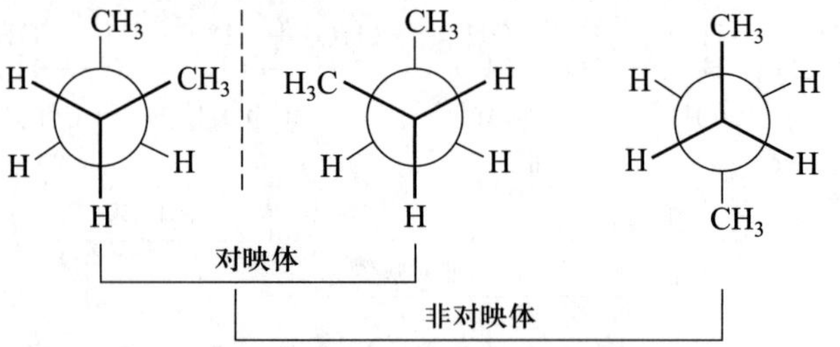

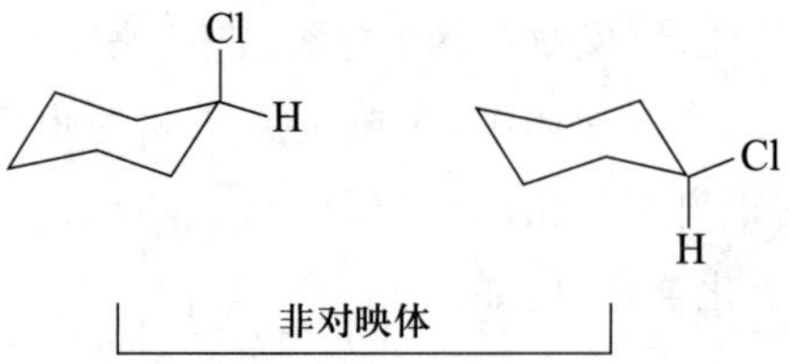

对映体

非对映体

非对映体

氯代环己烷的两种立体异构体，在 −150 ℃下可用结晶法将其分离，在 −150 ℃两者都能稳定存在，此时属于构型异构；但在室温下两者构成平衡，其中 Cl 在 e 键的构象含量较多且不能分离，此时属于构象异构。

第七章　卤　代　烃

7.1　本章重点和难点

7.1.1　重点

S_N1 反应及机理

（1）卤代烃的系统命名。

（2）饱和碳原子上的亲核取代反应：水解、醇解、氰解、氨解、卤原子的交换反应、与 $AgNO_3$ 的反应，S_N2 反应机理与 Walden 转化，S_N1 反应机理与外消旋化、碳正离子重排，分子内亲核取代反应，邻基效应。

S_N2 反应及机理

（3）卤代烃的消除反应与 Saytzeff 规则，E2 反应机理与反式共平面消除，E1 反应机理与碳正离子重排。

（4）影响亲核取代反应和消除反应的因素：烃基结构、亲核试剂的亲核性与碱性、离去基团、溶剂、温度。

（5）金属有机化合物的生成：Grignard 试剂、有机锂试剂、二烃基铜锂试剂。

E1 反应及机理

（6）卤代烯烃和卤代芳烃的分类，双键和苯环位置对卤原子活性的影响。

（7）乙烯型和苯基型卤代烃的结构和化学性质，芳环上的亲核取代反应：加成-消除（S_NAr2）机理与消除-加成（苯炔）机理。

（8）烯丙型和苄基型卤代烃的结构和化学活性。

7.1.2　难点

E2 反应及机理

S_N1、S_N2、E1、E2 反应的立体化学特征，影响取代反应和消除反应的因素及其相互竞争；邻基效应；芳环上亲核取代反应中的加成-消除与消除-加成机理，苯炔的结构。

7.2　例　　题

例一　完成下列反应式，并写出反应机理。

H_3C / H 与 Cl / CH_3 取代的环戊烷 $\xrightarrow{H_2O}$

答：该反应是叔氯代环烷烃的水解反应，由于水是强极性溶剂、弱亲核试剂和弱碱，故反应按 S_N1 机理进行。

首先是反应物的 C—Cl 键发生异裂，生成碳正离子中间体，由于带正电荷的碳原子为平面构型，H_2O 分子可从平面的两侧进攻，故生成一对非对映异构的醇。

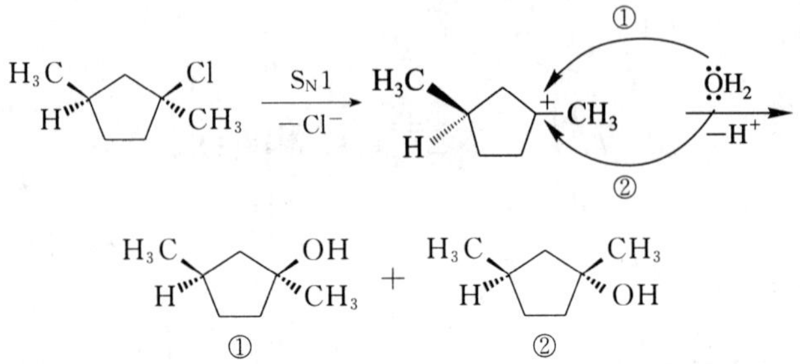

例二 2-氯丁烷在强碱作用下脱氯化氢时，生成反丁-2-烯和顺丁-2-烯，二者比例为 6∶1，试解释之。

例二

答：2-氯丁烷在强碱的作用下脱氯化氢是按 E2 机理进行的，应满足反式共平面消除，即当 H 和 Cl 处于反式共平面时才容易发生消除反应。2-氯丁烷有一个手性碳原子，故有一对对映体，每一种对映体均有两种有利于消除的构象异构体：

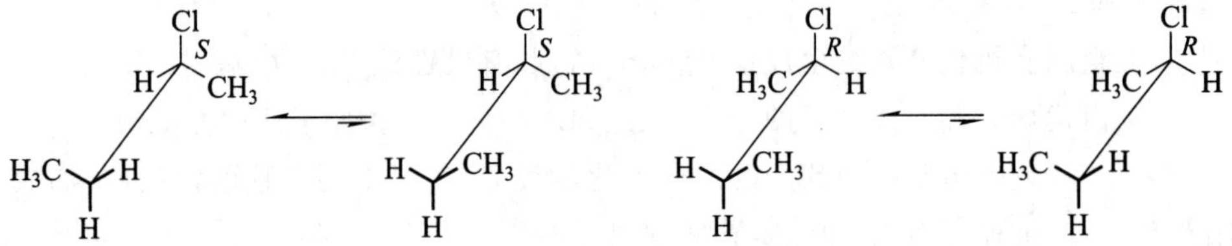

（Ⅰ） （Ⅱ） （Ⅲ） （Ⅳ）

在构象异构体（Ⅰ）和（Ⅲ）中，两个甲基处于对位交叉，能量较低，在平衡中含量较多，故由它们消除得到的反式烯烃较多；而（Ⅱ）和（Ⅳ）中的两个甲基处于邻位交叉，能量较高，含量较少，故由它们消除得到的顺式烯烃较少。例如：

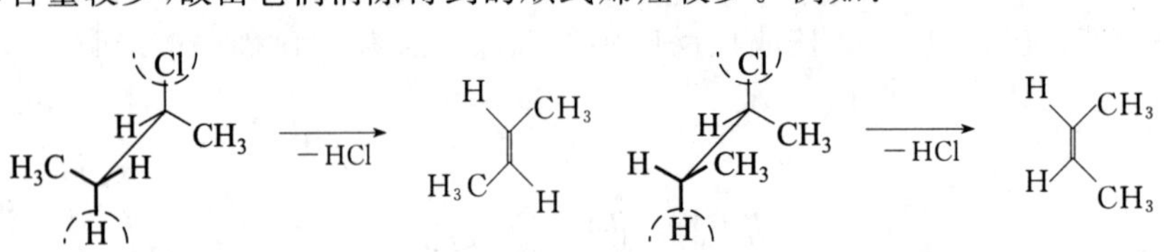

另外，反丁-2-烯也比顺丁-2-烯内能低而较稳定。综上所述，2-氯丁烷脱氯化氢主要生成反丁-2-烯。

例三 1,2,3-三溴-5-硝基苯与乙醇钠在乙醇溶液中反应，以一定的产率生成单一产物 $C_8H_7Br_2NO_3$。试写出该化合物的构造式及反应机理，并提出合理的解释。

答：该反应的产物和反应机理如下：

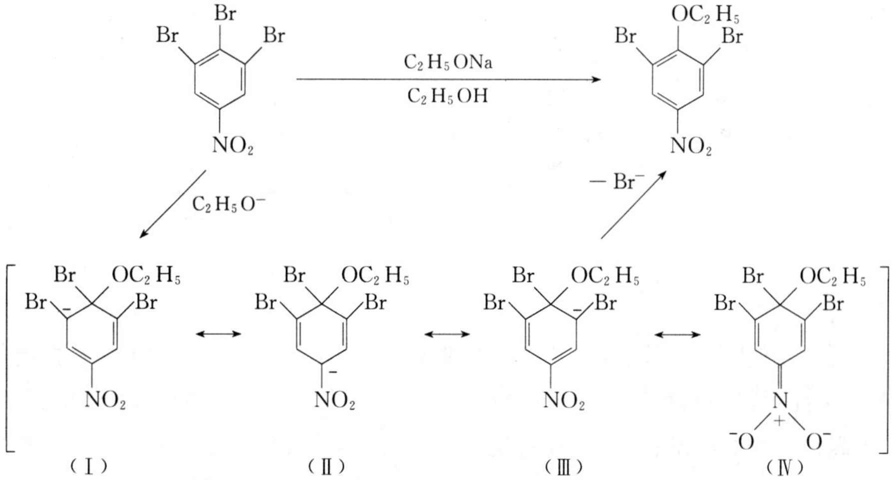

在 1,2,3－三溴－5－硝基苯分子中，由于硝基吸电子的结果，苯环上的电子云密度降低，有利于发生苯环上的亲核取代反应。当亲核试剂 $C_2H_5O^-$ 与之反应时，由于 C2 上的溴原子处在硝基的对位，受硝基吸电子效应的影响最大，故 C2 上带有较多的正电荷而有利于亲核试剂的进攻。另外，从反应过程中生成的碳负离子稳定性来考察，$C_2H_5O^-$ 进攻 C2 形成的碳负离子中间体，不仅每一个极限结构带有负电荷的碳原子均与吸电子取代基相连，负电荷得到较好的分散，且在极限结构(Ⅳ)中负电荷可以离域在硝基上，使负电荷更加分散而更稳定，由于这些极限结构的贡献[其中(Ⅳ)的贡献最大]，碳负离子稳定而容易生成；而且中间体中 C2 上的溴原子与旁边两个溴原子不共平面，空间效应较小而较稳定。而 $C_2H_5O^-$ 进攻其他基团所在的碳原子，均不能形成像进攻 C2 所形成的那样稳定的碳负离子。因此，反应结果是 C2 上的溴原子被取代，生成 1,3－二溴－2－乙氧基－5－硝基苯。

例四 解释下列实验结果：

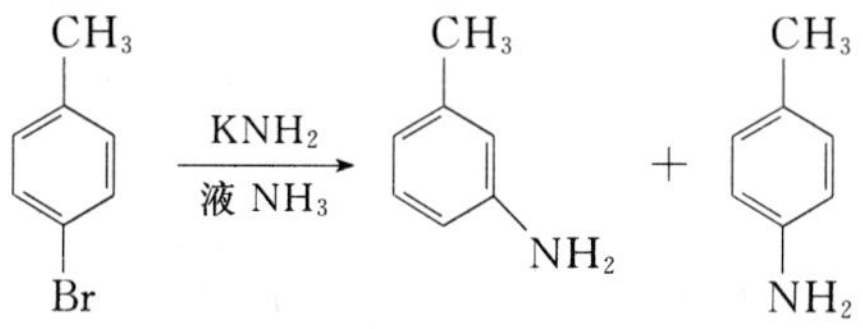

答：此反应是 NH_2 取代了反应物分子中的 Br，属于芳香族亲核取代反应。与对位或邻位连有硝基的卤苯不同，间位为吸电子取代基的卤苯或一些连有给电子取代基(如—CH_3、—OCH_3 等)的卤苯所进行的亲核取代反应，按消除－加成机理，即苯炔机理进行：

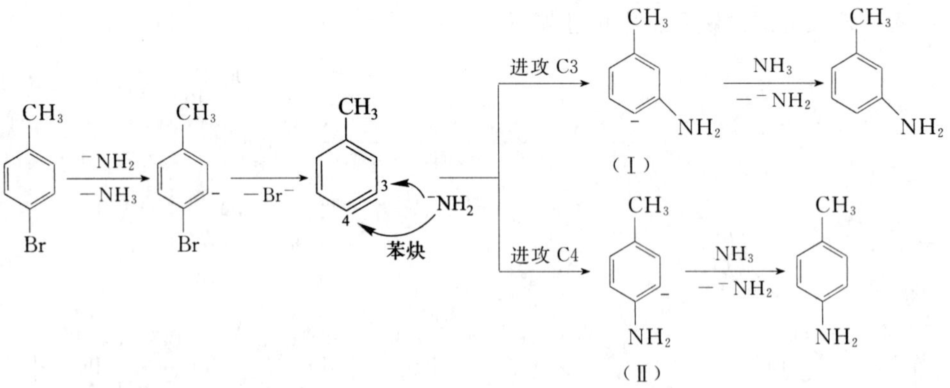

CH_3 $\xrightarrow[-NH_3]{^-NH_2}$ CH_3 $\xrightarrow{-Br^-}$ CH_3 3 4 $^-NH_2$ 苯炔

Br　Br

进攻 C3　CH_3　NH_2　(Ⅰ)　$\xrightarrow[-^-NH_2]{NH_3}$　CH_3　NH_2

进攻 C4　CH_3　NH_2　(Ⅱ)　$\xrightarrow[-^-NH_2]{NH_3}$　CH_3　NH_2

生成苯炔后，氨基负离子既可进攻 C3 生成碳负离子(Ⅰ)，也可进攻 C4 生成碳负离子(Ⅱ)，因此可得到两种产物。但碳负离子(Ⅰ)中的负电荷比碳负离子(Ⅱ)中的负电荷距离给电子的甲基较远，比较稳定而较容易生成。因此，生成的 3-甲基苯胺比 4-甲基苯胺多。需要注意，与苯炔机理有关的碳负离子中负电荷都是处于 sp^2 杂化轨道中，故不必考虑共轭效应的影响，如芳环上的甲氧基在苯炔机理中是典型的吸电子取代基。

7.3　练习和参考答案

练习 7.1　用普通命名法命名下列化合物，并指出它们属于伯、仲、叔卤代烃中的哪一种。

(1) $(CH_3)_3CCH_2Cl$　　(2) $CH_3CH_2CHFCH_3$　　(3) $(CH_3)_3CBr$

答：(1) 新戊基氯(1°)　　(2) 仲丁基氟(2°)　　(3) 叔丁基溴(3°)

练习 7.2　命名下列化合物：

(1) 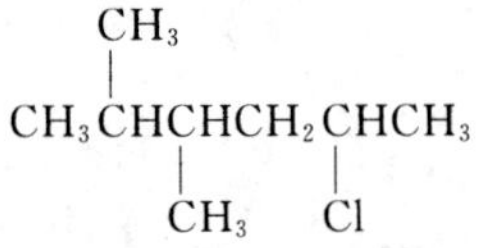 $CH_3CH(CH_3)CH(CH_3)CH_2CHClCH_3$　　(2) $BrCH_2CH_2CH(C_2H_5)CH_2CH_2CH_3$

(3) Cl　　(4) Cl

(5) $CH_3CHClCH{=}CHCH_3$　　(6) 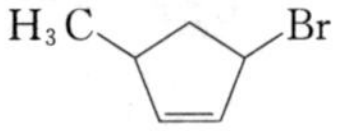 H_3C Br

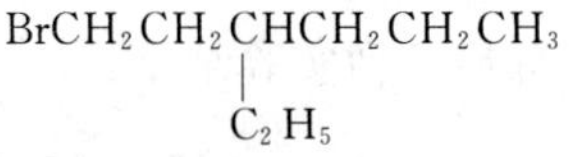

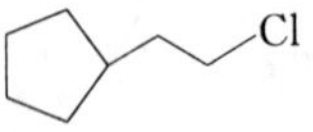

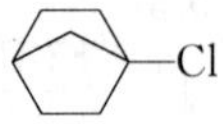

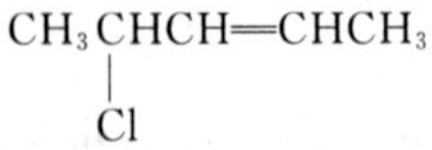

(7)  Cl—⟨苯环⟩—Br　　(8) 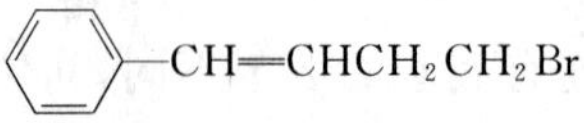 ⟨苯环⟩—$CH{=}CHCH_2CH_2Br$

答：(1) 5-氯-2,3-二甲基己烷　　(2) 1-溴-3-乙基己烷

(3) (2-氯乙基)环戊烷　　(4) 1-氯二环[2.2.1]庚烷

(5) 4-氯戊-2-烯　　(6) 3-溴-5-甲基环戊烯

（7）1－溴－4－氯苯　　（8）（4－溴丁－1－烯基）苯

练习 7.3 写出下列化合物的结构式：

（1）异戊基溴　　（2）（*R*）－2－氯己烷

（3）（三氯甲基）环己烷　　（4）4－溴丁－1－烯－3－炔

（5）1－叔丁基－4－氯苯　　（6）（1－溴乙基）苯

答：（1）$(CH_3)_2CHCH_2CH_2Br$　　（2）Fischer 投影式：上 CH_3，左 Cl，右 H，下 $CH_2CH_2CH_2CH_3$

（3）环己基－CCl_3　　（4）$CH_2=CH-C\equiv CBr$

（5）Cl－（苯环）－$C(CH_3)_3$　　（6）（苯环）－$\underset{\displaystyle Br}{CH}CH_3$

练习 7.4 试预测下列各对化合物中哪一种沸点较高。

（1）1－碘戊烷和 1－氯戊烷　　（2）1－溴丁烷和 1－溴－2－甲基丙烷

（3）1－溴己烷和 1－溴庚烷　　（4）间氯甲苯和间溴甲苯

答：（1）1－碘戊烷　　（2）1－溴丁烷

（3）1－溴庚烷　　（4）间溴甲苯

练习 7.5 指出下列各组化合物中哪一种偶极矩较大。

（1）C_2H_5Cl，C_2H_5Br，C_2H_5I　　（2）CH_3Br，CH_3CH_2Br

（3）$CH_3CH_2CH_3$，CH_3CH_2F　　（4）$Cl_2C=CCl_2$，$CH_2=CHCl$

答：（1）C_2H_5Cl　　（2）CH_3CH_2Br

（3）CH_3CH_2F　　（4）$CH_2=CHCl$

练习 7.6 试由卤代烷、醇及必要的无机试剂合成叔丁基甲基醚［$CH_3-O-C(CH_3)_3$］（所用原料自选）。

答： $(CH_3)_3C-OH \xrightarrow{Na} (CH_3)_3C-ONa \xrightarrow{CH_3I} (CH_3)_3C-O-CH_3$

不能使用叔卤代烷，否则易发生消除反应。

练习 7.7 试用化学方法鉴别下列各组化合物：

（1）1－氯丁烷、2－氯丁烷、2－氯－2－甲基丙烷

（2）1－氯戊烷、1－溴丁烷、1－碘丙烷

答：（1）分别加入 $AgNO_3$ 的乙醇溶液，立即有 AgCl 沉淀生成者为 2－氯－2－甲基丙烷，稍等片刻有 AgCl 沉淀生成者为 2－氯丁烷，余者（或加热后有 AgCl 沉淀生成者）为 1－氯丁烷。

（2）分别加入 $AgNO_3$ 的乙醇溶液，立即有黄色 AgI 沉淀生成者为 1－碘丙烷，慢慢有浅黄色 AgBr 沉淀生成者为 1－溴丁烷，余者为 1－氯戊烷。

练习 7.8 写出溴代环己烷分别与下列试剂反应时的主要产物。

（1）KOH/H_2O　　（2）CH_3CH_2ONa/乙醇，加热

(3) $AgNO_3$/乙醇 (4) NaCN/水-乙醇

(5) $NaSCH_3$ (6) NaI/丙酮

答：(1) 环己基—OH (2) 环己烯

(3) 环己基—ONO_2 (4) 环己基—CN

(5) 环己基—SCH_3 (6) 环己基—I

练习 7.9 写出下列反应的主要产物：

(1) $CH_3CH_2\underset{\underset{CH_3}{|}}{CH}—\underset{\underset{Br}{|}}{C}HCH_2CH_3 \xrightarrow[乙醇,\triangle]{KOH}$

(2) 1-甲基-1-溴环己烷（环上 CH_3、Br）$\xrightarrow[乙醇,\triangle]{KOH}$

(3) $CH_3CHBrCH_2CH_2CHBrCH_3 + 2\ NaOH \xrightarrow[\triangle]{醇}$

(4) $CH_3CCl_2CH_2CH_2CH_3 + 2\ NaOH \xrightarrow[\triangle]{醇}$

(5) $CH_2{=}CHCH_2\underset{\underset{Br}{|}}{C}HCH(CH_3)_2 \xrightarrow[乙醇,\triangle]{NaOH}$

(6) $CH_3\underset{\underset{Cl}{|}}{C}HCH{=}CH_2 \xrightarrow[C_2H_5OH]{浓\ C_2H_5ONa}$

(7) $C_6H_5\underset{\underset{Br}{|}}{C}HCH_2Br \xrightarrow[液氨]{NaNH_2}$

(8) $CH_3\underset{\underset{CH_2Br}{|}}{C}HCH_2Br \xrightarrow[\triangle]{Zn}$

(9) $\underset{\underset{Br}{|}}{CH}{=}\underset{\underset{Br}{|}}{CH} \xrightarrow[\triangle]{Zn}$

答：(1) $CH_3CH_2\underset{\underset{CH_3}{|}}{C}{=}CHCH_2CH_3$ (2) 1-甲基环己烯（环—CH_3）

(3) $CH_3CH{=}CHCH{=}CHCH_3$ (4) $CH_3C{\equiv}CCH_2CH_3$

(5) $CH_2{=}CHCH{=}CHCH(CH_3)_2$ (6) $CH_2{=}CHCH{=}CH_2$

(7) $C_6H_5C{\equiv}CH$ (8) CH_3—环丙基

(9) $CH{\equiv}CH$

练习 7.10 完成下列反应式：

(1) $(CH_3)_3CCl + Mg \xrightarrow[回流]{乙醚}$ (2) $CH_3CH_2MgI + CH_3OH \longrightarrow$

(3) 环戊二烯 $+ C_2H_5MgBr \xrightarrow{苯}$

(4) $C_2H_5C{\equiv}CH + ? \xrightarrow{乙醚} C_2H_5C{\equiv}CMgBr + C_2H_6$

答：(1) $(CH_3)_3CMgCl$ (2) $CH_3CH_3 + CH_3OMgI$

(3) ⟨环戊二烯基⟩—MgBr + C_2H_6　　(4) C_2H_5MgBr

练习 7.11

练习 7.11 用下列化合物能否制备 Grignard 试剂？为什么？

(1) $HOCH_2CH_2Br$　　(2) $HC\equiv CCH_2CH_2Br$

(3) $CH_3—\underset{\underset{O}{\parallel}}{C}—CH_2Br$　　(4) $CH_3CH_2\underset{\underset{OCH_3}{|}}{CH}CH_2Br$

答：上述四种化合物均不能直接制备 Grignard 试剂。其中，(1)和(2)有活泼氢原子；(3)有羰基，会与 Grignard 试剂反应；(4) Br 原子 β 位有—OCH_3，易发生消除反应生成烯烃。

练习 7.12 完成下列反应式：

(1) $CH_3CH_2Br + 2Li \longrightarrow$　　(2) $CH_3(CH_2)_3C\equiv CH \xrightarrow{CH_3(CH_2)_3Li}$

(3) ⟨环丙基⟩—Br + 2Li ⟶　　(4) ⟨7,7-二溴双环[4.1.0]庚烷⟩ $\xrightarrow{(CH_3)_2CuLi}$

(5) $n-C_5H_{11}Br + [(CH_3)_3C]_2CuLi \longrightarrow$　　(6) $CH_3(CH_2)_9I \xrightarrow{(CH_3)_2CuLi}$

答：(1) C_2H_5Li　　(2) $CH_3(CH_2)_3C\equiv CLi$

(3) ⟨环丙基⟩—Li　　(4) ⟨7,7-二甲基双环[4.1.0]庚烷⟩

(5) $n-C_5H_{11}—C(CH_3)_3$　　(6) $CH_3(CH_2)_9CH_3$

练习 7.13 完成下列反应式(用构型式表示)：

(1) H, $n-C_6H_{13}$, CH_3—C—Br $\xrightarrow{HS^-}$　　(2) ⟨环己烷：C1 上 H、Br；C3 上 H、CH_3⟩ $\xrightarrow[\text{丙酮}]{NaSCN}$

(R)-2-溴辛烷　　(1S,3R)-1-溴-3-甲基环己烷

答：(1) HS—C(H)($C_6H_{13}-n$)(CH_3)　　(2) ⟨环己烷：C1 上 SCN、H；C3 上 H、CH_3⟩

练习 7.14 完成下列反应式(用构型式表示)：

(1) H_3C, $n-C_3H_7$, C_2H_5—C—Br $\xrightarrow{H_2O}$　　(2) ⟨环戊烷：H_3C、H；CH_3、Br⟩ $\xrightarrow{H_2O}$

答：(1) HO—C(CH_3)(C_3H_7-n)(C_2H_5) + $n-C_3H_7$—C(H_3C)(C_2H_5)—OH

(2) ⟨环戊烷：H_3C、H；CH_3、OH⟩ + ⟨环戊烷：H_3C、H；OH、CH_3⟩

练习 7.15

练习 7.15 完成下列反应式：

（1）（Br、H、H 与 OH、CH$_3$、CH$_3$ 取代的立体构象式）$\xrightarrow{^-OH}$ （2）$H_2NCH_2CH_2CH_2CH_2Br \xrightarrow{H_2O}$

答：（1）（H、H$_3$C 与 H、CH$_3$ 取代的环氧乙烷） （2）（四氢吡咯，N—H）

练习 7.16 2-碘丁烷在乙醇钠/乙醇溶液中进行 E2 消除脱去 HI 时，主要得到丁-2-烯，其中反丁-2-烯占 78%，顺丁-2-烯占 22%，为什么？（请利用构象式进行解释。）

答： 2-碘丁烷按 E2 机理消除 HI 时，是反式消除。在 2-碘丁烷的构象平衡体系中，以空间效应较小的对位交叉式构象为主，它进行反式消除得到反丁-2-烯，因此反丁-2-烯占优势。以 2-碘丁烷的一种对映体为例表示如下：

（反） ← 空间效应较小（主） ⇌ 空间效应较大（次） → （顺）

练习 7.17 顺-1-溴-2-甲基环己烷和反-1-溴-2-甲基环己烷在乙醇钠/乙醇溶液中发生 E2 反应时，各生成什么产物？如果产物不止一种，哪一种是主要产物？（提示：利用构象式考虑。）

答： E2 反应容易按反式共平面方式消除。顺-1-溴-2-甲基环己烷有两种 β-H 可供消除，消除反应取向遵循 Saytzeff 规则，主要得到 1-甲基环己烯；而反-1-溴-2-甲基环己烷只有一种反式 β-H 供消除，只得到 3-甲基环己烯。用构象式表示如下：

（主） $\xleftarrow[-3°H]{C_2H_5ONa}$ 顺-1-溴-2-甲基环己烷 $\xrightarrow[-2°H]{C_2H_5ONa}$ （次）

反-1-溴-2-甲基环己烷 $\xrightarrow[-2°H]{C_2H_5ONa}$ 3-甲基环己烯

练习 7.18 写出下列反应的机理：

$$(CH_3)_3C\text{—}CH(Cl)CH_3 \xrightarrow{ZnCl_2} (CH_3)_2C{=}C(CH_3)_2 + (CH_3)_2C(Cl)\text{—}CH(CH_3)_2$$

答：

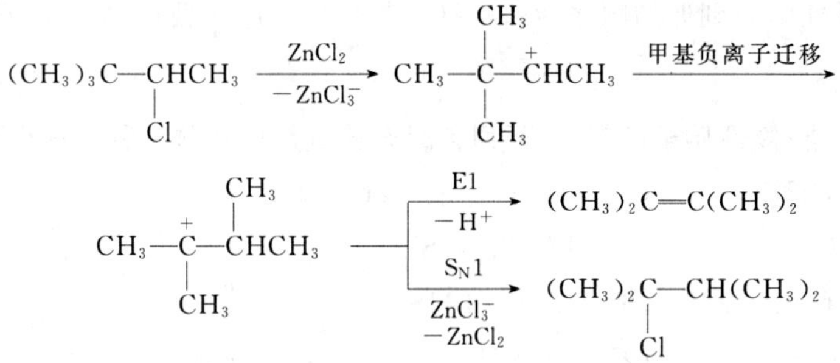

$$(CH_3)_3C\text{—}\underset{\underset{Cl}{|}}{C}HCH_3 \xrightarrow[-ZnCl_3^-]{ZnCl_2} CH_3\text{—}\underset{\underset{CH_3}{|}}{\overset{\overset{CH_3}{|}}{C}}\text{—}\overset{+}{C}HCH_3 \xrightarrow{\text{甲基负离子迁移}}$$

$$CH_3\text{—}\underset{\underset{CH_3}{|}}{\overset{+}{C}}\text{—}\overset{\overset{CH_3}{|}}{C}HCH_3 \begin{cases} \xrightarrow[-H^+]{E1} (CH_3)_2C\!=\!C(CH_3)_2 \\ \xrightarrow[\substack{ZnCl_3^- \\ -ZnCl_2}]{S_N1} (CH_3)_2\underset{\underset{Cl}{|}}{C}\text{—}CH(CH_3)_2 \end{cases}$$

练习 7.19 卤代烷与 NaOH 在水－乙醇溶液中进行反应，下列哪些是 S_N2 机理，哪些是 S_N1 机理？

(1) 产物构型发生 Walden 转化；

(2) 增加溶剂的含水量反应明显加快；

(3) 有重排反应；

(4) 叔卤代烷反应速率大于仲卤代烷；

(5) 反应只有一步。

答：(1)、(5)为 S_N2 机理，(2)、(3)、(4)为 S_N1 机理。

练习 7.20 下面所列的每对亲核取代反应，各按何种机理进行？哪一个反应更快？为什么？

(1) $(CH_3)_3CBr+H_2O \xrightarrow[\triangle]{} (CH_3)_3COH+HBr$

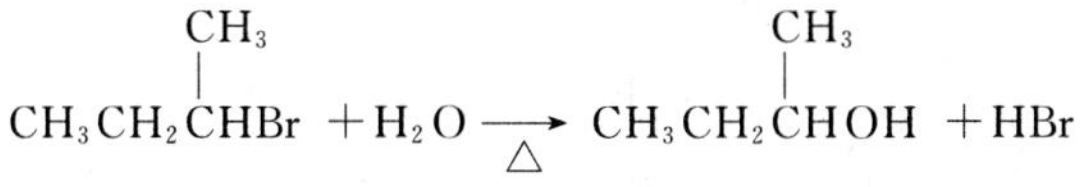

$$CH_3CH_2\overset{\overset{CH_3}{|}}{C}HBr + H_2O \xrightarrow[\triangle]{} CH_3CH_2\overset{\overset{CH_3}{|}}{C}HOH + HBr$$

(2) $CH_3CH_2Cl+NaI \xrightarrow{\text{丙酮}} CH_3CH_2I+NaCl$

$(CH_3)_2CHCl+NaI \xrightarrow{\text{丙酮}} (CH_3)_2CHI+NaCl$

(3) $CH_3CH_2CH_2CH_2CH_2Br+NaOH \xrightarrow{H_2O} CH_3CH_2CH_2CH_2CH_2OH+NaBr$

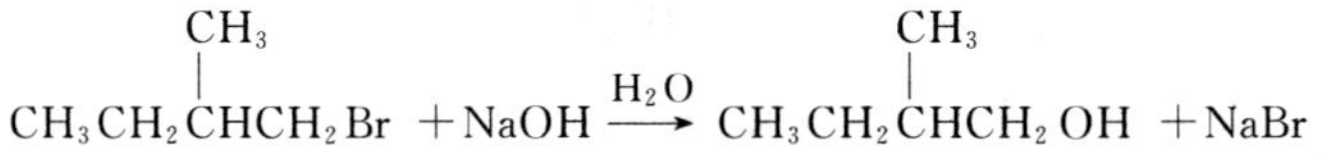

$$CH_3CH_2\overset{\overset{CH_3}{|}}{C}HCH_2Br + NaOH \xrightarrow{H_2O} CH_3CH_2\overset{\overset{CH_3}{|}}{C}HCH_2OH + NaBr$$

答：(1) S_N1 机理，$(CH_3)_3CBr$ 反应较快，因为生成的$(CH_3)_3C^+$ 比较稳定。

(2) S_N2 机理，CH_3CH_2Cl 反应较快，因为亲核试剂从背面进攻位阻较小。

(3) S_N2 机理，$CH_3(CH_2)_4Br$ 反应较快，因为亲核试剂从背面进攻位阻较小。

练习 7.21 将下列化合物按 E1 机理消除 HBr 的反应活性，由高到低排列成序，并写出主要产物的构造式。

(1) 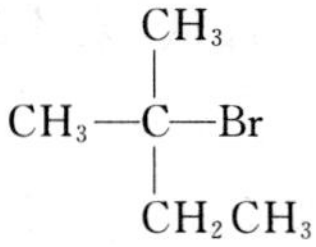 $CH_3\text{—}\underset{\underset{CH_2CH_3}{|}}{\overset{\overset{CH_3}{|}}{C}}\text{—}Br$　　(2) $CH_3\overset{\overset{CH_3}{|}}{C}H\underset{\underset{Br}{|}}{C}HCH_3$　　(3) $CH_3CH_2\overset{\overset{CH_3}{|}}{C}HCH_2Br$

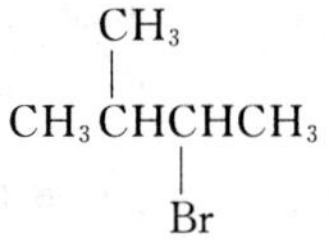

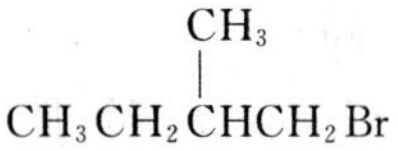

答：反应活性由高到低的顺序为(1)>(2)>(3)；反应主要产物均为$(CH_3)_2C{=}CHCH_3$。

练习 7.22 在极性质子溶剂中，下列各组亲核试剂中的哪一种亲核性强？

(1) Cl^- 和 CH_3S^-　　(2) CH_3NH_2 和 CH_3NH^-

(3) ^-OH 和 F^-　　(4) HS^- 和 H_2S

(5) ^-OH 和 HS^-　　(6) HSO_3^- 和 HSO_4^-

答：(1) CH_3S^-　　(2) CH_3NH^-　　(3) ^-OH

(4) HS^-　　(5) HS^-　　(6) HSO_3^-

练习 7.23 指出下列各对反应中，何者较快。

(1) $CH_3CH_2CH(CH_3)CH_2Br + {}^-CN \longrightarrow CH_3CH_2CH(CH_3)CH_2CN + Br^-$

$CH_3(CH_2)_4Br + {}^-CN \longrightarrow CH_3(CH_2)_4CN + Br^-$

(2) $(CH_3)_2CHCH_2Cl \xrightarrow[\triangle]{H_2O} (CH_3)_2CHCH_2OH$

$(CH_3)_2CHCH_2Br \xrightarrow[\triangle]{H_2O} (CH_3)_2CHCH_2OH$

(3) $CH_3I + NaOH \xrightarrow{H_2O} CH_3OH + NaI$

$CH_3I + NaSH \xrightarrow{H_2O} CH_3SH + NaI$

(4) $CH_3Br + (CH_3)_2NH \longrightarrow (CH_3)_3\overset{+}{N}H\ Br^-$

$CH_3Br + (CH_3CH(CH_3))_2NH \longrightarrow CH_3\overset{+}{N}H(CH(CH_3)CH_3)_2\ Br^-$

答：(1) 后者较快；(2) 后者较快；(3) 后者较快；(4) 前者较快。

练习 7.24 经实验测定，碘甲烷与 Cl^- 的亲核取代反应在不同溶剂中的相对反应速率如下所示。请给出合理的解释。

$$CH_3I + Cl^- \longrightarrow CH_3Cl + I^-$$

溶剂	CH_3OH	$HC(=O)NH_2$	$HC(=O)NHCH_3$	$HC(=O)N(CH_3)_2$	$CH_3C(=O)N(CH_3)_2$
相对反应速率	1	12.5	45.3	1.2×10^6	7.4×10^6

答：此反应按 S_N2 机理进行。甲醇为极性质子溶剂，对亲核试剂的溶剂化作用强，降低了亲核试剂的反应活性；甲酰胺、*N*－甲基甲酰胺和 *N*，*N*－二甲基甲酰胺随氮原子上氢原子逐步被甲基取代，对亲核试剂的溶剂化程度依次降低，因此亲核试剂活性依次增高；*N*，*N*－二甲基乙酰胺对亲核试剂的溶剂化程度最低，亲核试剂基本以裸负离子存在，故其活性最高。

练习 7.25 试预测下列各反应的主要产物，并简单说明理由。

(1) $(CH_3)_3CBr + {}^-CN \longrightarrow$　　(2) $CH_3(CH_2)_4Br + {}^-CN \longrightarrow$

(3) $(CH_3)_3CBr + C_2H_5ONa \longrightarrow$　　(4) $(CH_3)_3CONa + CH_3CH_2Cl \longrightarrow$

(5) $CH_3CH_2CH(Br)CH_3 + HS^- \longrightarrow$　　(6) $CH_3CH_2CH_2Br + CH_3O^- \longrightarrow$

答: (1) $(CH_3)_2C{=}CH_2$,叔卤代烷主要得到消除产物;

(2) $CH_3(CH_2)_4CN$,伯卤代烷氰解,得到取代产物;

(3) $(CH_3)_2C{=}CH_2$,醇钠为强碱,故叔卤代烷发生消除反应;

(4) $(CH_3)_3COCH_2CH_3$,伯卤代烷醇解,低温下得到取代产物;

(5) $CH_3CH_2CH(SH)CH_3$,HS^- 是弱碱但却是强的亲核试剂,故仲卤代烷发生取代反应;

(6) $CH_3CH_2CH_2OCH_3$,伯卤代烷醇解,得到取代产物。

练习 7.26 完成下列反应式:

(1) 邻硝基氟苖 (o-$O_2NC_6H_4F$) $+ n\text{-}C_4H_9S^- \xrightarrow{CH_3OH}$　　(2) 2,4-二硝基氯苯 (O_2N-, -Cl, 邻位 NO_2) $\xrightarrow{H_2NNH_2}$

(3) o-$O_2NC_6H_4Cl + Na_2SO_3 \longrightarrow$　　(4) p-$O_2NC_6H_4Cl \xrightarrow{CH_3O^-}$

答: (1) o-$O_2NC_6H_4SC_4H_9\text{-}n$　　(2) 2,4-$(O_2N)_2C_6H_3NHNH_2$

(3) o-$O_2NC_6H_4SO_3Na$　　(4) p-$O_2NC_6H_4OCH_3$

练习 7.27 回答下列问题:

(1) p-$O_2NC_6H_4N(CH_3)_2$ 与 KOH 水溶液一起共热时,有 $(CH_3)_2NH$ 放出,试问反应的另一产物是什么?

(2) 将下列化合物按与 C_2H_5ONa 反应的活性由大到小排列成序,并说明理由。

(A) O_2N—C_6H_3(—NO_2)—Cl (2,4-二硝基氯苯)　(B) H_3C—C_6H_3(—NO_2)—Cl　(C) NC—C_6H_3(—NO_2)—Cl

(3) 下列两种化合物分别与 CH_3ONa 反应,哪一种化合物的卤原子容易被取代? 为什么?

练习 7.27(3)

(A) O_2N—C_6H_3(—CH_3)—Br　(B) O_2N—C_6H_3(—CH_3)—F

答: (1) 另一产物为对硝基苯酚钾 p-$O_2NC_6H_4OK$ 。

(2) 反应活性由大到小顺序为(A)>(C)>(B)。吸电子取代基越多、越强，越有利于芳环上的亲核取代反应，给电子取代基则对反应不利；—CH_3 为给电子取代基，—NO_2 和—CN 为吸电子取代基，且吸电子作用—NO_2>—CN。

(3) (B)更易被取代。因为氟原子吸电子诱导效应大于溴原子，与之相连的碳原子带有较多的正电荷，更有利于亲核试剂 CH_3O^- 的进攻。

练习 7.28 写出 1-氯-2,4-二硝基苯分别与 CH_3NH_2 和 $C_6H_5CH_2SNa$ 反应的产物和反应机理。

答：反应按加成-消除机理进行：

Cl, NO₂, NO₂ + CH_3NH_2 ⟶ Cl, $\overset{+}{N}H_2CH_3$, NO_2, NO_2 $\xrightarrow{-Cl^-}$ $\overset{+}{N}H_2CH_3$, NO_2, NO_2 $\xrightarrow[-CH_3\overset{+}{N}H_3]{CH_3NH_2}$ $NHCH_3$, NO_2, NO_2

Cl, NO_2, NO_2 + $C_6H_5CH_2SNa$ ⟶ $SCH_2C_6H_5$, NO_2, NO_2

与 $C_6H_5CH_2SNa$ 的反应机理与以上机理相似。

练习 7.29

练习 7.29 用 $KN(C_2H_5)_2/(C_2H_5)_2NH$ 处理下面两种化合物得到高产率的同一产物，其分子式为 $C_9H_{11}N$。(1) 这个产物是什么？(2) 写出其反应机理。

$CH_2CH_2NHCH_3$, Cl 和 $CH_2CH_2NHCH_3$, Cl

答：(1) N, CH_3

(2) 反应机理：

$CH_2CH_2NHCH_3$, Cl $\xrightarrow[-(C_2H_5)_2NH]{(C_2H_5)_2N^-}$ $CH_2CH_2NHCH_3$, Cl

$CH_2CH_2NHCH_3$, Cl $\xrightarrow[-(C_2H_5)_2NH]{(C_2H_5)_2N^-}$ $CH_2CH_2\bar{N}CH_3$, H, Cl ⟶ $CH_2CH_2NHCH_3$, Cl $\xrightarrow{-Cl^-}$

$CH_2CH_2\ddot{N}HCH_3$ $\xrightarrow{\text{分子内加成}}$ $\overset{+}{N}$, H, CH_3 ⟶ N, CH_3

练习 7.30 完成下列反应式：

(1) 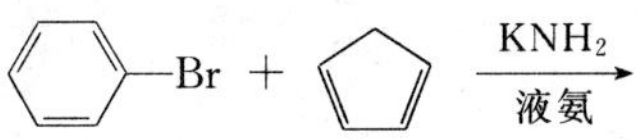 C_6H_5Br + 环戊二烯 $\xrightarrow[\text{液氨}]{KNH_2}$　　(2) 3-溴甲苯 $\xrightarrow[\text{液氨}]{KNH_2}$

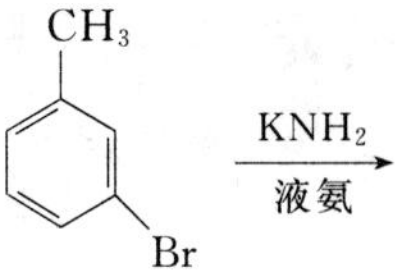

答：(1) 苯并降冰片二烯

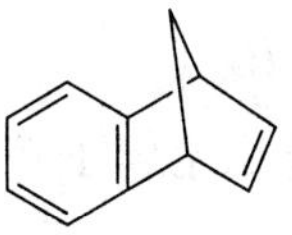

(2) 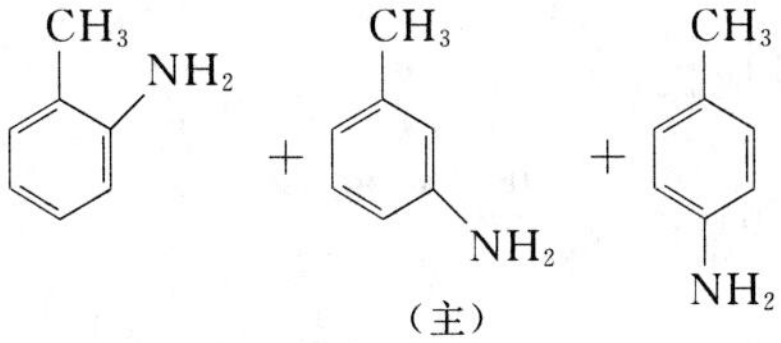 邻甲苯胺 + 间甲苯胺（主） + 对甲苯胺

练习 7.31 完成下列反应式：

(1) $C_6H_5C(Br){=}CH_2 \xrightarrow[\triangle]{NaNH_2}$　　(2)  4-碘联苯 $\xrightarrow[\triangle]{Cu}$

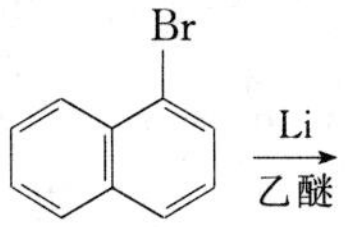

(3) 1-溴萘 $\xrightarrow[\text{乙醚}]{Li}$　　(4) 2,4,6-三甲基溴苯 $\xrightarrow[\text{乙醚}]{Mg}$

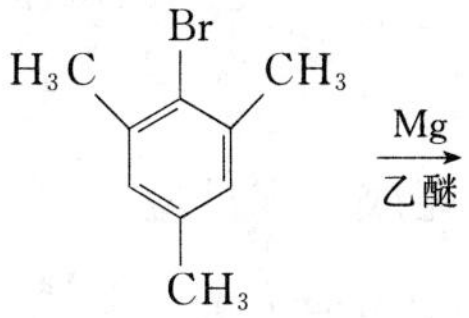

答：(1) $C_6H_5C{\equiv}CH$　　(2) 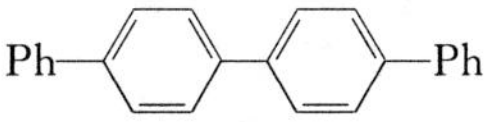 Ph—C_6H_4—C_6H_4—Ph

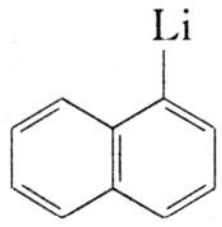

(3) 1-萘基锂（Li）　　(4) 2,4,6-三甲基苯基溴化镁（MgBr）

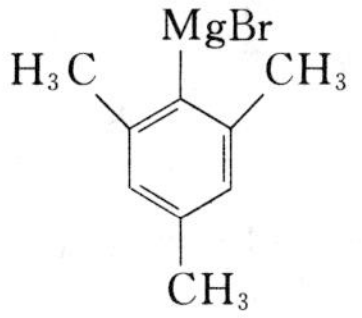

练习 7.32 完成下列反应式：

(1) 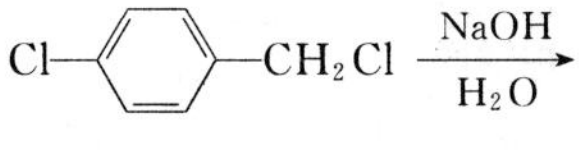 $Cl-C_6H_4-CH_2Cl \xrightarrow[H_2O]{NaOH}$　　(2) 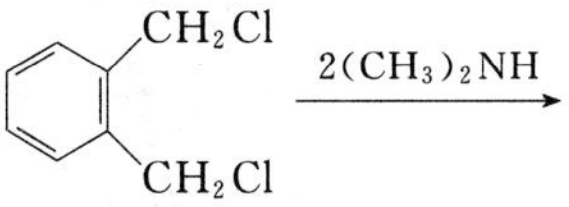 邻二（氯甲基）苯 $\xrightarrow{2(CH_3)_2NH}$

(3) $ClCH{=}CHCH_2Cl \xrightarrow{CH_3COO^-}$　　(4) $(CH_3)_2C(Br)CH{=}CH_2 \xrightarrow[\triangle]{H_2O}$

答：(1) $Cl-C_6H_4-CH_2OH$　　(2) 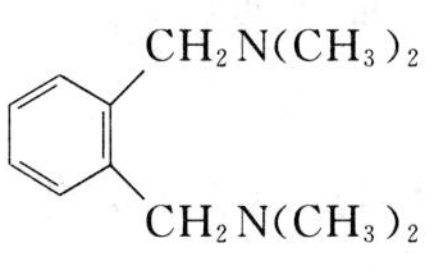 邻二[$CH_2N(CH_3)_2$]苯

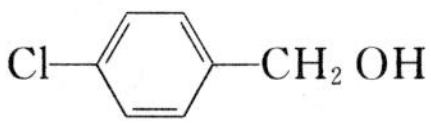

(3) $ClCH{=}CHCH_2OCOCH_3$

(4) $(CH_3)_2C(OH)CH{=}CH_2$ + $(CH_3)_2C{=}CHCH_2OH$

练习 7.33 将下列化合物按其进行水解反应(S_N1 机理)的活性从大到小排序。

(A) 对甲氧基苄氯（CH_2Cl，OCH_3） (B) 对氯苄氯（CH_2Cl，Cl） (C) 对甲基苄氯（CH_2Cl，CH_3） (D) 苄氯（CH_2Cl）

答: 反应按 S_N1 机理进行，苯环上给电子取代基有利于稳定碳正离子中间体，故其反应活性顺序为(A)>(C)>(D)>(B)。

练习 7.34 完成下列反应式并写出反应机理。

$$CH_3\underset{\displaystyle Cl}{\underset{|}{C}}HCH{=}CH_2 \xrightarrow[S_N1]{C_2H_5OH}$$

答:

$$CH_3\underset{\displaystyle Cl}{\underset{|}{C}}HCH{=}CH_2 \xrightarrow{-Cl^-} [CH_3\overset{+}{C}HCH{=}CH_2 \longleftrightarrow CH_3CH{=}CH\overset{+}{C}H_2]$$

$$\xrightarrow[-H^+]{C_2H_5OH} CH_3\underset{\displaystyle OC_2H_5}{\underset{|}{C}}HCH{=}CH_2 + CH_3CH{=}CHCH_2OC_2H_5$$

练习 7.35 完成下列反应式：

(1) $CH_2{=}CHCHCH_2CH_3$（中间 CH 上连 Br） $\xrightarrow[C_2H_5OH,\triangle]{NaOH}$

(2) 环己基-MgBr + $BrCH_2\underset{\displaystyle Br}{\underset{|}{C}}{=}CH_2 \xrightarrow{乙醚}$

答: (1) $CH_2{=}CH{-}CH{=}CHCH_3$　　(2) 环己基-$CH_2\underset{\displaystyle Br}{\underset{|}{C}}{=}CH_2$

7.4 习题和参考答案

(一) 写出下列分子式代表的所有构造异构体，并用系统命名法命名。

(1) $C_5H_{11}Cl$(并指出 1°,2°,3°卤代烷)　　(2) $C_4H_8Br_2$

提示：(1) 有 8 种构造异构体，(2) 有 9 种构造异构体。命名和指出 1°,2°,3°卤代烷略。

(二) 用系统命名法命名下列化合物：

(1) H_3C(Cl)(H)C—C(H)(Br)CH_3（楔形式）　　(2) 1-溴-1-(氯甲基)环己烷结构（环己烷同一碳上连 Br 和 CH_2Cl）　　(3) $BrCH_2\underset{\displaystyle Br}{\underset{|}{C}}{=}CHCl$

(4) 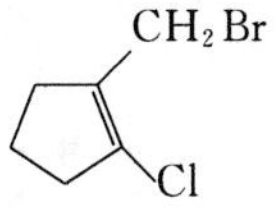 1-溴甲基-2-氯环戊烯（结构式：环戊烯环上 CH_2Br 与 Cl 取代）　(5) 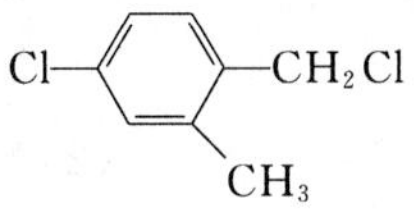 Cl—苯环—CH_2Cl（邻位 CH_3）　(6) 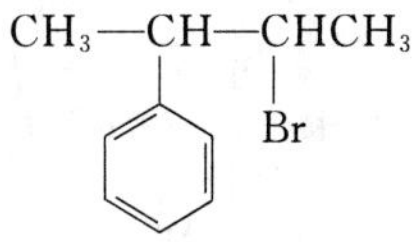 $CH_3—CH—CHCH_3$（CH 上连苯基，CH 上连 Br）

答：(1) (2S,3S)-2-溴-3-氯丁烷

(2) (1R,2R)-1-溴-2-氯甲基环己烷

(3) 2,3-二溴-1-氯丙烯

(4) 1-溴甲基-2-氯环戊烯

(5) 4-氯-1-氯甲基-2-甲基苯

(6) (2-溴-1-甲基丙基)苯

(三) 1,2-二氯乙烯的(Z)-和(E)-异构体，哪一种熔点较高？哪一种沸点较高？为什么？

答：(E)-异构体的熔点较高，因其对称性较好；(Z)-异构体的沸点较高，因其极性较强，分子间作用力较大。

(四) 比较下列各组化合物的偶极矩大小：

(1) (A) C_2H_5Cl　(B) $CH_2{=}CHCl$　(C) $CCl_2{=}CCl_2$　(D) $HC{\equiv}CCl$

(2) (A) 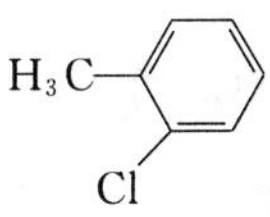 H_3C—苯环（邻位 Cl）　(B) 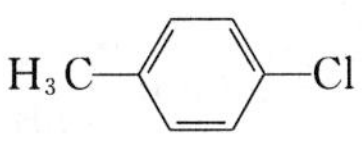 H_3C—苯环—Cl（对位）　(C) 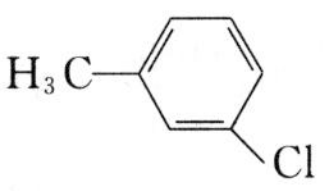 H_3C—苯环（间位 Cl）

答：(1) (A)>(B)>(D)>(C)　(2) (B)>(C)>(A)

提示：邻、间、对氯甲苯的偶极矩分别为 1.56×10^{-30} C·m，1.77×10^{-30} C·m，2.21×10^{-30} C·m。

(五) 写出 1-溴丁烷与下列试剂反应的主要产物：

(1) NaOH(水溶液)　(2) KOH(乙醇)，△　(3) Mg，乙醚

(4) (3)的产物$+D_2O$　(5) NaI(丙酮溶液)　(6) $(CH_3)_2CuLi$

(7) $CH_3C{\equiv}CNa$　(8) CH_3NH_2　(9) C_2H_5ONa，C_2H_5OH

(10) NaCN　(11) $AgNO_3$，C_2H_5OH　(12) CH_3COOAg

答：(1) $CH_3(CH_2)_2CH_2OH$　(2) $CH_3CH_2OCH_2CH_2CH_2CH_3$

(3) $CH_3(CH_2)_2CH_2MgBr$　(4) $CH_3(CH_2)_2CH_2D$

(5) $CH_3(CH_2)_2CH_2I$　(6) $CH_3(CH_2)_3CH_3$

(7) $CH_3(CH_2)_3C{\equiv}CCH_3$　(8) $CH_3(CH_2)_2CH_2NHCH_3$

(9) $CH_3(CH_2)_2CH_2OC_2H_5$　(10) $CH_3(CH_2)_2CH_2CN$

(11) $CH_3(CH_2)_2CH_2ONO_2$　(12) $CH_3(CH_2)_2CH_2OC(=O)CH_3$

（六）完成下列反应式：

习题(六)(2)

（1）$CH_3-\underset{CH_3}{\overset{CH_3}{C}}-CH_2I \xrightarrow[CH_3COOH]{CH_3COOAg}$

（2）1-甲基-1-溴-4-(溴甲基)环己烷 Br ... Br $\xrightarrow[丙酮]{NaI}$

（3）H₃C, Br, CH₃, H, H, H（环戊烷）$\xrightarrow[DMF]{NaCN}$

（4）H_3C, H, Br, D, H, H（环己烷）$\xrightarrow[C_2H_5OH,\triangle]{KOH}$

（5）$(R)-CH_3CHBrCH_2CH_3 \xrightarrow[H_2O]{稀\ CH_3ONa}$

（6）$HOCH_2CH_2CH_2CH_2Cl \xrightarrow[H_2O]{NaOH}$

（7）$Br-\underset{CH_3}{\overset{COOC_2H_5}{C}}-H \xrightarrow{^-CN}$

（8）$CH_3CH_2CH_2Br$ $\xrightarrow{NH_3}$ (A)；$\xrightarrow{NaNH_2}$ (B)

（9）$CH_3(CH_2)_2\underset{Br}{CH}CH_3 \xrightarrow[C_2H_5OH,\triangle]{C_2H_5ONa}$

（10）$F-C_6H_4-Br \xrightarrow[乙醚]{Mg} (A) \xrightarrow{D_2O} (B)$

（11）环己烯基$-CH_2I \xrightarrow{NaCN}$

（12）9-苯基芴（Ph, H）$\xrightarrow{CH_3(CH_2)_3Li}$

（13）$I-C_6H_3(Br)-CH_3 \xrightarrow[h\nu]{Cl_2} (A) \xrightarrow{HC\equiv CNa} (B) \xrightarrow[稀\ H_2SO_4]{HgSO_4} (C)$

（14）$Cl-C_6H_4-CH_2CH_3 \xrightarrow[h\nu]{Br_2} (A) \xrightarrow[C_2H_5OH,\triangle]{KOH} (B) \xrightarrow[过氧化物]{HBr} (C) \xrightarrow{NaCN} (D)$

（15）$Cl-C_6H_3(NO_2)-Cl \xrightarrow[CH_3OH]{CH_3ONa} (A) \xrightarrow[Fe]{Br_2} (B)$

（16）$Cl-C_6H_4-CH_2Cl \xrightarrow[乙醚]{Mg} (A)$ $\xrightarrow{PhCH_2Cl}$ (B)；$\xrightarrow{HC\equiv CH}$ (C)＋(D)

答：（1）$CH_3-\underset{OCCH_3}{\overset{CH_3}{C}}-CH_2CH_3$（$OCCH_3$ 中 C=O）

重排产物

（2）1-甲基-1-溴-4-(碘甲基)环己烷 Br ... I

（3）H₃C, H, CH₃, H, CN, H（环戊烷）

（4）H_3C, H, H, H（环己烯）

（5）$H-\underset{CH_2CH_3}{\overset{CH_3}{C}}-OCH_3$ （S）

（6）四氢呋喃（O）

(7) Fischer projection: top $COOC_2H_5$; left H; right CN; bottom CH_3

(8) (A) $CH_3CH_2CH_2NH_2$　(B) $CH_3CH{=}CH_2$

(9) $CH_3CH_2CH{=}CHCH_3$

(10) (A) F—C_6H_4—MgBr (para)　(B) F—C_6H_4—D (para)

(11) (cyclohexenyl)—CH_2CN　(12) 9-phenylfluorenyl anion Li^+ (9-Ph) + $CH_3(CH_2)_2CH_3$

(13) (A) I—C_6H_3(Br)—CH_2Cl　(B) I—C_6H_3(Br)—$CH_2C{\equiv}CH$

(C) I—C_6H_3(Br)—CH_2COCH_3

(14) (A) Cl—C_6H_4—$CHCH_3$ (Br on CH)　(B) Cl—C_6H_4—$CH{=}CH_2$

(C) Cl—C_6H_4—CH_2CH_2Br　(D) Cl—C_6H_4—CH_2CH_2CN

(15) (A) Cl—C_6H_3(NO_2)—OCH_3　(B) Cl—C_6H_2(Br)(NO_2)—OCH_3

(16) (A) Cl—C_6H_4—CH_2MgCl　(B) Cl—C_6H_4—CH_2CH_2Ph

(C) Cl—C_6H_4—CH_3　(D) $HC{\equiv}CMgCl$

(七) 在下列各对反应中，预测哪一个更快，为什么？

(1) $(CH_3)_2CHCH_2Cl + HS^- \longrightarrow (CH_3)_2CHCH_2SH + Cl^-$

$(CH_3)_2CHCH_2I + HS^- \longrightarrow (CH_3)_2CHCH_2SH + I^-$

(2) $CH_3CH_2CH(CH_3)CH_2Br + {}^-CN \longrightarrow CH_3CH_2CH(CH_3)CH_2CN + Br^-$

$CH_3CH_2CH_2CH_2CH_2Br + {}^-CN \longrightarrow CH_3CH_2CH_2CH_2CH_2CN + Br^-$

(3) $CH_3CH{=}CHCH_2Cl + H_2O \xrightarrow[\triangle]{} CH_3CH{=}CHCH_2OH + HCl$

$CH_2{=}CHCH_2CH_2Cl + H_2O \xrightarrow[\triangle]{} CH_2{=}CHCH_2CH_2OH + HCl$

(4) $CH_3CH_2CH_2Br + NaSH \xrightarrow{H_2O} CH_3CH_2CH_2SH + NaBr$

$CH_3CH_2CH_2Br + NaOH \xrightarrow{H_2O} CH_3CH_2CH_2OH + NaBr$

(5) $CH_3CH_2I+HS^- \xrightarrow{CH_3OH} CH_3CH_2SH + I^-$

$CH_3CH_2I+HS^- \xrightarrow{DMF} CH_3CH_2SH+I^-$

答:(1) 第 2 个反应快,I^- 更容易离去。

(2) 第 2 个反应快,空间效应较小。

(3) 第 1 个反应快,烯丙位氯原子活性较高。

(4) 第 1 个反应快,极性质子溶剂中 HS^- 的亲核性更强。

(5) 第 2 个反应快,极性非质子溶剂 DMF 中亲核试剂的活性更高。

(八) 将下列各组化合物按照对指定试剂的反应活性从大到小排列成序。

(1) 在 2% $AgNO_3$ 乙醇溶液中反应

(A) 1-溴丁烷　(B) 1-氯丁烷　(C) 1-碘丁烷

(2) 在 NaI 丙酮溶液中反应

(A) 3-溴丙烯　(B) 溴乙烯　(C) 1-溴丁烷

(D) 2-溴丁烷

(3) 在 KOH 醇溶液中加热消除

(A) $CH_3-C(CH_3)(Cl)-CH_2CH_3$　(B) $CH_3CH(CH_3)-CH(Cl)CH_3$　(C) $CH_3CH(CH_3)CH_2CH_2Cl$

答:(1) (C)>(A)>(B)　(2) (A)>(C)>(D)>(B)　(3) (A)>(B)>(C)

(九) 用化学方法鉴别下列各组化合物。

(1) (A) $CH_2=CHCl$　(B) $CH_3C\equiv CH$　(C) $CH_3CH_2CH_2Br$

(2) (A) $CH_3CH(CH_3)CH=CHCl$　(B) $CH_3C(CH_3)=CHCH_2Cl$　(C) $CH_3CH(Cl)CH_2CH_3$

(3) (A) 1-甲基-1-氯环己烷　(B) 环己基甲基氯（环己基-CH_2Cl）　(C) 氯代环己烷（环己基-Cl）

(4) (A) 1-氯丁烷　(B) 1-碘丁烷　(C) 己烷　(D) 环己烯

(5) (A) 2-氯丙烯　(B) 3-氯丙烯　(C) 苄基氯

(D) 间氯甲苯　(E) 氯代环己烷

答:(1) 能与氯化亚铜的氨溶液反应生成棕红色炔亚铜沉淀的是(B),其余的能与硝酸银的醇溶液反应生成溴化银沉淀的是(C),剩下的是(A)。

(2) 用硝酸银的醇溶液鉴别,立刻产生沉淀的为(B),几分钟后产生沉淀的为(C),剩下的为(A)。

(3) 用硝酸银的醇溶液鉴别,立刻产生沉淀的为(A),几分钟后产生沉淀的为(C),加热后才能产生沉淀的为(B)。

(4) 首先用 Br_2/CCl_4 鉴别,能使溴褪色的为(D),其余用硝酸银的醇溶液鉴别,较快或温热后产生黄色沉淀的为(B),加热后产生白色沉淀的为(A),剩下的为(C)。

(5) 首先用 Br_2/CCl_4 鉴别将这些化合物分为两组,使溴褪色者为(A)和(B),不反应者为(C)、(D)和(E)。然后两组分别用硝酸银的醇溶液鉴别,前一组中立刻生成沉淀者为(B),不反应者为(A);后一组中立刻产生沉淀者为(C),几分钟后产生沉淀者为(E),不反应者为(D)。

(十) 完成下列转变(其他有机、无机试剂可任选):

(1) $CH_3\underset{\underset{\displaystyle Br}{|}}{C}HCH_3 \longrightarrow \underset{\underset{\displaystyle Cl}{|}}{CH_2}-\underset{\underset{\displaystyle Cl}{|}}{CH}-\underset{\underset{\displaystyle Cl}{|}}{CH_2}$

(2) $CH_3-C_6H_5 \longrightarrow H_3C-C_6H_4-\underset{\underset{\displaystyle CH_3}{|}}{C}=CH_2$ (对位)

(3) $CH_2=CHCH_3 \longrightarrow$ 环己基$-CH_2CH=CH_2$

(4) $HC\equiv CH \longrightarrow C_2H_5C\equiv C-CH=CH_2$

(5) $HC\equiv CH \longrightarrow$ 反-2,3-二乙基环氧乙烷(H、C_2H_5 分别处于环两侧,H_5C_2—C(H)—O—C(H)—C_2H_5 三元环)

(6) 亚甲基环己烷($C_6H_{10}=CH_2$) $\longrightarrow$ 1-氘-1-甲基环己烷(环上同一碳连 D 和 CH_3)

简答:(1) 反应物 $\xrightarrow[\text{醇},\triangle]{KOH}$ $\xrightarrow[500\ ℃]{Cl_2}$ $\xrightarrow[\text{加成}]{Cl_2}$ 产物

(2) 反应物 $\xrightarrow[Fe]{Br_2}$ $\xrightarrow{\left(CH_2=\overset{\overset{\displaystyle CH_3}{|}}{C}\right)_2CuLi}$ 产物

(3) 反应物 $\xrightarrow[h\nu]{Br_2}$ $\xrightarrow[\text{乙醚}]{\text{环己基}-MgBr}$ 产物

(4) 反应物 $\xrightarrow{\text{二聚}}$ $CH\equiv C-CH=CH_2$ $\xrightarrow{Na}$ $\xrightarrow{CH_3CH_2Br}$ 产物

(5) 反应物 $\xrightarrow[\triangle]{Na}$ $\xrightarrow{C_2H_5Br}$ $C_2H_5C\equiv CH$ $\xrightarrow[\text{②}\ C_2H_5Br]{\text{①}\ Na,\triangle}$ $C_2H_5C\equiv CC_2H_5$

$\xrightarrow[\text{液氨},-78\ ℃]{Na}$ $\overset{H}{\underset{H_5C_2}{}}\!\!>C=C<\!\!\overset{C_2H_5}{\underset{H}{}}$ $\xrightarrow{RCO_3H}$ 产物

(6) 反应物 $\xrightarrow{HCl}$ $\xrightarrow[\text{乙醚}]{Mg}$ $\xrightarrow{D_2O}$ 产物

(十一) 在下列各组化合物中,选择能满足各题具体要求者,并说明理由。

(1) 下列哪一种化合物与 KOH 醇溶液反应,可释放 F^-?

(A) 间氟苯基$-CH_2NO_2$(苯环上 CH_2NO_2 与 F 处于间位)　　(B) $O_2N-C_6H_3(CH_3)-F$(F 与 NO_2 对位,CH_3 在 F 的邻位)

(2) 下列哪一种化合物在乙醇水溶液中放置,能形成酸性溶液?

(A) $C_6H_5-C(CH_3)_2Br$ (B) $(CH_3)_2CH-C_6H_4-Br$(对位)

(3) 下列哪一种化合物与 KNH_2 在液氨中反应,能生成两种产物?

(A) 2-溴-1,4-二甲苯(1-Br,2,5-二甲基苯) (B) 4-溴-1,2-二甲苯 (C) 2-溴-1,3-二甲苯

答:(1) (B),对位硝基吸电子共轭效应影响使 F 原子活性增加。

(2) (A),苄基位的 Br 原子比较活泼。

(3) (B)。

$$(B)\xrightarrow{KNH_2} \text{3,4-二甲基苯炔} + \text{3,4-二甲基苯炔(两种亲核加成方向)} \xrightarrow{NH_3} \text{2,3-二甲基苯胺}(H_2N\text{-}C_6H_3(CH_3)_2) + \text{3,4-二甲基苯胺}(H_2N\text{-}C_6H_3(CH_3)_2)$$

(A) 反应只得到一种产物,(C) 不反应。

(十二) 由 2-溴丙烷制备下列化合物:

(1) 异丙醇 (2) 1,1,2,2-四溴丙烷 (3) 2-溴丙烯

(4) 己-2-炔 (5) 2-溴-2-碘丙烷

答:(1) $CH_3CHBrCH_3 \xrightarrow[\triangle]{KOH,醇} CH_3CH=CH_2 \xrightarrow[H_3PO_4]{H_2O} CH_3CH(OH)CH_3$

(2) 反应物 $\xrightarrow[\text{[见(1)]}]{} CH_3CH=CH_2 \xrightarrow{Br_2} CH_3CHBrCH_2Br$

$\xrightarrow[\triangle]{KOH,醇} CH_3C\equiv CH \xrightarrow{2\ Br_2} CH_3CBr_2CHBr_2$

(3) 反应物 $\xrightarrow[\text{[见(2)]}]{} CH_3C\equiv CH \xrightarrow{HBr} CH_3CBr=CH_2$

(4) 反应物 $\xrightarrow[\text{[见(2)]}]{} CH_3C\equiv CH \xrightarrow[②\ CH_3CH_2CH_2Br]{①\ Na,\triangle} CH_3C\equiv CCH_2CH_2CH_3$

(5) 反应物 $\xrightarrow[\text{[见(2)]}]{} CH_3C\equiv CH \xrightarrow{HBr} \xrightarrow{HI} CH_3CIBrCH_3$

(十三) 由指定原料合成(其他试剂任选):

（1）由丙烯 ⟶ 环丙烷　　（2）由丙烯 ⟶ 2,3-二甲基丁烷

（3）由溴乙烷 ⟶ 丁-1-烯

（4）由萘 ⟶ 2,2′-二乙基-1,1′-联萘(有无手性?)

简答：（1）$CH_3CH{=}CH_2 \xrightarrow{NBS} CH_2(Br)CH{=}CH_2 \xrightarrow[ROOR]{HBr} BrCH_2CH_2CH_2Br \xrightarrow{Zn}$ 环丙烷

（2）$CH_3CH{=}CH_2 \xrightarrow{HBr} CH_3CH(Br)CH_3 \xrightarrow{Li} \xrightarrow{CuI} [(CH_3)_2CH]_2CuLi$

$\xrightarrow{(CH_3)_2CHBr} (CH_3)_2CHCH(CH_3)_2$

（3）$CH_3CH_2Br \xrightarrow[\triangle]{KOH,醇} CH_2{=}CH_2 \xrightarrow{Br_2} BrCH_2CH_2Br \xrightarrow[\triangle]{KOH,醇} CH{\equiv}CH \xrightarrow[② C_2H_5Br]{① Na,\triangle}$

$C_2H_5C{\equiv}CH \xrightarrow[喹啉-硫]{H_2,Pd-BaSO_4} C_2H_5CH{=}CH_2$

（4）萘 $\xrightarrow[AlCl_3,硝基苯]{CH_3COCl} \xrightarrow[HCl]{Zn-Hg} \xrightarrow[Fe]{Br_2}$ 1-溴-2-乙基萘（Br、C_2H_5）

$\xrightarrow[Ullmann 反应]{Cu,\triangle}$ 2,2′-二乙基-1,1′-联萘（H_5C_2、C_2H_5）

此产物是手性分子，因为两个乙基阻碍了连接两个萘环的 σ 键的自由旋转。

（十四）由苯和/或甲苯为原料合成下列化合物(其他试剂任选)：

（1）邻硝基苯基苄基醚（$C_6H_4(NO_2)$—O—CH_2—C_6H_5）　　（2）Cl—C_6H_4—C(=O)—C_6H_4—Br

（3）CH_2CN、NO_2、Br 取代的苯环（4-溴-2-硝基苯乙腈）　　（4）H、H；C=C；PhH_2C、CH_2Ph（顺式）

习题(十四)(4)

答：（1）苯 $\xrightarrow[Fe]{Cl_2} \xrightarrow[H_2SO_4]{HNO_3}$ 邻硝基氯苯（Cl、NO_2）$\xrightarrow[H_2O]{NaOH}$ 邻硝基苯酚钠（ONa、NO_2）(A)

$C_6H_5CH_3 \xrightarrow[h\nu]{Cl_2} C_6H_5CH_2Cl \xrightarrow{(A)}$ 产物

（2）甲苯（CH_3）$\xrightarrow[Fe]{Br_2}$ 对溴甲苯（CH_3、Br）$\xrightarrow[②H^+]{① KMnO_4}$ 对溴苯甲酸（COOH、Br）$\xrightarrow{SOCl_2}$ 对溴苯甲酰氯（COCl、Br）(B)

$$\text{C}_6\text{H}_6 \xrightarrow[\text{Fe}]{\text{Cl}_2} \text{Cl—C}_6\text{H}_5 \xrightarrow[\text{AlCl}_3]{\text{(B)}} \text{产物}$$

(3) $$\text{C}_6\text{H}_5\text{CH}_3 \xrightarrow[\text{Fe}]{\text{Br}_2} \xrightarrow[\text{H}_2\text{SO}_4]{\text{HNO}_3} \text{2-硝基-4-溴甲苯} \xrightarrow[h\nu]{\text{Cl}_2} \xrightarrow{\text{NaCN}} \text{产物}$$

(4) $$\text{C}_6\text{H}_5\text{—CH}_3 \xrightarrow[h\nu]{\text{Cl}_2} \text{C}_6\text{H}_5\text{—CH}_2\text{Cl}\ (\text{PhCH}_2\text{Cl})$$

$$\text{HC}\equiv\text{CH} \xrightarrow[\text{② PhCH}_2\text{Cl}]{\text{① NaNH}_2\text{，液氨，}-33\ ^\circ\text{C}} \xrightarrow[\text{② PhCH}_2\text{Cl}]{\text{① NaNH}_2\text{，液氨，}-33\ ^\circ\text{C}} \text{PhCH}_2\text{C}\equiv\text{CCH}_2\text{Ph} \xrightarrow[\text{Lindlar 催化剂}]{\text{H}_2} \text{产物}$$

（十五）2,6-二硝基-*N*,*N*-二丙基-4-三氟甲基苯胺(又称氟乐灵，trifluralin B)是一种低毒除草剂，适用于豆田除草，是用于莠草长出之前的除草剂，即在莠草长出之前喷洒，待莠草种子发芽穿过土层过程中被其吸收。试由1-氯-4-三氟甲基苯合成之(其他试剂任选)。氟乐灵的构造式如下：

$$\text{F}_3\text{C—C}_6\text{H}_2(\text{NO}_2)_2\text{—N(CH}_2\text{CH}_2\text{CH}_3)_2$$

答：$$\text{F}_3\text{C—C}_6\text{H}_4\text{—Cl} \xrightarrow[\text{H}_2\text{SO}_4]{\text{HNO}_3} \text{F}_3\text{C—C}_6\text{H}_2(\text{NO}_2)_2\text{—Cl} \xrightarrow[\triangle]{(\text{CH}_3\text{CH}_2\text{CH}_2)_2\text{NH}} \text{产物}$$

（十六）1,2-二(五溴苯基)乙烷(又称十溴二苯乙烷)是一种新型溴系列阻燃剂，其性能与十溴二苯醚相似，但其阻燃性、耐热性和稳定性好。与十溴二苯醚不同，十溴二苯乙烷高温分解时不产生二噁英致癌物及毒性物质，现被广泛用来代替十溴二苯醚，在树脂、塑料、合成橡胶和合成纤维等中用作阻燃剂。试由苯和乙烯为原料(无机原料任选)合成之。

答：$$\text{CH}_2\text{=CH}_2 \xrightarrow{\text{Cl}_2} \text{ClCH}_2\text{CH}_2\text{Cl} \xrightarrow[\text{AlCl}_3]{\text{C}_6\text{H}_6} \text{C}_6\text{H}_5\text{—CH}_2\text{CH}_2\text{—C}_6\text{H}_5$$

$$\xrightarrow[\text{Fe},\triangle]{\text{Br}_2} \text{C}_6\text{Br}_5\text{—CH}_2\text{CH}_2\text{—C}_6\text{Br}_5$$

（十七）回答下列问题：

(1) CH_3Br 和 C_2H_5Br 分别在含水乙醇溶液中进行碱性水解和醇解时，若增加水的含量则反应速率明显下降，而$(CH_3)_3CCl$ 在乙醇溶液中进行醇解时，如含水量增加，则反应速率明显上升。为什么？

(2) 无论实验条件如何，新戊基卤[$(CH_3)_3CCH_2X$]的亲核取代反应速率都慢。为什么？

(3) 1-氯丁-2-烯(Ⅰ)和3-氯丁-1-烯(Ⅱ)分别与浓的乙醇钠/乙醇溶液反应，(Ⅰ)只生成(Ⅲ)，(Ⅱ)只生成(Ⅳ)，但分别在乙醇溶液中加热，则无论(Ⅰ)还是(Ⅱ)均得到(Ⅲ)和(Ⅳ)的混合物，为什么？

$$\underset{(\text{Ⅰ})}{CH_3CH{=}CHCH_2Cl} \xrightarrow[C_2H_5OH]{C_2H_5ONa} \underset{(\text{Ⅲ})}{CH_3CH{=}CHCH_2{-}OC_2H_5}$$

$$\underset{(\text{Ⅱ})}{CH_3\underset{\displaystyle Cl}{\underset{|}{C}}HCH{=}CH_2} \xrightarrow[C_2H_5OH]{C_2H_5ONa} \underset{(\text{Ⅳ})}{CH_3\underset{\displaystyle OC_2H_5}{\underset{|}{C}}HCH{=}CH_2}$$

(4) 在含少量水的甲酸(HCOOH)中对几种烯丙基氯进行溶剂解时，测得如下相对反应速率：

$CH_2{=}CHCH_2Cl$	$CH_2{=}CHCH(CH_3)Cl$	$CH_2{=}C(CH_3)CH_2Cl$	$CH_3CH{=}CHCH_2Cl$
(Ⅰ)	(Ⅱ)	(Ⅲ)	(Ⅳ)
1.0	5 670	0.5	3 550

试解释以下事实：(Ⅲ)中的甲基实际上起着轻微的钝化作用，(Ⅱ)和(Ⅳ)中的甲基则起着强烈的活化作用。

(5) 将下列亲核试剂按其在 S_N2 反应中的亲核性由大到小排列，并简述理由。

$O_2N{-}C_6H_4{-}O^-$（对位）　　$CH_3CH_2{-}O^-$　　$C_6H_5{-}O^-$

(6) 1-氯丁烷与 NaOH 作用生成丁-1-醇的反应，往往加入少量的 KI 作催化剂。试解释 KI 的催化作用。

(7) 仲卤代烷水解时，可按 S_N1 和 S_N2 两种机理进行，欲使反应按 S_N1 机理进行，可采取什么措施？

(8) 顺-和反-1-叔丁基-4-氯环己烷分别与热的 NaOH 乙醇溶液反应(E2 机理)，哪一个较快？

(9) 下述两个反应均按 E2 机理进行，但生成 Saytzeff 烯烃的比例却不同，试解释之。

习题(十七)(9)

$$CH_3CH_2\underset{\displaystyle Br}{\underset{|}{C}}HCH_3 \xrightarrow{C_2H_5O^-} \underset{81\%}{CH_3CH{=}CHCH_3} + \underset{19\%}{CH_3CH_2CH{=}CH_2}$$

$$(CH_3)_3CCH_2\underset{\displaystyle Br}{\underset{|}{C}}(CH_3)_2 \xrightarrow{(CH_3)_3CO^-} \underset{2\%}{(CH_3)_3CCH{=}C(CH_3)_2} + \underset{98\%}{(CH_3)_3CCH_2\overset{\displaystyle CH_3}{\overset{|}{C}}{=}CH_2}$$

(10) 间溴苯甲醚和邻溴苯甲醚分别在液氨中用 $NaNH_2$ 处理，均得到同一产物——间甲氧基苯胺，为什么？

答：(1) CH_3Br 和 C_2H_5Br 按 S_N2 机理进行反应，溶剂极性增加使亲核试剂溶剂化程度增大，不利于反应进行；而 $(CH_3)_3CCl$ 按 S_N1 机理进行反应，溶剂极性越强越有利于碳正离子中间体的稳定，故反应更容易进行。

(2) 新戊基卤为伯卤代烷，较难进行 S_N1 反应；若按 S_N2 机理，由于空间效应较大，亦难进行反应。

(3) 在浓的乙醇钠/乙醇溶液中反应按 S_N2 机理进行，故(Ⅰ)只生成(Ⅲ)，(Ⅱ)只生成(Ⅳ)；而在乙醇溶液中加热反应则按 S_N1 机理进行，生成烯丙型碳正离子中间体，(Ⅰ)和(Ⅱ)生成的碳正离子是相同的，$[CH_3CH{=}CH\overset{+}{C}H_2 \longleftrightarrow CH_3\overset{+}{C}HCH{=}CH_2]$，C1 和 C3 均可被亲核试剂进攻，故得到两种产物。

(4) 在强极性甲酸中的溶剂解反应按 S_N1 机理进行，中间体碳正离子越稳定，反应速率越大。(Ⅰ)和(Ⅲ)生成的碳正离子中，正电荷只能离域到伯碳原子上，稳定性较差；而(Ⅲ)的甲基稍微不利于相应正离子的溶剂化，因而溶剂解反应速率比(Ⅰ)稍低。在(Ⅱ)和(Ⅳ)生成的碳正离子中，正电荷能离域到仲碳原子上，稳定性较高，尤其是(Ⅱ)，甲基的空间效应有利于氯负离子的离去，故其活性最高。

(5) $CH_3CH_2—O^- >$ $C_6H_5—O^-$ $>$ $O_2N—C_6H_4—O^-$

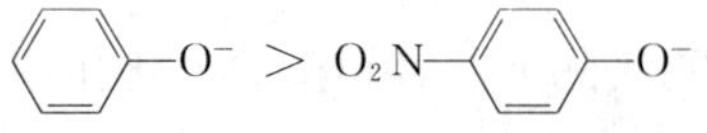

在空间位阻不明显的情况下，试剂碱性越强则亲核性越强。

(6) I^- 的亲核性强，易取代 Cl^- 形成 1-碘丁烷；同时 I^- 又是一个比 Cl^- 更好的离去基团，故更容易被 ^-OH 取代。

(7) 增加溶剂的极性，避免加入强亲核试剂。

(8) 二者的稳定构象式如下所示，按 E2 机理消除，顺式异构体因有反式共平面 H 而易消除，而反式异构体消除则需转化成氯和叔丁基都在直立键的不稳定构象，故顺式异构体消除反应快。

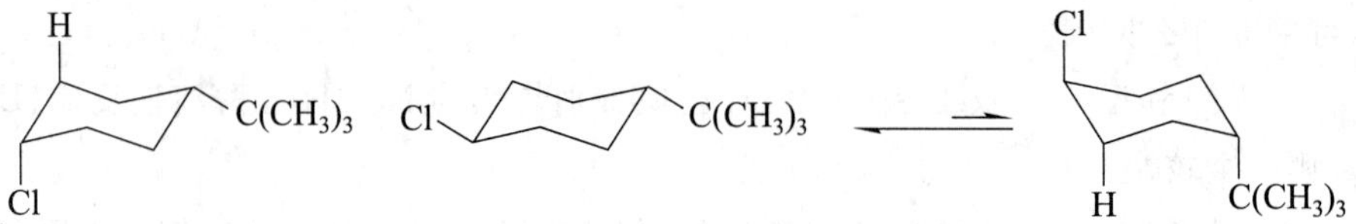

H　C(CH₃)₃　Cl　　Cl　C(CH₃)₃　⇌　Cl　H　C(CH₃)₃

顺-1-叔丁基-4-氯环己烷　　　反-1-叔丁基-4-氯环己烷

(9) 第一个反应按 Saytzeff 规则消除，主要得到取代较多、较稳定的烯烃；第二个反应按 E2 机理进行消除时，由于 β-H 的空间位阻较大，不利于碱的进攻，而 β'-H 的空间位阻小且个数较多，故主要得到 α-烯烃。而且，第二个反应的第一个产物叔丁基和甲基在双键同侧，因为空间效应，其热力学稳定性也不如第二个产物。

$$(CH_3)_3C\overset{\beta}{C}H_2C(\overset{\beta'}{C}H_3)_2 \quad (\text{C—Br})$$

（10）由于在按苯炔机理进行的反应中，甲氧基为吸电子取代基（仅有诱导效应），故负电荷在其邻位更稳定，因此二者生成相同的苯炔中间体：

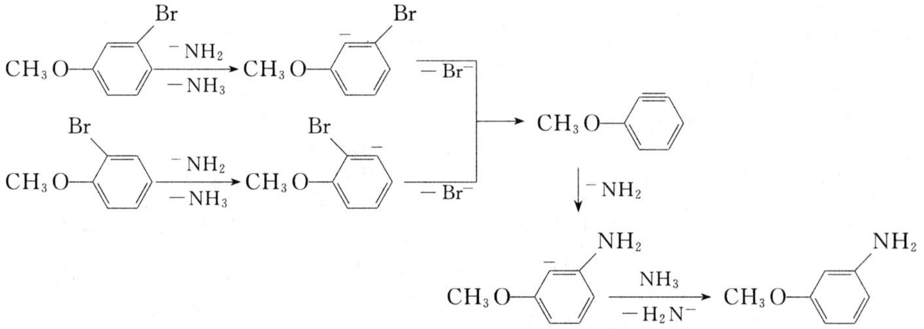

同样由于甲氧基的吸电子作用，负电荷在其邻位更稳定，最终只得到间甲氧基苯胺。

（十八）某化合物分子式为 C_5H_{12}（A），（A）在其同分异构体中熔点和沸点差距最小，（A）的一溴代物只有一种（B）。（B）进行 S_N1 或 S_N2 反应都很慢，但在 Ag^+ 的作用下，可以生成 Saytzeff 烯烃（C）。写出化合物（A）、（B）和（C）的构造式。

答：（A）$C(CH_3)_4$　（B）$(CH_3)_3CCH_2Br$　（C）$(CH_3)_2C{=}CHCH_3$

（十九）化合物（A）的分子式为 $C_7H_{11}Br$，与 Br_2-CCl_4 溶液作用生成一种三溴化合物（B）。（A）很容易与稀碱溶液作用，生成两种同分异构的醇（C）和（D）。（A）与 KOH 的乙醇溶液加热，生成一种共轭二烯烃（E）。（E）经臭氧化-还原分解生成丁二醛（$OHCCH_2CH_2CHO$）和 2-氧亚基丙醛（CH_3COCHO）。试推测（A）～（E）的构造式。

答：

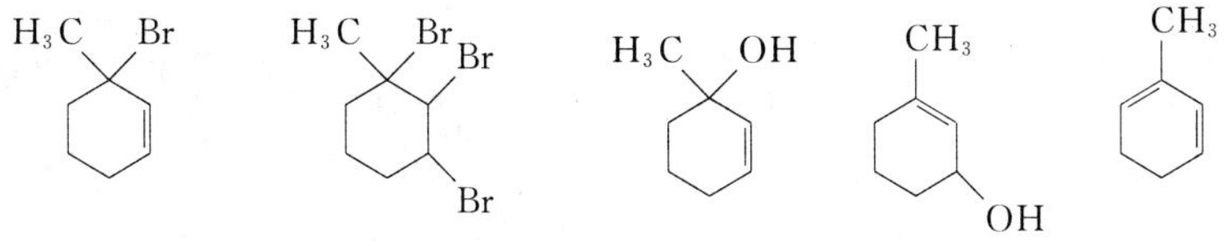

（A）　（B）　（C）和（D）　（E）

（二十）某化合物 $C_9H_{11}Br$（A）经硝化反应生成的一硝化产物 $C_9H_{10}BrNO_2$ 只有两种异构体（B）和（C）。（B）和（C）中的溴原子很活泼，易与稀碱溶液作用，分别生成分子式为 $C_9H_{11}NO_3$ 的互为异构体的醇（D）和（E）。（B）和（C）也容易与 NaOH 的醇溶液作用，分别生成分子式为 $C_9H_9NO_2$ 的互为异构体的（F）和（G）。（F）和（G）均能使 $KMnO_4$ 水溶液或溴水褪色，氧化后均生成分子式为 $C_8H_5NO_6$ 的化合物（H）。试写出（A）～（H）的构造式。

答：

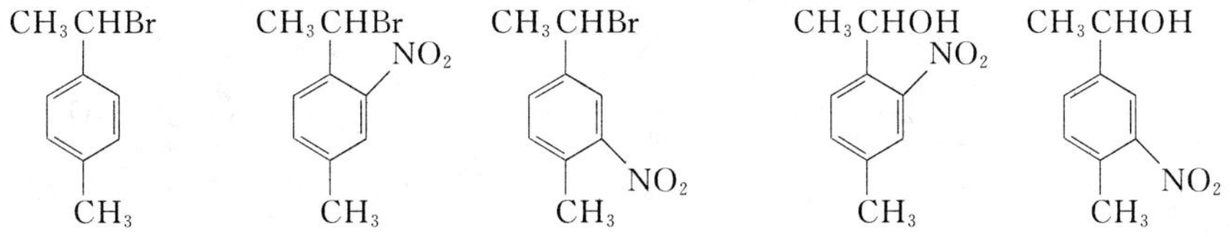

（A）　（B）和（C）　（D）和（E）

$CH_2{=}CH$ NO_2 CH_3 $CH_2{=}CH$ NO_2 CH_3 COOH NO_2 COOH

(F)和(G) (H)

习题(二十一)

(二十一)写出下列反应的机理:

$\triangleright$—CH(Cl)CH_3 $\xrightarrow[H_2O]{Ag^+}$ $\triangleright$—CH(OH)CH_3 + 2-甲基环丁醇(OH, CH_3) + $CH_3CH{=}CHCH_2CH_2OH$

答:$\triangleright$—CH(Cl)CH_3 $\xrightarrow[-AgCl\downarrow]{Ag^+}$ $\triangleright$—$\overset{+}{C}HCH_3$(①,②) $\xrightarrow[-H^+]{H_2O}$ $\triangleright$—CH(OH)CH_3

重排① → 2-甲基环丁基正离子(CH_3) $\xrightarrow[-H^+]{H_2O}$ 2-甲基环丁醇(OH, CH_3)

重排② → $\overset{+}{C}H_2CH_2CH{=}CHCH_3$ $\xrightarrow[-H^+]{H_2O}$ $CH_2(OH)CH_2CH{=}CHCH_3$

(二十二)将对氯甲苯和 NaOH 水溶液加热到 340 ℃,生成几乎等物质的量的对甲苯酚和间甲苯酚。试写出其反应机理。

答:H_3C—C_6H_4—Cl $\xrightarrow[-H_2O]{HO^-}$ H_3C—$C_6H_3^-$—Cl $\xrightarrow{-Cl^-}$ H_3C—苯炔(①,②) $\xrightarrow{^-OH}$

① → H_3C—$C_6H_3^-$—OH $\xrightarrow[-HO^-]{H_2O}$ H_3C—C_6H_4—OH

② → H_3C—$C_6H_3^-$(OH) $\xrightarrow[-HO^-]{H_2O}$ H_3C—C_6H_4—OH(间位)

(二十三)4-硝基苯基-2,4,6-三氯苯基醚又称草枯醚,是一种毒性很低的除草剂,用于防治水稻田中稗草等一年生杂草,也可防除油菜、白菜地中的禾本科杂草。试选用合适的原料合成之。

答:2,4,6-三氯苯酚(Cl, Cl, Cl, OH) $\xrightarrow[NaOH]{Cl—C_6H_4—NO_2}$ Cl—$C_6H_2Cl_2$—O—C_6H_4—NO_2

7.5 小　　结

7.5.1 卤代烃的化学性质

（1）卤代烷

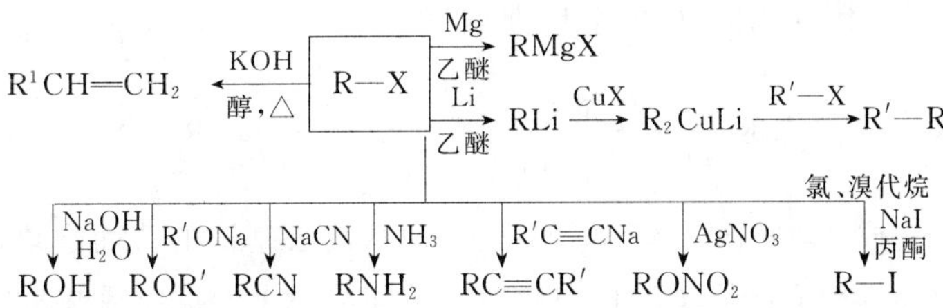

伯卤代烷与 KOH 的伯醇溶液主要发生取代反应；仲、叔卤代烷在强碱（如醇钠、炔钠等）作用下易发生消除反应。

（2）乙烯型和苯基型卤代烃

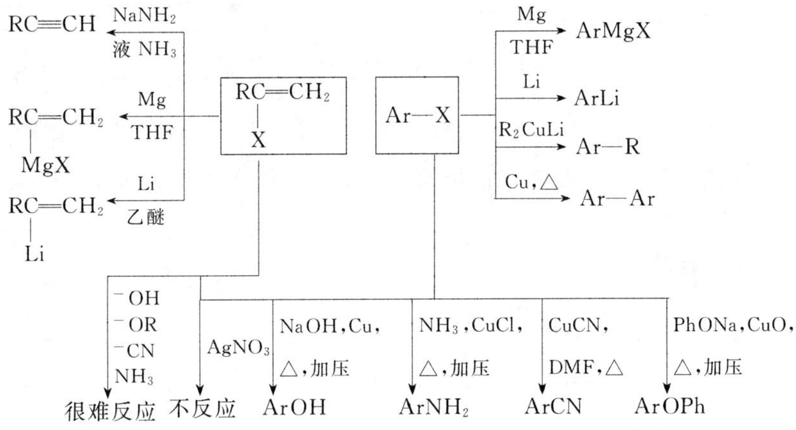

（3）烯丙型和苄基型卤代烃

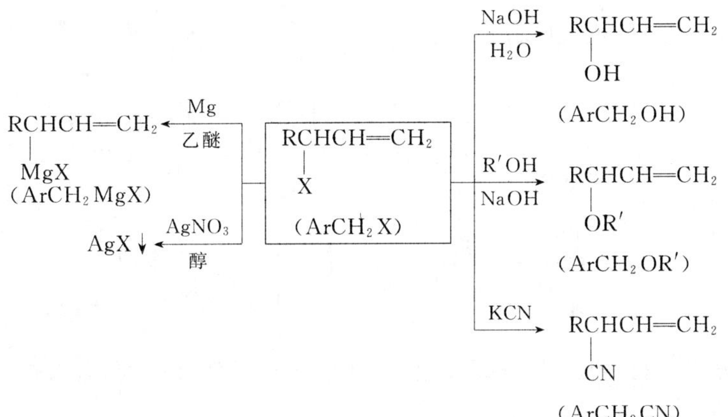

烯丙型卤代烃的亲核取代反应有时会生成重排产物。

上述几类卤代烃在进行亲核取代反应时的活性顺序一般为烯丙型和苄基型卤代烃＞卤代烷＞乙烯型和苯基型卤代烃。

7.5.2 反应机理

(1) 亲核取代反应机理

(a) 双分子亲核取代反应(S_N2)机理：

$$Nu^- + R—X \longrightarrow \left[\overset{\delta^-}{Nu}\cdots C \cdots \overset{\delta^-}{X} \right]^{\neq} \longrightarrow Nu—R + X^-$$

反应一步完成，是一个二级反应，亲核试剂从离去基团的背面进攻，其立体化学特征是发生反应的中心碳原子的构型反转。不同卤原子的反应活性次序是 I＞Br＞Cl＞F。

(b) 单分子亲核取代反应(S_N1)机理：

$$R—X \xrightarrow{慢} \left[\overset{\delta^+}{R}\cdots \overset{\delta^-}{X} \right]^{\neq} \longrightarrow R^+ + X^-$$

$$R^+ + Nu^- \xrightarrow{快} \left[\overset{\delta^+}{R}\cdots \overset{\delta^-}{Nu} \right]^{\neq} \longrightarrow R—Nu$$

反应分步进行，是一个一级反应，生成碳正离子活性中间体，其立体化学特征是部分或完全外消旋化，可能伴随有重排反应。不同卤原子的反应活性次序同上。

(2) 消除反应机理

(a) 双分子消除反应(E2)机理：

$$B^- + H—\underset{|}{\overset{|}{C}}—\underset{X}{\overset{|}{C}}— \longrightarrow \left[\overset{\delta^-}{B}\cdots H\cdots C \overset{\cdots}{=} C \cdots X^{\delta^-} \right]^{\neq} \longrightarrow \rangle C=C\langle + BH + X^-$$

反应一步进行，是一个二级反应，一般按反式共平面方式消除。

(b) 单分子消除反应(E1)机理：

$$—\underset{H}{\overset{|}{C}}—\underset{X}{\overset{|}{C}}— \xrightarrow{慢} \left[—\underset{H}{\overset{|}{C}}—\overset{|}{C}^{\delta^+}\cdots X^{\delta^-} \right]^{\neq} \xrightarrow{-X^-} —\underset{H}{\overset{|}{C}}—\overset{|}{\underset{+}{C}}—$$

$$B^- + —\underset{H}{\overset{|}{C}}—\overset{|}{\underset{+}{C}}— \xrightarrow{快} \left[\overset{\delta^-}{B}\cdots H\cdots C \overset{\cdots}{=} C^{\delta^+} \right]^{\neq} \xrightarrow{-BH} \rangle C=C\langle$$

反应分步进行，是一个一级反应，生成碳正离子活性中间体，可能伴随有重排反应。

(3) 影响亲核取代反应和消除反应的因素

卤代烷和亲核试剂(碱)的反应究竟按何种反应机理进行,取决于烷基的结构、亲核试剂的亲核性和碱性、离去基团的离去能力、溶剂的极性和反应温度等诸多因素。其中烷基的结构和亲核试剂的亲核性及碱性对反应机理影响较大,可简单归纳如下:

卤代甲烷:按 S_N2 机理进行反应。

伯卤代烷:主要按 S_N2 机理进行反应;若亲核试剂(碱)的位阻较大[如 $(CH_3)_3CO^-$],则发生 E2 反应;若 β-碳原子上支链较多[如 $(CH_3)_3CCH_2Br$],则按单分子机理反应。

仲卤代烷:与强亲核性、弱碱性试剂(如 I^-、^-CN 等)作用倾向于按 S_N2 机理进行反应;与强碱(如 RO^- 等)作用倾向于按 E2 机理进行反应。

叔卤代烷:强碱作用下倾向于发生 E2 反应;溶剂(如 H_2O,ROH 等)解条件下可按 S_N1 和 E1 机理进行反应,低温有利于 S_N1 反应,高温有利于 E1 反应。

另外,一般好的离去基团倾向于按单分子反应进行;而不好的离去基团倾向于按双分子反应进行。极性质子溶剂更有利于单分子反应;极性非质子溶剂更有利于 S_N2 反应;溶剂极性增加更有利于取代反应。升高反应温度通常更有利于消除反应。

(4) 苯基型卤代烃亲核取代反应机理

(a) 加成-消除机理:

$$p\text{-}XC_6H_4NO_2 + Nu^- \xrightarrow[\text{慢}]{\text{加成}} [\text{X, Nu 加成的 }\sigma\text{ 络合物负离子}, NO_2] \xrightarrow[\text{快}]{\text{消除}} p\text{-}NuC_6H_4NO_2 + X^-$$

反应分两步进行,是一个二级反应,不同卤原子的反应活性次序是 $F \gg Cl \approx Br > I$,与卤代烷的亲核取代反应不同。

(b) 消除-加成机理(苯炔机理):

$$\text{(I)} \xrightarrow[-NH_3]{^-NH_2} \text{(II)} \xrightarrow{-Cl^-} \text{(III)苯炔} \xrightarrow{^-NH_2} \begin{cases} ① \ \text{(IV)} \xrightarrow[-^-NH_2]{NH_3} \text{(V)} \\ ② \ \text{(IV}'\text{)} \xrightarrow[-^-NH_2]{NH_3} \text{(V}'\text{)} \end{cases}$$

反应经苯炔活性中间体,亲核试剂不仅进入原来卤原子的位置,而且还进入其邻位。

第八章　有机化合物的波谱分析

8.1　本章重点和难点

8.1.1　重点

(1) 红外光谱(IR)　不同官能团的特征频率，主要是 Y—H(Y＝O、N、C)、C≡N、C≡C、C═O、N═O、C═C、C—F、C—O 和 C—N 等的伸缩振动，以及各种取代烯烃、取代芳烃 C—H 的面外弯曲振动吸收峰的形状和位置。

(2) 核磁共振谱(NMR)　不同类型质子的化学位移，一级谱中不同类型质子间相互耦合裂分的规律，^{1}H NMR 谱图的解析。

(3) 综合利用 IR 和 NMR 鉴定和推断有机化合物结构。

8.1.2　难点

自旋耦合与自旋裂分

特征吸收峰，烯烃和芳烃 sp^2 C—H 面外弯曲振动吸收峰的形状和位置，不同化学环境质子的化学位移，不同类型质子之间的耦合裂分规律，综合利用 IR 和 NMR 推断有机化合物结构。

8.2　例　　题

例一　已知化合物(A)的分子式为 C_5H_{10}，其 IR 和^{1}H NMR 谱图如下，试推断(A)的结构。

答： 从分子式可判断(A)为烯烃或环烷烃。其 IR 谱图在 3 087 cm^{-1} 处的 ═C—H 伸缩振动吸收峰和 1 651 cm^{-1}处的 C═C 伸缩振动吸收峰表明(A)为烯烃，887 cm^{-1}处的 ═C—H 面外弯曲振动吸收峰表明(A)为同碳二取代烯烃。结合其^{1}H NMR 谱图(δ 1.0，三重峰，3H；δ 1.7，单峰，3H；δ 2.0，四重峰，2H)说明分子中各有一个连接在烯键碳原子上的甲基和乙基。综合以上分析，(A)的结构应为 $CH_2{=}C(CH_3){-}CH_2CH_3$ 。

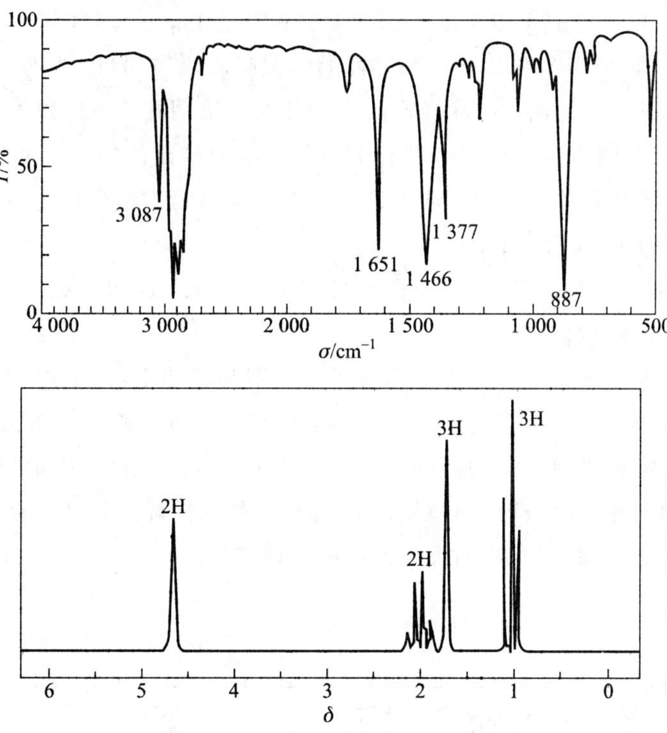

例二 某无色液体(B)的分子式为 $C_4H_{10}O$,其 IR 和 ^1H NMR 谱图如下,试推断(B)的结构。

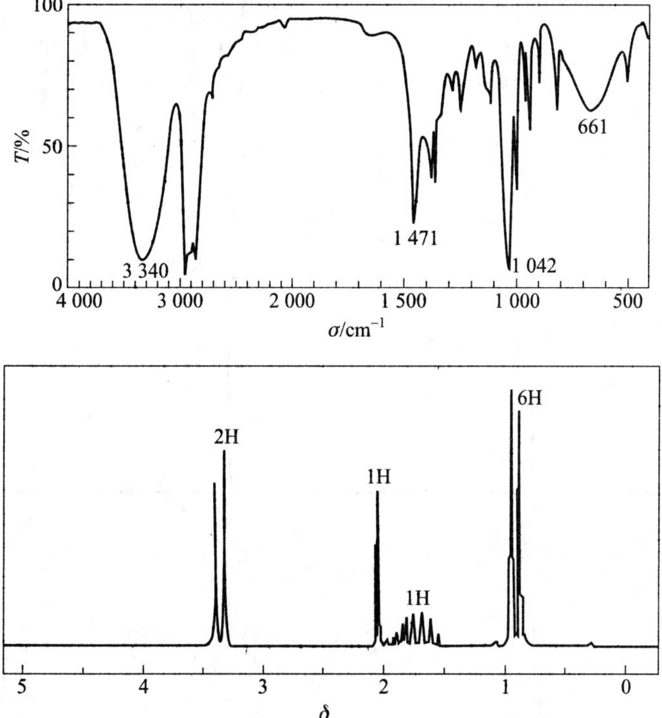

答：从(B)的分子式可以判断其为饱和开链化合物，分子中含有一个氧原子，应该为醇或醚。其 IR 谱图在 3 340 cm^{-1} 处的强宽吸收峰表明(B)为醇，在1 042 cm^{-1} 处的强吸收峰进一步说明(B)为伯醇。其^{1}H NMR 谱图在 $\delta=3.39$ 处有一组双峰，表明有一个和羟基相连的甲叉基，具有 $HOCH_2$ 结构单元；在 $\delta=0.92$ 处有双峰，表明有两个与甲爪基相连的甲基，即$(CH_3)_2CH$ 结构单元。综合以上分析，该化合物的结构为$(CH_3)_2CHCH_2OH$。

例三 某无色液体(C)的分子式为 C_4H_7Cl，其 IR、^{1}H NMR、^{13}C NMR 谱图如下，试推断(C)的结构。

答：^{1}H NMR 谱图显示分子中的质子可分别归属如下：两个连在 C=C 上、三个属于连在 C=C 上的甲基、两个属于连在 C=C 上与氯相连的甲叉基。^{13}C NMR 谱图表明分子中有四种不同的碳原子。由上推知(C)是一种卤代烯烃。IR 谱图中 905 cm^{-1} 处的面外弯曲振动吸收峰表明(C)是一种末端烯烃。从而推知(C)的结构为 $CH_2{=}C(CH_3){-}CH_2Cl$，最后再次对照各谱图确认该结构。

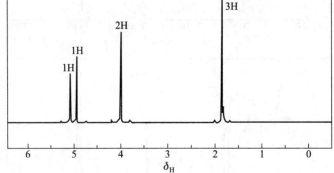

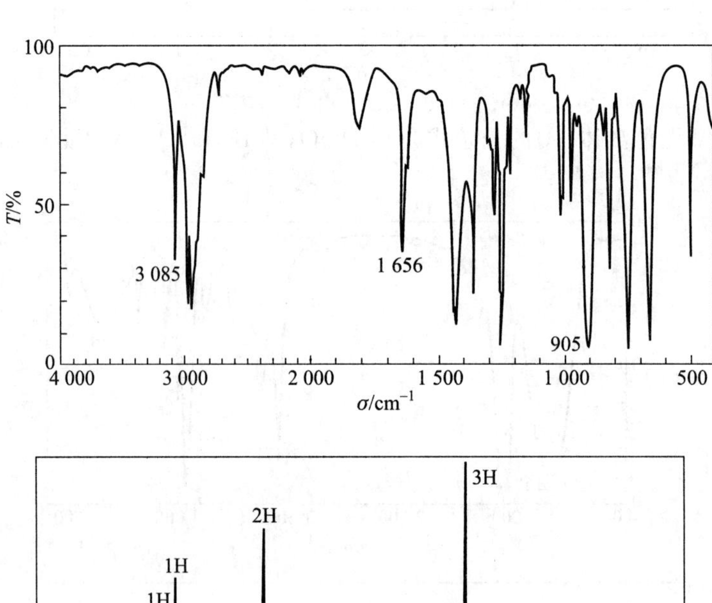

3H
2H
1H
1H
6 5 4 3 2 1 0
δ_H

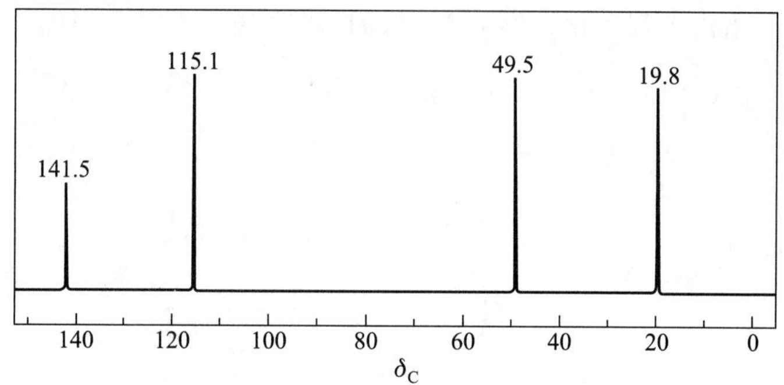

8.3 练习和参考答案

练习 8.1 醇分子中游离 O—H 键(见主教材 9.4)的伸缩振动吸收峰出现在约 3 600 cm^{-1}处,已知将 O—H 中的 H 换为 D 后,键的力常数 k 变化很小,试估算游离 O—D 键的伸缩振动吸收频率。

答: 根据振动频率公式:$\nu=\frac{1}{2\pi}\sqrt{k\left(\frac{1}{m_1}+\frac{1}{m_2}\right)}$,及 k_{O-H}与 k_{O-D}近似相等,得

$$\frac{\nu_{O-H}}{\nu_{O-D}}=\frac{\frac{1}{2\pi}\sqrt{k_{O-H}\left(\frac{1}{m_O}+\frac{1}{m_H}\right)}}{\frac{1}{2\pi}\sqrt{k_{O-D}\left(\frac{1}{m_O}+\frac{1}{m_D}\right)}}=\frac{\frac{1}{2\pi}\sqrt{k_{O-H}\left(\frac{1}{15.99}+\frac{1}{1.008}\right)}}{\frac{1}{2\pi}\sqrt{k_{O-D}\left(\frac{1}{15.99}+\frac{1}{2.014}\right)}}=1.373$$

由 $\nu_{O-H}\approx 3\,600\ cm^{-1}$,估算游离 O—D 键的伸缩振动吸收频率约为 2 622 cm^{-1}。

练习 8.2 甲苯与$(CH_3CO)_2O$ 在 $AlCl_3$ 存在下进行反应,如何用 IR 判断此反应得到对位(而非邻位)取代产物?预测产物主要红外吸收峰的频率。请上互联网检索产物的 IR 标准谱图并验证你的答案。

答: 对甲基苯乙酮 Ar—H 的面外弯曲振动吸收峰在 840～800 cm^{-1},而邻甲基苯乙酮 Ar—H 的面外弯曲振动吸收峰在 770～730 cm^{-1}。预测产物的主要红外吸收峰在以下区域:3 100～3 000 cm^{-1} 有 Ar—H 的伸缩振动吸收峰,1 720～1 680 cm^{-1} 有 C═O 的伸缩振动吸收峰,1 590 cm^{-1} 附近有苯环的骨架振动吸收峰,840～800 cm^{-1}有 Ar—H 的面外弯曲振动吸收峰。

经检索,其 IR 标准谱图在 3 004 cm^{-1}、1 682 cm^{-1}、1 607 cm^{-1}、815 cm^{-1}处有吸收峰。

练习 8.3 在一台 300 MHz 的 NMR 仪器上,溴仿($CHBr_3$)的^1H NMR 信号出现在 2 065 Hz(以 TMS 为标准物),此质子的化学位移是多少?在一台 400 MHz 的 NMR 仪器上其化学位移和吸收频率又是多少?

答: 化学位移为(2 065－0)/300 ＝ 6.883。在 400 MHz 的 NMR 仪器上其化学

位移仍为 6.883，吸收频率为 2 753 Hz。

练习 8.4 指出下列各化合物中 H_a 和 H_b 两种质子中哪一种化学位移值较大？

(1) $FCH_2CH_2CH_2Cl$（H_a 为 FCH_2 上的质子，H_b 为 CH_2Cl 上的质子）

(2) $ClCH_2CH_2CHCl_2$（H_a 为 $ClCH_2$ 上的质子，H_b 为 $CHCl_2$ 上的质子）

(3) $CH_3CH_2CH_2CH_2OH$（H_a 为 CH_3CH_2 中 CH_2 上的质子，H_b 为 CH_2OH 上的质子）

(4) $CH_3OC(CH_3)_3$（H_a 为 CH_3O 上的质子，H_b 为 $C(CH_3)_3$ 上的质子）

(5) 顺式 $H_3C(H)C{=}CH_2$：H_a 为 H_3C 上的质子，H_b 为与 H_3C 处于顺位的末端烯氢

(6) C_6H_5—CH_2CH_3（H_a 为 CH_2 上的质子，H_b 为 CH_3 上的质子）

答：(1) H_a (2) H_b (3) H_b (4) H_a (5) H_b (6) H_a

练习 8.5 某化合物的分子式为 $C_{14}H_{14}$，其 IR 与 ^1H NMR 数据如下，试推断该化合物的结构，然后上互联网检索其 IR 和 ^1H NMR 的标准谱图并验证你的答案。

IR(仅列出了主要吸收峰，其中 m 表示中等强度吸收，s 表示强吸收)：3 058 cm^{-1}(m)，3 027 cm^{-1}(m)，2 919 cm^{-1}(m)，2 856 cm^{-1}(m)，1 600 cm^{-1}(m)，1 492 cm^{-1}(s)，1 460 cm^{-1}(s)，752 cm^{-1}(s)，699 cm^{-1}(s)；^1H NMR：δ 2.91(s，4H)，δ 6.99～7.42(m，10H)。

答：先从 IR 数据推断该烃类化合物的官能团。在 2 200～2 100 cm^{-1} 和 1 680～1 620 cm^{-1} 没有吸收峰，可排除不对称的炔烃和烯烃。3 058 cm^{-1} 和 3 027 cm^{-1} 处的吸收峰可能是 sp^2 C—H 的伸缩振动吸收峰，1 600 cm^{-1}、1 492 cm^{-1} 的吸收峰可能是苯环骨架振动吸收峰，752 cm^{-1} 和 699 cm^{-1} 两个强吸收峰很可能是单取代苯的 Ar—H 弯曲振动吸收峰，所以推测化合物中含单取代苯环。2 919 cm^{-1}、2 856 cm^{-1}、1 460 cm^{-1} 的吸收峰可能是 sp^3 C—H 的伸缩振动及弯曲振动吸收峰。

再根据 ^1H NMR 数据，化合物只有两种质子。δ 6.99～7.42 处的多重峰为苯环上的 10 个质子的峰，可断定化合物中有两个苯环。δ 2.91 处的单峰应该为苯环 α 位质子的峰，因此结合分子式、IR 和 ^1H NMR 数据可推断化合物的结构为 $PhCH_2CH_2Ph$。

经检索，乙-1,2-叉基二苯的 IR 和 ^1H NMR 标准谱图与本题数据一致。

8.4 习题和参考答案

(一) 用红外光谱鉴别下列各组化合物：

习题(一)
(1)(3)

(1) (A) $CH_3CH_2CH_2CH_3$ (B) $CH_3CH_2CH{=}CH_2$

(2) (A) 顺式 $H_3CH_2C(H)C{=}C(H)CH_2CH_3$ (B) 反式 $H_3CH_2C(H)C{=}C(H)CH_2CH_3$

(3) (A) $CH_3C{\equiv}CCH_3$ (B) $CH_3CH_2C{\equiv}CH$

(4) (A)  (B)

答：(1) (B)为双键单取代烯烃，═C—H 伸缩振动在 3 100～3 000 cm^{-1}有吸收峰；C═C 双键伸缩振动在 1 680～1 620 cm^{-1}有吸收峰；═C—H 面外弯曲振动在 995～985 cm^{-1}和 915～905 cm^{-1}两个区域有吸收峰。而(A)没有这些吸收峰。

(2) (A)是顺式二取代的烯烃，═C—H 面外弯曲振动吸收峰在 690 cm^{-1}附近。(B)是反式二取代的烯烃，═C—H 面外弯曲振动吸收峰在980～960 cm^{-1}。

(3) (B)为端位炔烃，在 3 320～3 310 cm^{-1}有 ≡C—H 的伸缩振动吸收峰，在 2 200～2 100 cm^{-1}有 C≡C 的伸缩振动吸收峰，在 660～630 cm^{-1}有 ≡C—H 的面外弯曲振动吸收峰。(A)为对称炔烃，没有上述吸收峰。

(4) (A)在 3 100～3 000 cm^{-1}有 sp^2 C—H 的伸缩振动吸收峰，在 1 600～1 500 cm^{-1}有苯环的骨架伸缩振动吸收峰，在 680 cm^{-1}附近有 Ar—H的弯曲振动吸收峰。(B)没有这些吸收峰。

(二) 指出下列红外光谱图中显示的官能团。

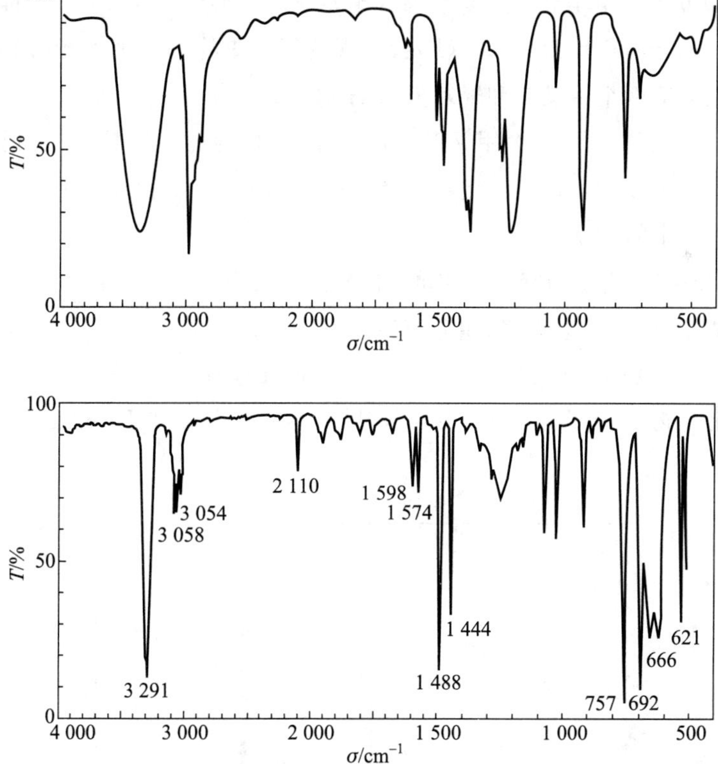

答：(1) 根据 3 600～3 200 cm^{-1}处强而宽的吸收峰可推测有羟基或羧基，可排除 N—H。在 1 725～1 700 cm^{-1}处没有强的 C═O 吸收峰，可排除羧基，因此化合物中有羟基。在 1 200 cm^{-1}附近有吸收峰，可推断官能团为叔醇的 —OH。

(2) 根据 3291 cm^{-1} 处强的 sp C—H 伸缩振动吸收峰，2110 cm^{-1} 处较弱的不对称炔烃 C≡C 伸缩振动吸收峰，666 cm^{-1} 和 621 cm^{-1} 处 ≡C—H 的弯曲振动吸收峰可判断化合物为端位炔烃，官能团为 C≡C—H；根据 3058 cm^{-1}、3054 cm^{-1} 处的 sp^2 C—H 伸缩振动吸收峰，1598 cm^{-1}、1574 cm^{-1}、1488 cm^{-1}、1444 cm^{-1} 处的苯环骨架振动吸收峰，以及 757 cm^{-1} 和 692 cm^{-1} 处两个强的单取代苯 Ar—H 弯曲振动吸收峰，可推测化合物中有单取代苯环。

(三) 用 ^1H NMR 谱图鉴别下列各组化合物：

(1) (A) $(CH_3)_2C{=}C(CH_3)_2$　　(B) $(CH_3CH_2)_2C{=}CH_2$

(2) (A) $ClCH_2OCH_3$　　(B) $ClCH_2CH_2OH$

(3) (A) $BrCH_2CH_2Br$　　(B) CH_3CHBr_2

(4) (A) $CH_3CCl_2CH_2Cl$　　(B) $CH_3CHClCHCl_2$

答：(1) (A)是一个对称分子，4 个甲基上的 H 原子完全等同，谱图出现一个单峰。(B)的谱图中出现三组峰，积分面积比为 3∶2∶1，分别对应甲基上的 6 个 H 原子、甲叉基的 4 个 H 原子和 $=CH_2$ 的 2 个 H 原子。

(2) (A)分子中甲基和甲叉基都没有相邻碳上的 H 原子，在谱图上都不裂分，出现两个单峰，积分面积比为 3∶2。(B)会出现两组三重峰和一个单峰，积分面积比为 2∶2∶1，分别对应两个甲叉基和羟基上的 H 原子。

(3) (A)为对称分子，2 个甲叉基上的 4 个 H 核为磁等同核，只出现一个单峰。(B) 谱图中则会出现两组峰：一组双重峰、一组四重峰，积分面积比为 3∶1，分别对应甲基和 $CHBr_2$ 中的 H 原子。

(4) 化合物(A)谱图中有两个单峰，积分面积比为 3∶2。化合物(B)谱图中有三组峰：两组双重峰、一组多重峰，积分面积比为 3∶1∶1。

此外，(1)～(4)中(A)和(B)几组峰的化学位移也有差异(略)。

习题(四)

(四) 化合物的分子式为 $C_4H_8Br_2$，其 ^1H NMR 谱图如下，试推断该化合物的结构。

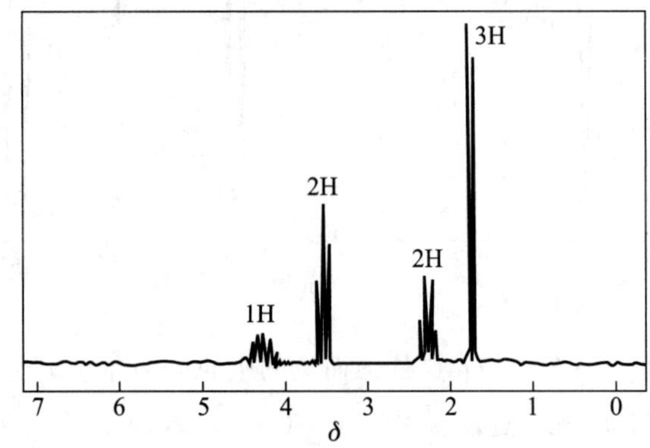

答：根据分子式为 $C_4H_8Br_2$，可写出以下 9 种构造式：

(1) $CHBr_2—CH_2—CH_2—CH_3$

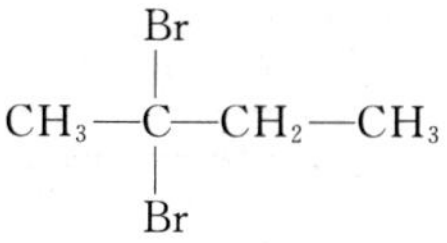

(2) $CH_3—CBr_2—CH_2—CH_3$

(3) $CH_2Br—CHBr—CH_2—CH_3$

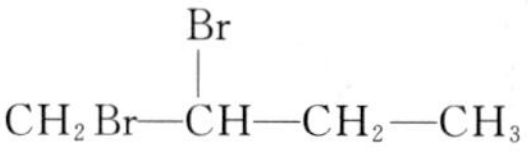

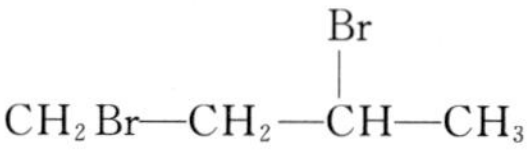

(4) $CH_2Br—CH_2—CHBr—CH_3$

(5) $CH_2Br—CH_2—CH_2—CH_2Br$

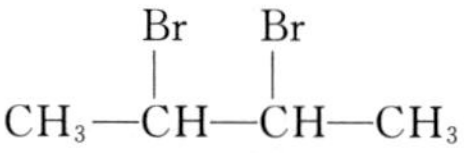

(6) $CH_3—CHBr—CHBr—CH_3$

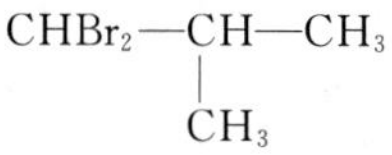

(7) $CHBr_2—CH(CH_3)—CH_3$

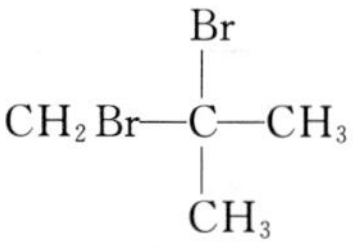

(8) $CH_2Br—CBr(CH_3)—CH_3$

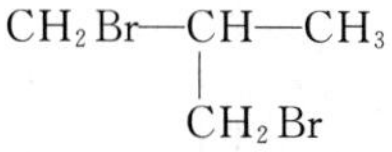

(9) $CH_2Br—CH(CH_2Br)—CH_3$

根据谱图中有四组峰，可排除化合物(2)、(7)、(9)（有三组峰）和(5)、(6)、(8)（有两组峰）。再根据 $\delta\approx1.8$ 的甲基 H 核的峰裂分为双峰，可以排除化合物(1)和(3)（二者甲基 H 均为三重峰），因此该化合物为化合物(4)（1，3－二溴丁烷）。最后核实其各组峰的化学位移、耦合裂分与积分面积比，均与所给谱图符合。

（五）下列化合物的[1]H NMR 谱图中都只有一个单峰，写出它们的结构。

(1) C_8H_{18}，$\delta=0.9$　　(2) C_5H_{10}，$\delta=1.5$

(3) C_8H_8，$\delta=5.8$　　(4) $C_{12}H_{18}$，$\delta=2.2$

(5) C_4H_9Br，$\delta=1.8$　　(6) $C_2H_4Cl_2$，$\delta=3.7$

(7) $C_2H_3Cl_3$，$\delta=2.7$　　(8) $C_5H_8Cl_4$，$\delta=3.7$

答：(1) $(CH_3)_3C—C(CH_3)_3$　　(2) 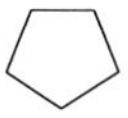 环戊烷

(3) 环辛四烯　　(4) 六甲基苯（苯环上六个 CH_3）

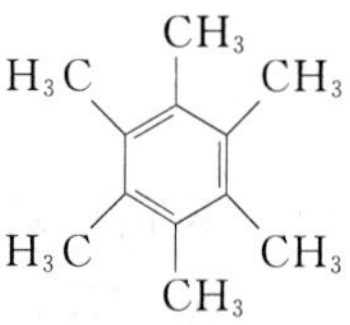

(5) $(CH_3)_3C—Br$　　(6) $ClCH_2CH_2Cl$

(7) CH_3CCl_3　　(8) $C(CH_2Cl)_4$

习题(六)

(六)某化合物的分子式为 $C_{12}H_{14}O_4$,其 IR 与 ^1H NMR,^{13}C NMR 谱图分别如下,试推断该化合物的结构。

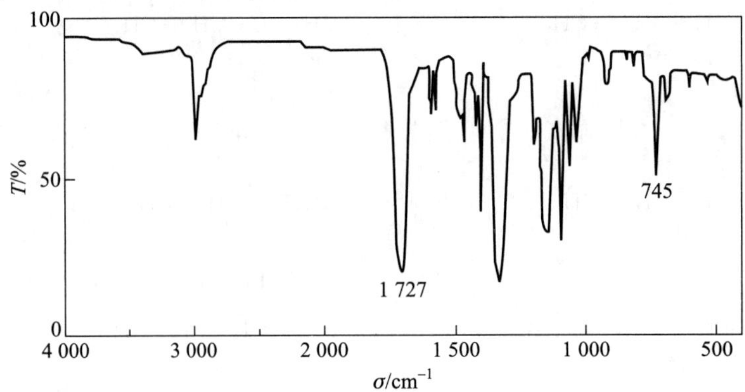

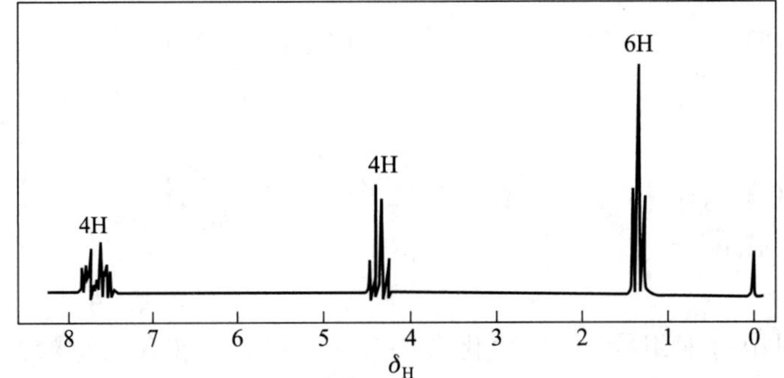

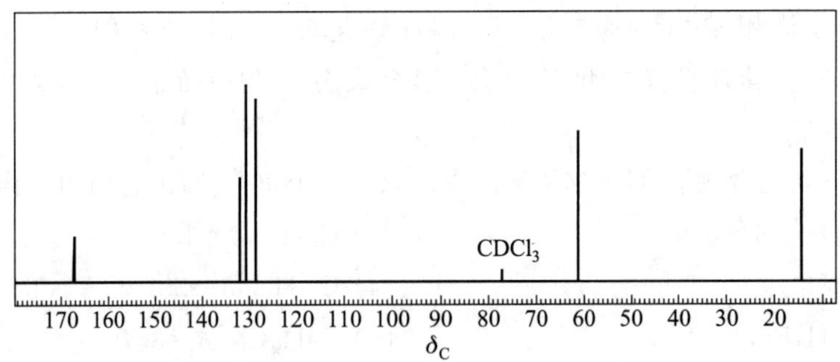

提示:邻苯二甲酸二乙酯。

8.5 小 结

(1) 红外光谱(IR) IR 谱记录分子吸收 400～4 000 cm^{-1}波段的红外光后振动能级跃迁所产生的吸收情况。只有引起分子偶极矩变化的振动才会产生红外吸收峰,强极性键通常产生强而稍宽的吸收峰,比较特征。化学键越强,成键原子的质量越小,吸收频率就越高。IR 谱主要提供分子官能团存在与否的重要信息。其中,

Y—H(Y=O、N、C、S)、C≡C、C≡N、C═O、N═O、C═C、C—F、C—O、C—N 等的伸缩振动，以及各种取代烯烃、取代芳烃 C—H 的面外弯曲振动吸收峰比较特征，对于鉴定有机化合物结构非常有用。

(2) 核磁共振谱(NMR) NMR 谱是由于处于强磁场中的磁性核吸收无线电波引起核自旋能级的跃迁而产生的吸收光谱。在磁性核中，^{1}H、^{13}C、^{19}F、^{29}Si、^{31}P 等原子核的自旋量子数为 1/2，能够产生核磁共振吸收信号。分子中不同环境的质子的化学位移不同。为了便于初学者掌握不同质子的化学位移，可以将常见质子分为五大类型，如下所示：

质子类型	化学位移(δ)
R—CH_3	0.9，每增加一个烷基 δ 值再增加 0.3
Y—CH_3	$\delta \approx$ Y 的电负性值，每增加一个烷基 δ 值再增加 0.3
U—CH_3	2.0～2.5，每增加一个烷基 δ 值再增加 0.3
U—H	2.5～3.0(炔)，4.5～5.5(烯)，7.0～8.5(芳烃)，9.0～10.0(醛)
Y—H	10.0～13.0(羧酸)，其他如醇、酚、胺、酰胺多数存在宽峰且位置不固定

注：Y 为卤素、O、N、S；U 为不饱和体系(双键、叁键、芳环等)。

对化学位移影响最大的是诱导效应和磁各向异性效应。电负性大的基团可使质子共振信号移向低场，δ 值增大；反之，给电子基团使质子 δ 值减小。双键、叁键、芳环都存在磁各向异性效应。处于屏蔽区域的质子 δ 值减小，处于去屏蔽区域的质子 δ 值增大。

除提供质子的化学位移外，^{1}H NMR 还可以提供下列结构信息：根据信号的组数可判断分子中有几种化学不等同的质子；根据峰面积可判断每组质子的数量；根据自旋裂分情况和耦合常数可得到各组质子间的相互作用，进而判断各组质子间的相对位置。

当相互耦合的两组质子间的化学位移差远大于耦合常数(即 $\Delta\nu/J > 6$，这里 $\Delta\nu$ 和 J 的单位都是 Hz)时，裂分情况比较简单，呈现一级谱，符合 $n+1$ 规律；两个质子间隔超过三个饱和键以上，其耦合常数一般较小，可以忽略。氧和氮上的质子由于快速交换，一般不参与耦合。

第九章　醇　和　酚

9.1　本章重点和难点

9.1.1　重点

𬭩盐

(1) 醇和酚的系统命名、结构。

(2) 醇的制法，酚的制法(异丙苯法、碱熔法等)。

(3) 氢键对醇和酚的熔点、沸点和溶解度等物理性质的影响，醇和酚在红外光谱和核磁共振氢谱中的特征峰。

醇作为亲核试剂

(4) 醇的化学性质：醇的酸碱性，醚和酯的生成，卤代烃的生成，脱水反应，频哪醇重排，一元醇的氧化和脱氢，α－二醇的氧化。

(5) 酚的化学性质：酚的酸性，酚醚和酚酯的生成，酚芳环上的亲电取代反应，酚的氧化和还原。

9.1.2　难点

醇和酚的结构及对其化学性质的影响，醇与氢卤酸反应的机理，醇分子间和分子内脱水的反应机理，频哪醇重排反应及其机理，醇和酚在化学性质上的异同点。

9.2　例　　题

例一　写出下列各反应可能的反应机理：

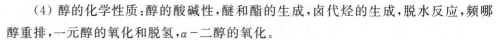

(1) [spiro bicyclic alcohol with OH] $\xrightarrow[\triangle]{H_2SO_4}$ [octahydronaphthalene]

例一(2)

(2) [cyclohexane bearing OH, H on one carbon and two CH_3 on the adjacent carbon] $\xrightarrow[\triangle]{H^+}$ [1,2-dimethylcyclohexene with two CH_3] + [cyclopentane$=C(CH_3)_2$]

答：这两个反应均为仲醇在酸催化下的分子内脱水反应，通常按 E1 机理进行。反应过程中生成的碳正离子中间体可以发生重排，由仲碳正离子重排为更稳定的叔碳正离子。具体反应机理如下：

(1)

H OH $\xrightarrow{H^+}$ H $\overset{+}{O}H_2$ $\xrightarrow[-H_2O]{}$ H

2°碳正离子

$\xrightarrow{重排}$ H $\xrightarrow[-H^+]{}$

3°碳正离子

(2)

H OH CH_3 CH_3 $\xrightarrow{H^+}$ H $\overset{+}{O}H_2$ CH_3 CH_3

$\xrightarrow[-H_2O]{-CH_2-迁移}$ H $\overset{+}{C}(CH_3)_2$ $\xrightarrow[-H^+]{}$ $=C(CH_3)_2$

3°碳正离子

OH H CH_3 CH_3 $\xrightarrow{H^+}$ $\overset{+}{O}H_2$ H CH_3 CH_3

$\xrightarrow[-H_2O]{-CH_3 迁移}$ H CH_3 + CH_3 $\xrightarrow[-H^+]{}$ CH_3 CH_3

3°碳正离子

上述重排过程中，水分子的离去和烃基负离子的迁移可能是同时进行的，与羟基处于反位的烃基发生迁移。故当羟基处于平伏键时发生缩环反应，而羟基处于直立键时则是邻位甲基发生迁移。

例二 某化合物分子式为 C_3H_8O，其红外光谱与核磁共振氢谱数据如下，试推测该化合物的结构。

IR：3 335 cm^{-1}（宽峰），2 972 cm^{-1}，1 130 cm^{-1}；

^1H NMR：δ 4.0（1H，七重峰），δ 2.9（1H，单峰），δ 1.2（6H，双峰）。

答： 从 C_3H_8O 的分子式推测，它可能是饱和一元醇或醚。

根据 IR 谱图的数据可知：3 335 cm^{-1} 是 O—H 键伸缩振动吸收峰（缔合）；2 972 cm^{-1} 是饱和 C—H 键伸缩振动吸收峰；1 130 cm^{-1} 是仲醇的 C—O 键伸缩振动吸收峰。故该化合物应为仲醇。

根据 ^1H NMR 谱图的数据可知：δ 4.0（1H，七重峰），说明这个质子所连接的碳原子（即 CH）与两个 CH_3 相连；δ 2.9（1H，单峰），应为羟基中的质子；δ 1.2（6H，双峰），说明这 6 个质子所连接的碳原子（两个 CH_3）与 CH 相连。

综上所述，该化合物为异丙醇，其构造式为$(CH_3)_2CHOH$。

例三

例三 由甲苯和必要的原料合成3-苯基丙-1-醇：

$$C_6H_5-CH_2CH_2CH_2OH$$

答： 首先将原料和产物的构造式进行对比：

原料 $C_6H_5-CH_3$　　　产物 $C_6H_5-CH_2CH_2CH_2OH$

通过对比可知，两者的差异：产物的碳骨架比原料多两个碳原子；产物比原料多一个羟基（—OH）官能团，是伯醇。因此，由原料合成产物，需进行增碳反应，且要引入羟基。已知 Grignard 试剂与环氧乙烷的反应，可以得到增加两个碳原子的伯醇：

$$R-MgX + \underset{O}{\bigtriangledown} \longrightarrow R-CH_2CH_2OMgX \xrightarrow[H_2O]{H^+} R-CH_2CH_2OH$$

下一步是将原料甲苯转变为 Grignard 试剂，R—MgX。Grignard 试剂是由卤代烃与镁反应得到，因此需先将 $PhCH_3$ 转变为 $PhCH_2X$，再与 Mg 反应，即可得到所需要的 Grignard 试剂。

综上所述，由甲苯合成3-苯基丙-1-醇的路线如下：

$$C_6H_5-CH_3 \xrightarrow[h\nu]{Cl_2} C_6H_5-CH_2Cl \xrightarrow[\text{乙醚}]{Mg} C_6H_5-CH_2MgCl$$

$$\xrightarrow[\text{② } H^+, H_2O]{\text{① } \underset{O}{\bigtriangledown}} C_6H_5-CH_2CH_2CH_2OH$$

9.3 练习和参考答案

练习 9.1 用系统命名法命名下列化合物：

(1) 1-CH_3，1-OH 取代的环己烷　　(2) $C(CH_2CH_3)(H_3C)(Ph)(OH)$

(3) $CH_3CH{=}CHCH_2-OH$（巴豆醇）　　(4) $\underset{OH}{CH_2}CH_2\underset{OH}{CH}CH_3$

(5) OH 与 $CH_2CH{=}CH_2$ 间位取代的苯　　(6) OH（1位）、CH_3（4位）取代的萘

答： (1) 1-甲基环己醇　　(2) (S)-2-苯基丁-2-醇

(3) 丁-2-烯-1-醇　　(4) 丁-1,3-二醇

(5) 3-(丙-2-烯基)苯酚　　(6) 4-甲基萘-1-酚

练习 9.2 写出下列化合物的构造式,并指出其中的醇是 1°,2°还是 3°醇。

(1) 3-甲基丁-1-醇　　(2) 环己-2-烯-1-醇

(3) 3-甲基己-3-醇　　(4) 2,4,6-三硝基苯酚(苦味酸)

答: (1) $CH_3CHCH_2CH_2OH$（CH 上连 CH_3）　(1°醇)

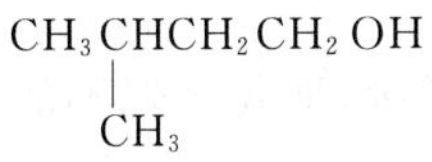

(2) 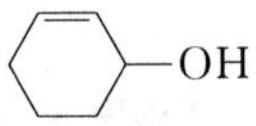 环己-2-烯基—OH　(2°醇)

(3) 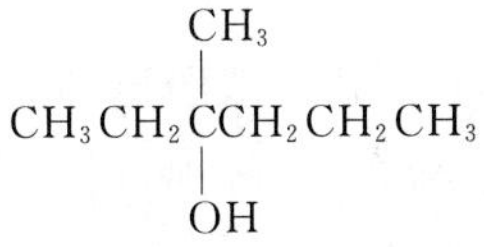 $CH_3CH_2CCH_2CH_2CH_3$（C 上连 CH_3 和 OH）　(3°醇)

(4) 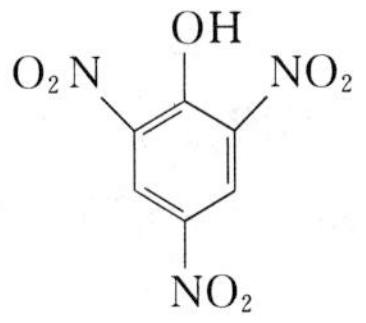 苯环上 OH，两侧 O_2N、NO_2，对位 NO_2

练习 9.3 命名下列多官能团化合物:

(1) 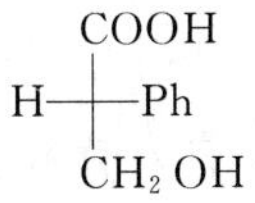 COOH / H—┼—Ph / CH_2OH

(2) 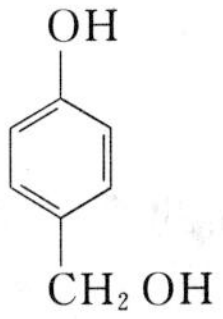 OH（苯环对位）CH_2OH

(3) 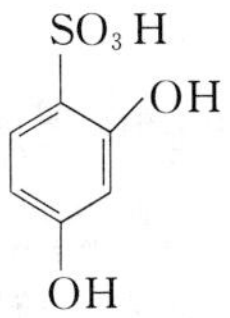 SO_3H，OH，OH（苯环）

(4) 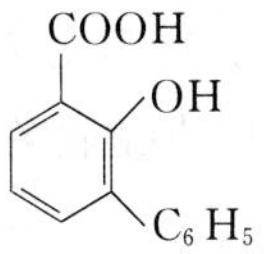 COOH，OH，C_6H_5（苯环）

答: (1) (*R*)-3-羟基-2-苯基丙酸　(2) 4-(羟甲基)苯酚

(3) 2,4-二羟基苯磺酸　(4) 2-羟基-3-苯基苯甲酸

练习 9.4 由指定原料合成下列化合物:

(1) 由氯苯和必要的无机原料合成 2,4-二硝基苯酚;

(2) 由苯和丁烯合成苯酚和丁酮。

练习 9.4(1)

答: (1)

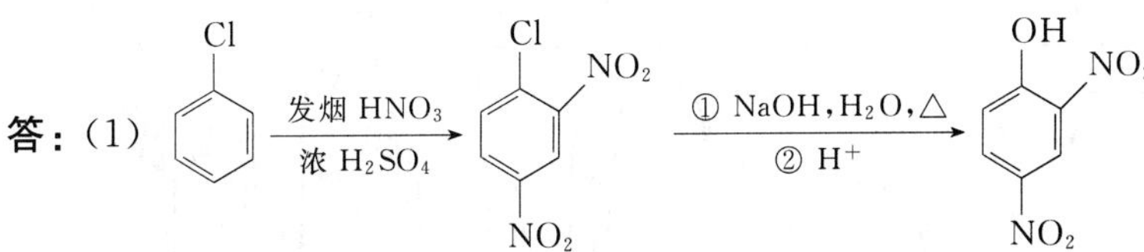

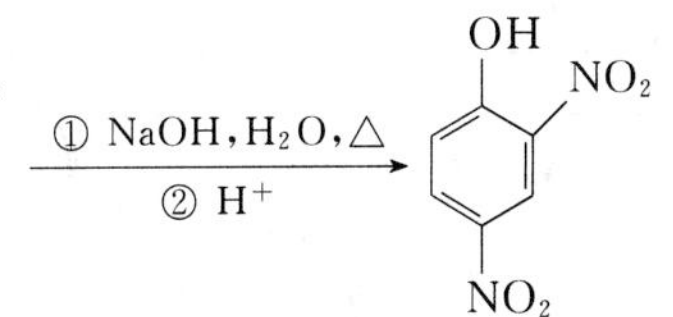

(2) 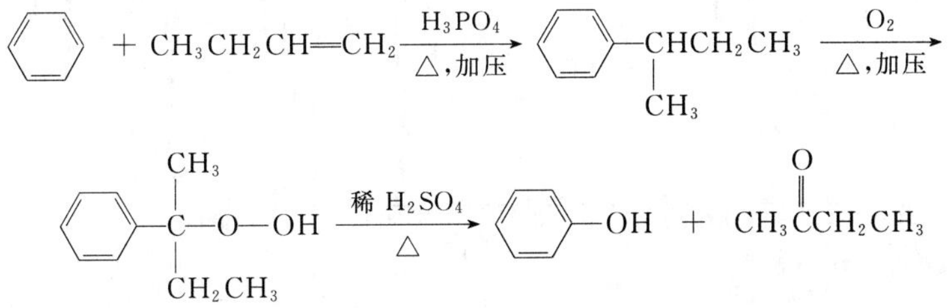 苯 + $CH_3CH_2CH{=}CH_2$ $\xrightarrow[\triangle,加压]{H_3PO_4}$ 苯基—$CHCH_2CH_3$（CH 上连 CH_3） $\xrightarrow[\triangle,加压]{O_2}$

苯基—C(CH_3)(CH_2CH_3)—O—OH $\xrightarrow[\triangle]{稀\ H_2SO_4}$ 苯基—OH + $CH_3\overset{O}{\overset{\|}{C}}CH_2CH_3$

练习 9.5 不用查表,将下列化合物的沸点由低到高排列成序:

(1) 己醇　　(2) 己-3-醇　　(3) 己烷

(4) 辛醇　　(5) 2-甲基戊-2-醇

答: (3)<(5)<(2)<(1)<(4)

练习 9.6 乙醇和氯甲烷具有相近的相对分子质量,它们之中沸点较高的是哪一个? 为什么?

答: 乙醇的沸点较高。因为乙醇能形成分子间氢键,而氯甲烷不能。

练习 9.7

练习 9.7 4-硝基苯酚的沸点(279 ℃)和熔点(112 ℃)均比 2-硝基苯酚高(沸点 215 ℃,熔点 44 ℃),为什么?

答: 4-硝基苯酚能形成分子间氢键,故其沸点较高;2-硝基苯酚更倾向于形成分子内氢键(形成比较稳定的六元环),不能再形成多分子缔合体,故沸点较低。

4-硝基苯酚熔点也较高的原因在于它能形成分子间氢键,而且对称性也比2-硝基苯酚好。

练习 9.8 如何用 IR 谱图区分对甲苯酚和苯甲醇?

答: 酚的 C—O 伸缩振动吸收峰出现在约 1 200 cm^{-1} 处,而苯甲醇是伯醇,其 C—O 伸缩振动吸收峰出现在 1 085～1 050 cm^{-1} 区域。另外,对甲苯酚是对位二取代苯,其 Ar—H 的面外弯曲振动在 840～790 cm^{-1} 区域有一个吸收峰,而苯甲醇是一取代苯,其 Ar—H 的面外弯曲振动在 770～730 cm^{-1}、710～680 cm^{-1} 区域各有一个吸收峰。

练习 9.9

练习 9.9 试根据化合物 C_7H_8O 的 IR 谱图(液膜)及 ^1H NMR 谱图(90 MHz, $CDCl_3$)确定其分子结构。

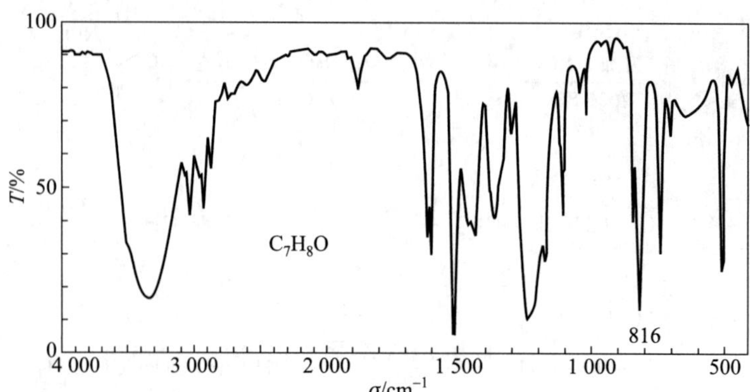

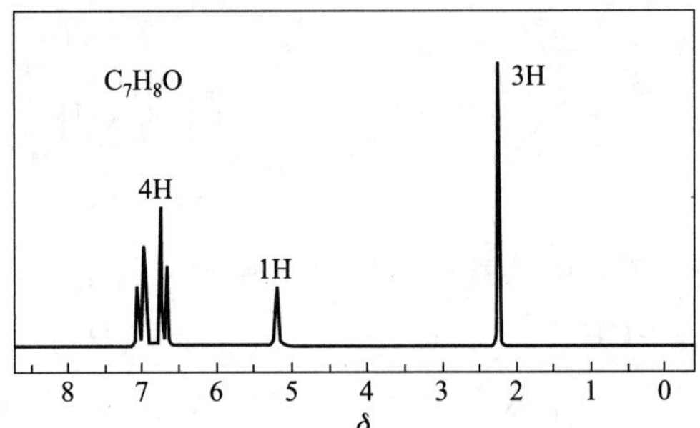

答： 该化合物为 H_3C—⟨苯环⟩—OH，IR 谱图中 816 cm^{-1} 处的吸收峰说明它是对位二取代苯。

练习 9.10 $ClCH_2CH_2OH$ 和 CH_3CH_2OH 的酸性哪一个强？为什么？

答： 受氯原子的吸电子诱导效应影响，$ClCH_2CH_2OH$ 中羟基氢更容易解离，同时 $ClCH_2CH_2O^-$ 也更稳定而容易形成，因此 $ClCH_2CH_2OH$ 的酸性较强。

练习 9.11 将下列化合物按碱性由强到弱排列成序：

(A) CH_3CH_2ONa (B) $(CH_3)_3CCH_2ONa$ (C) CF_3CH_2ONa

答： (B)＞(A)＞(C)

练习 9.12 完成下列反应式：

(1) $C_6H_5CH_2CH(OH)CH_3 \xrightarrow{K} \xrightarrow{C_2H_5Br}$

(2) $C_6H_5CH_2CH(OH)CH_3 \xrightarrow[\text{碱}]{TsCl}$

(3) 3-甲基环己醇（OH 与 CH_3 如图所示） $\xrightarrow[\text{碱}]{CH_3SO_2Cl}$? $\xrightarrow{NaCN}$?

答： (1) $C_6H_5CH_2CH(OC_2H_5)CH_3$ (2) $C_6H_5CH_2CH(OTs)CH_3$

(3) 环己烷上 OSO_2CH_3 与 CH_3 取代的产物，环己烷上 CN 与 CH_3 取代的产物（CN 构型翻转）

练习 9.13 比旋光度为 $+6.9°\cdot dm^2\cdot kg^{-1}$ 的 (R)－丁－2－醇与对甲苯磺酰氯反应后，生成对甲苯磺酸酯，然后在碱性条件下水解得比旋光度为 $-6.9°\cdot dm^2\cdot kg^{-1}$ 的丁－2－醇。试写出该反应的机理。

答： $(H_3C)(H)(C_2H_5)C—OH \xrightarrow[\text{吡啶}]{TsCl} (H_3C)(H)(C_2H_5)C—OTs \xrightarrow{^-OH}$

(R)－丁－2－醇　　构型不变

$$\left[\begin{array}{c} CH_3 \\ | \\ \overset{\delta-}{HO}\cdots C\cdots \overset{\delta-}{OTs} \\ H \quad C_2H_5 \end{array}\right]^{\neq} \xrightarrow{-TsO^-} HO—C(CH_3)(H)(C_2H_5)$$

(S)-丁-2-醇

练习 9.14 合成叔丁基甲基醚应采用以下哪种原料组合，为什么？

(1) $(CH_3)_3CONa+CH_3I$ (2) $(CH_3)_3CCl+CH_3ONa$

答： 应选用(1)，因为(2)中叔卤代烃在强碱性条件下易消除。

练习 9.15 完成下列反应式：

(1) $HO(CH_2)_{10}OH + 2\ HBr \xrightarrow{\triangle}$ (2) $CH_3CH_2CH_2OH + I_2 + P \xrightarrow{\triangle}$

(3) $CH_3(CH_2)_3CH(C_2H_5)CH_2OH + SOCl_2 \xrightarrow[\triangle]{\text{吡啶}}$ (4) 环戊基—$OH + PBr_3 \xrightarrow{\triangle}$

答： (1) $Br(CH_2)_{10}Br$ (2) $CH_3CH_2CH_2I$

(3) $CH_3(CH_2)_3CH(C_2H_5)CH_2Cl$ (4) 环戊基—Br

练习 9.16 写出下列反应的机理：

(1) $(CH_3)_3CCH_2OH \xrightarrow[\triangle]{\text{浓 HBr}} (CH_3)_2CBrCH_2CH_3$

(2) $CH_3CH(OH)CH{=}CH_2 \xrightarrow{\text{浓 HBr}} CH_3CH(Br)CH{=}CH_2 + CH_3CH{=}CHCH_2Br$

答： (1) $CH_3—C(CH_3)_2—CH_2—OH \overset{H^+}{\rightleftharpoons} CH_3—C(CH_3)_2—CH_2—\overset{+}{O}H_2 \xrightarrow[-H_2O]{^-CH_3\text{ 迁移}}$

$CH_3—\overset{+}{C}(CH_3)—CH_2—CH_3 \xrightarrow{Br^-} CH_3—C(CH_3)(Br)—CH_2CH_3$

2,2-二甲基丙-1-醇(新戊醇)虽是伯醇，但由于β-碳原子上支链较多，不利于Br^-从离去基团背面进攻，因此 H_2O 离去的同时甲基负离子迁移形成稳定的叔碳正离子，得到重排产物。

(2) $CH_3CH(OH)CH{=}CH_2 \xrightarrow[-H_2O]{H^+} [CH_3\overset{+}{C}HCH{=}CH_2 \longleftrightarrow CH_3CH{=}CH\overset{+}{C}H_2]$

$CH_3\overset{+}{C}HCH{=}CH_2 \xrightarrow{Br^-} CH_3CH(Br)CH{=}CH_2$

$CH_3CH{=}CH\overset{+}{C}H_2 \xrightarrow{Br^-} CH_3CH{=}CHCH_2Br$

练习 9.17 试由 2,2-二甲基丙-1-醇(新戊醇)合成 1-氯-2,2-二甲基丙烷(新戊基氯)。采用两种方法。

答: 分别用 $SOCl_2$ 和 PCl_3 与新戊醇反应，因为这两个反应不发生重排，故可得到 $(CH_3)_3CCH_2Cl$。

练习 9.18 (R)-辛-2-醇与下列试剂作用后所得到的 2-氯辛烷是否仍为 R 构型?

(1) PCl_3 (2) $SOCl_2$ (3) $HCl/ZnCl_2$

答: (1) 产物构型反转为 S 构型，(2) 产物构型仍为 R 构型，(3) 得到外消旋化产物。

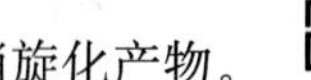

练习 9.18

练习 9.19 选择适当的醇脱水制取下列烯烃:

(1) $(CH_3)_2C{=}CHCH_3$ (2) $(CH_3)_2C{=}C(CH_3)_2$ (3) $(CH_3)_2C{=}CH_2$

(4) $CH_3CH_2CH_2CH{=}CH_2$ (5) $(CH_3)_2C{=}CHCH_2CH_2OH$(脱一分子水)

答: (1) $(CH_3)_2CHCH(OH)CH_3$ 或 $(CH_3)_2C(OH)CH_2CH_3$

(2) $(CH_3)_2CHC(OH)(CH_3)_2$ (3) $(CH_3)_3COH$

(4) $CH_3CH_2CH_2CH_2CH_2OH$ (5) $(CH_3)_2C(OH)CH_2CH_2CH_2OH$

练习 9.20 写出下列反应的机理:

(1) $(CH_3)_3COH \xrightarrow[\triangle]{H_2SO_4} (CH_3)_2C{=}CH_2$

(2) $HO(CH_2)_5OH \xrightarrow[\triangle]{H_2SO_4}$ (环状醚, O)

(3) $(CH_3)_2CHCH_2CH(OH)CH_3 \xrightarrow[\triangle]{H_2SO_4} (CH_3)_2C{=}CHCH_2CH_3 + (CH_3)_2CHCH{=}CHCH_3$

(4) $CH_3CH(OH){-}C(CH_3)(OH){-}CH_3 \xrightarrow{H^+} CH_3C(=O){-}CH(CH_3)CH_3$

答: (1) $(CH_3)_3COH \xrightarrow{H^+} (CH_3)_3C\overset{+}{O}H_2 \xrightarrow[-H_2O]{\triangle} (CH_3)_3\overset{+}{C} \xrightarrow{-H^+} (CH_3)_2C{=}CH_2$

(2) $HO(CH_2)_5OH \xrightarrow{H^+}$ (H—O: 进攻 $\overset{+}{O}H_2$ 所连碳) $\xrightarrow{-H_2O}$ (环, $\overset{+}{O}$—H) $\xrightarrow{-H^+}$ (环, O)

(3) $(CH_3)_2CHCH_2CH(OH)CH_3 \xrightarrow[-H_2O]{H^+}$

$(CH_3)_2CHCH_2\overset{+}{C}HCH_3 \xrightarrow{\text{负氢迁移}} (CH_3)_2\overset{+}{C}CHCH_2CH_3$

$(CH_3)_2CHCH_2\overset{+}{C}HCH_3 \xrightarrow{-H^+} (CH_3)_2CHCH{=}CHCH_3$

$(CH_3)_2\overset{+}{C}CHCH_2CH_3 \xrightarrow{-H^+} (CH_3)_2C{=}CHCH_2CH_3$

(4) $CH_3CH(OH){-}C(CH_3)(OH){-}CH_3 \overset{H^+}{\rightleftharpoons} CH_3{-}CH(OH){-}C(CH_3)(\overset{+}{O}H_2){-}CH_3 \xrightarrow{-H_2O} CH_3{-}C(H)(OH){-}\overset{+}{C}(CH_3){-}CH_3$

$$\xrightarrow{\text{负氢迁移}} \left[\begin{array}{c} \quad CH_3 \\ H_3C-\overset{+}{C}(OH)-C(CH_3)(H)-CH_3 \end{array} \longleftrightarrow H_3C-C(=\overset{+}{O}H)-C(CH_3)(H)-CH_3 \right] \xrightarrow[-H^+]{} CH_3C(=O)-CH(CH_3)CH_3$$

练习 9.21 完成下列反应式：

(1) $Cl-C_6H_4-CH_2OH \xrightarrow[\triangle]{KMnO_4, H_2O}$

(2) $C_6H_5-CH=CHCH_2OH \xrightarrow{CrO_3-\text{吡啶}}$

(3) 环己醇 $\xrightarrow[\text{稀 } H_2SO_4]{K_2Cr_2O_7}$

(4) $CH_2=CHCH(OH)(CH_2)_4CH_3 \xrightarrow[CH_2Cl_2]{PCC}$

(5) $CH_2(OH)-CH(OH)-CH(OH)-CH_2(OH) \xrightarrow{3\ H_5IO_6}$

(6) 17-羟基甾体-4-烯-3-酮 $\xrightarrow[H_3PO_4]{DCC, DMSO}$

答：(1) $Cl-C_6H_4-COOH$ (2) $C_6H_5-CH=CHCHO$

(3) 环己酮 (4) $CH_2=CHC(=O)(CH_2)_4CH_3$

(5) 2 HCHO + 2 HCOOH (6) 甾体-4-烯-3,17-二酮

练习 9.22 环己醇中混有少量苯酚，试除去之。

答：用 NaOH 水溶液洗涤，苯酚形成苯酚钠溶于水中，即可除去。

练习 9.23 完成下列反应式：

(1) 2,4-二氯苯酚 $+ ClCH_2COOH \xrightarrow[\text{② } H^+]{\text{① } 30\%NaOH}$

(2) 3,5-二甲基苯酚 $+ CH_3COCl \xrightarrow{\text{吡啶}}$

答：(1) OCH_2COOH，Cl，Cl（2,4-二氯苯氧乙酸）　(2) $OCOCH_3$，H_3C，CH_3（3,5-二甲基苯基乙酸酯）

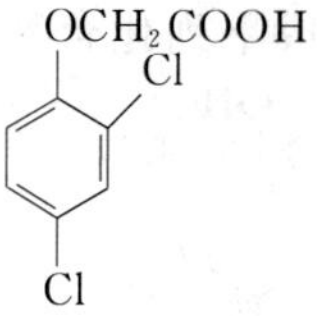

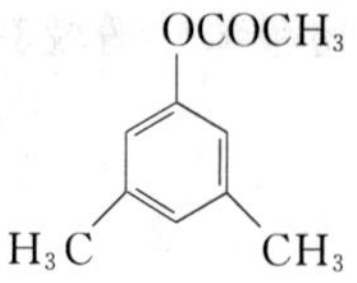

练习 9.24　完成下列转变：

(1) 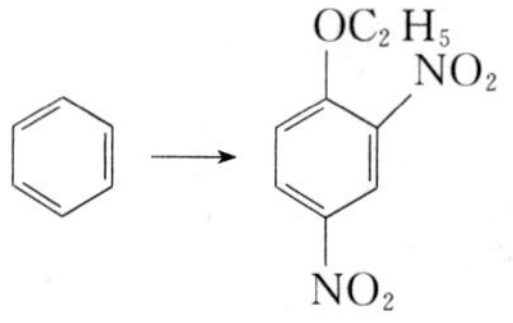 苯 ⟶ OC_2H_5，NO_2，NO_2（2,4-二硝基苯乙醚）

(2) 间二氯苯（Cl，Cl）⟶ NO_2，O–（H_3C）苯基，O–（H_3C）苯基

答：(1) 苯 $\xrightarrow[Fe]{Cl_2}$ 氯苯 $\xrightarrow[H_2SO_4]{HNO_3}$ Cl，NO_2，NO_2 $\xrightarrow{C_2H_5ONa}$ OC_2H_5，NO_2，NO_2

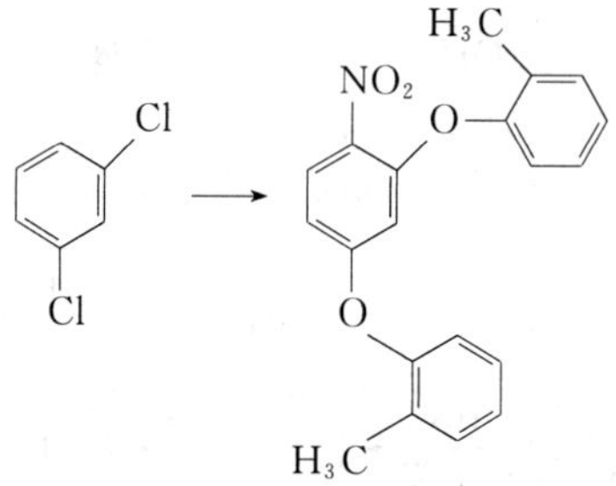

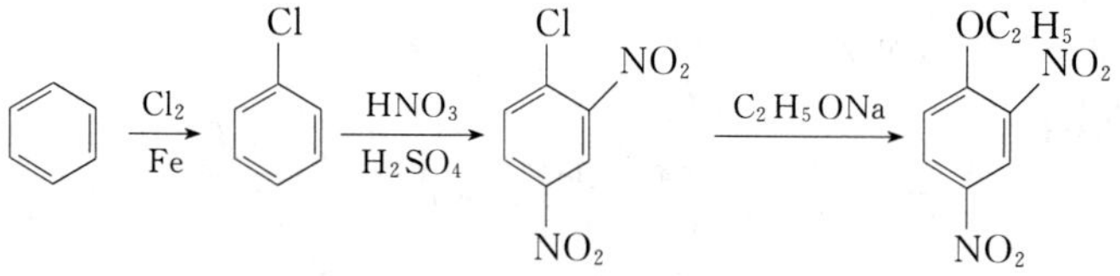

(2) 间二氯苯 $\xrightarrow[H_2SO_4]{HNO_3}$ NO_2，Cl，Cl $\xrightarrow[K_2CO_3,DMF]{2\ HO\text{-}C_6H_4\text{-}CH_3(H_3C)}$ 产物

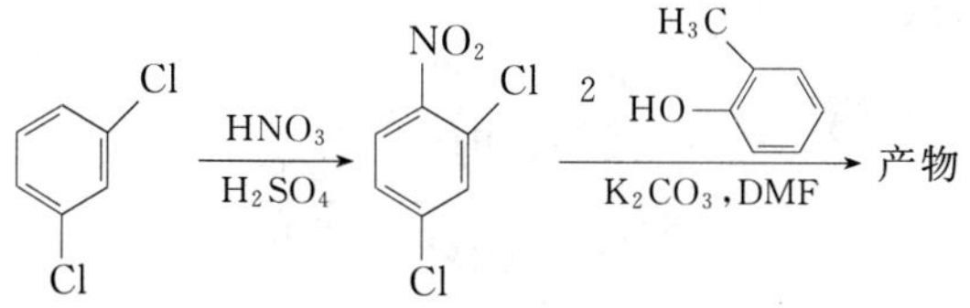

练习 9.25　写出下列反应的主要产物：

(1) 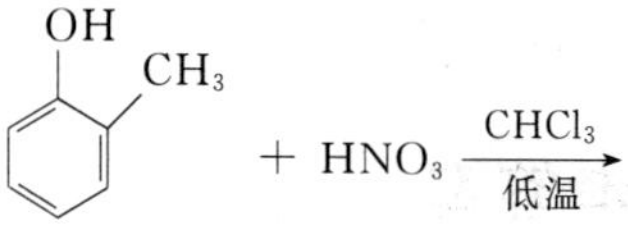 OH，CH_3（邻甲苯酚）＋ HNO_3 $\xrightarrow[\text{低温}]{CHCl_3}$　(2) OH，Cl（间氯苯酚）$\xrightarrow[\text{（过量）}]{H_2SO_4}$ $\xrightarrow[\text{（过量）}]{HNO_3}$

(3) OH（2-萘酚）$\xrightarrow[\text{稀 }H_2SO_4,0\ ℃]{NaNO_2}$　(4) OH，Cl（对氯苯酚）$\xrightarrow[\triangle,\text{加压}]{CO_2,NaOH}$

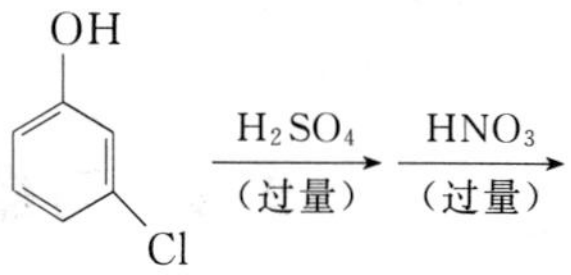

答：(1) OH，CH_3，NO_2　(2) O_2N，OH，NO_2，Cl，NO_2

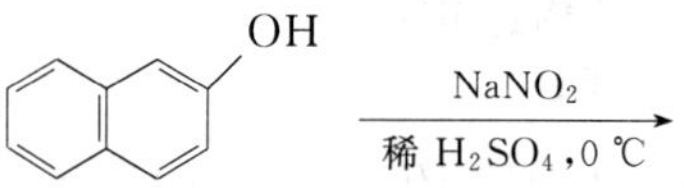

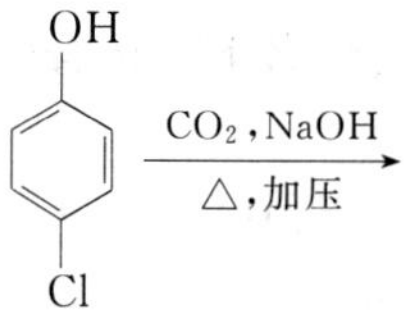

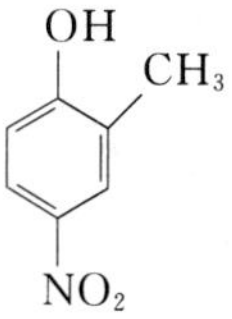

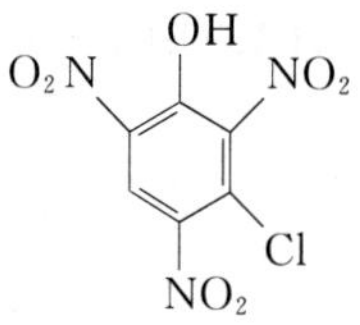

(3) 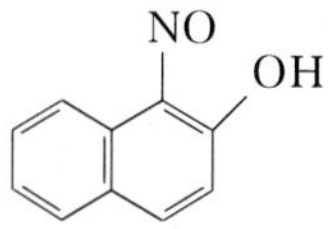 NO，OH（1-亚硝基-2-萘酚）　(4) 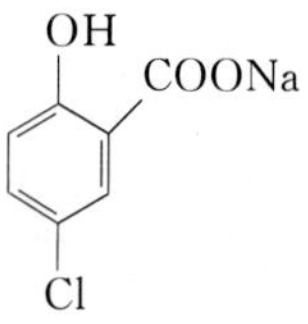 OH，COONa，Cl

练习 9.26 由苯酚或邻苯二酚及其他必要的原料合成下列化合物：

(1) 2-氯-4,6-二硝基苯酚（OH，Cl，NO_2，NO_2） (2) 2-溴-4-硝基苯酚（OH，Br，NO_2） (3) 4-叔丁基邻苯二酚（OH，OH，$C(CH_3)_3$）

阻聚剂TBC

答：(1) 苯酚 $\xrightarrow[100\ ^\circ C]{浓\ H_2SO_4}$ 4-羟基-1,3-苯二磺酸（OH，SO_3H，SO_3H） $\xrightarrow{Cl_2}$ （Cl，OH，SO_3H，SO_3H） $\xrightarrow[\triangle]{HNO_3}$ 产物

(2) 苯酚 $\xrightarrow[低温]{HNO_3}$ 对硝基苯酚（OH，NO_2） $\xrightarrow{Br_2}$ 产物

(3) 邻苯二酚（OH，OH） $+(CH_3)_3COH \xrightarrow[135\sim140\ ^\circ C]{磷酸,二甲苯}$ 产物

练习 9.27 完成下列反应式：

(1) 邻硝基苯酚（OH，NO_2） $\xrightarrow[H_2SO_4]{CrO_3}$ (2) 邻苯二酚（OH，OH） $\xrightarrow[H_2SO_4]{Na_2Cr_2O_7}$

答：(1) O=⟨⟩=O（2-硝基-1,4-苯醌，NO_2） (2) 邻苯醌（O，O）

9.4 习题和参考答案

(一) 用系统命名法命名下列化合物或写出其构造式：

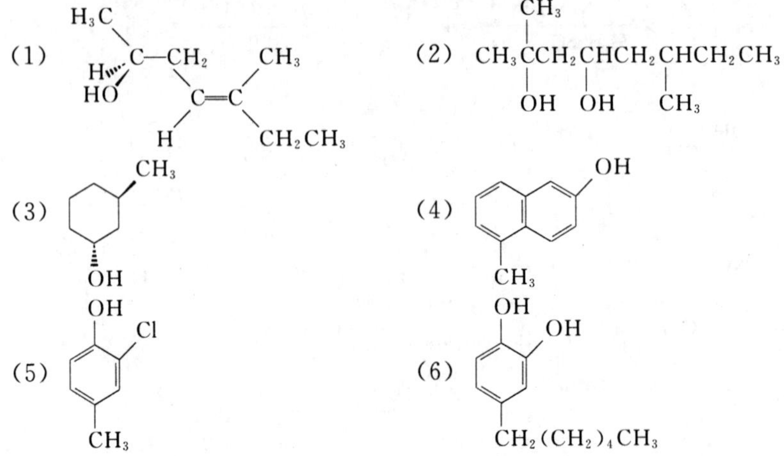

(7) 环戊-1-烯基甲醇　　(8) 均苯三酚(根皮酚)

答:(1) (2*S*,4*E*)-5-甲基庚-4-烯-2-醇

(2) 2,6-二甲基辛-2,4-二醇

(3) (1*R*,3*R*)-3-甲基环己醇

(4) 5-甲基萘-2-酚

(5) 2-氯-4-甲基苯酚

(6) 4-己基苯-1,2-二酚

(7) 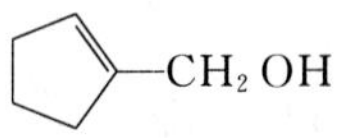 环戊烯基—CH_2OH

(8) 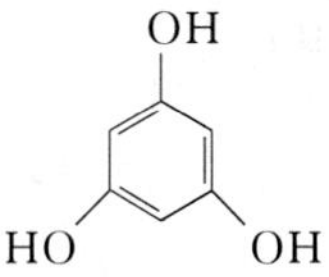 1,3,5-三羟基苯(OH, HO, OH)

(二) 写出丁-2-醇与下列试剂作用的产物:

(1) H_2SO_4,加热　(2) HBr　(3) Na

(4) Cu,加热　(5) $K_2Cr_2O_7 + H_2SO_4$

答:(1) $CH_3CH{=}CHCH_3$　(2) $CH_3CH_2CH(Br)CH_3$　(3) $CH_3CH_2CH(ONa)CH_3$

(4) $CH_3CH_2C(=O)CH_3$　(5) $CH_3CH_2C(=O)CH_3$

(三) 完成下列反应式:

(1) 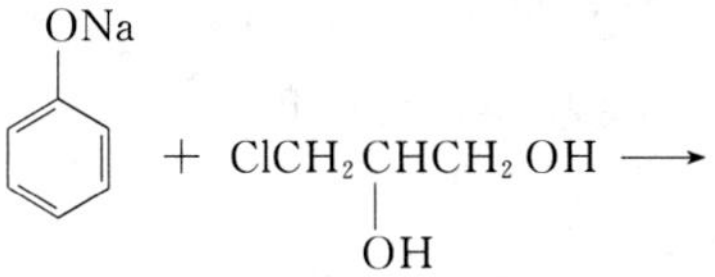 $C_6H_5ONa + ClCH_2CH(OH)CH_2OH \longrightarrow$

(2) 2-氯苯-1,4-二酚 $\xrightarrow[H_2SO_4]{K_2Cr_2O_7}$

(3) 邻苯二酚 $+ ClCH_2COCl \xrightarrow{\text{吡啶}} (A) \xrightarrow[CS_2]{AlCl_3} (B)$

(4) 2,5-二氯苯酚 $+ 2\ Cl_2 \xrightarrow{\text{乙酸}}$

答:(1) $C_6H_5OCH_2CH(OH)CH_2OH$

(2) 2-氯-1,4-苯醌(O, Cl, O)

(3) (A) 2-羟基苯基—$OCOCH_2Cl$(OH)　(B) 3,4-二羟基苯基—$COCH_2Cl$(OH, OH)

(4) 2,3,4,6-四氯苯酚(Cl, OH, Cl, Cl, Cl)

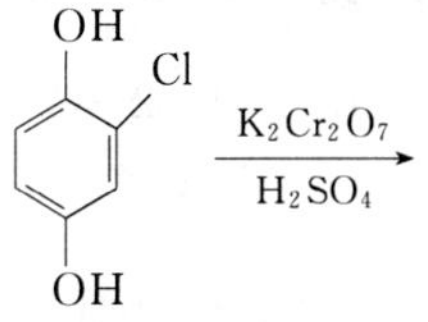

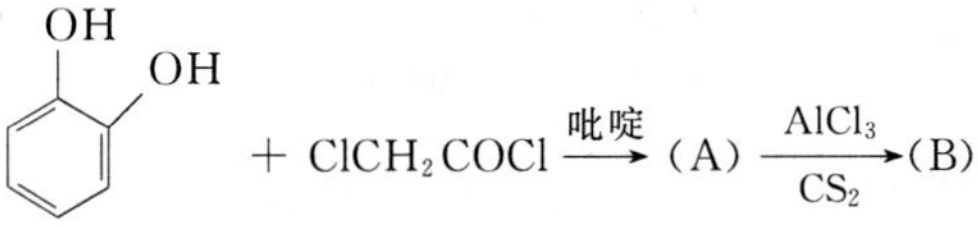

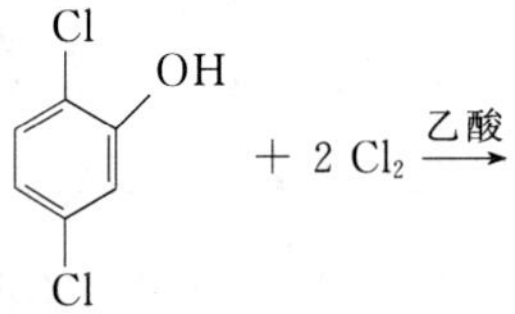

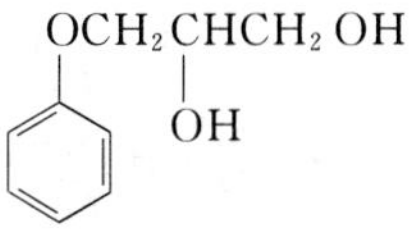

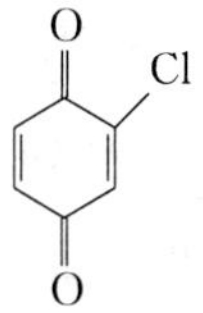

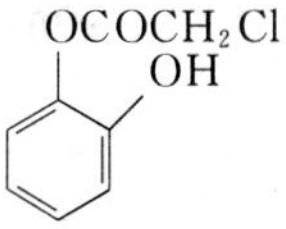

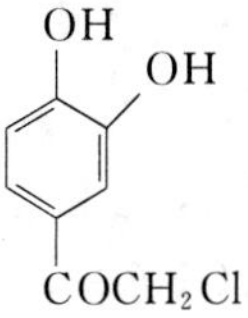

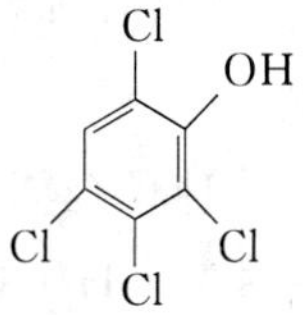

（四）鉴别下列各组化合物：

（1）乙醇和丁醇　　（2）丁醇和叔丁醇

（3）丁-1,4-二醇和丁-2,3-二醇　　（4）对甲苯酚和苯甲醇

答:（1）与水互溶者为乙醇。

（2）与无水 $ZnCl_2$ 和浓盐酸（Lucas 试剂）很快反应产生浑浊的为叔丁醇。

（3）先让二者分别与高碘酸水溶液作用，向反应后的溶液中加入 $AgNO_3$，有 $AgIO_3$ 沉淀生成的是丁-2,3-二醇。

（4）溶于稀 NaOH 水溶液者为对甲苯酚。

（五）用化学方法分离 2,4,6-三甲基苯酚和 2,4,6-三硝基苯酚。

简答:使用 $NaHCO_3$ 水溶液，2,4,6-三硝基苯酚可溶于其中。

（六）将下列化合物按酸性由强到弱排序：

（1）苯酚（C_6H_5OH）　（2）对甲苯酚（OH，CH_3）　（3）对氯苯酚（OH，Cl）

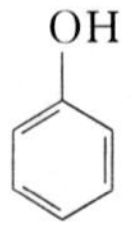

（4）对硝基苯酚（OH，NO_2）　（5）环己醇（OH）

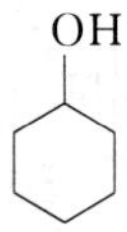

答:（4）>（3）>（1）>（2）>（5）

（七）完成下列反应式，并用 *R*，*S*-标记法命名所得产物。

（1）（*R*）-己-2-醇 $\xrightarrow{PCl_3}$　　（2）（*R*）-3-甲基己-3-醇 $\xrightarrow{浓\ HBr}$

答:（1）CH_3、Cl、H、$(CH_2)_3CH_3$ 连于 C
（*S*）-2-氯己烷

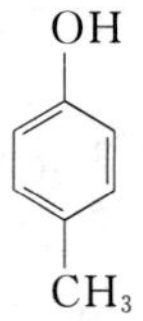

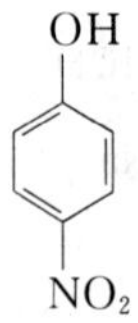

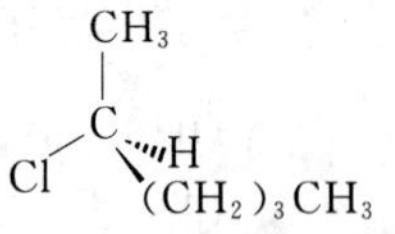

（2）C_2H_5、H_3C、$CH_3CH_2CH_2$、Br 连于 C　＋　C_2H_5、Br、CH_3、$CH_2CH_2CH_3$ 连于 C
（*R*）-3-溴-3-甲基己烷　（*S*）-3-溴-3-甲基己烷

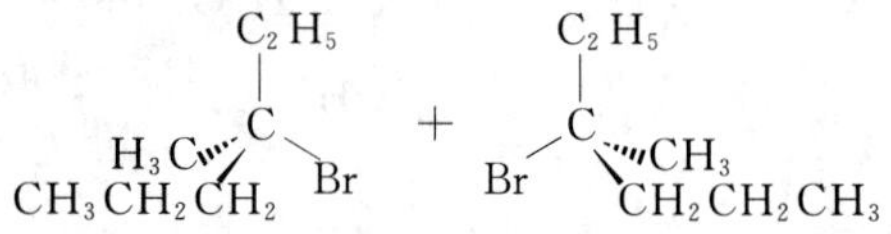

（八）将戊-3-醇转变为 3-溴戊烷（用两种方法，同时无或有很少 2-溴戊烷）。

答:（1）$CH_3CH_2CH(OH)CH_2CH_3 \xrightarrow{PBr_3} CH_3CH_2CH(Br)CH_2CH_3$

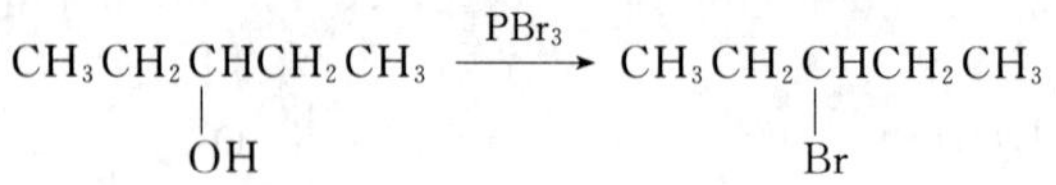

（2）$CH_3CH_2CH(OH)CH_2CH_3 \xrightarrow[吡啶]{TsCl} CH_3CH_2CH(OTs)CH_2CH_3 \xrightarrow{NaBr} CH_3CH_2CH(Br)CH_2CH_3$

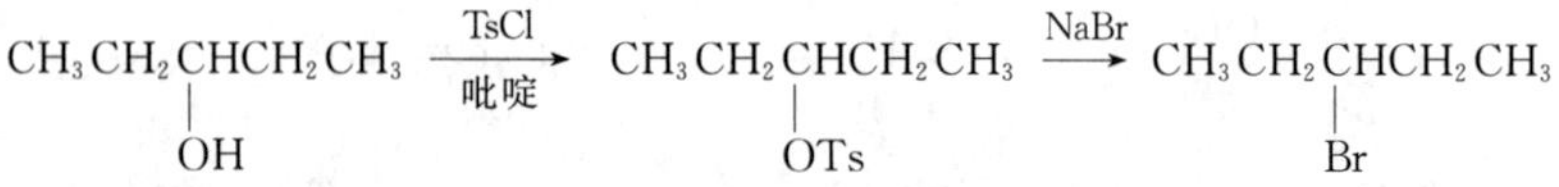

（九）用高碘酸分别氧化四种邻二醇，所得氧化产物如下所示，分别写出四种邻二醇的构造式。

（1）只得一种化合物 $CH_3COCH_2CH_3$；

（2）得两种醛 CH_3CHO 和 CH_3CH_2CHO；

(3) 得一种醛 HCHO 和一种酮 CH_3COCH_3；

(4) 只得一种含有两个羰基的化合物(任选一例)。

答：(1) $CH_3CH_2\overset{H_3C}{\underset{HO}{C}}-\overset{CH_3}{\underset{OH}{C}}CH_2CH_3$ (2) $CH_3\underset{OH}{CH}-\underset{OH}{CH}CH_2CH_3$

(3) $CH_3-\overset{CH_3}{\underset{OH}{C}}-CH_2OH$ (4) OH OH

(十) 写出下列反应的机理：

(1) $CH_3CH_2\underset{CH_3}{CH}CH_2CH_2OH \xrightarrow[ZnCl_2]{HCl} CH_3CH_2\overset{Cl}{\underset{CH_3}{C}}CH_2CH_3 + CH_3CH_2\underset{CH_3}{C}{=}CHCH_3$

习题(十)(2)

(2) $(CH_3)_2\underset{I}{C}-\underset{OH}{C}(CH_3)_2 \xrightarrow{Ag^+} (CH_3)_3C-\underset{O}{\overset{}{\underset{\|}{C}}}-CH_3$

(3) $CH_2{=}CH\underset{OH}{CH}CH{=}CHCH_3 \xrightarrow{H_2SO_4}$

$\underset{OH}{CH_2}CH{=}CHCH{=}CHCH_3 + CH_2{=}CHCH{=}CH\underset{OH}{CH}CH_3$

(4) CH$_3$, $\underset{OH}{CHCH_3}$ $\xrightarrow[\triangle]{H^+}$ CH$_3$, CH$_3$

答：(1) $CH_3CH_2\underset{CH_3}{CH}CH_2CH_2OH \xrightarrow{ZnCl_2} CH_3CH_2\underset{CH_3}{CH}CH_2CH_2\underset{H}{\overset{+}{O}}\overset{-}{Z}nCl_2$

$\xrightarrow{-[Zn(OH)Cl_2]^-} CH_3CH_2\underset{CH_3}{CH}CH_2\overset{+}{C}H_2 \xrightarrow{重排} CH_3CH_2\underset{CH_3}{CH}\overset{+}{C}HCH_3 \xrightarrow{重排}$

$CH_3CH_2\underset{CH_3}{\overset{+}{C}}CH_2CH_3$ $\xrightarrow{Cl^-} CH_3CH_2\overset{Cl}{\underset{CH_3}{C}}CH_2CH_3$

$\xrightarrow[-H^+]{} CH_3CH_2\underset{CH_3}{C}{=}CHCH_3$

(2) $CH_3-\overset{H_3C}{\underset{I}{C}}-\overset{CH_3}{\underset{OH}{C}}-CH_3 \xrightarrow[-AgI\downarrow]{Ag^+} CH_3-\overset{H_3C}{\underset{+}{C}}-\overset{CH_3}{\underset{OH}{C}}-CH_3 \xrightarrow{重排}$

$$\left[(CH_3)_3C-\overset{+}{C}(OH)-CH_3 \longleftrightarrow (CH_3)_3C-C(=\overset{+}{O}H)-CH_3 \right] \xrightarrow{-H^+} \text{产物}$$

(3) $CH_2{=}CHCH(OH)CH{=}CHCH_3 \xrightarrow[-H_2O]{H^+} [CH_2{=}CH\overset{+}{C}HCH{=}CHCH_3 \longleftrightarrow$

$\overset{+}{C}H_2CH{=}CHCH{=}CHCH_3 \longleftrightarrow CH_2{=}CHCH{=}CH\overset{+}{C}HCH_3] \xrightarrow[-H^+]{H_2O}$ 产物

（产物均有共轭双键）

(4) 1-甲基-1-(1-羟乙基)环戊烷 $\xrightarrow{H^+}$ 质子化醇（CH_3，$CHCH_3$，$\overset{+}{O}H_2$） $\xrightarrow[\text{重排}]{-H_2O}$ 1,2-二甲基环己基碳正离子（CH_3，H，CH_3） $\xrightarrow{-H^+}$ 产物

习题(十一)

（十一）6,6′-甲叉基双(2-叔丁基-4-甲基苯酚)又称抗氧剂2246,用于防止合成橡胶、聚烯烃和石油制品的老化,2246还具有阻聚功能,也可用作乙丙橡胶的相对分子质量调节剂。其构造式如下所示,试由对甲苯酚及必要的原料合成之。

（构造式：两个苯环由 CH_2 相连，各环带 OH、$C(CH_3)_3$、CH_3）

答：2 对甲苯酚（OH，CH_3） + $2(CH_3)_2C{=}CH_2 \xrightarrow[\triangle]{H_2SO_4}$ 2 2-叔丁基-4-甲基苯酚（OH，$C(CH_3)_3$，CH_3） $\xrightarrow[H_2SO_4,\triangle]{HCHO}$ 产物

（十二）2,2-双(3,5-二溴-4-羟基苯基)丙烷又称四溴双酚A,构造式如下所示。它既是添加型也是反应型阻燃剂,可用于抗冲击聚苯乙烯、ABS树脂、AS树脂和酚醛树脂等的合成。试由苯酚及必要的原料合成之。

（构造式：HO—(Br,Br)苯环—$C(CH_3)_2$—(Br,Br)苯环—OH）

答：2 苯酚（OH） + $CH_3COCH_3 \xrightarrow[\triangle]{H^+}$ HO—C₆H₄—$C(CH_3)_2$—C₆H₄—OH $\xrightarrow[\text{室温}]{Br_2,\text{甲酸}}$ 产物

（十三）(2,4,5-三氯苯氧基)乙酸又称2,4,5-T,农业上用作除草剂和生长调节剂。它是由1,2,4,5-四氯苯和氯乙酸为主要原料合成的。但在生产过程中,还生

成少量副产物——2,3,7,8-四氯二苯并对二噁英(2,3,7,8-tetrachlorodibenzo-*p*-dioxin,缩写为 2,3,7,8-TCDD),其构造式如下所示:

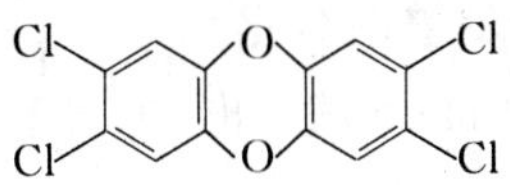

2,3,7,8-TCDD 是二噁英类化合物中毒性最强的一种,具有强致癌性及生殖毒性、内分泌毒性和免疫毒性。由于其化学稳定性强,同时具有高亲脂性和脂溶性,一旦通过食物链进入人和动物体内很难排出,是一种持续性的污染物,对人类危害极大。因此,有的国家已控制使用 2,4,5-T。试写出由 1,2,4,5-四氯苯、氯乙酸及必要的原料进行反应,分别生成 2,4,5-T 和 2,3,7,8-TCDD 的反应式。

答:

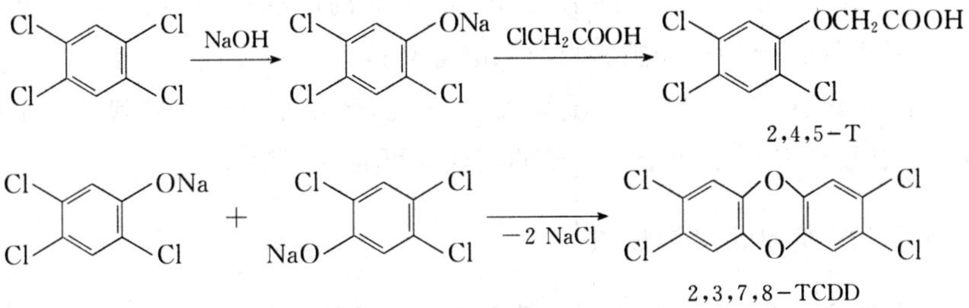

2,4,5-T

2,3,7,8-TCDD

(十四) 化合物(A)的分子式为 $C_4H_{10}O$,是一种醇,其 ^1H NMR 谱图(90 MHz, $CDCl_3$)如下,试写出其构造式。

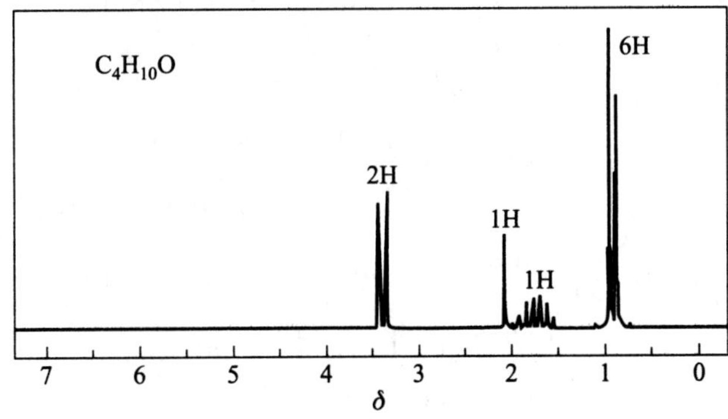

答:$(CH_3)_2CHCH_2OH$

(十五) 化合物(A)的分子式为 $C_9H_{12}O$,不溶于水、稀盐酸和饱和碳酸钠溶液,但溶于稀氢氧化钠溶液。(A)不易使溴水褪色。试写出(A)的构造式。

答:

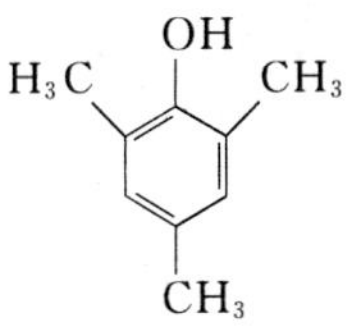

（十六）化合物(A)的分子式为 $C_{10}H_{14}O$,溶于稀氢氧化钠溶液,但不溶于稀碳酸氢钠溶液。(A)与溴水作用生成二溴衍生物 $C_{10}H_{12}Br_2O$。(A)的 IR 谱图在 3 250 cm^{-1} 和 834 cm^{-1} 处有吸收峰;^1H NMR 谱图数据为 δ 7.3(双峰,2H),δ 6.8(双峰,2H),δ 6.4(单峰,1H),δ 1.3(单峰,9H)。试写出(A)的构造式。

答：$HO-C_6H_4-C(CH_3)_3$（对位）

9.5 小 结

9.5.1 氢键

（1）醇和酚均能形成分子间氢键,因此,醇和酚的沸点、熔点比相对分子质量相近的非(弱)极性化合物如烃类、卤代烃、醚等高;

（2）醇和酚也能与水形成分子间氢键,因此,低碳原子数的醇和酚在水中有较大的溶解度,叔丁醇及低于四个碳原子的其他醇可与水互溶。

9.5.2 醇和酚的化学性质

现以伯醇和苯酚为例,分别对醇和酚的化学性质小结如下:

$$RCH_2OH \xrightarrow{Na} RCH_2ONa \xrightarrow{R'CH_2Cl} RCH_2OCH_2R'$$

$$RCH_2OH \xrightarrow{H_2SO_4} RCH_2OSO_3H \xrightarrow{\text{减压蒸馏}} (RCH_2O)_2SO_2$$

$$RCH_2OH \xrightarrow[H^+]{R'COOH} R'COOCH_2R$$

$$RCH_2OH \xrightarrow[\text{吡啶}]{TsCl} RCH_2OTs \xrightarrow{Nu^-} RCH_2Nu$$

$$RCH_2OH \xrightarrow{HX\text{ 或 }PX_3\text{ 或 }PX_5\text{ 或 }SOCl_2} RCH_2X\text{ 或 }RCH_2Cl$$

$$RCH_2OH \xrightarrow{\text{浓 }H_2SO_4,\triangle} (RCH_2)_2O\text{ 或 }RCH{=}CHR'$$

$$RCH_2OH \xrightarrow[H_2SO_4]{K_2Cr_2O_7} RCHO \xrightarrow[H_2SO_4]{K_2Cr_2O_7} RCOOH$$

$$RCH_2OH \xrightarrow[\text{或 PCC、PDC 等}]{(C_5H_5N)_2\cdot CrO_3} RCHO$$

$$RCH_2OH \xrightarrow{Cu,\triangle} RCHO$$

$$RCH_2OH \xrightarrow[H^+]{CH_2{=}C(CH_3)_2} RCH_2OC(CH_3)_3$$

$$RCH_2OH \xrightarrow[H^+]{\text{环氧乙烷}} RCH_2OCH_2CH_2OH$$

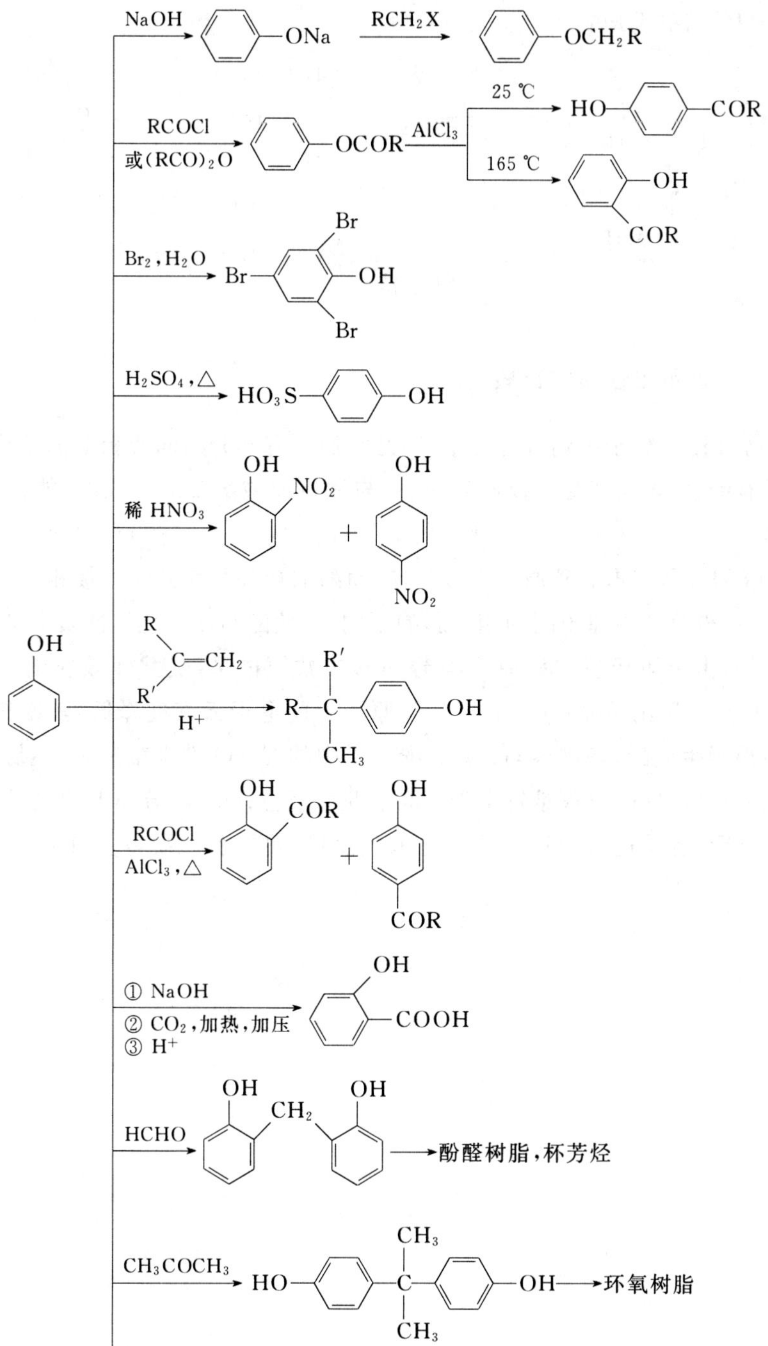

NaOH → ONa → RCH_2X → OCH_2R

RCOCl 或 $(RCO)_2O$ → OCOR → $AlCl_3$ → 25 ℃ → HO—COR

165 ℃ → OH COR

Br_2, H_2O → Br Br OH Br

H_2SO_4, △ → HO_3S—OH

稀 HNO_3 → OH NO_2 + OH NO_2

R C=CH_2 R′ H^+ → R—C(R′)(CH_3)—OH

OH

RCOCl $AlCl_3$, △ → OH COR + OH COR

① NaOH ② CO_2, 加热, 加压 ③ H^+ → OH COOH

HCHO → OH CH_2 OH → 酚醛树脂, 杯芳烃

CH_3COCH_3 → HO—C(CH_3)(CH_3)—OH → 环氧树脂

CrO_3 → O=⟨⟩=O

H_2, Ni 加热, 加压 → —OH

邻二醇的特殊反应：

$$
\mathrm{CH_3-\underset{HO}{\overset{H_3C}{C}}-\underset{OH}{\overset{CH_3}{C}}-CH_3}
\begin{cases}
\xrightarrow[\text{或 } Pb(OAc)_4]{H_5IO_6} & (H_3C)_2C{=}O + O{=}C(CH_3)_2 \\
\xrightarrow[\text{频哪醇重排}]{H^+} & \mathrm{CH_3-\underset{H_3C}{\overset{CH_3}{C}}-\underset{O}{\overset{}{C}}-CH_3}\ (\text{C}{=}\text{O})
\end{cases}
$$

9.5.3 醇和酚性质的比较

（1）醇和酚的分子中均含有羟基，因此它们具有部分相同或相似的性质。例如，它们均具有酸性，与卤代烃等反应生成醚，与酰氯或酸酐反应生成酯，能被某些氧化剂氧化等。

（2）醇的羟基与饱和碳原子直接相连，而酚的羟基则与芳环直接相连，这种结构上的差异，使得分子内原子间的相互影响不同，因此醇和酚在化学性质上又有明显的不同。例如，由于酚羟基的氧原子与芳环形成共轭体系，受共轭效应的影响，所以（a）酚的酸性明显比醇强；（b）酚羟基氧原子上的电子云密度降低，其亲核性减弱，酚与羧酸很难生成酯（醇则容易）；（c）酚分子中的 C—O 键很难断裂，不易发生酚羟基被取代的反应，同时也很难发生分子间的脱水反应；（d）酚芳环上的电子云密度增加，苯酚比苯更容易进行芳环上的亲电取代反应，且取代主要发生在羟基的邻位和对位。

第十章　醚和环氧化合物

10.1　本章重点和难点

10.1.1　重点

（1）醚和环醚的命名。

（2）醚和环氧化合物的结构。

酸催化醚键断裂反应

（3）醚和环氧化合物的工业合成方法和实验室制法，Williamson 合成法，环醚的合成，醇羟基的保护。

环氧化合物的开环反应

（4）醚在红外光谱和核磁共振氢谱中的特征峰。

（5）氧正离子的生成及酸催化醚键的断裂，酸、碱性条件下环氧化合物的开环反应，环氧化合物与 Grignard 试剂的反应，Claisen 重排反应，过氧化物的生成。

（6）冠醚的结构和合成方法，相转移催化反应，相转移催化剂。

10.1.2　难点

Williamson 合成法，合成环醚时环的大小与反应速率的关系，醇羟基的保护，环氧化合物在酸、碱性条件下的开环方向和立体选择性，Claisen 重排反应。

10.2　例　　题

例一

例一　用反应机理解释下述实验事实。

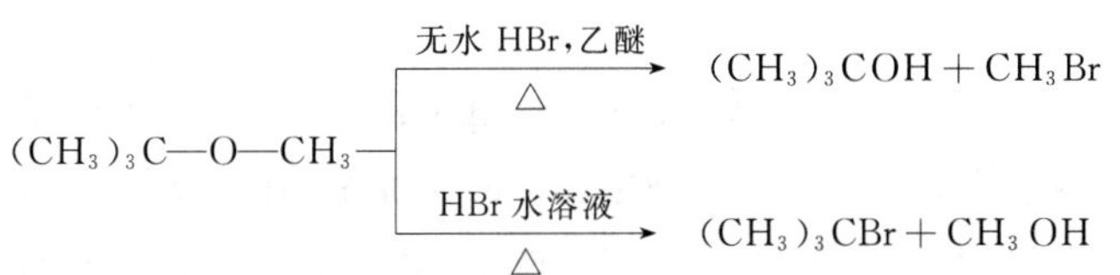

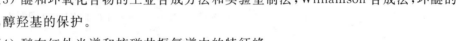

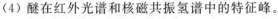

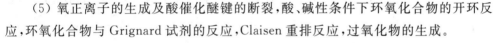

答： 叔丁基甲基醚（MTBE）的酸性分解反应，在极性较弱的溶剂中倾向于按 S_N2 机理进行；而极性较强的溶剂能很好地溶剂化碳正离子，有利于碳正离子稳定，因此在水溶液中 MTBE 的酸性分解反应更倾向于按 S_N1 机理进行。反应机理分别为

$$(CH_3)_3C{-}O{-}CH_3 \underset{-Br^-}{\overset{HBr}{\rightleftharpoons}} (CH_3)_3C{-}\overset{+}{O}H{-}CH_3 \xrightarrow[S_N2]{Br^-} (CH_3)_3COH + CH_3Br$$

(乙醚中)

$$(CH_3)_3C{-}O{-}CH_3 \overset{H^+}{\rightleftharpoons} (CH_3)_3C{-}\overset{+}{O}H{-}CH_3 \xrightarrow[S_N1]{-CH_3OH} (CH_3)_3C^+ \xrightarrow{Br^-} (CH_3)_3CBr$$

(水中)

例二 完成下列转变:

$$C_5H_9{-}CH_2Br \longrightarrow C_5H_9{-}CH_2{-}\text{环氧乙基}$$

答: 目标产物为一种环氧化合物,可通过烯烃的环氧化反应来制备。请注意,乙烯的催化氧化可以制备环氧乙烷,这是一个专属工业反应,此处环氧化合物的合成不宜采用催化氧化的方法。

首先需制备 环戊基$-CH_2CH{=}CH_2$,此烯烃可由 环戊基$-CH_2CH_2CH_2OH$ 制取。与原料 环戊基$-CH_2Br$ 相比,环戊基$-CH_2CH_2CH_2OH$ 为一个增加了两个碳原子的伯醇,故可通过 Grignard 试剂与环氧乙烷的加成反应来制备。具体合成路线如下:

$$C_5H_9{-}CH_2Br \xrightarrow[\text{乙醚}]{Mg} \xrightarrow[\text{② } H^+,H_2O]{\text{① 环氧乙烷}} C_5H_9{-}CH_2CH_2CH_2OH$$

$$\xrightarrow[\triangle]{Al_2O_3} C_5H_9{-}CH_2CH{=}CH_2 \xrightarrow{CF_3CO_3H} C_5H_9{-}CH_2{-}\text{环氧乙基}$$

例三 中性化合物(A)$C_{10}H_{12}O$ 经臭氧化-还原分解产生甲醛,但无乙醛生成,加热至 200 ℃以上时,(A)迅速异构化为(B)。(B)经臭氧化-还原分解产生乙醛,但无甲醛生成;(B)可与 $FeCl_3$ 发生显色反应;(B)能溶于 NaOH 溶液;(B)在碱性条件下与 CH_3I 作用得到(C)。(C)经氧化后得到邻甲氧基苯甲酸。试推测(A)、(B)和(C)的构造式。

答: 化合物(B)可与 $FeCl_3$ 发生显色反应,能溶于 NaOH 溶液,且可与 CH_3I 反应形成醚,这些都说明(B)是一种酚。(B)形成的醚(C)氧化后生成邻甲氧基苯甲酸,说明(B)是邻位取代的酚。(B)是由(A)加热到 200 ℃以上异构化生成的,故该异构化为 Claisen 重排反应。考虑到(B)经臭氧化分解仅产生乙醛,故应为一种具有 $=CHCH_3$ 结构的烯烃;而(A)经同样的反应仅产生甲醛,故应为一种具有$=CH_2$ 结构的烯烃。再结合(A)的分子式,可确定(A)、(B)和(C)的构造式分别为

(A) C_6H_5—O—$CH(CH_3)CH{=}CH_2$

(B) 2-($CH_2CH{=}CHCH_3$)苯酚（邻位 OH, $CH_2CH{=}CHCH_3$）

(C) 邻位 OCH_3, $CH_2CH{=}CHCH_3$ 苯

10.3 练习和参考答案

练习 10.1 命名下列化合物或写出结构式：

(1) $C_2H_5OCH{=}CHCH_2CH_3$　　(2) $CH_3OCH_2CH_2OCH_2CH_3$

(3) $CH_2{=}CHCH_2OC{\equiv}CH$　　(4) $ClCH_2CH_2OCH_2CH_2Cl$

(5) 苯环邻位取代 OCH_3, OH　　(6) 苯环：1-OCH_3，2,6-CH_3（H_3C, CH_3），4-$CH(CH_3)_2$

(7) 2-甲氧基戊烷　　(8) 2-甲氧基乙醇

(9) 顺-2,3-环氧丁烷　　(10) 反-1,3-二甲氧基环戊烷

答:(1) 1-乙氧基丁-1-烯　　(2) 1-乙氧基-2-甲氧基乙烷

(3) 烯丙基乙炔基醚[或(3-乙炔氧基)丙烯]

(4) 二(2-氯乙基)醚　　(5) 2-甲氧基苯酚

(6) 5-异丙基-2-甲氧基-1,3-二甲基苯

(7) $CH_3CH(OCH_3)CH_2CH_2CH_3$　　(8) $HOCH_2CH_2OCH_3$

(9) 环氧乙烷环：两个C各连 H 和 CH_3（H, H 同侧；H_3C, CH_3 同侧），O 桥连　　(10) 环戊烷：一个C连 H、OCH_3，另一个C连 CH_3O、H　及其对映体

练习 10.2 选择较好的方法合成下列化合物：

(1) 丁醚　　(2) 乙基异丙基醚

(3) 叔丁基甲基醚　　(4) 2,6-二甲基-4′-硝基二苯醚

答: (1) $CH_3CH_2CH_2CH_2OH \xrightarrow[\triangle]{\text{浓 }H_2SO_4} CH_3CH_2CH_2CH_2OCH_2CH_2CH_2CH_3$

(2) $CH_3CH(OH)CH_3 \xrightarrow{Na} CH_3CH(ONa)CH_3 \xrightarrow{CH_3CH_2Br} CH_3CH(OCH_2CH_3)CH_3$

(3) $CH_3OH \xrightarrow[H_2SO_4]{(CH_3)_2C{=}CH_2} CH_3OC(CH_3)_3$

(4) 2,6-二甲基苯酚（H_3C, OH, CH_3） $\xrightarrow{NaOH}$ 2,6-二甲基苯酚钠（H_3C, ONa, CH_3） $\xrightarrow{Cl-C_6H_4-NO_2}$

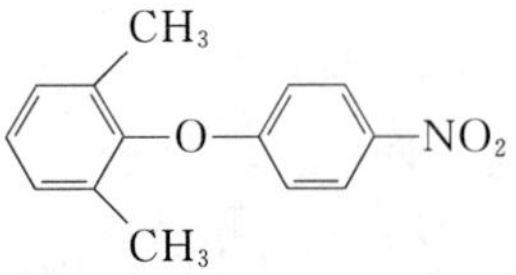

(2,6-二甲基苯基 4-硝基苯基醚结构式：苯环上 O 两侧邻位各有 CH_3，另一苯环对位有 NO_2)

练习 10.3 根据^1H NMR 谱图，给出分子式为 $C_5H_{12}O$ 的下列醚的结构式。

(1) ^1H NMR 谱图中，所有的峰均为单峰；

(2) ^1H NMR 谱图中，除含有其他质子峰外，只有一个双峰；

(3) ^1H NMR 谱图中，除含有其他质子峰外，在较低场中具有两个吸收峰，其中一个为单峰，另一个为双峰；

(4) ^1H NMR 谱图中，除含有其他质子峰外，在较低场中具有两个吸收峰，其中一个为三重峰，另一个为四重峰。

答：(1) $CH_3—O—C(CH_3)_3$　　(2) $CH_3CH_2—O—CH(CH_3)_2$

(3) $CH_3—O—CH_2—CH(CH_3)_2$　　(4) $CH_3CH_2—O—CH_2CH_2CH_3$

练习 10.4
(1)(2)

练习 10.4 完成下列反应式：

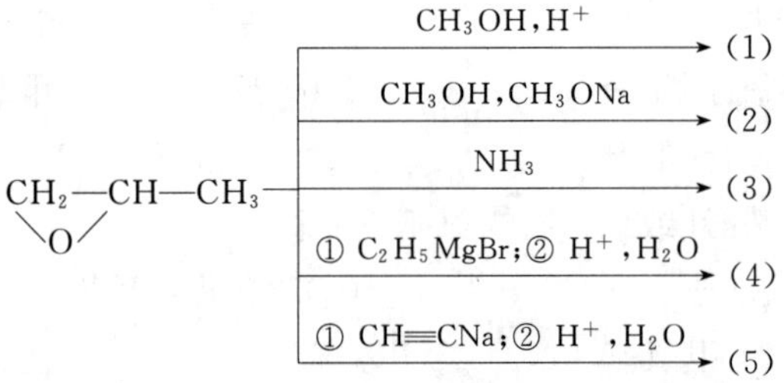

$CH_2—CH—CH_3$（环氧，O 桥连两碳）

$\xrightarrow{CH_3OH, H^+}$ (1)

$\xrightarrow{CH_3OH, CH_3ONa}$ (2)

$\xrightarrow{NH_3}$ (3)

$\xrightarrow{①\ C_2H_5MgBr; ②\ H^+, H_2O}$ (4)

$\xrightarrow{①\ CH≡CNa; ②\ H^+, H_2O}$ (5)

答：(1) $CH_3CH(OCH_3)—CH_2OH$　　(2) $CH_3CH(OH)—CH_2OCH_3$

(3) $CH_3CH(OH)—CH_2NH_2$　　(4) $CH_3CH(OH)—CH_2—C_2H_5$

(5) $CH_3CH(OH)—CH_2—C≡CH$

练习 10.5 用乙烯为原料合成三乙二醇二甲醚（三甘醇二甲醚）：

$$CH_3OCH_2CH_2OCH_2CH_2OCH_2CH_2OCH_3$$

答：$CH_2═CH_2 + O_2 \xrightarrow[\triangle,加压]{Ag}$ $CH_2—CH_2$（环氧，O 桥连）

3 $CH_2—CH_2$（环氧） $\xrightarrow[CH_3ONa]{CH_3OH}$ $CH_3O(CH_2CH_2O)_2CH_2CH_2OH \xrightarrow[②\ (CH_3O)_2SO_2]{①\ Na}$ 产物

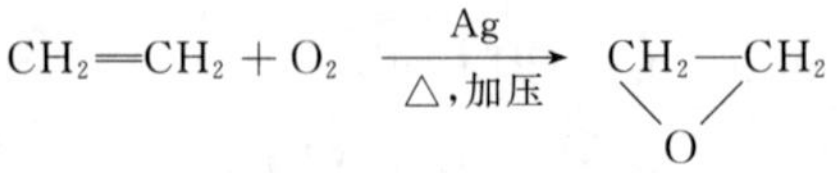

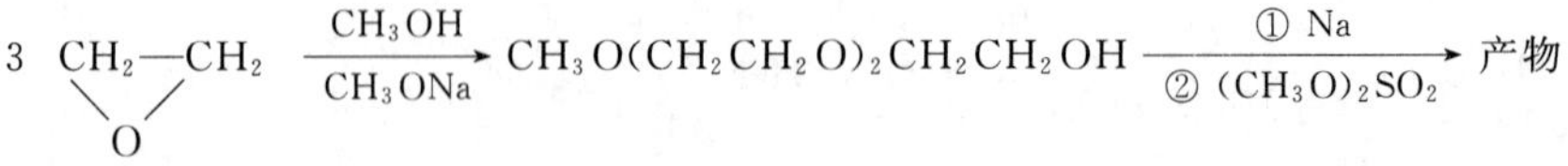

练习 10.6 写出下列反应的产物：

(1) $CH_3CH_2CH_2CH_2OCH_3 + HI(1\ mol) \longrightarrow$

练习 10.6(2)

练习 10.6 (3)(4)

(2) $CH_3—C(OC_2H_5)=CH—CH_3+H_2O \xrightarrow{H^+}$

(3) $C_6H_5OCH_2CH=CHCH_3 \xrightarrow{\triangle}$

(4) 2,6-二甲基苯基 $OCH_2CH=CHCH_3$（H_3C、CH_3 位于 $OCH_2CH=CHCH_3$ 两侧）$\xrightarrow{\triangle}$

(5) $C_6H_5—O—CH_2$—(环戊烯-1-基) $\xrightarrow{\triangle}$

答:(1) $CH_3CH_2CH_2CH_2OH+CH_3I$ (2) $C_2H_5OH+CH_3COCH_2CH_3$

(3) 邻位带 $CH(CH_3)—CH=CH_2$ 的苯酚（OH；$CH(CH_3)—CH=CH_2$）

(4) 2,6-二甲基-4-($CH_2CH=CHCH_3$)苯酚（OH，H_3C，CH_3，$CH_2CH=CHCH_3$）

(5) 邻位带 2-亚甲基环戊基的苯酚（OH，H_2C=）

10.4 习题和参考答案

(一) 写出分子式为 $C_5H_{12}O$ 的所有醚的构造式并命名之。

答：$CH_3OCH_2CH_2CH_2CH_3$ 丁基甲基醚

$CH_3OCH(CH_3)CH_2CH_3$ 仲丁基甲基醚

$CH_3OCH_2CH(CH_3)_2$ 异丁基甲基醚

$CH_3OC(CH_3)_3$ 叔丁基甲基醚

$CH_3CH_2OCH_2CH_2CH_3$ 乙基丙基醚

$CH_3CH_2OCH(CH_3)_2$ 乙基异丙基醚

(二) 完成下列反应式：

(1) 环己基—CH_2Br + $CH_3CH_2CH(ONa)CH_3$ $\longrightarrow$

(2) $CH_3CH_2I+NaO—C(C_2H_5)(CH_3)(H)$ $\longrightarrow$

(3) $CH_3CH_2CH(OH)CH_2Br \xrightarrow{NaOH}$

(4) 环氧环己烷（O） $\xrightarrow{NH_3}$

(5) 邻溴苯基-2-甲基环氧乙烷（Br，O） $\xrightarrow{NH_3}$

(6) 苯基环氧乙烷（O） $\xrightarrow[H_2SO_4]{CH_3OH}$

答：(1) 环己基—$CH_2OCHCH_2CH_3$（CH 上连 CH_3）

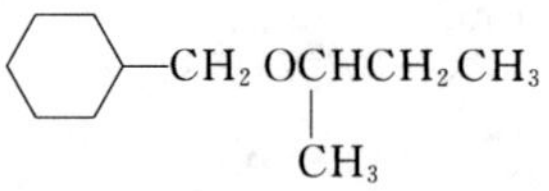

(2) 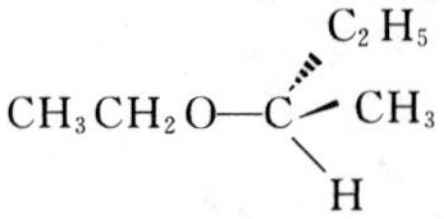 $CH_3CH_2O—C(C_2H_5)(CH_3)(H)$ 反应不涉及手性碳原子，故产物构型保持。

(3) 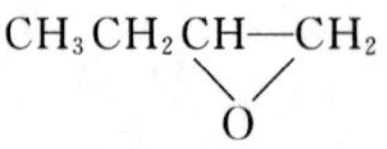 $CH_3CH_2CH—CH_2$（环氧，O 桥连）

(4) 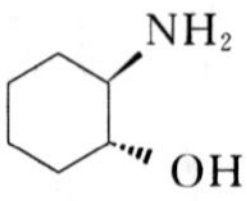 环己烷（NH_2，OH 邻位）及其对映体

(5) 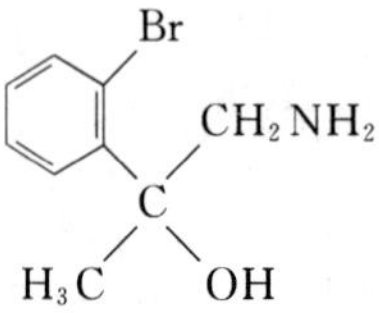 邻溴苯基—C(CH_2NH_2)(H_3C)(OH)

(6) 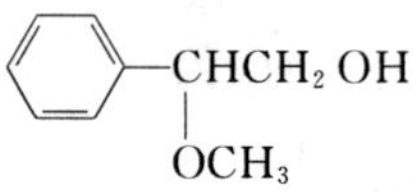 苯基—$CHCH_2OH$（CH 上连 OCH_3）

习题(三)

(三) 在 3,5-二氧杂环己醇（OH 连于 O 杂环）的稳定椅型构象中，羟基处在 a 键的位置，试解释之。

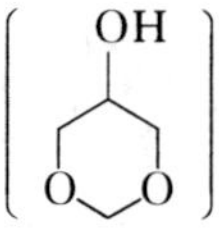

答：在 3,5-二氧杂环己醇的羟基处在 a 键的一种椅型构象 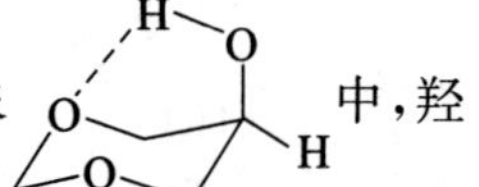

中，羟基氢原子可与环上的一个氧原子形成分子内氢键，所以较稳定。

(四) 完成下列转变：

(1) 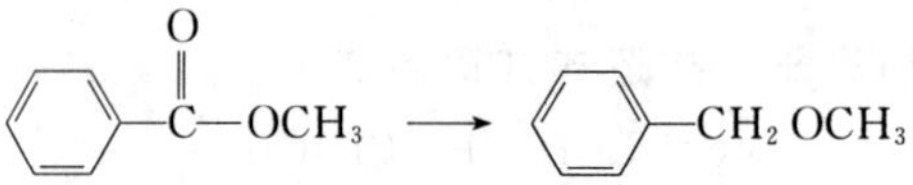 苯基—C(=O)—OCH_3 ⟶ 苯基—CH_2OCH_3

(2) 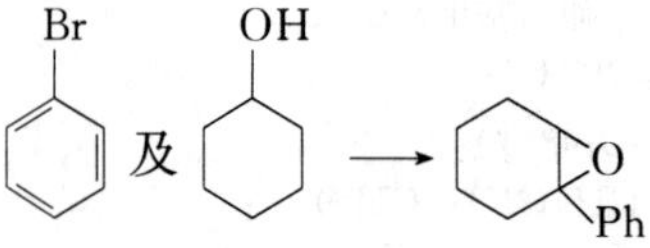 溴苯 及 环己醇 ⟶ 1-苯基环氧环己烷（O，Ph）

习题(四)(3)

(3) 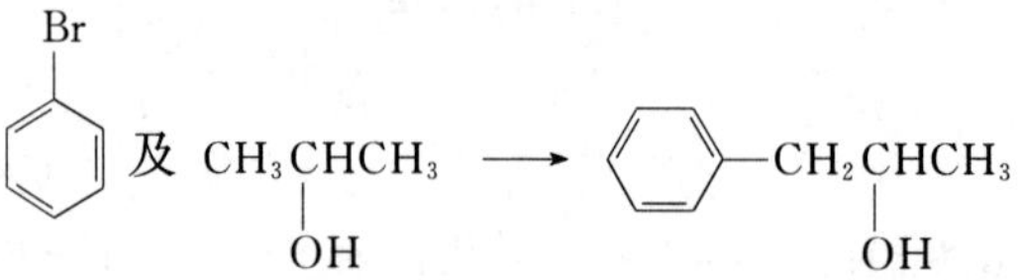 溴苯 及 CH_3CHCH_3（OH） ⟶ 苯基—CH_2CHCH_3（OH）

(4) 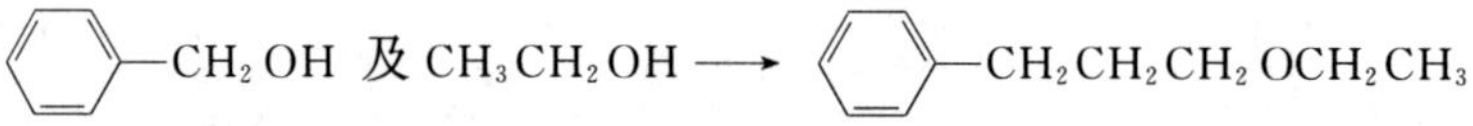 苯基—CH_2OH 及 CH_3CH_2OH ⟶ 苯基—$CH_2CH_2CH_2OCH_2CH_3$

习题(四)(5)

(5) 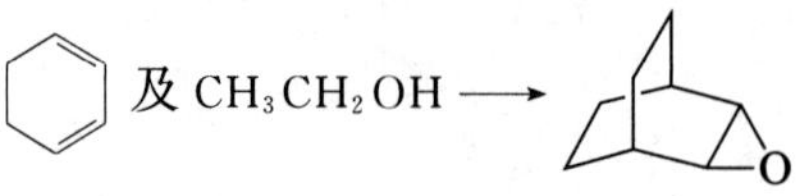 1,3-环己二烯 及 CH_3CH_2OH ⟶ 双环环氧化合物（O）

答：(1) 苯基—C(=O)—OCH_3 $\xrightarrow[\text{② } H^+, H_2O]{\text{① } LiAlH_4\text{, 醚}}$ 苯基—CH_2OH $\xrightarrow[\text{② } CH_3I]{\text{① Na}}$ 产物

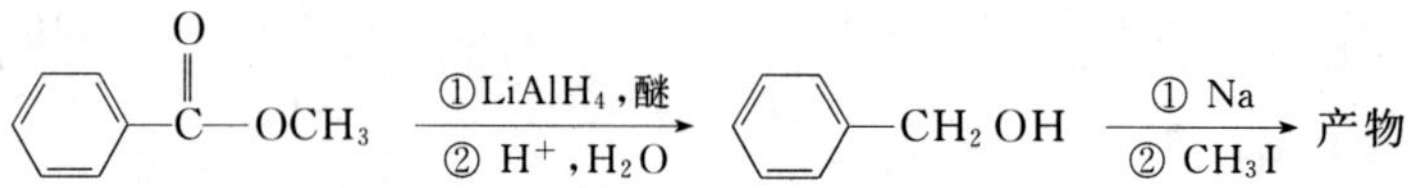

(2) 环己醇 $\xrightarrow[H_2SO_4]{K_2Cr_2O_7}$ 环己酮

溴苯 $\xrightarrow[乙醚]{Mg}$ 苯基溴化镁 $\xrightarrow[② H^+, H_2O]{① 环己酮}$ 1-苯基环己醇 $\xrightarrow[\triangle]{H_3PO_4}$ 1-苯基环己烯 $\xrightarrow{CF_3CO_3H}$ 产物

(3) $CH_3CH(OH)CH_3 \xrightarrow[\triangle]{浓 H_2SO_4} CH_3CH{=}CH_2 \xrightarrow{RCO_3H}$ 环氧丙烷（$CH_3CH—CH_2$，O桥连）

$C_6H_5Br \xrightarrow[乙醚]{Mg} C_6H_5MgBr \xrightarrow[② H^+, H_2O]{① 环氧丙烷, 醚} C_6H_5CH_2CH(OH)CH_3$

(4) $CH_3CH_2OH \xrightarrow[\triangle]{浓 H_2SO_4} H_2C{=}CH_2 \xrightarrow[\triangle, 加压]{O_2, Ag}$ 环氧乙烷（$CH_2—CH_2$，O桥连）

$C_6H_5CH_2OH \xrightarrow{SOCl_2} C_6H_5CH_2Cl \xrightarrow[乙醚]{Mg} C_6H_5CH_2MgCl$

$\xrightarrow[② H^+, H_2O]{① 环氧乙烷, 醚} C_6H_5CH_2CH_2CH_2OH \xrightarrow[② CH_3CH_2Br]{① Na}$ 产物

(5) $CH_3CH_2OH \xrightarrow[\triangle]{浓 H_2SO_4} H_2C{=}CH_2 \xrightarrow[\triangle]{1,3-环己二烯}$ 双环[2.2.2]辛-2-烯 $\xrightarrow{RCO_3H}$ 产物

（五）完成下列反应式并用反应机理解释之。

(1) 2-甲基-1,2-环氧丙烷（$(CH_3)_2C—CH_2$，O桥连） $\xrightarrow[H_2SO_4(少量)]{CH_3OH}$

(2) 2-甲基-1,2-环氧丙烷（$(CH_3)_2C—CH_2$，O桥连） $\xrightarrow[CH_3ONa(少量)]{CH_3OH}$

(3) 环氧化物（含炔基侧链） $\xrightarrow[THF]{H_2SO_4}$ 双环产物（含O杂环）

答:(1) 2-甲基-1,2-环氧丙烷 $\underset{}{\overset{H^+}{\rightleftharpoons}}$ 质子化环氧化物（δ^+ C，O^{δ^+}—H） $\xrightarrow{CH_3\ddot{O}H}$ $H_3C—C(CH_3)(\overset{+}{O}HCH_3)—CH_2OH$

$\xrightarrow{-H^+} H_3C—C(CH_3)(OCH_3)—CH_2OH$

(2) 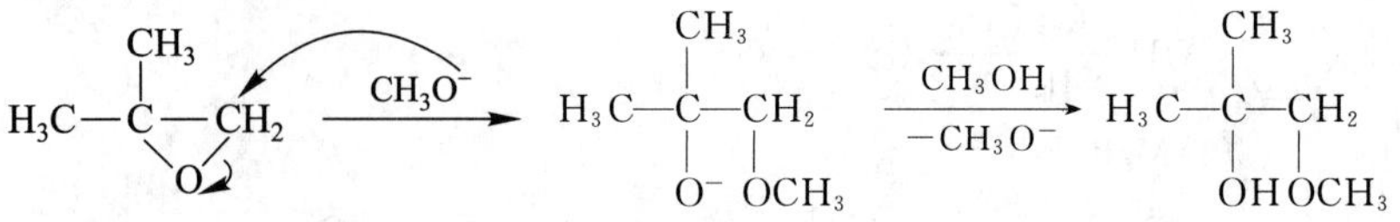

(3) 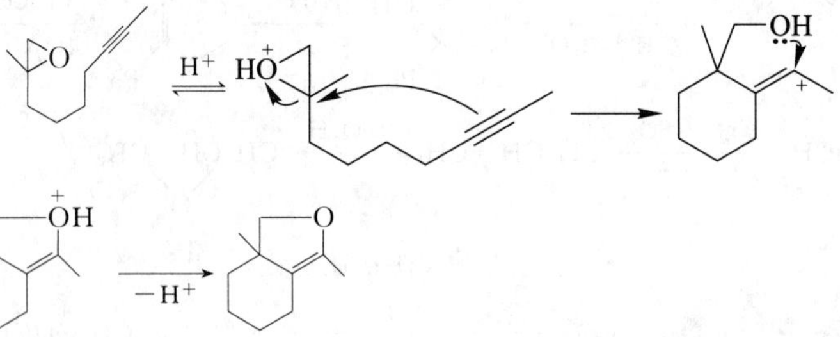

（六）一个未知化合物的分子式为 C_2H_4O，它的 IR 谱图中 3 600～3 200 cm^{-1} 和 1 800～1 600 cm^{-1} 处都没有强吸收峰，试推断该化合物的结构。

答：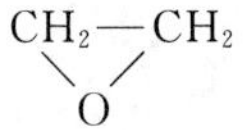

（七）化合物（A）的分子式为 $C_6H_{14}O$，其核磁共振氢谱数据如下：^1H NMR（$CDCl_3$，300 MHz）δ3.64（多重峰，2H），δ1.13（双峰，12H），试写出其构造式。

答：（A）$(CH_3)_2CH—O—CH(CH_3)_2$

10.5 小　　结

10.5.1 醚和环氧化合物的制备

可利用 Williamson 合成法制备醚及环氧化合物，该反应为亲核取代反应。合成环醚是分子内的亲核取代反应，生成环醚的反应速率与环大小的关系为 $k_3 \geqslant k_5 > k_6 > k_4 \geqslant k_7 > k_8$。醇在酸的催化下，可与烯烃发生亲电加成反应生成醚，异丁烯与醇的反应可在有机合成中用于保护醇羟基。

10.5.2 醚和环氧化合物的化学性质

醚的化学性质相对不活泼，但遇酸可形成氧正离子进而发生醚键的断裂。

$$R—O—CH_3 \xrightleftharpoons{H^+} R—\overset{+}{\underset{\substack{|\\H}}{O}}—CH_3 \xrightarrow{Nu^-} R—OH + CH_3—Nu$$

环氧化合物在酸性或碱性条件下均可发生开环反应，但不对称环氧化合物在酸、碱条件下的开环方向不同。环氧化合物可与 Grignard 试剂反应生成醇。

$$\underset{\text{O}}{\overset{\text{CH}_2\text{—CH—R}}{\diagdown\ \diagup}} \begin{cases} \xrightarrow{CH_3OH,H^+} RCH(OCH_3)—CH_2OH \\ \xrightarrow{CH_3OH,CH_3ONa} RCH(OH)—CH_2OCH_3 \\ \xrightarrow[\text{② } H^+,H_2O]{\text{① } R'MgBr} RCH(OH)—CH_2—R' \end{cases}$$

烯丙基苯基醚及其类似物在加热条件下发生 Claisen 重排生成邻烯丙基苯酚（或其他取代苯酚）；若烯丙基芳基醚的两个邻位已有取代基，则烯丙基经过两次协同重排至羟基对位。

$$C_6H_5OCH_2CH{=}CHR \xrightarrow{\triangle} o\text{-}HOC_6H_4CH(R)—CH{=}CH_2$$

$$2\text{-}R^1\text{-}6\text{-}R^2\text{-}C_6H_3OCH_2CH{=}CHR \xrightarrow{\triangle} 2\text{-}R^1\text{-}6\text{-}R^2\text{-}4\text{-}(CH_2CH{=}CHR)C_6H_2OH$$

第十一章　醛、酮和醌

11.1　本章重点和难点

11.1.1　重点

（1）醛、酮的系统命名。

（2）羰基的结构。

（3）醛、酮的工业合成方法及实验室制备方法。

（4）醛、酮的红外光谱及核磁共振氢谱的特征。

羰基亲核加成及反应活性

（5）醛、酮的亲核加成反应：与水、醇、HCN、$NaHSO_3$、金属有机试剂及 Wittig 试剂的加成反应，与氨及其衍生物的加成缩合反应，亲核加成反应的活性顺序，电子效应和空间效应对亲核加成反应活性的影响。

（6）醛、酮 α－氢原子的反应：α－氢原子的酸性，α－氢原子的卤化及卤仿反应。

（7）醛、酮的缩合反应：羟醛缩合反应，Claisen－Schmidt 反应，Perkin 反应及 Mannich 反应等。

Wittig 反应

（8）醛、酮的氧化反应，还原反应，Cannizzaro 反应。

（9）α,β－不饱和羰基化合物的 1,2－加成和 1,4－加成反应，还原反应。

（10）乙烯酮的制备和应用。

（11）醌的制法，醌的还原反应和加成反应。

羟醛缩合反应

11.1.2　难点

羰基进行亲核加成反应的活性顺序及理论解释，醛、酮与金属有机试剂的加成反应，Cram 规则，Reformatsky 反应，Wittig 试剂的制备与 Wittig 反应，Beckmann 重排，亚胺及烯胺在合成中的应用；卤化反应的机理；羟醛缩合反应的机理，交叉羟醛缩合反应，Mannich 反应；Wolff－Kishner－黄鸣龙还原法的原理及应用，Cannizzaro 反应；α,β－不饱和羰基化合物的 1,2－加成和 1,4－加成反应；醌的化学性质，二氰基二氯对苯醌（DDQ）在合成中的应用。

α,β－不饱和羰基化合物的加成反应

11.2 例　　题

例一 用化学方法鉴别下列化合物：

(A) 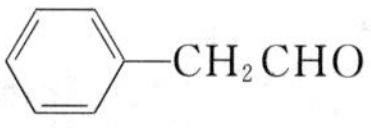 $C_6H_5-CH_2CHO$　　(B) $C_6H_5-COCH_3$　　(C) $H_3C-C_6H_4-CHO$

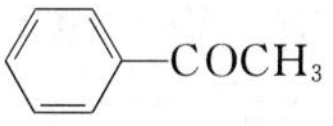

(D) 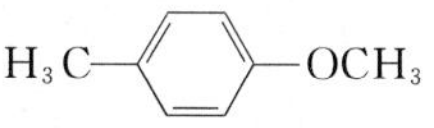 $H_3C-C_6H_4-OCH_3$　　(E) 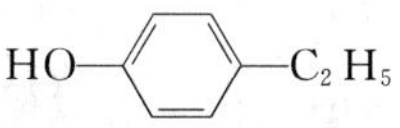 $HO-C_6H_4-C_2H_5$

答：上述化合物中，前三种为羰基化合物，后两种则不含羰基。故首先考虑羰基的特征反应，如使用 2,4−二硝基苯肼可将它们分为两组：能与 2,4−二硝基苯肼生成黄色沉淀的是(A)、(B)、(C)，不反应的为(D)、(E)。第一组中，(A)为脂肪醛，可与 Fehling 试剂反应生成砖红色沉淀；余下两者中(C)可与 Tollens 试剂发生银镜反应；(B)则与上述两种试剂均不反应。第二组中，(E)为酚，可使 $FeCl_3$ 溶液显蓝紫色或溶于稀 NaOH 溶液，最后剩下的为(D)。

例二 试由环戊酮合成 [H_3C 取代的螺环烯] 。

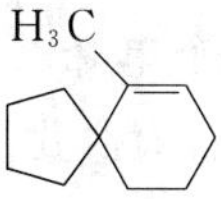

例二

答：环戊酮在镁汞齐的作用下发生还原偶联反应，生成的邻二醇经频哪醇重排可得到 [螺环酮]，该化合物与甲基碘化镁(Grignard 试剂)加成后脱水即得目标产物。

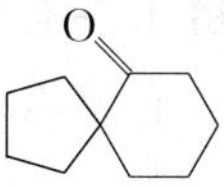

具体合成路线如下：

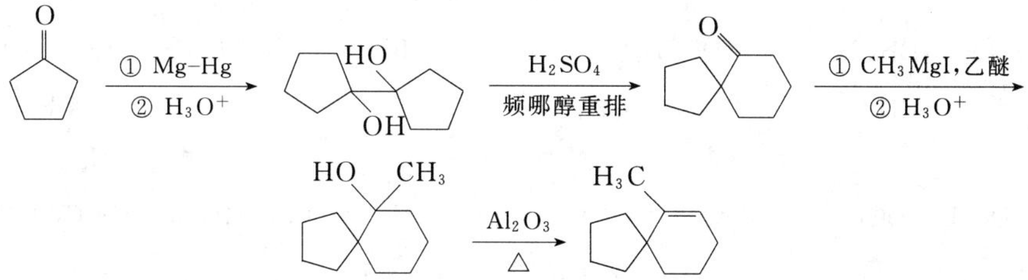

$$\text{环戊酮} \xrightarrow[\text{② } H_3O^+]{\text{① Mg-Hg}} \text{邻二醇 (HO, OH)} \xrightarrow[\text{频哪醇重排}]{H_2SO_4} \text{螺环酮} \xrightarrow[\text{② } H_3O^+]{\text{① } CH_3MgI,\text{乙醚}}$$

$$\text{叔醇 (HO, } CH_3\text{)} \xrightarrow[\triangle]{Al_2O_3} \text{目标产物 (} H_3C\text{)}$$

例三 试由乙醛为主要原料合成 [双缩醛化合物] 。

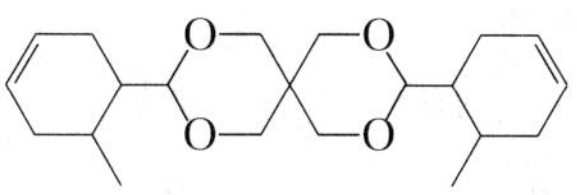

答：该化合物具有双缩醛结构，需用季戊四醇和 [含 CHO、CH_3 的环己烯] 为原料。前者可用乙醛合成；后者可通过 Diels−Alder 反应合成，其原料之一巴豆醛(丁−2−烯醛)也可用乙醛合成。

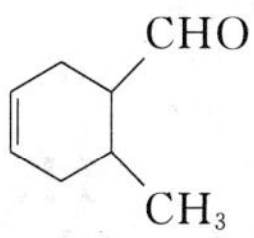

具体合成路线如下：

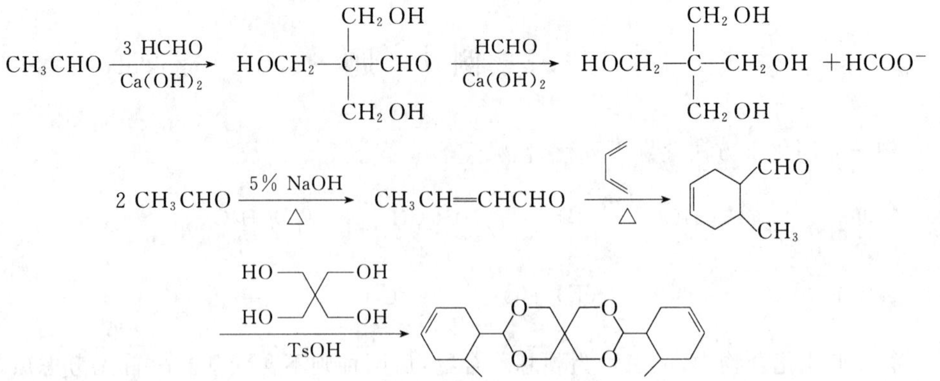

$$CH_3CHO \xrightarrow[Ca(OH)_2]{3\ HCHO} HOCH_2-C(CH_2OH)_2-CHO \xrightarrow[Ca(OH)_2]{HCHO} HOCH_2-C(CH_2OH)_2-CH_2OH + HCOO^-$$

$$2\ CH_3CHO \xrightarrow[\triangle]{5\%\ NaOH} CH_3CH{=}CHCHO \xrightarrow[\triangle]{CH_2{=}CH-CH{=}CH_2}$$ 6-甲基-3-环己烯甲醛（环上带 CHO 和 CH_3）

$$\xrightarrow[TsOH]{C(CH_2OH)_4}$$ 螺环双缩醛产物（两个甲基环己烯基分别与季戊四醇形成的 1,3-二氧六环相连）

例四 化合物(A)C_4H_8O在NaOH溶液中受热时可生成化合物(B)$C_8H_{16}O_2$，(B)在酸性条件下可脱水生成化合物(C)$C_8H_{14}O$；(A)、(B)、(C)都能与Tollens试剂发生银镜反应。将(C)与$HOCH_2CH_2OH/H^+$作用后再与1 mol O_3作用，然后在锌粉存在下水解得化合物(D)和(E)。(D)C_3H_6O的核磁共振氢谱中只有一个单峰，(E)$C_5H_8O_2$的核磁共振氢谱中只有两个单峰，(E)经银镜反应后再酸化生成化合物(F)$C_5H_8O_4$，(F)的核磁共振氢谱中也只有两个单峰；(E)在浓NaOH溶液中可转变为化合物(G)$C_5H_9NaO_3$。试写出(A)～(G)的构造式。

答：从分子式和能发生银镜反应的特点分析(A)是正丁醛或2-甲基丙醛；从臭氧化-还原分解反应的产物(D)、(E)分析，(D)只能是丙酮，表明碳链末端有分支，初步断定(A)是2-甲基丙醛。由(A)转化成(C)的过程需在酸性条件下脱水，而非普通的羟醛缩合在碱性条件下脱水，据此分析，(A)中只含有一个α-氢原子，即2-甲基丙醛。各化合物构造式如下：

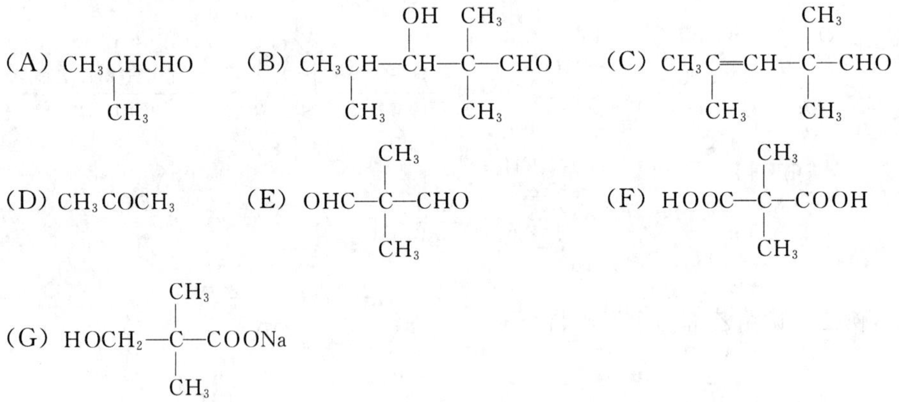

(A) $CH_3CH(CH_3)CHO$　(B) $CH_3CH(CH_3)-CH(OH)-C(CH_3)_2-CHO$　(C) $CH_3C(CH_3){=}CH-C(CH_3)_2-CHO$

(D) CH_3COCH_3　(E) $OHC-C(CH_3)_2-CHO$　(F) $HOOC-C(CH_3)_2-COOH$

(G) $HOCH_2-C(CH_3)_2-COONa$

11.3 练习和参考答案

练习 11.1 命名下列化合物：

(1) $HOCH_2CH_2CHO$　(2) $CH_3CHBrCOCHBrCH_3$

(3) $CH_3COCH{=}CHCOCH_3$　　(4) CH_3— —O

(5) Br— —CHO　　(6) CH_3O— —C—CH_3 (C=O)

(7) CH_3—C(=O)— —CHO　　(8) HO— —CHO, CH_3O

(9) —C(=O)—

答：(1) 3-羟基丙醛　(2) 2,4-二溴戊-3-酮　(3) 己-3-烯-2,5-二酮

(4) 4-甲基环己酮　(5) 4-溴苯甲醛　(6) 4-甲氧基苯乙酮

(7) 4-乙酰基苯甲醛　(8) 4-羟基-3-甲氧基苯甲醛(香兰素)

(9) 环己基苯基甲酮

练习 11.2　写出下列化合物的构造式：

(1) 甲基异丁基酮　(2) 丁二醛　(3) 三甲基乙醛

(4) β-环己二酮　(5) β-羟基丁醛

(6) 1-(4-羟基苯基)丙-1-酮

答：(1) O　(2) O, H, H, O　(3) H, O

(4) O, O　(5) H, OH O　(6) HO— O

练习 11.3　选择合适的原料及条件合成下列化合物：

(1) 己-2-酮　(2) 丁醛　(3) CH_3O— —CHO　(4) Cl, —CHO, Cl

(5) O_2N, O_2N, O, C　(6) O, CCH_2CH_2COOH

答：(1) $HC{\equiv}CH \xrightarrow[\text{② } CH_3CH_2CH_2CH_2Br]{\text{① } NaNH_2\text{，液氨}} HC{\equiv}CCH_2CH_2CH_2CH_3$

$\xrightarrow[\text{稀 } H_2SO_4]{HgSO_4} CH_3\overset{O}{\overset{\|}{C}}CH_2CH_2CH_2CH_3$

(2) $CH_3CH_2CH_2CH_2OH \xrightarrow[CH_2Cl_2]{PCC} CH_3CH_2CH_2CHO$

(3) 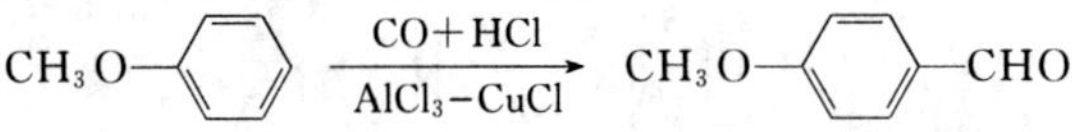 $CH_3O-C_6H_5 \xrightarrow[AlCl_3-CuCl]{CO+HCl} CH_3O-C_6H_4-CHO$

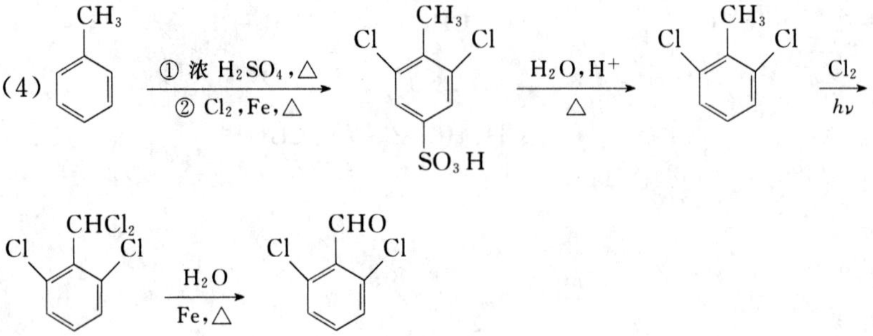

(4) 甲苯 $\xrightarrow[\text{② } Cl_2,Fe,\triangle]{\text{① 浓 } H_2SO_4,\triangle}$ 2,6-二氯-4-甲基苯磺酸（CH_3、Cl、Cl、SO_3H） $\xrightarrow[\triangle]{H_2O,H^+}$ 2,6-二氯甲苯 $\xrightarrow{Cl_2}_{h\nu}$

2,6-二氯苯基$CHCl_2$ $\xrightarrow[Fe,\triangle]{H_2O}$ 2,6-二氯苯甲醛（CHO、Cl、Cl）

(5) 甲苯（CH_3） $\xrightarrow[\text{② } H^+]{\text{① } KMnO_4}$ 苯甲酸（COOH） $\xrightarrow[\text{发烟 } H_2SO_4]{\text{发烟 } HNO_3}$ 3,5-二硝基苯甲酸（COOH、O_2N、NO_2）

$\xrightarrow{SOCl_2}$ 3,5-二硝基苯甲酰氯（COCl、O_2N、NO_2） $\xrightarrow[AlCl_3]{C_6H_6}$ $(O_2N)_2C_6H_3-\overset{O}{\overset{\|}{C}}-C_6H_5$

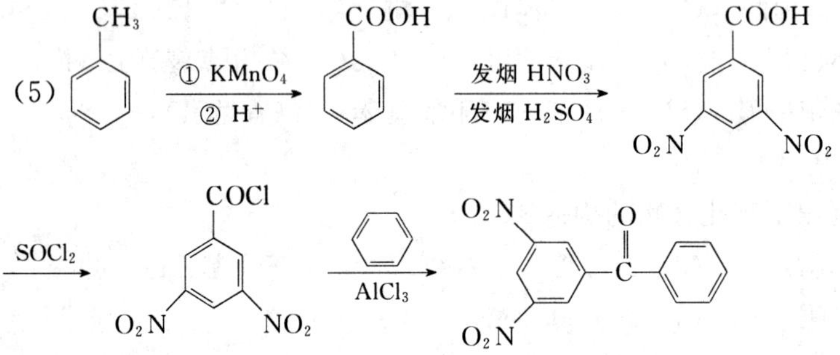

(6) 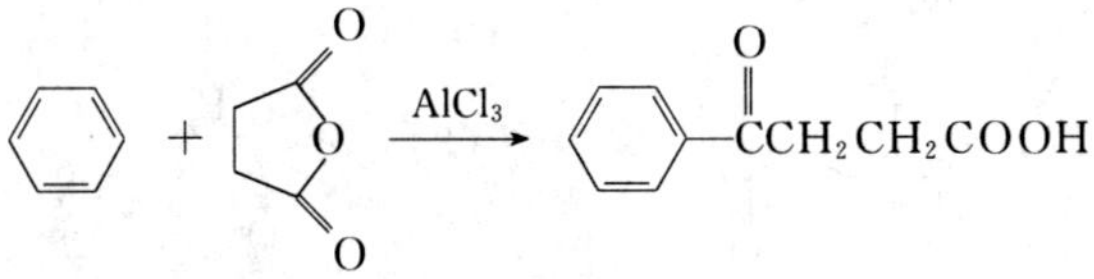 C_6H_6 + 丁二酸酐 $\xrightarrow{AlCl_3}$ $C_6H_5-\overset{O}{\overset{\|}{C}}CH_2CH_2COOH$

练习 11.4 完成下列转变:

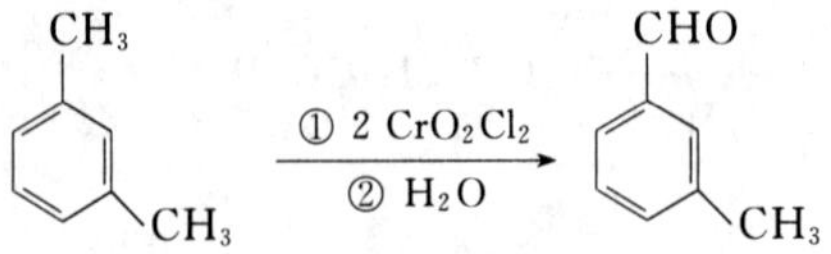

(1) 间二甲苯 ⟶ 间甲基苯甲醛（CHO、CH_3）

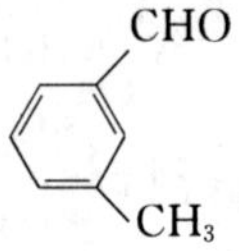

(2) 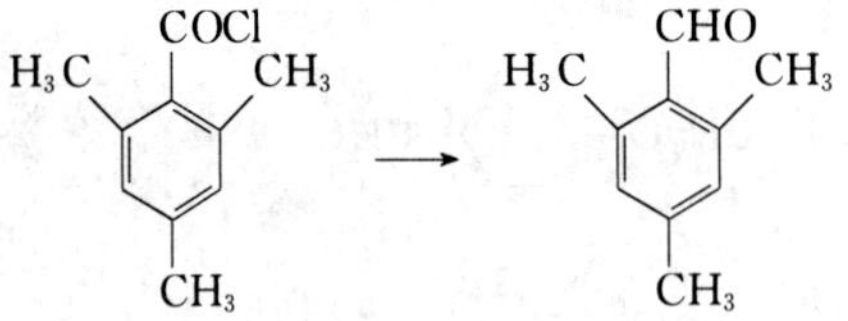 2,4,6-三甲基苯甲酰氯（COCl、H_3C、CH_3、CH_3） ⟶ 2,4,6-三甲基苯甲醛（CHO、H_3C、CH_3、CH_3）

答: (1) 间二甲苯（CH_3、CH_3） $\xrightarrow[\text{② } H_2O]{\text{① } 2\ CrO_2Cl_2}$ 间甲基苯甲醛（CHO、CH_3）

(2) 2,4,6-三甲基苯甲酰氯（COCl、H_3C、CH_3、CH_3） $\xrightarrow[\text{② } H_3O^+]{\text{① } LiAl(OBu-t)_3H,\text{乙醚},-78\ ℃}$ 2,4,6-三甲基苯甲醛（CHO、H_3C、CH_3、CH_3）

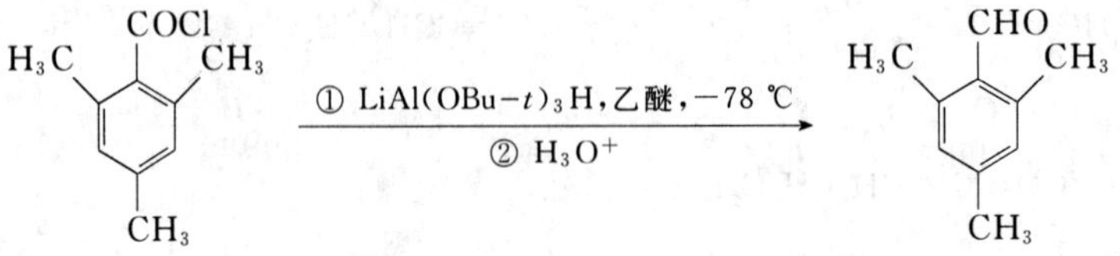

也可采用 Rosenmund 还原法。

练习 11.5 完成下列反应式：

(1) $2C_2H_5OH+$ 环戊酮 $\xrightarrow{\text{HCl 的乙醇溶液}}$

(2) 环己酮 $+ H_2NNH—C(=O)—NH_2 \longrightarrow$

(3) $HOCH_2CH_2CH_2CH_2CHO \longrightarrow$

(4) 环己基—CHO $+ H_2NNH$—（2,4-二硝基苯基，O_2N，NO_2）$\longrightarrow$

(5) 苯基—MgBr $+CH_3CHO \xrightarrow[\text{② } H_3O^+]{\text{① 乙醚}}$

(6) 邻羟基苯甲醛（OH，CHO）$\xrightarrow{\text{饱和 } NaHSO_3}$

(7) 邻苯二甲醛（CHO，CHO）$+$ 邻苯二亚甲基双叶立德（$Ph_3P═CH$，$Ph_3P═CH$）$\longrightarrow$

(8) 苯基—$CH═PPh_3$ $+$ O═环戊基 $\longrightarrow$

(9) (Ph)(($CH_3)_2CHCH_2$)C═N—OH（Ph 与 OH 同侧）$\xrightarrow{H^+}$

(10) (($CH_3)_2CHCH_2$)(Ph)C═N—OH（$(CH_3)_2CHCH_2$ 与 OH 同侧）$\xrightarrow{H^+}$

练习 11.5
(9)(10)

答：(1) 环戊烷-1,1-二基（OC_2H_5，OC_2H_5）　(2) 环己基═NNH—C(=O)—NH_2　(3) 四氢吡喃-2-基—OH

(4) 环己基—CH═NNH—（2,4-二硝基苯基，O_2N，NO_2）　(5) 苯基—CH(CH_3)—OH（即 $C_6H_5CH(OH)CH_3$）

(6) 邻羟基苯基—CH(OH)—SO_3Na　(7) 二苯并环辛四烯

(8) 苯基—CH═环戊叉

(9) $PhCONHCH_2CH(CH_3)_2$　(10) $(CH_3)_2CHCH_2CONHPh$

练习 11.6 给下列反应提出可能的机理。

(1) $\mathrm{HC(=O)CH{=}CHC(=O)H} + 2CH_3OH \xrightarrow{H^+} CH_3O$—(2,5-二氢呋喃-2,5-二基)—$OCH_3$

练习 11.6(2)

(2) (Ph)(H)(*i*-Pr)C—CHO $\xrightarrow[\text{② } H_2O,H^+]{\text{① } CH_3MgI,\text{乙醚}}$ Fischer 投影式：CH_3 / H—OH / H—Ph / $CH(CH_3)_2$

（主要产物）

答：(1) 顺丁烯二醛 $\xrightarrow{H^+}$ 质子化羰基 $\xrightarrow{CH_3OH}$ 半缩醛（$\overset{+}{O}CH_3$，H；OH）$\longrightarrow$ $-OCH_3$，$\overset{+}{O}H_2$ $\xrightarrow{-H_2O}$ 碳正离子（$\overset{+}{}-OCH_3$，羰基氧进攻）$\longrightarrow$ $^+$(环)—OCH_3 $\xrightarrow[-H^+]{CH_3OH}$ CH_3O—(环O)—OCH_3

(2) (Ph)(H)(*i*-Pr)C—CHO ≡ Newman 投影式（H、Ph、*i*-Pr、C=O、H） $\xrightarrow{\bar{C}H_3\overset{+}{Mg}I}$ Newman 投影式（Ph、H、CH_3、*i*-Pr、H、OMgI）

$\xrightarrow{H_3O^+}$ Newman 投影式（Ph、H、CH_3、*i*-Pr、H、OH） ≡ Fischer 投影式：CH_3 / H—OH / H—Ph / $CH(CH_3)_2$

（主要产物）

练习 11.7 完成下列转变：

(1) $CH_3COCH_3 + CH{\equiv}CH \longrightarrow$ 异戊二烯

练习 11.7(2)

(2) 环己酮 $\longrightarrow$ 2-($COCH_3$)环己酮

(3) 环己酮 $\longrightarrow$ 2-(CH_2CH_2CN)环己酮

答：(1) $CH_3-\underset{\|O}{C}-CH_3 + HC{\equiv}CH \xrightarrow{KOH} CH_3-\overset{CH_3}{\underset{OH}{C}}-C{\equiv}CH$

$\xrightarrow[\text{Pd-BaSO}_4\text{，喹啉-硫}]{H_2} CH_3-\overset{CH_3}{\underset{OH}{C}}-CH{=}CH_2 \xrightarrow[\triangle]{Al_2O_3} CH_2{=}\overset{CH_3}{C}-CH{=}CH_2$

(2) 环己酮 $\xrightarrow[-H_2O]{\text{四氢吡咯},\ H^+}$ 1-(环己烯基)四氢吡咯 $\xrightarrow[Et_3N]{CH_3COCl}$ 2-乙酰基烯胺($COCH_3$) $\xrightarrow{H_2O}$ 2-乙酰基环己酮($COCH_3$)

(3) 环己酮 $\xrightarrow[-H_2O]{\text{四氢吡咯},\ H^+}$ 1-(环己烯基)四氢吡咯 $\xrightarrow{CH_2{=}CHCN}$ 烯胺(CH_2CH_2CN) $\xrightarrow{H_2O}$ 2-(CH_2CH_2CN)环己酮

练习 11.8 指出下列化合物中,哪种可以进行自身羟醛缩合。

(1) C_6H_5—CHO (2) HCHO (3) $(CH_3CH_2)_2CHCHO$ (4) $(CH_3)_3CCHO$

答:只有(3)有 α-氢原子,可以进行自身羟醛缩合。

练习 11.9 指出下列化合物中,哪些能发生碘仿反应。

(1) ICH_2CHO (2) CH_3CH_2CHO (3) $CH_3CH_2CH(OH)CH_3$ (4) C_6H_5—$COCH_3$

练习 11.9

答:(1)、(3)和(4)都能发生碘仿反应。

练习 11.10 完成下列反应式:

(1) $CH_3CH_2CHO \xrightarrow[\triangle]{\text{稀}\ ^-OH}$ (2) $OHCCH_2CH_2CH_2CH_2CHO \xrightarrow[\triangle]{\text{稀}\ ^-OH}$

(3) C_6H_5—$COCH_3$ + HCHO + 四氢吡咯 $\xrightarrow{H^+}$

(4) 2-甲基苯甲醛(—CHO, CH_3) + 环己酮 $\xrightarrow[H_2O,\triangle]{KOH}$

(5) OHC—C_6H_4—CHO + 2 $(CH_3CO)_2O \xrightarrow[\triangle]{CH_3COONa}$

答:(1) $CH_3CH_2CH{=}C(CH_3)CHO$ (2) 环戊烯—CHO

(3) C_6H_5—$COCH_2CH_2$—N(四氢吡咯基) (4) 2-(2-甲基苯亚甲基)环己酮(—CH=, CH_3)

(5) HOOCCH=CH—C_6H_4—CH=CHCOOH

练习 11.11

练习 11.11 下列化合物，哪些能进行银镜反应？

(1) $CH_3COCH_2CH_3$　(2) 环己基—CHO　(3) $CH_3CH(CH_3)CHO$

(4) 2-羟基四氢吡喃（环上O邻位碳连OH、H）　(5) 2-甲氧基四氢吡喃（环上O邻位碳连OCH_3、H）　(6) 苯基—CHO

答：(2)、(3)、(4)和(6)都能进行银镜反应，其中(4)与开链醛存在平衡。

练习 11.12 完成下列反应式：

(1) $CH_3CH{=}CHCH_2CH_2CHO \xrightarrow{NaBH_4}$

(2) $CH_3CH{=}CHCH_2CH_2CHO \xrightarrow[\text{加压}]{H_2,Pd}$

(3) $CH_3CH{=}CHCH_2CH_2CHO \xrightarrow{Ag(NH_3)_2OH}$

(4) $CH_3CH{=}CHCH_2CH_2CHO \xrightarrow[\triangle]{\text{浓 }KMnO_4} \xrightarrow{H^+}$

(5) $C_6H_5\text{—}COCH_2CH_2COOH \xrightarrow[\text{回流}]{Zn-Hg,\text{浓 }HCl}$

(6) 环丁酮（环丁基=O） $\xrightarrow[\text{二甘醇},\triangle]{NH_2NH_2\cdot H_2O,KOH}$

(7) $C_6H_5\text{—}CHO + HCHO \xrightarrow{\text{浓 }NaOH}$

(8) $CH_3\text{—}\overset{O}{\overset{\|}{C}}\text{—}$环丙基 $\xrightarrow{CF_3CO_3H}$

(9) 环己基$\text{—}\overset{O}{\overset{\|}{C}}\text{—}CH_3 \xrightarrow{PhCO_3H}$

答：(1) $CH_3CH{=}CHCH_2CH_2CH_2OH$　(2) $CH_3(CH_2)_4CH_2OH$

(3) $CH_3CH{=}CHCH_2CH_2COO^-$　(4) $CH_3COOH + HOOCCH_2CH_2COOH$

(5) $C_6H_5\text{—}CH_2CH_2CH_2COOH$　(6) 环丁烷

(7) $C_6H_5\text{—}CH_2OH + HCOONa$　(8) $CH_3\overset{O}{\overset{\|}{C}}\text{—}O\text{—}$环丙基

(9) 环己基$\text{—}O\text{—}\overset{O}{\overset{\|}{C}}CH_3$

练习 11.13 完成下列反应式：

(1) 2-环己烯酮 $+ HBr \longrightarrow$　(2) 2-环己烯酮 $\xrightarrow[\text{② }H_3O^+]{\text{① }CH_3MgI}$

(3) 2-环己烯酮 + 1,3-丁二烯 $\xrightarrow{\triangle}$

(4) 2-环己烯酮 $\xrightarrow[\text{② } H_3O^+]{\text{① } LiAlH_4}$

(5) $CH_3CH{=}CH{-}\overset{O}{\overset{\|}{C}}{-}Ph \xrightarrow[HOAc]{NaCN}$

(6) $CH_3\overset{O}{\overset{\|}{C}}CH{=}CHPh \xrightarrow{\text{哌啶}}$

(7) i-Pr—C₆H₄—$CH{=}\underset{}{\overset{CH_3}{\overset{|}{C}}}{-}CHO \xrightarrow[Pd-C]{H_2}$

答：(1) 3-溴环己酮 (2) 1-甲基-2-环己烯-1-醇 (3) 八氢萘-1-酮（含C=C） (4) 2-环己烯-1-醇

(5) $CH_3\underset{CN}{\underset{|}{C}H}{-}CH_2\overset{O}{\overset{\|}{C}}Ph$ (6) $CH_3{-}\overset{O}{\overset{\|}{C}}{-}CH_2{-}\underset{N(\text{哌啶基})}{\underset{|}{C}HPh}$

(7) i-Pr—C₆H₄—$CH_2{-}\overset{CH_3}{\overset{|}{C}H}{-}CHO$

练习 11.14 命名下列化合物：

(1) (2) (3)

答:(1) 2-氯-1,4-苯醌 (2) 2,3,5-三氟-6-羟基-1,4-苯醌

(3) 1,5-二氯-9,10-蒽醌

11.4 习题和参考答案

(一) 写出丙醛与下列各试剂反应时生成产物的构造式。

(1) $NaBH_4$ (2) C_2H_5MgBr,然后加 H_2O (3) $LiAlH_4$,然后加 H_2O

(4) $NaHSO_3$ (5) $NaHSO_3$,然后加 NaCN (6) $^-OH,H_2O$

(7) $^-OH,H_2O$,然后加热 (8) $HOCH_2CH_2OH,H^+$

(9) $Ag(NH_3)_2OH$ (10) NH_2OH

答：(1) $CH_3CH_2CH_2OH$ (2) $CH_3CH_2\underset{OH}{\underset{|}{C}H}CH_2CH_3$

(3) $CH_3CH_2CH_2OH$

(4) $CH_3CH_2CH(OH)SO_3Na$

(5) $CH_3CH_2CH(OH)CN$

(6) $CH_3CH_2CH(OH)—CH(CH_3)CHO$

(7) $CH_3CH_2CH═C(CH_3)CHO$

(8) CH_3CH_2CH（与 $—O—CH_2CH_2—O—$ 成环）

(9) $CH_3CH_2COO^-$

(10) $CH_3CH_2CH═N—OH$

（二）写出苯甲醛与习题（一）中各试剂反应时生成产物的构造式，若不反应请注明。

提示：除(6)和(7)外其余反应与上题类似；在条件(6)下苯甲醛不反应；在条件(7)中如果碱浓度足够大则发生 Cannizzaro 反应，生成苯甲醇和苯甲酸盐。

（三）将下列各组化合物按其羰基的活性从高到低排列成序。

(1) CH_3CHO，CH_3COCHO，$CH_3COCH_2CH_3$，$(CH_3)_3CCOC(CH_3)_3$

(2) $C_2H_5COCH_3$，CH_3COCCl_3

习题（三）(1)

答：(1) 中丙酮醛的醛羰基最活泼，其次依次是乙醛、丁酮和 2,2,4,4－四甲基戊－3－酮；

(2) 后者含有吸电子基团，羰基更活泼。

（四）怎样区别下列各组化合物？

(1) 环己烯，环己酮，环己醇

(2) 己－2－醇，己－3－醇，环己酮

(3) 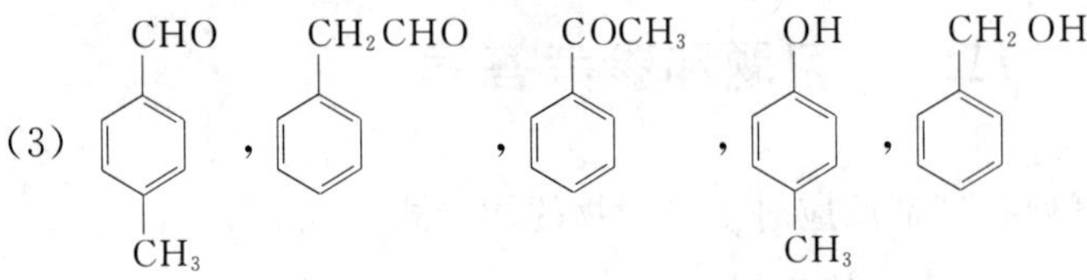

答：(1) 将三种化合物分别与 2,4－二硝基苯肼作用，生成黄色固体者为环己酮；余下的两种分别加入溴的四氯化碳溶液，褪色者为环己烯，无变化者为环己醇。

(2) 将三种化合物分别与 2,4－二硝基苯肼作用，生成黄色固体者为环己酮；余下的两种分别加到碘的氢氧化钠溶液中，析出黄色沉淀（CHI_3）者为己－2－醇，无黄色沉淀析出者为己－3－醇。

(3) 将五种化合物分别与 2,4－二硝基苯肼作用，生成黄色固体者为第一组（对甲基苯甲醛、苯乙醛和苯乙酮),不反应的第二组为对甲苯酚和苯甲醇。第一组中分别加入 Tollens 试剂,无金属银析出者为苯乙酮,有金属银析出者再分别用 Fehling 试剂检验,析出砖红色 Cu_2O 沉淀者为苯乙醛,另一种为对甲基苯甲醛;第二组中分别加入溴水,褪色并生成白色沉淀者为对甲苯酚,无反应者为苯甲醇。

(五) 化合物(A)的分子式为 $C_5H_{12}O$,有旋光性,当它用碱性 $KMnO_4$ 溶液剧烈氧化时变成没有旋光性的 $C_5H_{10}O$(B)。化合物(B)与丙基溴化镁作用后水解生成(C),然后能拆分出两种对映体。试问化合物(A)、(B)、(C)的结构如何?

答:

(A): Fischer 投影式,竖键上 CH_3、下 $CH(CH_3)_2$,横键 H—、—OH 或 HO—、—H

(B): $(CH_3)_2CH—C(=O)—CH_3$

(C): 竖键上 $CHCH_3$—CH_3、下 $CH_2CH_2CH_3$,横键 H_3C—、—OH ┆ 竖键上 $CHCH_3$—CH_3、下 $CH_2CH_2CH_3$,横键 HO—、—CH_3

(六) 试以乙醛为原料制备下列化合物(无机试剂及必要的有机试剂任选):

(1) 2,4-二甲基-1,3-二氧六环(H_3C— 取代于缩醛碳,环上另一 CH_3)　(2) 螺环双缩醛,两端各连一个2-甲基环己基

答:(1) $CH_3CHO \xrightarrow{^-OH}$ 3-羟基丁醛 $\xrightarrow{NaBH_4}$ 1,3-丁二醇 $\xrightarrow[TsOH]{CH_3CHO}$ 目标产物(1)

(2) $CH_3CHO \xrightarrow[\triangle]{^-OH}$ 2-丁烯醛 $\xrightarrow[\triangle]{丁二烯}$ 6-甲基环己-3-烯甲醛(—CHO)

习题(六)(2)

$CH_3CHO \xrightarrow[Ca(OH)_2]{3\ HCHO}$ $(HOCH_2)_3C—CHO$ $\xrightarrow[-HCOO^-]{HCHO,Ca(OH)_2}$

$C(CH_2OH)_4$ $\xrightarrow[TsOH]{甲基环己烯甲醛(—CHO)}$ 螺环双缩醛(含两个环己烯环)

$\xrightarrow{H_2,Pd-C}$ 目标产物(2)

(七) 完成下列转变(必要的无机试剂及有机试剂任选):

(1) [skeletal structure] → [skeletal structure]

(2) [skeletal structure] → [skeletal structure]

(3) [skeletal structure] → [skeletal structure]

习题(七)(4)

(4) [structure] → [structure]

(5) HOOC—[cyclobutane]=CH$_2$ → HOOC—[cyclobutane]

(6) $CH_3CH(OH)CH_2CH_3$ → $CH_3CH_2CH(CH_3)CH_2OH$（用 Wittig 试剂）

(7) $CH_3CH{=}CH_2$ → $CH_3CH_2CH_2CHO$

(8) $ClCH_2CH_2CHO$ → $CH_3CH(OH)CH_2CH_2CHO$

(9) [benzene]—CH_3 → Br—[benzene]—$CH{=}CHCOOH$

(10) CH_3COCH_3 → [structure]

(11) [structure] → [structure]

(12) [structure] → [structure]

(13) [structure] → [structure]

(14) [structure] → [structure]

答：(1) Cl $\xrightarrow[Et_2O]{Mg}$ MgCl $\xrightarrow[② H_3O^+]{① CH_3CH_2CHO}$

OH $\xrightarrow{SOCl_2}$ Cl $\xrightarrow[② D_2O]{① Mg, Et_2O}$ D

(2) Cl $\xrightarrow[③ H_2O, H^+]{① Mg, 醚 \quad ② HCHO}$ OH $\xrightarrow{PCC}$

CHO $\xrightarrow[\triangle]{稀^-OH}$ CHO $\xrightarrow[Pd-C]{H_2}$

CHO $\xrightarrow[H_2SO_4]{K_2Cr_2O_7}$ COOH

(3) O, Br $\xrightarrow[干 HCl]{CH_2OH-CH_2OH}$ O O, Br $\xrightarrow[② CH_3CHO]{① Mg, 醚}$

O O, OMgBr $\xrightarrow{H_2O, H^+}$ O, OH

(4) OH, CHO $\xrightarrow[TsOH]{HOCH_2CH_2OH}$ OH, O O $\xrightarrow[② HCl]{① KMnO_4}$ O, CHO

(5) HOOC—◇=CH_2 $\xrightarrow[② H^+]{① KMnO_4}$ HOOC—◇=O $\xrightarrow[二甘醇, \triangle]{H_2NNH_2 \cdot H_2O, KOH}$

$\xrightarrow{H^+}$ HOOC—◇

(6) $CH_3CH(OH)CH_2CH_3$ $\xrightarrow[H_2SO_4]{K_2Cr_2O_7}$ $CH_3C(=O)CH_2CH_3$ $\xrightarrow{Ph_3\overset{+}{P}-\overset{-}{C}H_2}$

$CH_3C(=CH_2)CH_2CH_3$ $\xrightarrow[② H_2O_2, NaOH]{① 1/2\ (BH_3)_2}$ $CH_3CH_2CH(CH_3)CH_2OH$

(7) $CH_3CH=CH_2$ $\xrightarrow[(PhCOO)_2]{HBr}$ $CH_3CH_2CH_2Br$ $\xrightarrow[Et_2O]{Mg}$ $CH_3CH_2CH_2MgBr$

$\xrightarrow[② H_3O^+]{① HCHO}$ $CH_3CH_2CH_2CH_2OH$ $\xrightarrow[CH_2Cl_2]{PDC}$ $CH_3CH_2CH_2CHO$

(8) $ClCH_2CH_2CHO$ $\xrightarrow[TsOH]{HOCH_2CH_2OH}$ $ClCH_2CH_2$—(1,3-dioxolane: O, O)

$\xrightarrow[\text{② } CH_3CHO \text{ ③ } H_3O^+]{\text{① } Mg, Et_2O}$ $CH_3CHCH_2CH_2CHO$（OH 在 C-2 上）

(9) 甲苯 $\xrightarrow[Fe]{Br_2}$ 对溴甲苯 $\xrightarrow[\text{② } H_2O]{\text{① } CrO_2Cl_2}$ 对溴苯甲醛 $\xrightarrow[CH_3COOK]{(CH_3CO)_2O}$ 对溴肉桂酸（$CH=CHCOOH$，对位 Br）

(10) $CH_3COCH_3 +$ CH_2CHO—CH_2CHO $+ H_2NCH_3 \xrightarrow{H^+}$ 托品酮（NCH_3 桥连的环酮，C=O）

(11) 2-甲基-3,4-二氢萘 $\xrightarrow[\text{② } H_2O, Zn]{\text{① } O_3}$ 邻位取代苯甲醛（CHO，$CH_2CH_2COCH_3$） $\xrightarrow{\text{稀 }^-OH}$ 2-乙酰基茚（$C(=O)-CH_3$）

形成稳定五元环

$\xrightarrow[\text{乙醇}]{NaBH_4}$ 茚-2-基 $CH(OH)-CH_3$

(12) 环戊酮 $\xrightarrow[\text{② } H_2O, H^+]{\text{① } Mg(Hg)}$ 频哪醇（两个环戊基，各带 OH） $\xrightarrow{H_2SO_4}$ 螺[4.5]癸-6-酮 $\xrightarrow[\text{二甘醇}, \triangle]{H_2NNH_2 \cdot H_2O, KOH}$ 螺[4.5]癸烷

(13) 甲苯 + 邻苯二甲酸酐 $\xrightarrow{AlCl_3}$ 2-(4-甲基苯甲酰基)苯甲酸（$C(=O)OH$，C=O） $\xrightarrow[\triangle]{\text{浓 } H_2SO_4}$ 2-甲基蒽醌（CH_3）

(14) 对苯醌 $\xrightarrow{HCl}$ 烯醇式加成产物（OH，Cl，O） $\underset{\text{互变异构}}{\rightleftharpoons}$ 2-氯对苯二酚（OH，OH，Cl） $\xrightarrow{HNO_3}$ 2-氯对苯醌 $\xrightarrow[\text{② } HNO_3]{\text{① } HCl}$

2,3-二氯对苯醌 $\xrightarrow[\text{② } HNO_3]{\text{① } HCl}$ $\xrightarrow[\text{② } HNO_3]{\text{① } HCl}$ 四氯对苯醌（Cl，Cl，Cl，Cl）

(八) 试写出下列反应可能的机理：

习题(八)(1)

(1) $CH_3-\underset{CH_3}{C}=CHCH_2CH_2\underset{CH_3}{C}=CHCHO \xrightarrow{H^+, H_2O}$ 环己烯二醇产物（OH，$C(CH_3)_2OH$）

习题(八)(2)

(2) C_6H_5—C(=O)—CHO $\xrightarrow{^-OH}$ C_6H_5—CH(OH)COO$^-$

(3) $C_6H_5CH{=}CHCHO + CH_3CH{=}CHCHO \xrightarrow[C_2H_5OH]{碱} C_6H_5(CH{=}CH)_3CHO$

答:(1) $CH_3-C(CH_3){=}CHCH_2CH_2-C(CH_3){=}CHCHO \xrightarrow{H^+}$

$\left[CH_3-C(CH_3){=}CHCH_2CH_2-C(CH_3){=}CH-C(=\overset{+}{O}H)-H \longleftrightarrow CH_3-C(CH_3){=}CHCH_2CH_2-C(CH_3){=}CH-\overset{+}{C}(OH)-H\right]$

$\longrightarrow$ (环状碳正离子,OH) $\xrightarrow{H_2O}$ (OH, $\overset{+}{O}H_2$) $\xrightarrow{-H^+}$ (OH, OH)

(2) C_6H_5—C(=O)—C(=O)—H $\xrightarrow{^-OH}$ C_6H_5—C(=O)—C(H)(OH)—O$^-$ $\longrightarrow$

C_6H_5—C(H)(O$^-$)—C(=O)—OH $\longrightarrow$ C_6H_5—CH(OH)—C(=O)—O$^-$

(3) $CH_3CH{=}CHCHO \xrightarrow[-BH]{B^-} \overset{-}{C}H_2CH{=}CHCHO \xrightarrow{C_6H_5CH{=}CHCHO}$

$C_6H_5CH{=}CHCH(O^-)—CH_2CH{=}CHCHO \xrightarrow[-B^-]{BH} C_6H_5CH{=}CHCH(OH)—CH_2CH{=}CHCHO$

$\xrightarrow[-H_2O]{} C_6H_5(CH{=}CH)_3CHO$

(九) 由甲苯及必要的原料合成 CH_3—C_6H_4—$CH_2CH_2CH_2CH_3$ 。

答:

$C_6H_5CH_3 \xrightarrow[AlCl_3]{CH_3CH_2CH_2COCl} p\text{-}CH_3C_6H_4COCH_2CH_2CH_3 \xrightarrow{Zn-Hg,浓\ HCl} p\text{-}CH_3C_6H_4CH_2CH_2CH_2CH_3$

(十) 某化合物分子式为 $C_6H_{12}O$,能与羟氨作用生成肟,但不发生银镜反应,在铂的催化下进行加氢,则得到一种醇,此醇经过脱水、臭氧化-还原分解等反应后,得到两种液体,其中之一能发生银镜反应,但不发生碘仿反应,另一种能发生碘仿反应,而不能使 Fehling 试剂还原,试写出该化合物的构造式。

答:$CH_3CH_2COCH(CH_3)_2$

(十一) 有一种化合物(A),分子式是 $C_8H_{14}O$,(A)可以很快地使溴水褪色,可以与苯肼反应,(A)氧化生成一分子丙酮及另一化合物(B)。(B)具有酸性,同 NaOCl 反应则生成氯仿及一分子丁二酸。试写出(A)与(B)可能的构造式。

答:(A)为 $CH_3COCH_2CH_2CH{=}C(CH_3)_2$ 或 $(CH_3)_2C{=}C(CH_3)CH_2CH_2CHO$;(B)为 $CH_3COCH_2CH_2COOH$。

(十二) 化合物 $C_{10}H_{12}O_2$(A)不溶于 NaOH 溶液,能与 2,4-二硝基苯肼反应,但不与 Tollens 试剂作用。(A)经 $LiAlH_4$ 还原得 $C_{10}H_{14}O_2$(B)。(A)和(B)都能发生碘仿反应。(A)与 HI 作用生成 $C_9H_{10}O_2$(C),(C)能溶于 NaOH 溶液,但不溶于 Na_2CO_3 溶液。(C)经 Clemmensen 还原生成 $C_9H_{12}O$(D);(B)经 $KMnO_4$ 氧化得对甲氧基苯甲酸。试写出(A)~(D)可能的构造式。

答:

(A) p-CH_3O—C_6H_4—CH_2COCH_3(苯环上对位分别为 CH_2COCH_3 和 OCH_3)

(B) p-CH_3O—C_6H_4—$CH_2CH(OH)CH_3$(苯环上对位分别为 CH_2CHCH_3(OH) 和 OCH_3)

(C) p-HO—C_6H_4—CH_2COCH_3(苯环上对位分别为 CH_2COCH_3 和 OH)

(D) p-HO—C_6H_4—$CH_2CH_2CH_3$(苯环上对位分别为 $CH_2CH_2CH_3$ 和 OH)

(十三) 化合物(A)的分子式为 $C_6H_{12}O_3$,其红外光谱在 1 710 cm^{-1} 处有强吸收峰。(A)和碘的氢氧化钠溶液作用得黄色沉淀,与 Tollens 试剂作用无银镜产生。但(A)用稀 H_2SO_4 溶液处理后,所生成的化合物与 Tollens 试剂作用有银镜产生。(A)的 ^1H NMR 数据如下:δ4.7(三重峰,1H),δ3.2(单峰,6H),δ2.6(双峰,2H),δ2.1(单峰,3H)。写出(A)的构造式及各步反应式。

答:(A)为缩醛,其构造式及各步反应式如下:

$$\underset{(A)}{CH_3-\overset{O}{\overset{\|}{C}}-CH_2-CH(OCH_3)_2} \xrightarrow{I_2,NaOH} {}^-OOC-CH_2-CH(OCH_3)_2 + CHI_3\downarrow$$

$$\downarrow \text{稀 } H_2SO_4$$

$$CH_3-\overset{O}{\overset{\|}{C}}-CH_2CHO \xrightarrow[\triangle]{Ag^+(NH_3)_2\ ^-OH} CH_3-\overset{O}{\overset{\|}{C}}-CH_2COO^- + Ag\downarrow$$

(十四) 根据下列两个 ^1H NMR 谱图,推测其所代表的化合物(A)、(B)的构造式。

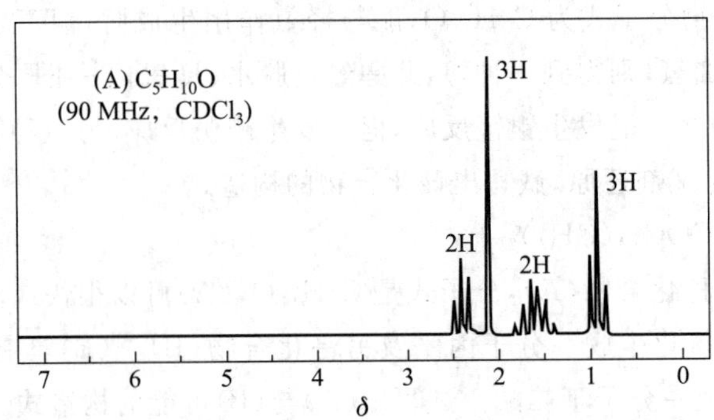

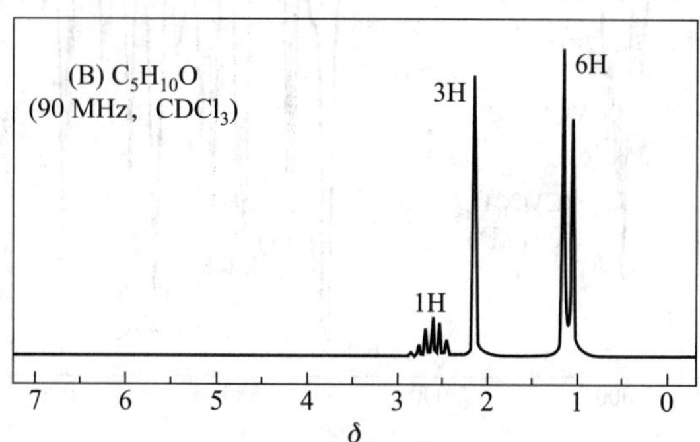

答：(A)为 $CH_3COCH_2CH_2CH_3$；(B)为 $CH_3COCH(CH_3)_2$。

（十五）根据化合物(A)、(B)和(C)的 IR 谱图和^{1}H NMR 谱图，写出它们的构造式。

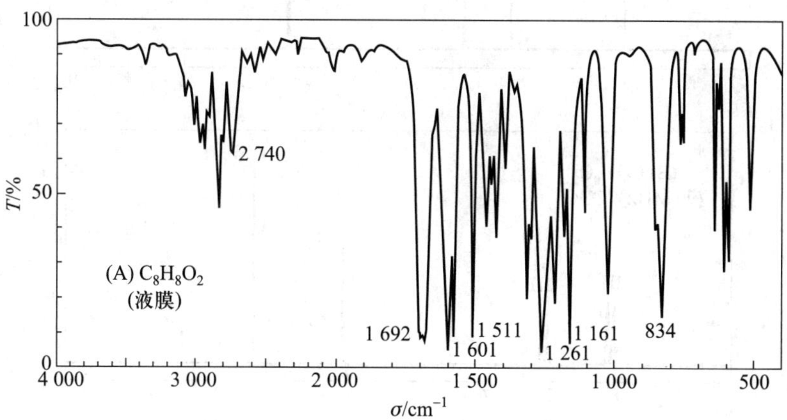

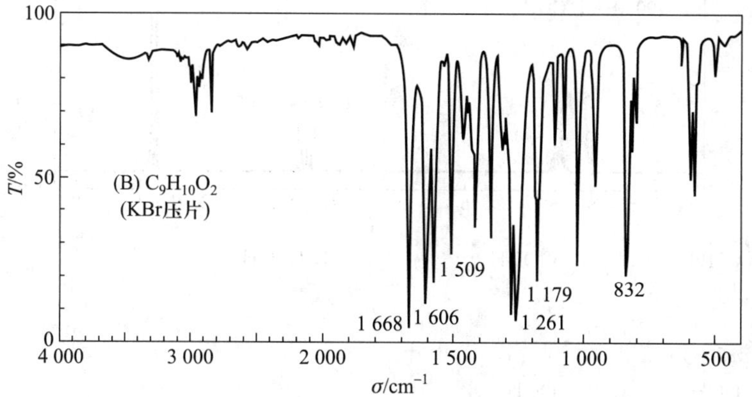

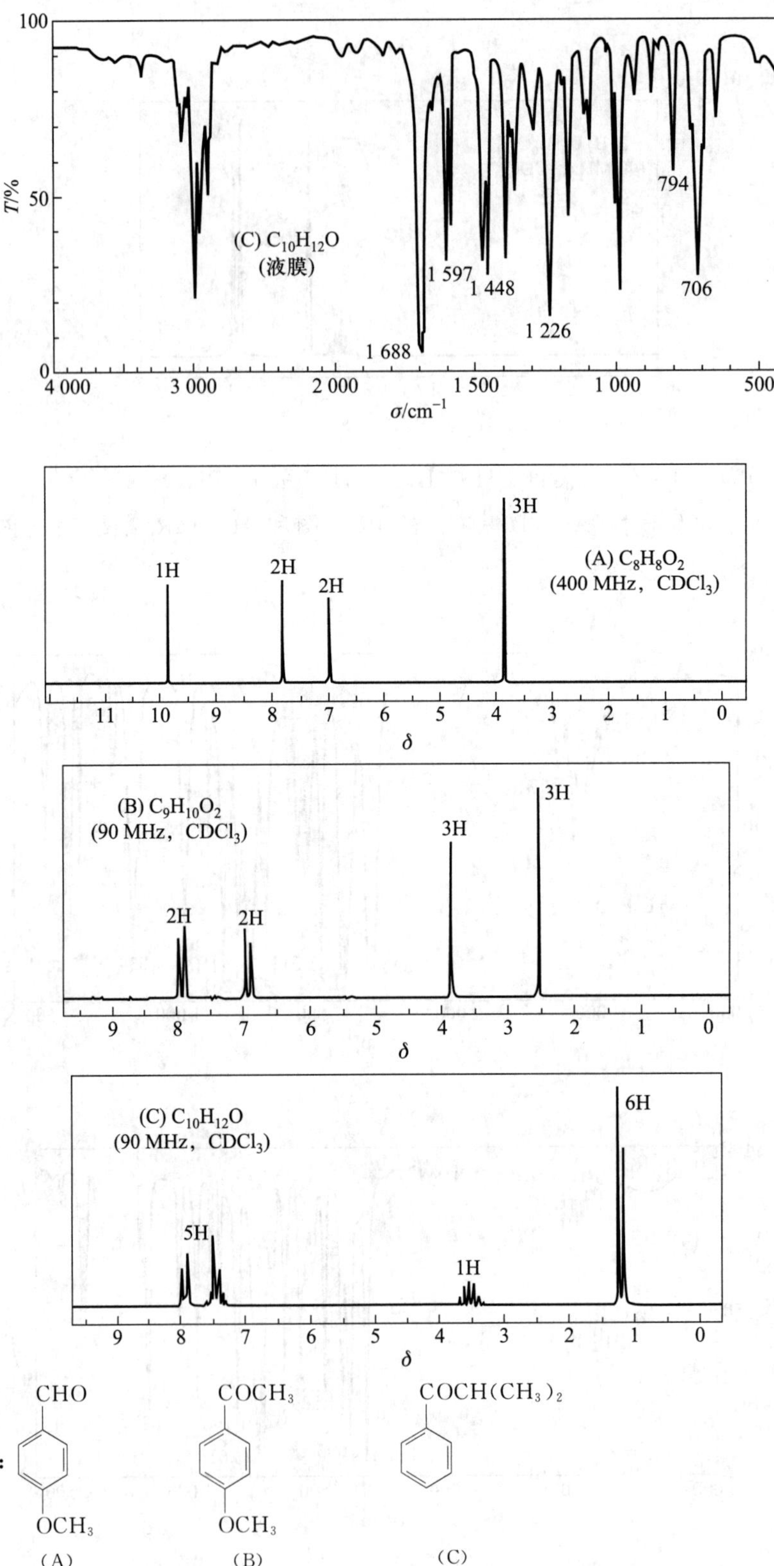
100
T/%
50
0
(C) $C_{10}H_{12}O$
(液膜)
1 688
1 597
1 448
1 226
794
706
4 000
3 000
2 000
1 500
1 000
500
σ/cm⁻¹
1H
2H
2H
3H
(A) $C_8H_8O_2$
(400 MHz，CDCl₃)
δ
(B) $C_9H_{10}O_2$
(90 MHz，CDCl₃)
2H
2H
3H
3H
δ
(C) $C_{10}H_{12}O$
(90 MHz，CDCl₃)
5H
1H
6H
δ
CHO
OCH₃
(A)
COCH₃
OCH₃
(B)
COCH(CH₃)₂
(C)

答：

11.5 小　　结

11.5.1 醛和酮的制备方法

(1) 脂肪醛、酮的制法

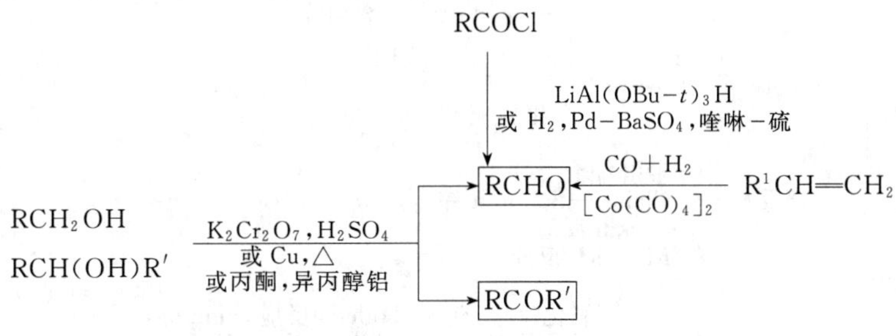

(2) 芳香醛、酮的制法

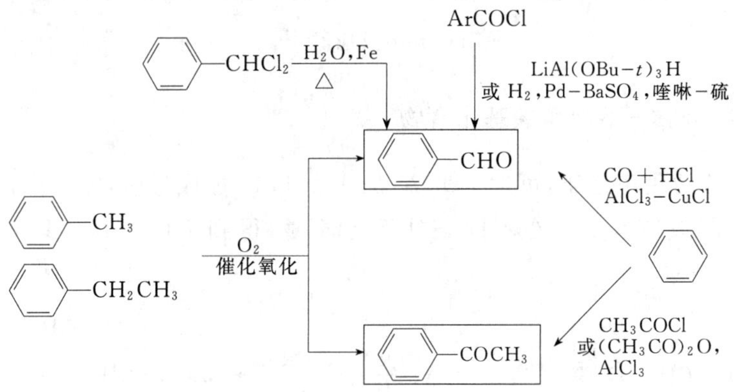

11.5.2 醛和酮的物理性质和波谱性质

(1) 醛和酮的物理性质　醛和酮含有强极性的羰基,是极性分子,具有较高的沸点。羰基氧原子可以和水分子中的氢原子形成氢键,故低级的脂肪醛和脂肪酮可溶于水。

(2) 红外光谱　醛和酮羰基的C═O 伸缩振动吸收峰在 1 720 cm^{-1}附近,强度很高且较宽,非常特征;醛的 C—H 伸缩振动在 2 720 cm^{-1}附近有中等强度吸收峰,也比较特征。

(3) 核磁共振氢谱　醛和酮 α 位质子化学位移为 2～3;醛氢(CHO)的化学位移为 9～10,非常特征。

11.5.3 醛和酮的化学性质

醛和酮的化学性质可归纳如下:

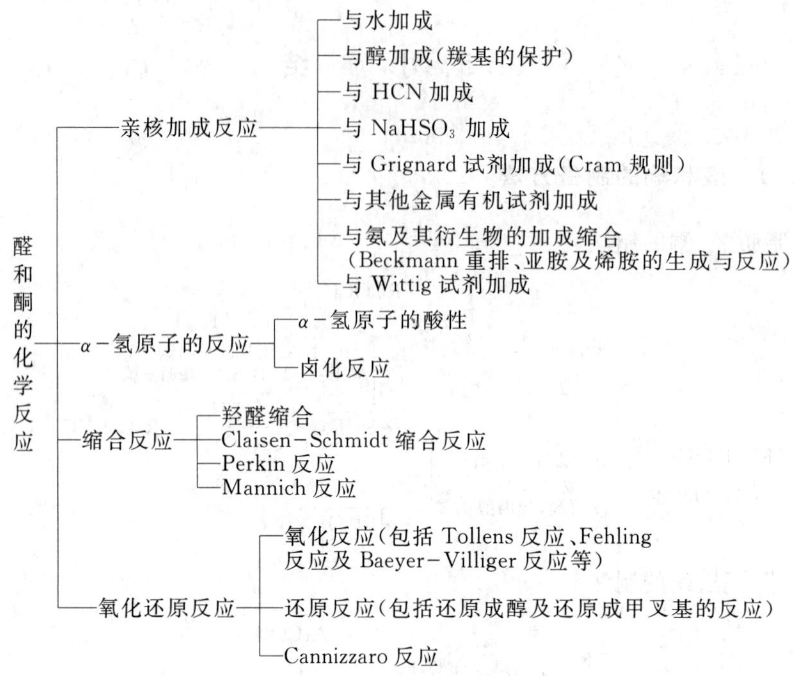

11.5.4 α,β-不饱和羰基化合物

具有独特的化学性质,可发生 1,2-加成和 1,4-加成反应,加成位置与亲核试剂特性及空间效应有关。在不同条件下还原时,得到不同产物。具体反应如下所示:

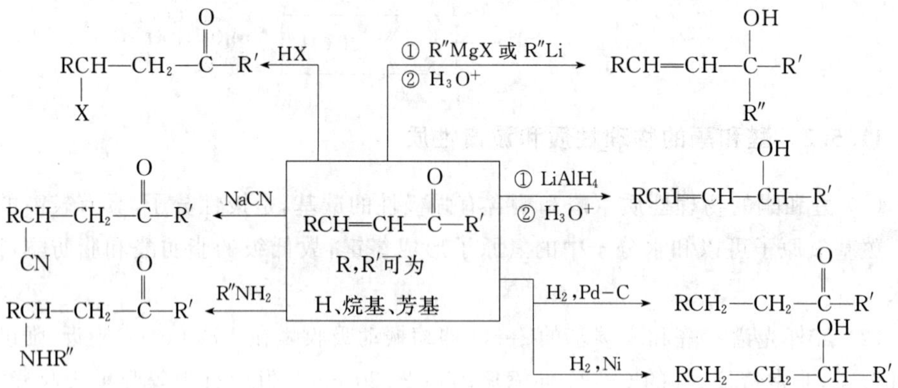

11.5.5 乙烯酮

乙烯酮非常活泼,可与多种含活泼氢原子的化合物进行加成反应。

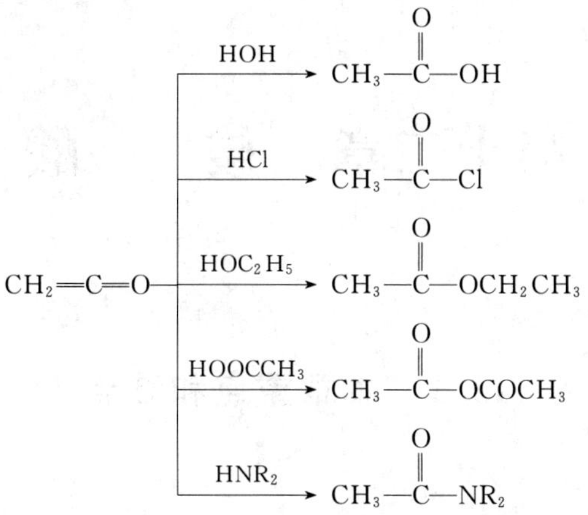

$$CH_2{=}C{=}O \begin{cases} \xrightarrow{HOH} CH_3-\overset{O}{\overset{\|}{C}}-OH \\ \xrightarrow{HCl} CH_3-\overset{O}{\overset{\|}{C}}-Cl \\ \xrightarrow{HOC_2H_5} CH_3-\overset{O}{\overset{\|}{C}}-OCH_2CH_3 \\ \xrightarrow{HOOCCH_3} CH_3-\overset{O}{\overset{\|}{C}}-OCOCH_3 \\ \xrightarrow{HNR_2} CH_3-\overset{O}{\overset{\|}{C}}-NR_2 \end{cases}$$

11.5.6 醌

醌的制法及主要化学反应如下所示：

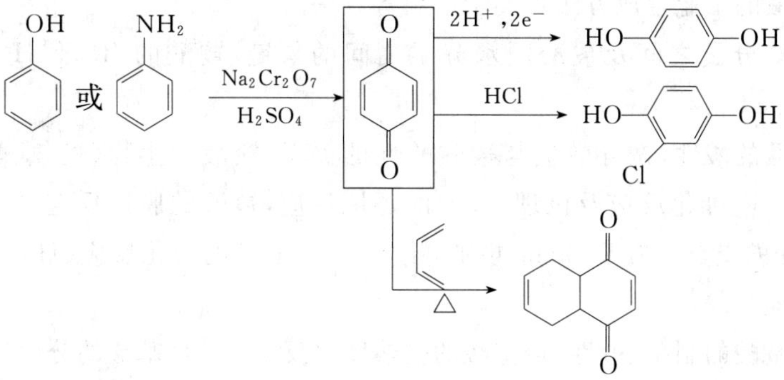

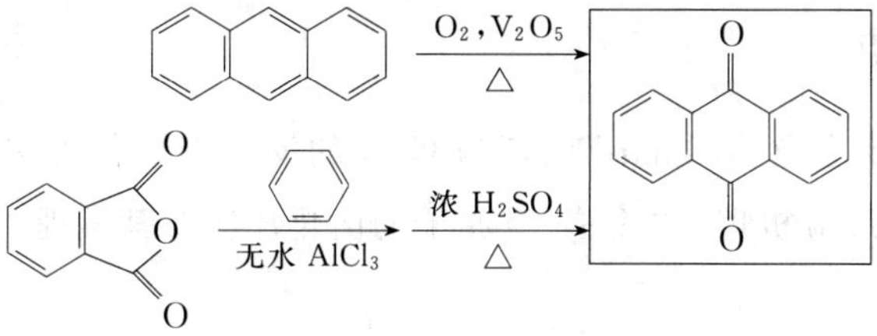

OH
NH$_2$
或
$Na_2Cr_2O_7$
H_2SO_4
O
O
$2H^+, 2e^-$
HO—OH
HCl
HO—OH
Cl
△
O
O

O_2, V_2O_5
△
O
O
O
O
O
无水 $AlCl_3$
浓 H_2SO_4
△

第十二章　羧　　酸

12.1　本章重点和难点

12.1.1　重点

羧酸的酸性

(1) 羧酸的普通命名和系统命名。

(2) 羧基的结构。

(3) 羧酸的工业合成方法及实验室制备方法。

(4) 羧酸分子之间及羧酸同水分子之间的氢键，羧酸的 IR 及^{1}H NMR 谱图特性。

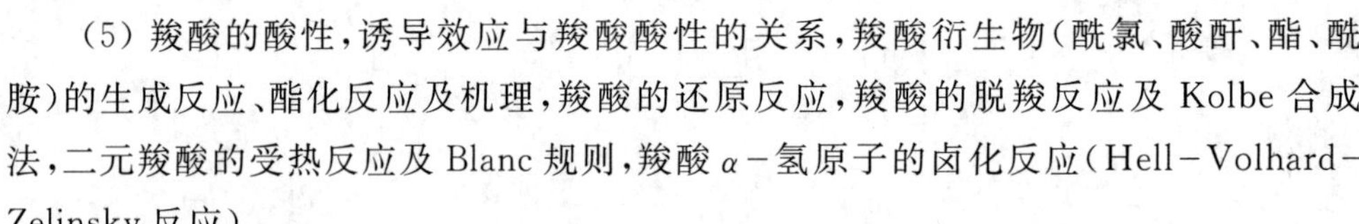

羧酸 α－氢原子的卤化反应

(5) 羧酸的酸性，诱导效应与羧酸酸性的关系，羧酸衍生物（酰氯、酸酐、酯、酰胺）的生成反应、酯化反应及机理，羧酸的还原反应，羧酸的脱羧反应及 Kolbe 合成法，二元羧酸的受热反应及 Blanc 规则，羧酸 α－氢原子的卤化反应（Hell－Volhard－Zelinsky 反应）。

(6) 羟基酸的制备、酸性，羟基酸的受热脱水反应，α－羟基酸的分解反应。

羧酸酯化反应的机理

12.1.2　难点

由腈的水解反应及 Grignard 试剂与 CO_2 的反应来制备羧酸，诱导效应对羧酸酸性的影响，酯化反应机理，羧酸 α－氢原子的卤化反应及其机理。

12.2　例　　题

例一　用合适方法完成下列转变：

(1) $CH_3CH_2-\underset{OH}{\overset{CH_3}{C}}-CH_2CH_3 \longrightarrow CH_3CH_2-\underset{COOH}{\overset{CH_3}{C}}-CH_2CH_3$

(2) $CH_3CH_2CH_2CH_2OH \longrightarrow CH_3CH_2CH_2COCl$

(3) $CH_3\underset{OH}{CH}CH_2CH_2Br \longrightarrow CH_3\underset{OH}{CH}CH_2CH_2COOH$

(4) $CH_3CH_2CH_2COOH \longrightarrow CH_3CH_2CH_2OH$

(5) 环己酮 ⟶ 环己酮α-羟基酸交酯（两个螺环己烷通过 O—C(=O) 连接的六元环二酯）

答：(1) 该转变为在叔碳原子上引入一个羧基，需采用 Grignard 试剂(制备 Grignard 试剂时叔烷基氯比叔烷基溴和叔烷基碘要好，后两者容易发生消除反应)与 CO_2 反应的方法合成。

$$CH_3CH_2C(CH_3)(OH)CH_2CH_3 \xrightarrow{HCl} CH_3CH_2C(CH_3)(Cl)CH_2CH_3 \xrightarrow[\text{乙醚}]{Mg}$$

$$CH_3CH_2C(CH_3)(MgCl)CH_2CH_3 \xrightarrow[\text{② } H_3O^+]{\text{① } CO_2} CH_3CH_2C(CH_3)(COOH)CH_2CH_3$$

(2) 将丁醇首先氧化为丁酸，再转变为丁酰氯。

$$CH_3CH_2CH_2CH_2OH \xrightarrow[\text{② } H^+]{\text{① } KMnO_4} CH_3CH_2CH_2COOH \xrightarrow{PCl_3} CH_3CH_2CH_2COCl$$

(3) 该转变可采用腈水解的方法实现，对羟基无影响。

$$CH_3CH(OH)CH_2CH_2Br \xrightarrow[\text{乙醇}]{KCN} CH_3CH(OH)CH_2CH_2CN \xrightarrow[\triangle]{\text{稀 } H_2SO_4} CH_3CH(OH)CH_2CH_2COOH$$

(4) 将丁酸首先转变成 2-氯丁酸、2-羟基丁酸，然后将后者分解成丙醛，最后再还原成丙醇。

$$CH_3CH_2CH_2COOH \xrightarrow[\text{红磷}]{Cl_2} CH_3CH_2CH(Cl)COOH \xrightarrow[\text{② } H^+]{\text{① } H_2O, K_2CO_3} CH_3CH_2CH(OH)COOH$$

$$\xrightarrow[\triangle]{H_2SO_4} CH_3CH_2CHO \xrightarrow{NaBH_4} CH_3CH_2CH_2OH$$

(5) 环己酮首先与 HCN 加成得到 α-羟基腈，水解得到 α-羟基酸，最后将其加热生成交酯。

环己酮 $\xrightarrow{HCN}$ 1-羟基环己烷甲腈（OH，CN） $\xrightarrow{HCl}$ 1-羟基环己烷甲酸（OH，COOH） $\xrightarrow{\triangle}$ 交酯

例二 有一化合物(A)分子式为 $C_6H_{12}O$，(A)与 I_2 在碱性条件下反应产生大量黄色沉淀，母液酸化后得到一种酸(B)。(B)在红磷存在下加入溴时，只形成一种单

溴化合物(C),(C)用 NaOH 的醇溶液处理时能脱去溴化氢生成(D)。(D)能使溴水褪色,(D)用过量的铬酸在硫酸中氧化后蒸馏,只得到一种一元酸产物(E),(E)的相对分子质量为 60。试推测(A)～(E)的结构式,并用反应式表示反应过程。

答: 因为(A)可发生碘仿反应,所以应具有甲基酮的结构;且(A)进行卤仿反应后得到的羧酸(B),在进行 Hell-Volhard-Zelinsky 反应时,只形成一种单溴化合物(C),可推测羧酸(B)只含有一个 α-氢原子,故可大致推测出(A)应具有如下结构:

$$CH_3\overset{O}{\overset{\|}{C}}-\overset{CH_3}{\overset{|}{C}H}-CH_2CH_3$$

(A)～(E)的结构式及反应过程可用反应式表示如下:

$$\underset{(A)C_6H_{12}O}{CH_3\overset{O}{\overset{\|}{C}}-\overset{CH_3}{\overset{|}{C}H}-CH_2CH_3} \xrightarrow{I_2/NaOH} \underset{(黄色沉淀)}{CHI_3\downarrow} + CH_3CH_2\overset{CH_3}{\overset{|}{C}H}COO^- \xrightarrow{H^+} \underset{(B)}{CH_3CH_2\overset{CH_3}{\overset{|}{C}H}COOH}$$

$$\underset{(B)}{CH_3CH_2\overset{CH_3}{\overset{|}{C}H}COOH} \xrightarrow[红磷]{Br_2} \underset{(C)}{CH_3CH_2\overset{CH_3}{\underset{Br}{\overset{|}{\underset{|}{C}}}}COOH} \xrightarrow[② H^+]{① NaOH,醇} \underset{(D)}{CH_3CH=\overset{CH_3}{\overset{|}{C}}COOH}$$

$$\underset{(D)}{CH_3CH=\overset{CH_3}{\overset{|}{C}}COOH} \xrightarrow{Br_2} CH_3\underset{Br}{\underset{|}{C}H}-\overset{CH_3}{\underset{Br}{\overset{|}{\underset{|}{C}}}}COOH$$

$$\underset{(D)}{CH_3CH=\overset{CH_3}{\overset{|}{C}}COOH} \xrightarrow[H_2SO_4]{H_2CrO_4} \underset{(E)(相对分子质量=60)}{2\ CH_3COOH} + CO_2$$

12.3 练习和参考答案

练习 12.1 命名下列化合物或写出结构式:

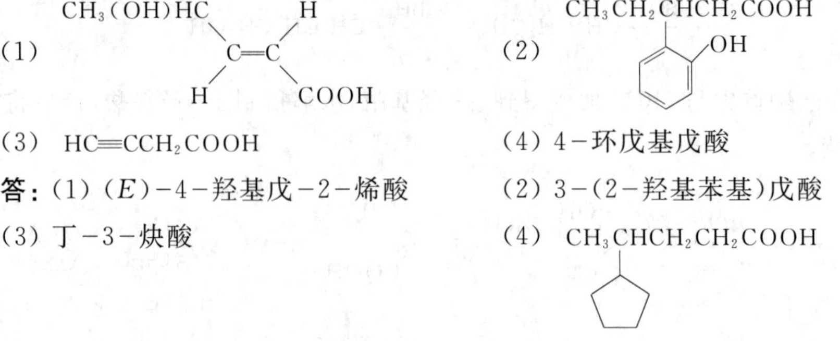

(1) $CH_3(OH)HC(H)C=C(H)COOH$ (2) $CH_3CH_2CHCH_2COOH$(邻羟基苯基)

(3) $HC\equiv CCH_2COOH$ (4) 4-环戊基戊酸

答: (1) (E)-4-羟基戊-2-烯酸 (2) 3-(2-羟基苯基)戊酸

(3) 丁-3-炔酸 (4) $CH_3CHCH_2CH_2COOH$(环戊基)

练习 12.2 用 Grignard 试剂,如何制备下列羧酸?

(1) 2,2-二甲基戊酸 (2) 丁-3-烯酸 (3) 己酸

答:（1）$CH_3CH_2CH_2-\underset{CH_3}{\overset{CH_3}{C}}-Cl \xrightarrow[乙醚]{Mg} \xrightarrow[②\ H^+,H_2O]{①\ CO_2} CH_3CH_2CH_2-\underset{CH_3}{\overset{CH_3}{C}}-COOH$

（2）$CH_2{=}CHCH_2Cl \xrightarrow[乙醚]{Mg} \xrightarrow[②\ H^+,H_2O]{①\ CO_2} CH_2{=}CHCH_2COOH$

（3）$CH_3(CH_2)_4Br \xrightarrow[乙醚]{Mg} \xrightarrow[②\ H^+,H_2O]{①\ CO_2} CH_3(CH_2)_4COOH$

练习 12.3 上题中的三种羧酸哪几种可用腈水解法制得？

简答: 上题中(2)、(3)两种羧酸可用腈水解法制得，采用与上题中相同的原料，经卤代烃的氰解，再在酸性条件下水解即可得到相应羧酸。

练习 12.4 从 $HOCH_2CH_2CH_2CH_2Br$ 转变为 $HOCH_2CH_2CH_2CH_2COOH$ 应该采用 Grignard 试剂还是用腈水解法？为什么？

练习 12.4

答: 4-溴丁-1-醇分子中含有活泼氢原子(羟基氢原子)，不能直接制备相应的 Grignard 试剂，因而完成上述转变需采用腈水解法。

$$HO(CH_2)_4Br \xrightarrow{KCN} HO(CH_2)_4CN \xrightarrow[\triangle]{浓\ HCl} HO(CH_2)_4COOH$$

练习 12.5 某化合物 $C_3H_6O_2$ 的核磁共振氢谱数据：δ10.49(单峰，1H)，δ2.39(四重峰，2H)，δ1.14(三重峰，3H)。试推断该化合物的构造式。

答: CH_3CH_2COOH

练习 12.6 下列各组化合物中，哪种酸性强？为什么？

练习 12.6

（1）RCH_2OH 和 $RCOOH$　　（2）$ClCH_2COOH$ 和 CH_3COOH

（3）FCH_2COOH 和 $ClCH_2COOH$　　（4）$HOCH_2CH_2COOH$ 和 $CH_3\overset{OH}{CH}COOH$

（5）间氰基苯甲酸（COOH、CN 处于间位）和 对氰基苯甲酸（COOH、CN 处于对位）　　（6）间位 SO_2CH_3 取代苯甲酸 和 间位 $S-CH_3$ 取代苯甲酸

答:（1）$RCOOH$ 酸性强，因为 $RCOO^-$ 比 RCH_2O^- 稳定。

（2）$ClCH_2COOH$ 酸性强，因为氯原子为吸电子取代基。

（3）FCH_2COOH 酸性强，因为氟原子电负性比氯原子大，吸电子能力强。

（4）$CH_3\overset{OH}{CH}COOH$ 酸性强，因为吸电子诱导效应随距离的增长而减弱。

（5）对氰基苯甲酸（COOH、CN 处于对位）酸性强，因为对位氰基的吸电子共轭效应使酸性增强。

(6) m-$CH_3SO_2C_6H_4COOH$（间甲磺酰基苯甲酸） 酸性强，因为甲磺酰基的吸电子能力比甲硫基强。

练习 12.7 比较下列化合物的酸性强弱：

(1) CH_3COOH (2) C_2H_5OH (3) 环戊二烯 (4) $HC\equiv CH$

答： (1)＞(2)＞(3)＞(4)

练习 12.8 在由石蜡制备高级脂肪酸时，除产物羧酸外，还有副产物醇、醛、酮等中性含氧化合物及未反应的石蜡。如何从混合物中分离出高级脂肪酸？

答： 该分离过程可用下述流程图表示：

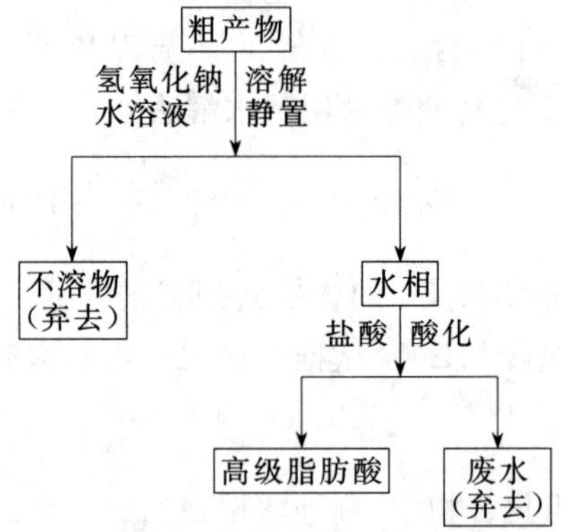

练习 12.9 写出乙酸与 $CH_3{}^{18}OH$ 酯化反应的机理。

答：

$$CH_3\overset{O}{\overset{\|}{C}}—OH \xrightleftharpoons{H^+} \left[CH_3\overset{^+OH}{\overset{\|}{C}}—OH \longleftrightarrow CH_3\underset{+}{\overset{OH}{\overset{|}{C}}}—OH \right] \xrightleftharpoons{CH_3{}^{18}OH}$$

$$CH_3—\underset{\underset{+}{H^{18}OCH_3}}{\overset{OH}{C}}—OH \rightleftharpoons CH_3—\underset{^{18}OCH_3}{\overset{OH}{C}}—\overset{+}{O}H_2 \xrightleftharpoons{-H_2O} \left[CH_3\underset{+}{\overset{OH}{\overset{|}{C}}}—{}^{18}OCH_3 \longleftrightarrow CH_3\overset{^+OH}{\overset{\|}{C}}—{}^{18}OCH_3 \right]$$

$$\xrightleftharpoons{-H^+} CH_3\overset{O}{\overset{\|}{C}}—{}^{18}OCH_3$$

练习 12.10 完成下列反应式：

(1) $C_6H_5—CH_2COOH \xrightarrow{SOCl_2} ?$

(2) $CH_3COOH \xrightarrow[P]{Cl_2} ? \xrightarrow[H^+]{CH_3CH_2OH} ?$

(3) 环己酮 $\xrightarrow{HNO_3} ? \xrightarrow[\triangle]{Ba(OH)_2} ?$

(4) 环己-3-烯基—$COOH \xrightarrow[② H_2O]{① LiAlH_4} ?$

答： (1) $C_6H_5—CH_2COCl$

(2) $ClCH_2COOH$，$ClCH_2COOC_2H_5$

(3) $HOOC(CH_2)_4COOH$，环戊酮　　(4) 3-环己烯基-CH_2OH

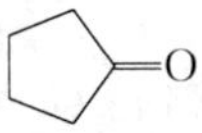

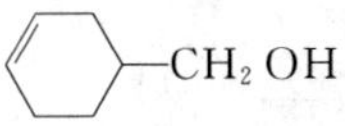

练习 12.11 用反应式表示怎样从所给原料制备 2-羟基戊酸：

(1) 戊酸　　(2) 丁醛

答：(1) $CH_3CH_2CH_2CH_2COOH \xrightarrow[\text{红磷}]{Cl_2} CH_3CH_2CH_2CH(Cl)COOH$

$\xrightarrow[\text{② } H^+]{\text{① } H_2O, Na_2CO_3} CH_3CH_2CH_2CH(OH)COOH$

(2) $CH_3CH_2CH_2CHO \xrightarrow{HCN} CH_3CH_2CH_2CH(OH)CN \xrightarrow[\triangle]{\text{稀 } HCl}$ 产物

练习 12.12 下列各种羟基酸分别用酸处理，将得到什么主要产物？

(1) 2-羟基丁酸　　(2) 3-羟基丁酸　　(3) 4-羟基丁酸

答：(1) CH_3CH_2CHO 或 3,6-二乙基-1,4-二氧六环-2,5-二酮（C_2H_5 取代的交酯）

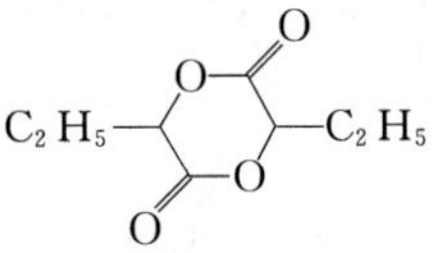

（稀 H_2SO_4）　　（浓 H_2SO_4）

(2) $CH_3CH{=}CHCOOH$　　(3) 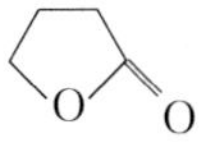 γ-丁内酯（五元环内酯）

练习 12.13 香紫苏醇(sclareol)是一种天然产物，请预测它用高锰酸钾水溶液氧化后所得的产物。

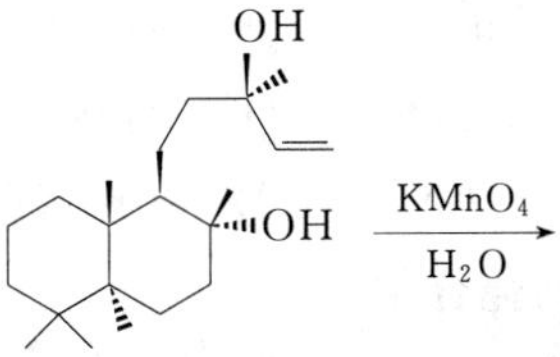

香紫苏醇 $\xrightarrow[H_2O]{KMnO_4}$

提示：双键先氧化为羧基，得到羟基酸，进而再氧化脱羧得相应的酮。

12.4 习题和参考答案

(一) 命名下列化合物：

(1) CH_3OCH_2COOH　　(2) 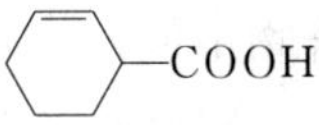 环己烯基-COOH

(3) 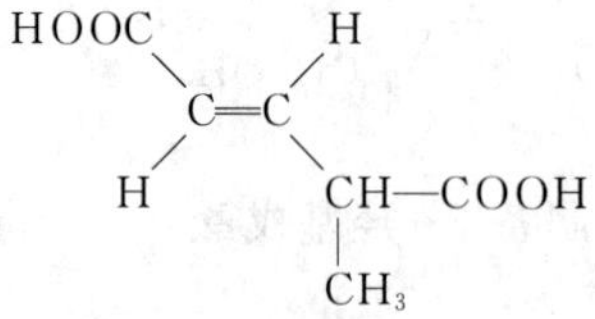 HOOC—CH=CH—CH(CH$_3$)—COOH（HOOC 与 H 反式）

(4) 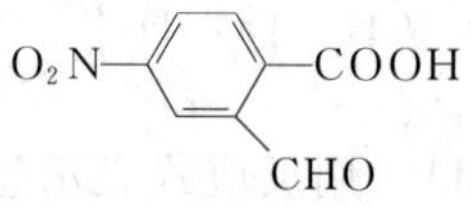 O_2N—C_6H_3(CHO)—COOH

(5) 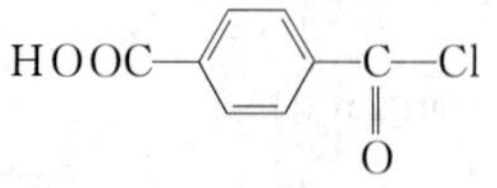 HOOC—C_6H_4—C(=O)—Cl

(6) 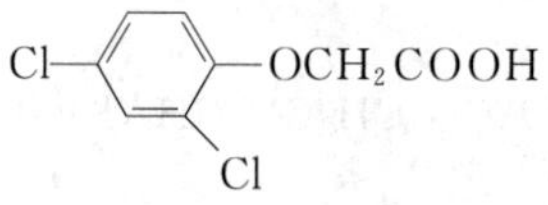 Cl—C_6H_3(Cl)—OCH_2COOH

答：(1) 甲氧基乙酸　　(2) 环己-2-烯甲酸

(3) (*E*)-4-甲基戊-2-烯二酸　　(4) 2-甲酰基-4-硝基苯甲酸

(5) 4-氯甲酰基苯甲酸　　(6) (2,4-二氯苯氧基)乙酸

(二) 写出下列化合物的构造式：

(1) 2,2-二甲基丁酸　　(2) 1-甲基环己烷甲酸

(3) 软脂酸　　(4) 己-2-烯-4-炔二酸

(5) 2-羟基-3-苯基苯甲酸　　(6) 9,10-蒽醌甲-2-酸

答：(1) CH_3CH_2—C(CH_3)$_2$—COOH　　(2) 1-甲基环己烷（1位连 CH_3 和 COOH）

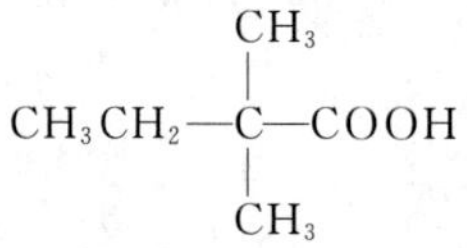

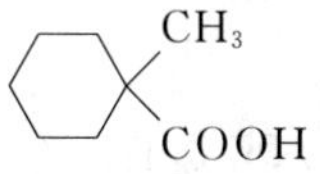

(3) $CH_3(CH_2)_{14}COOH$　　(4) HOOC—CH=CH—C≡C—COOH

(5) 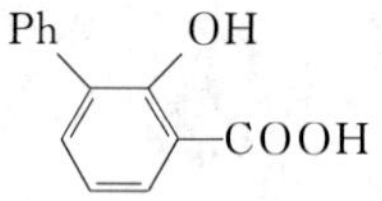 苯环上 COOH，邻位 OH，OH 邻位 Ph　　(6) 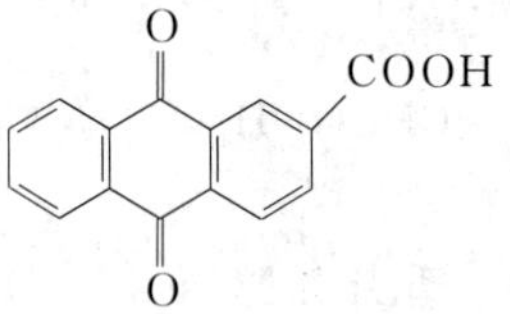 9,10-蒽醌 2 位连 COOH

(三) 试比较下列化合物的酸性大小：

(1) (A) 乙醇　(B) 乙酸　(C) 丙二酸　(D) 乙二酸

(2) (A) 三氯乙酸　(B) 氯乙酸　(C) 乙酸　(D) 羟基乙酸

答：(1) (D)＞(C)＞(B)＞(A)　　(2) (A)＞(B)＞(D)＞(C)

(四) 用化学方法区分下列化合物：

(1) (A) 乙酸　(B) 乙醇　(C) 乙醛　(D) 乙醚　(E) 溴乙烷

(2) (A) 甲酸　(B) 草酸　(C) 丙二酸　(D) 丁二酸　(E) 反丁烯二酸

简答：(1) 首先与 $NaHCO_3$ 溶液反应，能放出 CO_2 气体的是乙酸(A)；余者能发生碘仿反应的是乙醇(B)和乙醛(C)，这两者中能与 2,4-二硝基苯肼反应生成黄色沉淀的是乙醛(C)，另一种是乙醇(B)；(D)和(E)中能与 $AgNO_3$ 的乙醇溶液反应生成浅黄色沉淀的是溴乙烷(E)，剩下的是乙醚(D)。

(2) 这五种化合物中能发生银镜反应的是甲酸(A)；余下四种加热放出气体的是草酸(B)和丙二酸(C)，这两者中能使 $KMnO_4$ 溶液褪色的是草酸(B)，另一种是丙二酸(C)；(D)和(E)中能使溴水褪色的是反丁烯二酸(E)，剩下的是丁二酸(D)。

（五）完成下列反应式：

(1) $\underset{CH_2COOH}{\overset{CH_2CHO}{|}} \xrightarrow[H_2O]{KMnO_4} ? \xrightarrow{300\ ℃} ?$

(2) 2-羟基苯乙酸（邻位 CH_2COOH、OH 的苯环）$\xrightarrow{\triangle} ?$

(3) $HOOC-C_6H_4-COOH \xrightarrow[H^+,\triangle]{2CH_3OH} ?$

(4) $CH_3CH_2COOH+Cl_2 \xrightarrow{P} ? \xrightarrow[②\ H^+]{①\ NaOH,H_2O,\triangle} ? \xrightarrow{\triangle} ?$

(5) $CH_3-\overset{O}{\overset{\|}{C}}-CH_3 \xrightarrow{?} ? \xrightarrow[H^+]{H_2O} CH_3-\overset{OH}{\overset{|}{\underset{CH_3}{\underset{|}{C}}}}-CH_2COOC_2H_5$

(6) $(CH_3)_2CH\overset{OH}{\overset{|}{C}}HCOOH \xrightarrow{稀\ H_2SO_4} ?\ +?$

答：(1) $\underset{CH_2COOH}{\overset{CH_2COOH}{|}}$，丁二酸酐（五元环酸酐）

(2) 苯并呋喃-2(3H)-酮（苯环并五元内酯环，C=O）　　(3) $CH_3O\overset{O}{\overset{\|}{C}}-C_6H_4-\overset{O}{\overset{\|}{C}}OCH_3$

(4) $CH_3\underset{Cl}{\underset{|}{C}}HCOOH$，$CH_3\underset{OH}{\underset{|}{C}}HCOOH$，$CH_3$—（六元环交酯，两个 C=O，两个 O）—$CH_3$

(5) $BrCH_2COOC_2H_5/Zn$，$CH_3-\overset{OZnBr}{\overset{|}{\underset{CH_3}{\underset{|}{C}}}}-CH_2COOC_2H_5$

(6) $(CH_3)_2CHCHO, HCOOH$

（六）试写出在少量硫酸存在下，5-羟基己酸发生分子内酯化反应的机理。

答：$CH_3\underset{OH}{\underset{|}{C}}HCH_2CH_2CH_2C(=O)OH \overset{H^+}{\rightleftharpoons} \left[CH_3\underset{OH}{\underset{|}{C}}HCH_2CH_2CH_2C(=\overset{+}{O}H)OH \longleftrightarrow CH_3\underset{\ddot{O}H}{\underset{|}{C}}HCH_2CH_2CH_2\overset{+}{C}(OH)OH \right] \rightleftharpoons$ （六元环中间体：HO、OH 取代的碳，环上 $\overset{+}{O}H$）$\rightleftharpoons$ （六元环中间体：HO、$\overset{+}{O}H_2$ 取代的碳，环上 O）$\xrightleftharpoons{-H_2O}$

$$\left[\text{(6-甲基四氢吡喃-2-基, C}^{+}\text{–OH)} \longleftrightarrow \text{(}^{+}\text{OH=C, 6-甲基四氢吡喃)}\right] \xrightleftharpoons{-H^+} \text{6-甲基四氢吡喃-2-酮}$$

（七）完成下列转化：

（1）$CH_3CH_2CH_2COOH \longrightarrow HOOCCH(CH_2CH_3)COOH$

（2）四氢吡喃 $\longrightarrow HOOC(CH_2)_4COOH$

（3）丁-1-醇 ⟶ 戊-2-烯酸

习题(七)(4)

（4）环己酮 ⟶ 1-乙基环己烷甲酸（$C_6H_{10}(C_2H_5)COOH$）

（5）亚甲基环己烷（$C_6H_{10}{=}CH_2$）⟶ $C_6H_{11}CH_2COOH$

（6）$CH_3-C_6H_4-CHO \longrightarrow HOOC-C_6H_4-CHO$

（7）$CH_3CH_2CH_2CH(CH_3)COOH \longrightarrow CH_3CH_2CH_2COCH_3$

（8）$(CH_3)_2CHCH_2CHO \longrightarrow (CH_3)_2CHCH_2CH(OH)-C(CH_3)_2-COOC_2H_5$

答：（1）$CH_3CH_2CH_2COOH \xrightarrow[\text{红磷}]{Br_2} CH_3CH_2CHBrCOOH \xrightarrow[\text{② KCN}]{\text{① NaHCO}_3}$

$CH_3CH_2CH(CN)COO^- \xrightarrow[\triangle]{HCl,H_2O} HOOCCH(CH_2CH_3)COOH$

（2）四氢吡喃 $\xrightarrow{\text{过量 HI}} ICH_2CH_2CH_2CH_2I \xrightarrow{NaCN} NC(CH_2)_4CN \xrightarrow[\triangle]{H_2O,H^+}$ 产物

（3）$CH_3CH_2CH_2CH_2OH \xrightarrow[\triangle]{Cu} CH_3CH_2CH_2CHO \xrightarrow[HCl]{KCN} CH_3CH_2CH_2CH(OH)CN$

$\xrightarrow[\triangle]{95\%H_2SO_4} CH_3CH_2CH{=}CHCOOH$

（4）环己酮 $\xrightarrow[\text{② H}^+\text{,H}_2\text{O}]{\text{① CH}_3\text{CH}_2\text{MgBr,醚}}$ 1-乙基环己醇（$C_6H_{10}(OH)C_2H_5$）$\xrightarrow{SOCl_2}$ 1-氯-1-乙基环己烷（$C_6H_{10}(Cl)C_2H_5$）

$\xrightarrow[\text{乙醚}]{Mg}$ $\xrightarrow[\text{② } H^+, H_2O]{\text{① } CO_2}$ (1-乙基环己烷甲酸：环己烷环上同一碳连有 COOH 和 C_2H_5)

(5) 亚甲基环己烷 $=CH_2$ $\xrightarrow[ROOR]{HBr}$ 环己基$-CH_2Br$ $\xrightarrow[\text{乙醚}]{Mg}$ $\xrightarrow[\text{② } H_3O^+]{\text{① } CO_2}$ 产物

(6) $H_3C-C_6H_4-CHO$ $\xrightarrow[\text{干 HCl}]{CH_2OH-CH_2OH}$ $H_3C-C_6H_4-CH\langle$(O-CH₂-CH₂-O 环)$\rangle$ $\xrightarrow[\text{② } H^+, H_2O, \triangle]{\text{① } KMnO_4}$ 产物

(7) $CH_3CH_2CH_2CH(CH_3)COOH \xrightarrow[\text{红磷}]{Cl_2} CH_3CH_2CH_2CCl(CH_3)COOH \xrightarrow[\text{② } H^+]{\text{① } Na_2CO_3, H_2O}$

$CH_3CH_2CH_2C(OH)(CH_3)COOH \xrightarrow[\triangle]{\text{稀 } H_2SO_4} CH_3CH_2CH_2\overset{O}{\overset{\|}{C}}CH_3$

(8) $(CH_3)_2CHCH_2CHO + Br-C(CH_3)_2-COOC_2H_5 \xrightarrow[\text{② } H_2O, H^+]{\text{① } Zn, \text{甲苯}}$ 产物

(八) 用反应式表示如何将丙酸转变成下列化合物：

(1) 丁酸　(2) 乙酸　(3) 3-羟基-2-甲基戊酸乙酯

习题(八)(3)

答：(1) $CH_3CH_2COOH \xrightarrow[\text{② } H_2O, H^+]{\text{① } LiAlH_4} CH_3CH_2CH_2OH \xrightarrow[H_2SO_4]{NaBr}$

$CH_3CH_2CH_2Br \xrightarrow[\text{② } H_2O, H^+, \triangle]{\text{① } NaCN} CH_3CH_2CH_2COOH$

(2) $CH_3CH_2COOH \xrightarrow[\text{红磷}]{Cl_2} CH_3CHClCOOH \xrightarrow[\text{② } H^+]{\text{① } Na_2CO_3, H_2O}$

$CH_3CH(OH)COOH \xrightarrow{KMnO_4} \xrightarrow{H^+} CH_3COOH$

(3) $CH_3CH_2COOH \xrightarrow[\text{红磷}]{Br_2} CH_3CHBrCOOH \xrightarrow[\triangle]{C_2H_5OH, H_2SO_4} CH_3CHBrCOOC_2H_5$

$\xrightarrow[\text{② } H_2O, H^+]{\text{① } CH_3CH_2CHO, Zn, \text{甲苯}} CH_3CH_2CH(OH)-CH(CH_3)COOC_2H_5$

(九) 由指定原料合成下列化合物，无机试剂任选。

(1) 由 $CH_3CH_2CH=CH_2$ 合成 $CH_3CH_2-CH(CH_3)-CH(NH_2)COOH$

(2) 由不超过三个碳原子的有机化合物合成 $CH_3CH_2CH{=}C(CH_3)COOH$

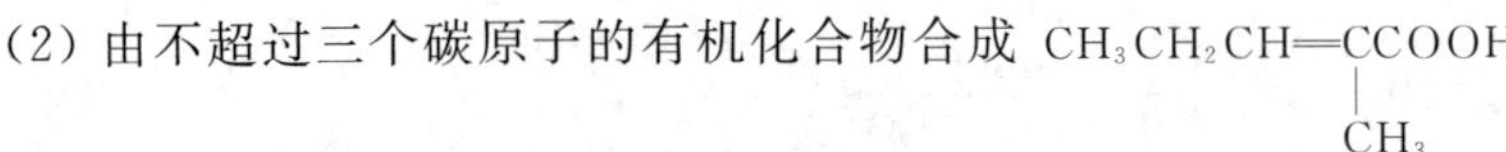

习题(九)(3)

(3) 由乙烯合成丙烯酸

(4) 由乙炔和苯合成 (HOOCCH$_2$)$_2$-取代丁二酸酐（3,4-二(羧甲基)四氢呋喃-2,5-二酮）

答：(1) $CH_3CH_2CH{=}CH_2 \xrightarrow[\text{② Mg,乙醚}]{\text{① HBr}} CH_3CH_2CH(CH_3)MgBr \xrightarrow[\text{② } H^+,H_2O]{\text{① 环氧乙烷}}$

$CH_3CH_2CH(CH_3)CH_2CH_2OH \xrightarrow[\text{② } H^+]{\text{① } KMnO_4} CH_3CH_2CH(CH_3)CH_2COOH \xrightarrow[\text{② } NH_3]{\text{① } Br_2\text{,红磷}}$

$CH_3CH_2CH(CH_3)CH(NH_2)COOH$

(2) $CH_3CH(Br)COOH \xrightarrow[H_2SO_4,\triangle]{C_2H_5OH} CH_3CH(Br)COOC_2H_5 \xrightarrow[\text{② } H^+,H_2O,\triangle]{\text{① } CH_3CH_2CHO,Zn\text{,甲苯}}$ 产物

(3) $H_2C{=}CH_2 \xrightarrow[\triangle]{Cl_2+H_2O} CH_2(OH)CH_2Cl \xrightarrow{NaCN} CH_2(OH)CH_2CN \xrightarrow[\triangle]{H_2SO_4} CH_2{=}CHCOOH$

(4) $CH{\equiv}CH + 2HCHO \xrightarrow{KOH} HOCH_2{-}C{\equiv}C{-}CH_2OH$

$\xrightarrow[Ni]{H_2} HOCH_2CH_2CH_2CH_2OH \xrightarrow{Al_2O_3} CH_2{=}CH{-}CH{=}CH_2$

苯 $+ O_2 \xrightarrow[500\ ℃]{V_2O_5}$ 顺丁烯二酸酐 $\xrightarrow[\triangle]{CH_2{=}CH{-}CH{=}CH_2}$ 四氢邻苯二甲酸酐 $\xrightarrow[\text{② } H^+]{\text{① } KMnO_4}$ (HOOCCH$_2$)$_2$-取代丁二酸酐

(十) 苯甲酸与乙醇在浓硫酸催化下发生酯化反应，试设计一个从反应混合物中获得纯的苯甲酸乙酯的方法(产物沸点 212.4 ℃)。

答：将反应混合物冷却后，用饱和碳酸氢钠溶液中和至 pH≈8。分出有机层，水相用等体积的甲苯萃取一次，合并有机相。将有机相依次用二分之一体积的饱和食盐水和饱和氯化钙溶液各洗涤一次，然后用无水硫酸镁干燥。蒸除溶剂(甲苯)后，减压蒸馏收集产品。

(十一) 化合物(A)，分子式为 $C_3H_5ClO_2$，其 ^1H NMR 谱数据为 δ11.2(单峰，1H)，δ4.47(四重峰，1H)，δ1.73(双峰，3H)。试推测其结构。

答:(A) $CH_3\underset{\displaystyle Cl}{\underset{|}{C}}HCOOH$

(十二) 化合物(B)、(C)的分子式均为 $C_4H_6O_4$,它们均可溶于氢氧化钠溶液,与碳酸钠作用放出 CO_2;(B)加热失水成酸酐 $C_4H_4O_3$,(C)加热放出 CO_2,生成含三个碳原子的酸。试写出(B)和(C)的构造式。

答:(B) $HOOCCH_2CH_2COOH$　　　(C) $HOOC\underset{\displaystyle CH_3}{\underset{|}{C}}HCOOH$

(十三) 某二元酸 $C_8H_{14}O_4$(D),受热时转变成中性化合物 $C_7H_{12}O$(E),(E)用浓 HNO_3 溶液氧化生成二元酸 $C_7H_{12}O_4$(F),(F)受热脱水成酸酐 $C_7H_{10}O_3$(G);(D)用 $LiAlH_4$ 还原得 $C_8H_{18}O_2$(H)。(H)能脱水生成 3,4-二甲基己-1,5-二烯。试推导(D)~(H)的构造式。

答:

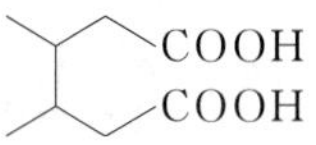

COOH
COOH
(D)

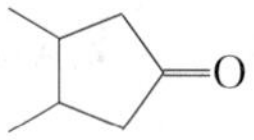

O
(E)

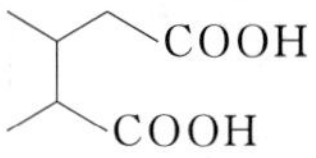

COOH
COOH
(F)

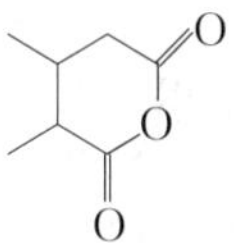

O
O
O
(G)

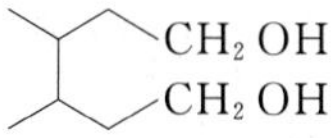

CH_2OH
CH_2OH
(H)

12.5 小　结

12.5.1 羧酸的物理性质及波谱性质

(1) 羧酸的物理性质　羧酸分子间存在较强的双向氢键,熔点、沸点较高。低级羧酸能与水形成氢键,因而甲酸至丁酸可与水互溶。

(2) 羧酸的红外光谱　缔合羧酸的 O—H 伸缩振动吸收峰出现在 3 200~2 500 cm^{-1},为一很宽的峰,非常特征;羧酸羰基伸缩振动吸收峰出现在 1 700 cm^{-1} 附近。

(3) 羧酸的核磁共振氢谱　羧基中质子的化学位移为 10.5~13.0;α-碳原子上的质子的化学位移为 2.0~2.6。

12.5.2 羧酸的制法

$$CO+NaOH \xrightarrow{\triangle,加压} \xrightarrow{H^+,H_2O} HCOOH$$

$$CH_3OH+CO \xrightarrow[\triangle,加压]{铑催化剂} CH_3COOH$$

$$\text{酚盐} \xrightarrow{CO_2,\triangle} \xrightarrow{H^+,H_2O} \text{酚酸}$$

烷烃、烯烃、炔烃
侧链有 α-氢原子的芳烃 $\xrightarrow{\text{氧化}}$ R(Ar)—COOH
醇、醛等

$$R(Ar)MgX \xrightarrow[\text{② } H^+,H_2O]{\text{① } CO_2} R(Ar)\text{—}COOH$$

$$RX\ (R = CH_3,1^\circ,2^\circ) \xrightarrow[\text{② } H^+,H_2O,\triangle]{\text{① } NaCN} R(Ar)\text{—}COOH$$

12.5.3 羧酸的化学性质

（1）一元羧酸的主要化学反应

R(Ar)—COOH:

- $\xrightarrow[\text{或}NaHCO_3]{NaOH}$ R(Ar)—COONa
- $\xrightarrow[\text{或}SOCl_2]{PCl_3 \text{ 或 } PCl_5}$ R(Ar)—COCl
- $\xrightarrow{P_2O_5}$ R(Ar)—COOCOR(Ar)
- $\xrightarrow{R'OH,H^+,\triangle}$ R(Ar)—COOR′
- $\xrightarrow{R'NH_2,\triangle}$ R(Ar)—CONHR′
- $\xrightarrow[\text{② } H^+,H_2O]{\text{① } LiAlH_4}$ R(Ar)—CH_2OH
- $\xrightarrow{\triangle,-CO_2}$ R(Ar)—H
- $\xrightarrow{X_2,P}$ $R^1CH(X)$—COOH $\xrightarrow[\text{消除反应等}]{\text{卤代烷的亲核取代、}}$

（2）二元羧酸的受热反应

$HOOC(CH_2)_nCOOH \xrightarrow{\triangle}$

- $\xrightarrow[-CO_2]{n=0,1}$ HCOOH，CH_3COOH
- $\xrightarrow[-H_2O]{n=2,3}$ 丁二酸酐，戊二酸酐（环状酸酐）
- $\xrightarrow[-CO_2,-H_2O]{n=4,5}$ 环戊酮，环己酮

12.5.4 羟基酸的制法和化学反应

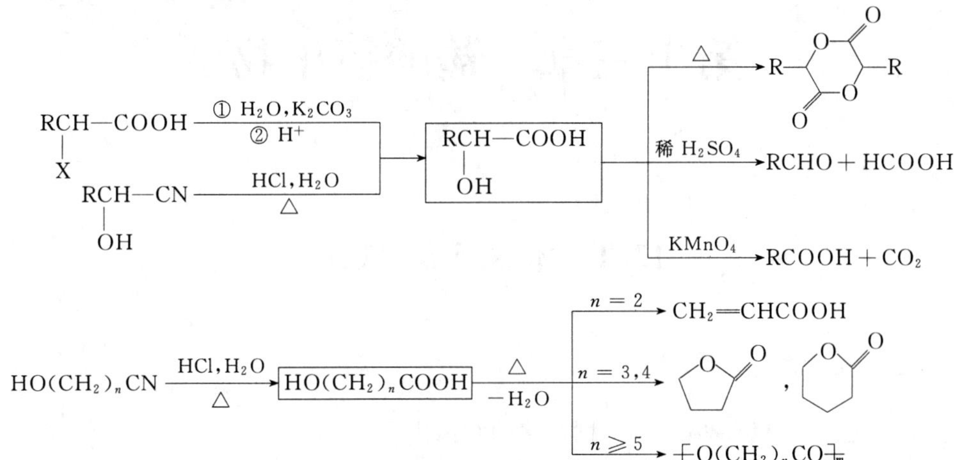

第十三章　羧酸衍生物

13.1　本章重点和难点

13.1.1　重点

（1）酰卤（酰氯）、酸酐、酯、酰胺、腈的结构特点。

（2）羧酸衍生物的命名。

（3）氢键对酰胺熔点、沸点的影响，羧酸衍生物的红外光谱及核磁共振氢谱特性。

（4）羧酸衍生物的亲核取代反应（水解、醇解和氨解等）及其反应机理，亲核取代反应活性次序及理论解释。

（5）羧酸衍生物的还原反应：$LiAlH_4$ 还原、催化氢化、酯被金属钠－醇还原、Rosenmund 还原。

（6）羧酸衍生物与金属有机试剂（Grignard 试剂、有机锂试剂和烃基铜锂试剂等）的反应。

（7）酰胺的酸、碱性，酰胺的脱水反应，Hofmann 降解（重排）反应。

（8）常见碳酸衍生物碳酰氯（光气）、碳酰胺（尿素）、碳酸二甲酯的性质。

羧酸衍生物的亲核取代反应

13.1.2　难点

羧酸衍生物亲核取代反应的机理，羧酸衍生物的相对反应活性及其影响因素，羧酸衍生物的还原反应，羧酸衍生物与金属有机试剂的反应，Hofmann 降解反应。

羧酸衍生物的还原反应

13.2　例　　题

例一　写出下列化合物的结构式：

（1）顺环丙烷－1，2－二羧酸酐　　　　（2）乙酸－1－苯基乙酯

（3）N－乙基苯甲酰胺　　　　（4）2－甲基己腈

酰胺的特性

答：（1）羧基直接与脂环相连的化合物可命名为环某烷羧酸，因而该化合物的结构式为 。

(2) 该化合物中的苯基应是成酯以前醇上的取代基，1 位表示它连在羟基所连的碳原子上，故该化合物的结构式为 $CH_3\overset{\overset{O}{\|}}{C}—O—\underset{\underset{Ph}{|}}{C}HCH_3$ 。

(3) 该化合物的母体为苯甲酰胺，乙基连在氮原子上，因而其结构式为 $C_6H_5—\underset{\underset{O}{\|}}{C}—NHCH_2CH_3$ 。

(4) 该化合物的母体为己腈，氰基中的碳原子应包含在母体碳原子数目之内，编号时从氰基碳原子开始，所以该化合物的结构式为 $CH_3CH_2CH_2CH_2\underset{\underset{CH_3}{|}}{C}HCN$ 。

例二 酯的皂化反应一般为二级反应。三氟乙酸乙酯碱性水解的反应速率常数 k(25 ℃)为乙酸乙酯碱性水解反应速率常数 k'(25 ℃)的 10^6 倍以上，试解释之。

例二

答：酯的皂化(碱性水解)反应的机理：

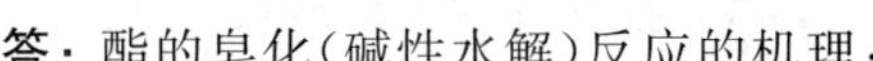

$$R—\overset{\overset{O}{\|}}{C}—O—C_2H_5 + {}^-OH \longrightarrow R—\underset{\underset{OC_2H_5}{|}}{\overset{\overset{O^-}{|}}{C}}—OH \longrightarrow$$

$$R—\overset{\overset{O}{\|}}{C}—OH + {}^-OC_2H_5 \rightleftharpoons R—\overset{\overset{O}{\|}}{C}—O^- + HOC_2H_5$$

(R＝CF_3 或 CH_3)

因为三氟甲基($—CF_3$)为较强的吸电子基团，故三氟乙酸乙酯分子中的羰基碳原子的电子云密度较低，更容易被亲核试剂(^-OH)进攻，因而具有较大的反应速率常数；该结果同时表明亲核试剂(^-OH)进攻一步是反应的速控步。

例三 试写出下列反应的反应机理：

$$\gamma\text{-丁内酯} + BrMgCH_2CH_2CH_2CH_2MgBr \xrightarrow[\text{② } H_3O^+]{\text{① THF}} \text{1-(3-羟丙基)环戊醇 (HO, }CH_2CH_2CH_2OH\text{)}$$

答：

$$\text{内酯} + BrMg—CH_2CH_2CH_2CH_2—MgBr \longrightarrow \text{四面体中间体}(CH_2CH_2CH_2CH_2—MgBr,\ O^-\ \overset{+}{M}gBr)$$

$$\longrightarrow {}^{+}MgBr\ {}^-O—CH_2CH_2CH_2—\overset{\overset{O}{\|}}{C}—CH_2CH_2CH_2CH_2—MgBr \longrightarrow BrM\overset{+}{g}\ {}^-O(CH_2)_3\text{—环戊基—}O^-\ \overset{+}{M}gBr$$

$$\xrightarrow{H_3O^+} \text{HO—环戊基—}CH_2CH_2CH_2OH$$

例四 某化合物的分子式为 $C_8H_{14}O_4$，其 IR 谱图在 1 730 cm^{-1} 附近有强吸收峰，其 ^1H NMR 谱图数据：δ4.15（四重峰，4H），δ2.61（单峰，4H），δ1.26（三重峰，6H）。试写出其构造式。

答：根据 IR 谱图的数据，可知该化合物含有羰基。^1H NMR 谱图数据 δ4.15（四重峰，4H），δ1.26（三重峰，6H）表明该化合物中含有两个等同的乙氧基；δ2.61（单峰，4H）表明含有与羰基相邻的两个等同的甲叉基。综上分析，判断该化合物结构对称，应为丁二酸二乙酯：

$$CH_3CH_2—O—\overset{\overset{\displaystyle O}{\|}}{C}—CH_2CH_2—\overset{\overset{\displaystyle O}{\|}}{C}—O—CH_2CH_3$$

13.3 练习和参考答案

练习 13.1 某化合物的分子式为 $C_5H_{10}O_2$，红外光谱在 1 740 cm^{-1}、1 250 cm^{-1} 处有强吸收峰。核磁共振氢谱：δ5.0（七重峰，1H），δ2.0（单峰，3H），δ1.2（双峰，6H）。试推测其构造式。

答：$CH_3COOCH(CH_3)_2$

练习 13.2 乙酰氯与下列化合物作用将得到什么主要产物？

(1) H_2O (2) CH_3NH_2 (3) CH_3COONa (4) $CH_3(CH_2)_3OH$

答：(1) CH_3COOH (2) $CH_3CONHCH_3$ (3) $(CH_3CO)_2O$

(4) $CH_3COO(CH_2)_3CH_3$

练习 13.3 丙酸乙酯与下列化合物作用将得到什么主要产物？

(1) H_2O, H^+ (2) H_2O, ^-OH (3) NH_3 (4) 辛-1-醇，H^+

答：(1) $CH_3CH_2COOH + CH_3CH_2OH$ (2) $CH_3CH_2COO^- + CH_3CH_2OH$

(3) $CH_3CH_2CONH_2 + CH_3CH_2OH$

(4) $CH_3CH_2COOC_8H_{17}$-n + CH_3CH_2OH

练习 13.4 分别写出 $CH_3—\overset{\overset{\displaystyle O}{\|}}{C}—{}^{18}OC_2H_5$ 发生以下反应的产物。

(1) 酸性水解 (2) 碱性水解

答：(1) $CH_3COOH + CH_3CH_2{}^{18}OH$ (2) $CH_3COO^- + CH_3CH_2{}^{18}OH$

练习 13.5 用什么试剂可完成下列转变？

(1) $CH_3CH_2CH_2COCl \longrightarrow CH_3CH_2CH_2CHO$

(2) 戊二酸酐（环状，含 O 及两个 C=O）$\longrightarrow$ $HOCH_2CH_2CH_2CH_2CH_2OH$（图示：CH₂OH / CH₂OH）

(3) $CH_3CH_2CH_2COOC_2H_5 \longrightarrow CH_3CH_2CH_2CH_2OH$

（4）$CH_3CH_2CH_2CONH_2 \longrightarrow CH_3CH_2CH_2CH_2NH_2$

答：（1）用 $LiAlH(OBu-t)_3$ 还原，然后水解，或 Rosenmund 还原。

（2）在乙醚中用 $LiAlH_4$ 还原，然后水解。

（3）用乙醇/钠还原。

（4）在乙醚中用 $LiAlH_4$ 还原，然后水解。

练习 13.6 用反应式表示如何从丙酸甲酯制备下列各醇：

（1）2-甲基丁-2-醇　　　　（2）3-乙基戊-3-醇

答：（1）$CH_3I \xrightarrow[\text{乙醚}]{Mg} CH_3MgI \xrightarrow[\text{乙醚}]{CH_3CH_2COOCH_3} CH_3CH_2\overset{\overset{OMgI}{|}}{C}(CH_3)_2$

$\xrightarrow{H_3O^+} CH_3CH_2\overset{\overset{OH}{|}}{C}(CH_3)_2$

（2）$C_2H_5Br \xrightarrow[\text{乙醚}]{Mg} C_2H_5MgBr \xrightarrow[\text{乙醚}]{CH_3CH_2COOCH_3} CH_3CH_2\overset{\overset{OMgBr}{|}}{C}(C_2H_5)_2$

$\xrightarrow{H_3O^+} CH_3CH_2\overset{\overset{OH}{|}}{C}(C_2H_5)_2$

练习 13.7 用怎样的 Grignard 试剂与羧酸酯合成戊-3-醇？用反应式写出合成过程。

练习 13.7

提示：用乙基溴化镁与甲酸酯反应。反应式略。

练习 13.8 （1）写出从$(CH_3)_3CCOOH$转变为$(CH_3)_3CCN$的步骤。

（2）如果想从$(CH_3)_3CBr$与 NaCN 作用得到$(CH_3)_3CCN$，实际得到的是什么产物？

答：（1）$(CH_3)_3CCOOH \xrightarrow[\triangle]{NH_3} (CH_3)_3CCONH_2 \xrightarrow{SOCl_2} (CH_3)_3CCN$

（2）会发生消除反应得到 2-甲基丙烯。

练习 13.9 写出 Br_2/NaOH 同 $H_2NCOCH_2CH_2CH_2CONH_2$ 反应的主要产物。

答：$H_2NCH_2CH_2CH_2NH_2$

13.4 习题和参考答案

（一）命名下列化合物：

（1）（3-甲基苯甲酰氯结构式：苯环上连 $\overset{O}{\overset{\|}{C}}-Cl$，间位 H_3C）

（2）$Cl-\overset{\overset{O}{\|}}{C}-\underset{\underset{CH_2CH=CH_2}{|}}{CH}-\overset{\overset{O}{\|}}{C}-Cl$

(3) $CH_3CH_2-\overset{O}{\overset{\|}{C}}-O-\overset{O}{\overset{\|}{C}}-CH_3$ 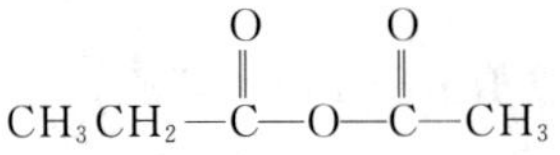 (4)

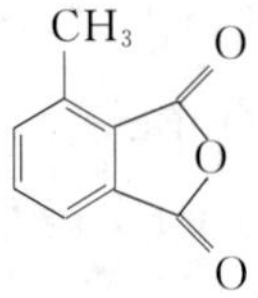

(5) 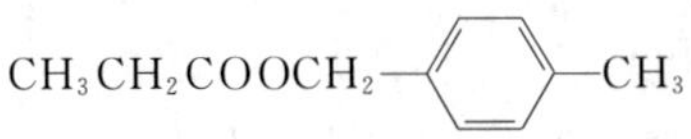 $CH_3CH_2COOCH_2-C_6H_4-CH_3$ (6)

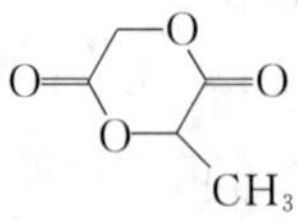

答:(1) 3-甲基苯甲酰氯 (2) 烯丙基丙二酰二氯 (3) 乙酸丙酸酐

(4) 3-甲基苯-1,2-二甲酸酐 (5) 丙酸-4-甲基苯甲酯(或丙酸对甲基苄酯)

(6) 3-甲基-1,4-二氧杂环己-2,5-二酮(或乙丙交酯)

(二) 写出下列化合物的构造式:

(1) 甲基丙二酸单酰氯 (2) 丙酸酐 (3) 氯甲酸苄酯

(4) 顺丁烯二酰亚胺 (5) 异丁腈

答:(1) 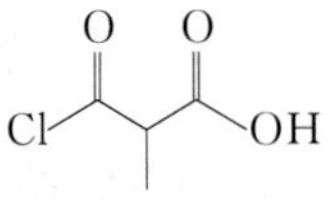 (2) 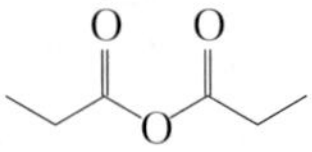 (3)

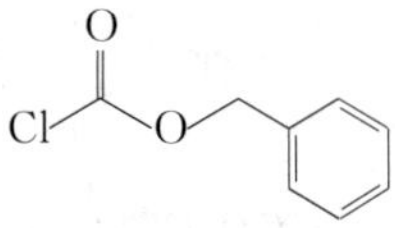

(4) 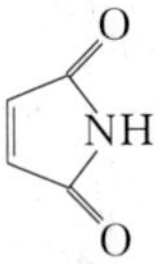 (5)

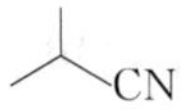

(三) 用化学方法鉴别下列化合物:

(1) 乙酸 (2) 乙酰氯 (3) 乙酸乙酯 (4) 乙酰胺

答:与水剧烈反应并放热的为乙酰氯;剩余三者加入碳酸氢钠溶液,放出 CO_2 气体者为乙酸;最后余下两者加入 NaOH 溶液加热,放出刺激性气体(NH_3)的为乙酰胺。

(四) 完成下列反应式:

(1) 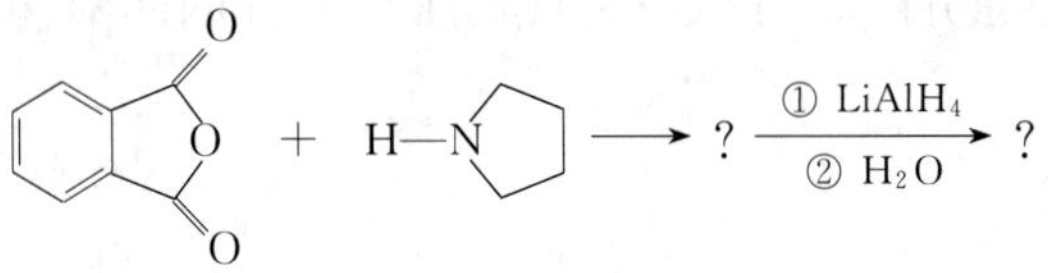 邻苯二甲酸酐 + H—N(吡咯烷) $\longrightarrow$? $\xrightarrow[\text{② } H_2O]{\text{① } LiAlH_4}$?

(2) $HOCH_2CH_2CH_2COOH \xrightarrow{\triangle}$? $\xrightarrow{Na, C_2H_5OH}$?

(3) 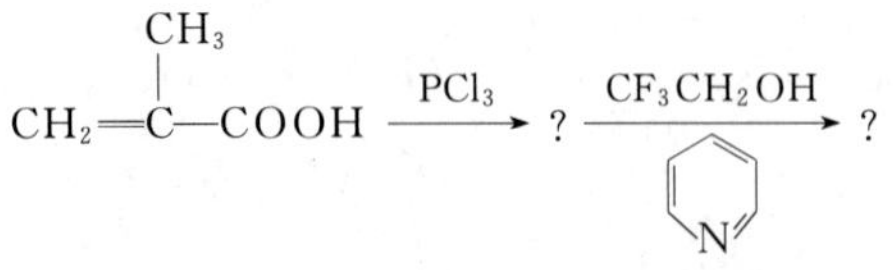 $CH_2=C(CH_3)-COOH \xrightarrow{PCl_3}$? $\xrightarrow[\text{吡啶}]{CF_3CH_2OH}$?

(4) 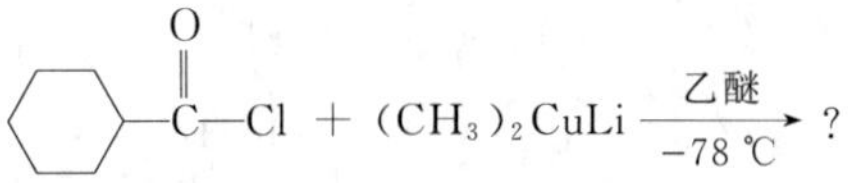 $C_6H_{11}-\overset{O}{\overset{\|}{C}}-Cl + (CH_3)_2CuLi \xrightarrow[-78\ ℃]{\text{乙醚}}$?

(5) $I(CH_2)_{10}-\overset{\overset{O}{\|}}{C}-Cl + (CH_3)_2CuLi \xrightarrow[-78\ ℃]{\text{乙醚}}$?

(6) 邻苯二甲酰亚胺 $\xrightarrow[H_2O,\triangle]{Br_2,NaOH}$?

(7) $C_6H_5COOH \xrightarrow{PCl_3}$? $\xrightarrow[\text{喹啉-硫}]{H_2,Pd-BaSO_4}$?

答:(1) 2-(吡咯烷-1-基羰基)苯甲酸,[2-(吡咯烷-1-基甲基)苯基]甲醇　(2) γ-丁内酯,$HO(CH_2)_4OH$

(3) $CH_2{=}C(CH_3)-COCl$, $CH_2{=}C(CH_3)-COOCH_2CF_3$　(4) $C_6H_{11}-\overset{\overset{O}{\|}}{C}-CH_3$

(5) $I(CH_2)_{10}-\overset{\overset{O}{\|}}{C}-CH_3$

(6) 邻氨基苯甲酸钠(o-$H_2NC_6H_4COONa$)　(7) PhCOCl,PhCHO

(五) 完成下列转变:

(1) $CH_3COOH \longrightarrow ClCH_2COCl$　(2) 苯 $\longrightarrow$ N-溴代丁二酰亚胺

(3) 苯 $\longrightarrow$ 邻乙酰氧基苯甲酸(o-$CH_3COOC_6H_4COOH$)　(4) 环戊酮 $\longrightarrow$ 二螺环交酯(1,4-二氧六环-2,5-二酮的3,6-位各螺连一个环戊烷环)

习题(五)(3)

(5) $CH_3CH{=}CH_2 \longrightarrow CH_3CH(CH_3)CONH_2$

(6) 环己酮 $\longrightarrow$ 1-乙基-1-(氨甲酰甲基)环己烷($C_6H_{10}(CH_2CH_3)(CH_2CONH_2)$)

答:(1) $CH_3COOH \xrightarrow{Cl_2,P(\text{足量})} ClCH_2COCl$

(2) 苯 $\xrightarrow[500\ ℃]{O_2, V_2O_5}$ 马来酸酐 $\xrightarrow[160\ ℃, 5.9\ MPa]{H_2, Pd/Al_2O_3}$ 丁二酸酐 $\xrightarrow[\triangle, 加压]{NH_3}$ 丁二酰亚胺（NH）

$\xrightarrow[② Br_2]{① NaOH(等物质的量)}$ N-溴代丁二酰亚胺（NBr）

(3) 苯 $\xrightarrow{Cl_2, Fe}$ 氯苯（Cl） $\xrightarrow[\triangle, 加压]{NaOH, Lu}$ 苯酚钠（ONa） $\xrightarrow[\triangle, 加压]{CO_2}$ $\xrightarrow{H^+}$ 邻羟基苯甲酸（OH，COOH）

$\xrightarrow[H_3PO_4]{(CH_3CO)_2O}$ 乙酰水杨酸（$OCCH_3$（C=O），COOH）

(4) 环戊酮（=O） $\xrightarrow{^-OH, HCN}$ 1-羟基环戊甲腈（OH，CN） $\xrightarrow[\triangle]{HCl, H_2O}$ 1-羟基环戊甲酸（OH，COOH） $\xrightarrow{\triangle}$ 交酯（二螺环，O，O，=O，=O）

(5) $CH_3CH{=}CH_2 \xrightarrow{HBr} CH_3CHBrCH_3$（$CH_3CHBr$ 下接 CH_3） $\xrightarrow[② CO_2\ ③ H_3O^+]{① Mg, 乙醚}$ $CH_3CH(CH_3)COOH$ $\xrightarrow[\triangle]{NH_3}$ $CH_3CH(CH_3)CONH_2$

(6) 环己酮（=O） $\xrightarrow[② H_3O^+]{① CH_3CH_2MgBr, 乙醚}$ 1-乙基环己醇（CH_2CH_3，OH） $\xrightarrow[② Mg, 乙醚]{① SOCl_2}$ 1-乙基环己基氯化镁（CH_2CH_3，MgCl）

$\xrightarrow[② H_3O^+]{① 环氧乙烷}$ （CH_2CH_3，CH_2CH_2OH） $\xrightarrow[H_3O^+]{KMnO_4}$ （CH_2CH_3，CH_2COOH） $\xrightarrow[\triangle]{NH_3}$ （CH_2CH_3，CH_2CONH_2）

（六）比较下列酯类碱性条件下水解的活性大小。

(1) (A) $O_2N-C_6H_4-COOCH_3$（对位）　　(B) $C_6H_5-COOCH_3$

(C) $CH_3O-C_6H_4-COOCH_3$（对位）　　(D) $Cl-C_6H_4-COOCH_3$（对位）

(2) (A) $CH_3COO-C_6H_5$　　(B) $CH_3COO-C_6H_4-NO_2$（对位）

(C) $CH_3COO-C_6H_4-CH_3$（对位）　　(D) $CH_3COO-C_6H_4-NH_2$（对位）

答：(1) (A)>(D)>(B)>(C)　　(2) (B)>(A)>(C)>(D)

（七）将下列化合物按碱性强弱排列成序。

(1) $CH_3-\overset{O}{\overset{\|}{C}}-NH_2$ (2) NH_3 (3) $CH_3CH_2-\overset{O}{\overset{\|}{C}}-N(CH_3)_2$ (4) 丁二酰亚胺（环状结构：两个C=O夹NH的五元环）

答：(2)＞(3)＞(1)＞(4)

(八) 按指定原料合成下列化合物，无机试剂任选。

(1) 由 CH_3CHO 合成 $CH_3CH{=}CHCONH_2$

(2) 由 $CH_3-C_6H_5$ 合成 $CH_3-C_6H_4-\overset{O}{\overset{\|}{C}}-O-C_6H_4-CH_3$

(3) 由萘为原料合成 2-氨基苯甲酸

习题(八)(3)

(4) 由 C_4 以下的有机化合物为原料合成 $CH_3CH_2\overset{CH_3}{\overset{|}{C}H}-\overset{O}{\overset{\|}{C}}-NHCH_2CH_2CH_2CH_3$

(5) 由 C_3 以下的羧酸衍生物为原料合成乙丙酸酐

答：(1) $CH_3CHO \xrightarrow[\triangle]{稀\ NaOH} CH_3CH{=}CHCHO \xrightarrow[②\ H_3O^+]{①\ Ag(NH_3)_2OH} CH_3CH{=}CHCOOH$

$\xrightarrow[\triangle]{NH_3} CH_3CH{=}CHCONH_2$

(2) $H_3C-C_6H_5 \xrightarrow[\triangle]{H_2SO_4} H_3C-C_6H_4-SO_3H \xrightarrow[熔融]{NaOH} \xrightarrow{H^+} H_3C-C_6H_4-OH$

$H_3C-C_6H_5 \xrightarrow[\triangle]{Br_2,Fe} H_3C-C_6H_4-Br \xrightarrow[②\ CO_2\ ③\ H_3O^+]{①\ Mg,THF} H_3C-C_6H_4-COOH \xrightarrow{SOCl_2}$

$H_3C-C_6H_4-COCl \xrightarrow[NaOH]{H_3C-C_6H_4-OH} CH_3-C_6H_4-\overset{O}{\overset{\|}{C}}-O-C_6H_4-CH_3$

(3) 萘 $\xrightarrow[450\ ℃]{O_2,V_2O_5}$ 邻苯二甲酸酐 $\xrightarrow[\triangle,加压]{NH_3}$ 邻苯二甲酰亚胺 $\xrightarrow[②\ H_3O^+]{①\ Br_2,NaOH}$ 邻氨基苯甲酸（NH_2、$COOH$ 处于邻位的苯环）

(4) $CH_3CH_2\overset{CH_3}{\overset{|}{C}H}-Cl \xrightarrow[②\ HCl,H_2O,\triangle]{①\ NaCN,DMSO} CH_3CH_2\overset{CH_3}{\overset{|}{C}H}-COOH \xrightarrow[\triangle]{n-BuNH_2}$

$CH_3CH_2\overset{CH_3}{\overset{|}{C}H}-\overset{O}{\overset{\|}{C}}-NHBu-n$

(5) $CH_3CH_2COONa \xrightarrow{CH_3COCl} CH_3CH_2COOCOCH_3$

（九）某化合物的分子式为 $C_4H_8O_2$，其 IR 和 ^{1}H NMR 谱图数据如下：

IR 谱图：在 3 000～2 850 cm^{-1}，2 725 cm^{-1}，1 725 cm^{-1}（强），1 220～1 160 cm^{-1}（强），1 100 cm^{-1} 处有吸收峰。

^{1}H NMR 谱图：δ8.02（单峰，1H），δ5.13（七重峰，1H），δ1.29（双峰，6H）。试推测其构造式。

答：$HCOOCH(CH_3)_2$

习题（十）

（十）有两种酯类化合物（A）和（B），分子式均为 $C_4H_6O_2$。（A）在酸性条件下水解成甲醇和另一种化合物 $C_3H_4O_2$（C），（C）可使 Br_2-CCl_4 溶液褪色。（B）在酸性条件下水解成一分子羧酸和化合物（D），（D）可发生碘仿反应，也可与 Tollens 试剂作用。试推测（A）～（D）的构造式。

答：（A）$CH_2=CH-COOCH_3$　　（B）$CH_3COO-CH=CH_2$

（C）$CH_2=CH-COOH$　　（D）CH_3CHO

13.5 小　　结

13.5.1 羧酸衍生物的命名

酰卤和酰胺通常根据相应的酰基命名，酸酐按酸加“酐”命名，而酯按相应的酸和醇（酚）命名，腈通常根据分子中所含的碳原子数命名。

13.5.2 羧酸衍生物的物理性质及波谱性质

氢键对酰胺物理性质的影响较大，伯酰胺和仲酰胺都具有较高的熔点和沸点。羧酸衍生物的 IR 谱图中都有特征的羰基伸缩振动吸收峰（1 850～1 650 cm^{-1}），伯酰胺和仲酰胺还具有特征的 N—H 伸缩振动吸收峰（3 350～3 100 cm^{-1}，伯酰胺为双峰，仲酰胺则可能为一个或多个峰）。在 ^{1}H NMR 谱图中，羧酸衍生物羰基 α 位质子化学位移值为 2～3。

13.5.3 羧酸衍生物的化学性质

（1）酰基上的亲核取代反应

酰基上的亲核取代反应，经过四面体中间体机理（加成-消除机理）：

$$R-\overset{\overset{O}{\|}}{C}-L + Nu:^- \xrightarrow{加成} R-\overset{\overset{O^-}{|}}{\underset{\underset{Nu}{|}}{C}}-L \xrightarrow{消除} R-\overset{\overset{O}{\|}}{C}-Nu + L^-$$

一般加成一步是反应的速控步，因此羰基碳原子上电子云密度越低，反应越容易进行。

羧酸及其衍生物进行酰基上的亲核取代反应活性次序：酰氯＞酸酐＞羧酸＞酯＞酰胺，一般可由活泼的羧酸衍生物生成不活泼的羧酸衍生物。羧酸及其衍生物之间相互转化的关系如下所示：

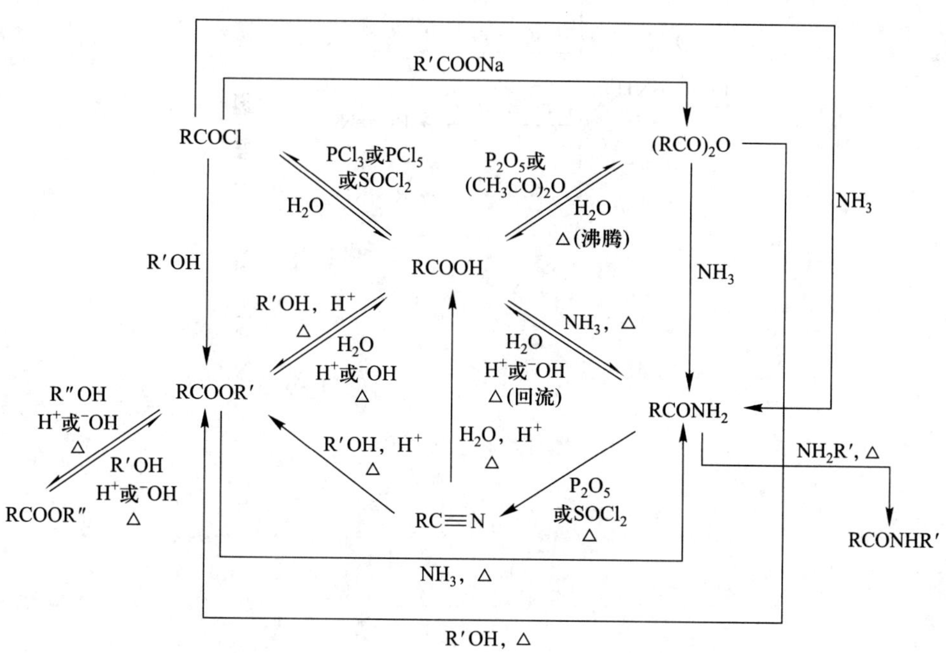

（2）羧酸衍生物的还原反应

$$\text{酰氯、酸酐、酯}\xrightarrow[\text{或 } H_2,Ni]{\text{① }LiAlH_4,\text{② }H_3O^+}\text{伯醇}$$

$$\text{酰胺、腈}\xrightarrow[\text{或 } H_2,Ni]{\text{① }LiAlH_4,\text{② }H_3O^+}\text{胺}$$

$$\text{酯}\xrightarrow[\text{Bouveault-Blanc 反应}]{Na,\text{醇}}\text{伯醇}$$

$$\text{酰氯}\xrightarrow[\text{Rosenmund 还原}]{H_2,Pd-BaSO_4,\text{喹啉-硫}}\text{醛}$$

（3）与有机金属试剂的反应

$$RCOOR'' \xrightarrow[\text{② }H_3O^+]{\text{① }R'MgX} R-\underset{\displaystyle OH}{\overset{\displaystyle R'}{C}}-R'$$

$$RCOCl \xrightarrow[\text{或 }R'_2CuLi]{\text{① }R'MgX,\text{② }H_3O^+} R-\overset{\displaystyle O}{\overset{\|}{C}}-R'$$

$$RC\equiv N \xrightarrow[\text{② }H_3O^+]{\text{① }R'MgX} R-\overset{\displaystyle O}{\overset{\|}{C}}-R'$$

（4）酰胺的特殊反应

$$R-\overset{O}{\overset{\|}{C}}-NH_2 \xrightarrow{HCl,\text{乙醚}} R-\overset{O}{\overset{\|}{C}}-NH_2 \cdot HCl$$

$$R-\overset{O}{\overset{\|}{C}}-NH_2 \xrightarrow{Na,\text{乙醚}} R-\overset{O}{\overset{\|}{C}}-NHNa^+$$

$$R-\overset{O}{\overset{\|}{C}}-NH_2 \xrightarrow{P_2O_5\text{ 或 }SOCl_2} RC\equiv N$$

$$R-\overset{O}{\overset{\|}{C}}-NH_2 \xrightarrow{Br_2,NaOH} R-NH_2$$

第十四章　β-二羰基化合物

14.1　本章重点和难点

14.1.1　重点

Claisen 酯缩合反应

(1) 酮-烯醇互变异构，酸、碱催化下的酮-烯醇平衡，化合物结构对酮-烯醇平衡的影响。

(2) β-酮酸酯的制备：Claisen 酯缩合反应及机理，交叉 Claisen 酯缩合反应，Dieckmann 缩合反应。

乙酰乙酸乙酯合成法

(3) 乙酰乙酸乙酯的性质及其在合成中的应用。

(4) 丙二酸二乙酯的制备、性质及其在合成中的应用。

(5) 其他缩合反应：Knoevenagel 缩合反应、Michael 加成反应，其他含活泼甲叉基化合物的反应。

14.1.2　难点

丙二酸二乙酯合成法

酸、碱催化下酮-烯醇互变异构的机理，Claisen 酯缩合反应机理、交叉的 Claisen 酯缩合反应、Dieckmann 缩合反应，乙酰乙酸乙酯的性质与应用，丙二酸二乙酯的性质与应用，Knoevenagel 缩合反应，Michael 加成反应。

14.2　例　　题

Knoevenagel 缩合反应

例一　1-(4-叔丁基苯基)-3-(4-甲氧基苯基)丙-1,3-二酮是一种非常有效的防晒剂，它是由 4-甲氧基苯乙酮和 4-叔丁基苯甲酸甲酯在甲醇钠存在的条件下反应制取的，试写出其反应机理。

Michael 加成反应

答： 从反应原料看，4-甲氧基苯乙酮（$CH_3O-C_6H_4-\overset{O}{\overset{\|}{C}}-CH_3$）和 4-叔丁基苯甲酸甲酯[$(CH_3)_3C-C_6H_4-\overset{O}{\overset{\|}{C}}-OCH_3$]两种化合物中，后者无 α-氢原子，它们可在碱（$CH_3ONa$）的作用下进行交叉 Claisen 酯缩合反应。反应机理如下：

$$CH_3O-C_6H_4-\overset{O}{\overset{\|}{C}}-CH_3 \xrightarrow[-CH_3OH]{CH_3O^-} \left[CH_3O-C_6H_4-\overset{O}{\overset{\|}{C}}-\overset{-}{C}H_2 \longleftrightarrow CH_3O-C_6H_4-\overset{O^-}{\overset{|}{C}}=CH_2 \right]$$

$$CH_3O-C_6H_4-\overset{O}{\overset{\|}{C}}-\overset{-}{C}H_2 + CH_3O-\overset{O}{\overset{\|}{C}}-C_6H_4-C(CH_3)_3 \longrightarrow$$

$$CH_3O-C_6H_4-\overset{O}{\overset{\|}{C}}-CH_2-\underset{OCH_3}{\underset{|}{\overset{O^-}{\overset{|}{C}}}}-C_6H_4-C(CH_3)_3 \xrightarrow{-CH_3O^-}$$

$$CH_3O-C_6H_4-\overset{O}{\overset{\|}{C}}-CH_2-\overset{O}{\overset{\|}{C}}-C_6H_4-C(CH_3)_3 \xrightarrow[-CH_3OH]{CH_3O^-}$$

$$\left[CH_3O-C_6H_4-\overset{O}{\overset{\|}{C}}-\overset{-}{C}H-\overset{O}{\overset{\|}{C}}-C_6H_4-C(CH_3)_3 \longleftrightarrow \right.$$

$$CH_3O-C_6H_4-\overset{O^-}{\overset{|}{C}}=CH-\overset{O}{\overset{\|}{C}}-C_6H_4-C(CH_3)_3 \longleftrightarrow$$

$$\left. CH_3O-C_6H_4-\overset{O}{\overset{\|}{C}}-CH=\overset{O^-}{\overset{|}{C}}-C_6H_4-C(CH_3)_3 \right] \xrightarrow{H^+}$$

$$CH_3O-C_6H_4-\overset{O}{\overset{\|}{C}}-CH_2-\overset{O}{\overset{\|}{C}}-C_6H_4-C(CH_3)_3$$

例二 用乙酰乙酸乙酯(俗称三乙)为原料合成 1,2-二乙酰基环戊烷(环戊烷的相邻两个碳上各连一个 $COCH_3$)。

答: 该化合物为环状化合物,含有双甲基酮的结构,可用两分子三乙合成之(在环戊烷-1,2-二$COCH_3$结构上用虚线标出切断处)。具体的合成路线如下:

$$2CH_3COCH_2COOC_2H_5 \xrightarrow[C_2H_5OH]{C_2H_5ONa} 2\ CH_3CO\overset{-}{C}HCOOC_2H_5 \xrightarrow{BrCH_2CH_2CH_2Br}$$

$$\begin{matrix} CH_3COCHCOOC_2H_5 \\ | \\ CH_2 \\ | \\ CH_2 \\ | \\ CH_2 \\ | \\ CH_3COCHCOOC_2H_5 \end{matrix} \xrightarrow[C_2H_5OH]{C_2H_5ONa} \xrightarrow{I_2}$$ 环戊烷,相邻两个环碳上各连 $COCH_3$ 和 $COOC_2H_5$

$$\xrightarrow[\text{③ }\triangle,-CO_2]{\text{① 稀}^-OH,\text{② }H^+}$$ (1,2-二乙酰基环戊烷：环戊烷环上相邻两碳各连 $COCH_3$)

例三 用丙二酸二乙酯为原料合成 $CH_3\overset{O}{\overset{\|}{C}}—OCH_2\underset{CH_2CH_3}{\underset{|}{C}H}CH_2CH=CH_2$。

答： 要合成目标化合物，首先需制取 $HOCH_2\underset{CH_2CH_3}{\underset{|}{C}H}CH_2CH=CH_2$，而用丙二酸二乙酯可以较方便地制取 $HOOC\underset{CH_2CH_3}{\underset{|}{C}H}CH_2CH=CH_2$，它再经还原可得到上述醇；最后经乙酰化可得目标化合物。具体的合成路线如下：

$$CH_2(COOC_2H_5)_2 \xrightarrow[\text{② }CH_2=CHCH_2Cl]{\text{① }C_2H_5ONa} \xrightarrow[\text{② }C_2H_5Br]{\text{① }C_2H_5ONa} CH_2=CHCH_2—\underset{CH_2CH_3}{\underset{|}{\overset{COOC_2H_5}{\overset{|}{C}}}}—COOC_2H_5$$

$$\xrightarrow[\text{③ }\triangle,-CO_2]{\text{① 稀}^-OH,\text{② }H^+} HOOC\underset{CH_2CH_3}{\underset{|}{C}H}CH_2CH=CH_2 \xrightarrow[\text{② }H_3O^+]{\text{① }LiAlH_4\text{，乙醚}} HOCH_2\underset{CH_2CH_3}{\underset{|}{C}H}CH_2CH=CH_2$$

$$\xrightarrow{CH_3COCl} CH_3\overset{O}{\overset{\|}{C}}—OCH_2\underset{CH_2CH_3}{\underset{|}{C}H}CH_2CH=CH_2$$

例四 写出下述反应的机理。

$$CH_2(COOCH_3)_2 \xrightarrow[CH_3OH]{NaOCH_3} \xrightarrow{\text{环氧乙烷 }(CH_2—CH_2, O)} \xrightarrow{H^+}$$ (2-甲氧羰基-γ-丁内酯：五元内酯环，C=O，环上 $COOCH_3$)

答： $$CH_2(COOCH_3)_2 \xrightarrow[-CH_3OH]{CH_3O^-} \bar{C}H(COOCH_3)_2 \xrightarrow{\text{进攻环氧乙烷}}$$

$$^-OCH_2CH_2\underset{\underset{O}{\|}C—OCH_3}{\underset{|}{C}H}COOCH_3 \longrightarrow \text{(四面体中间体：}CH_2—CH_2, O, CH—COOCH_3, C(O^-)(OCH_3)\text{)} \xrightarrow{-CH_3O^-}$$

$$\text{(内酯，}COOCH_3\text{)} \xrightarrow[-CH_3OH]{CH_3O^-} \text{(内酯碳负离子，}COOCH_3\text{)} \xrightarrow{H^+} \text{(内酯，}COOCH_3\text{)}$$

14.3 练习和参考答案

练习 14.1 下列哪些写法是错误的?

(1) $CH_3-\overset{\overset{\large O}{\|}}{C}-CH_3 \rightleftharpoons CH_2=\overset{\overset{\large OH}{|}}{C}CH_3$　　(2) $R-C\begin{smallmatrix}\nearrow O\\ \searrow O^-\end{smallmatrix} \rightleftharpoons R-C\begin{smallmatrix}\nearrow O^-\\ \searrow O\end{smallmatrix}$

(3) —OH $\longleftrightarrow$ =O　　(4) $\longleftrightarrow$

(5) $CH_3\overset{\overset{\large O^-}{|}}{C}=CH-\overset{\overset{\large O}{\|}}{C}-OC_2H_5 \longleftrightarrow CH_3\overset{\overset{\large O}{\|}}{C}-CH=\overset{\overset{\large O^-}{|}}{C}-OC_2H_5$

答: (2)、(3)是错误的。其中(2)是共振杂化体的两个极限结构,而(3)是两个互变异构体。

练习 14.2

练习 14.2 用碱处理顺十氢化萘-1-酮的醇溶液,达到平衡后,溶液中含 95% 的反式异构体和 5% 的顺式异构体。试解释之。

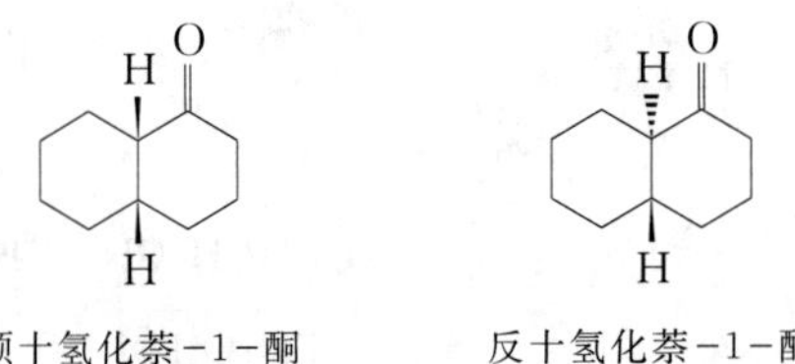

顺十氢化萘-1-酮　　反十氢化萘-1-酮

答: 顺十氢化萘-1-酮在碱的催化下,可形成烯醇负离子,该烯醇负离子可转变为反十氢化萘-1-酮,也可转变为顺十氢化萘-1-酮。

$$\xrightleftharpoons[ROH]{^-OH} \qquad \xrightleftharpoons[^-OH]{ROH}$$

由于上述反应是可逆的,且反式异构体更稳定,所以达到平衡后,溶液中含有较多的反式异构体。

练习 14.3 完成下列反应式:

(1) $CH_3CH_2CH_2COOC_2H_5 \xrightarrow[\text{② } H^+]{\text{① } C_2H_5ONa}$

(2) $CH_3CH_2O-\overset{\overset{\large O}{\|}}{C}-OCH_2CH_3 + C_6H_5-CH_2COOC_2H_5 \xrightarrow[\text{② } H^+]{\text{① } C_2H_5ONa}$

(3) $CH_3CH_2O\overset{\overset{\large O}{\|}}{C}(CH_2)_3\overset{\overset{\large O}{\|}}{C}OCH_2CH_3 + CH_3CH_2O\overset{\overset{\large O}{\|}}{C}-\overset{\overset{\large O}{\|}}{C}OCH_2CH_3 \xrightarrow[\text{② } H^+]{\text{① } C_2H_5ONa}$

（4）$CH_3CH_2OC(=O)(CH_2)_3C(=O)OCH_2CH_3$ + C_6H_5—$COOC_2H_5$ $\xrightarrow[\text{② } H^+]{\text{① } C_2H_5ONa}$

答：（1）$CH_3CH_2CH_2C(=O)$—$CH(CH_2CH_3)COOC_2H_5$　（2）$CH_3CH_2OC(=O)$—$CH(Ph)COOC_2H_5$

（3）环戊烷-1,2-二酮-3,5-二甲酸二乙酯（五元环上两个相邻 C=O，两侧碳原子各连 $COOC_2H_5$）　（4）C_6H_5—$COCH(COOC_2H_5)CH_2CH_2COOC_2H_5$

练习 14.4 下列化合物哪些能用乙酰乙酸乙酯合成法合成？请写出反应式。

（1）庚-2-酮　（2）庚-3-酮　（3）庚-4-酮

（4）2,2-二甲基丙二酸　（5）辛-2,7-二酮　（6）$CH_3COCH(CH_3)CH_2COOH$

（7）$CH_3COCH_2COC(CH_3)_3$　（8）$PhCH_2CH(CH_2CH_3)COCH_3$

简答：(2)和(3)不能。

（1）$CH_3COCH_2COOC_2H_5 \xrightarrow[\text{② } CH_3CH_2CH_2CH_2Br]{\text{① } C_2H_5ONa} \xrightarrow[\text{③ } \triangle,\,-CO_2]{\text{① 稀}^-OH,\text{② } H^+} CH_3C(=O)(CH_2)_4CH_3$

（4）$CH_3COCH_2COOC_2H_5 \xrightarrow[\text{② } CH_3I]{\text{① } C_2H_5ONa} \xrightarrow[\text{② } CH_3I]{\text{① } C_2H_5ONa} \xrightarrow{\text{稀}^-OH} CH_3CO$—$C(CH_3)_2$—$COO^-$

$$\xrightarrow[\text{② } H^+]{\text{① } Cl_2,NaOH} HOOC—C(CH_3)_2—COOH$$

（5）$2\ CH_3COCH_2COOC_2H_5 \xrightarrow[\text{② } BrCH_2CH_2Br]{\text{① } C_2H_5ONa} \xrightarrow[\text{③ } \triangle,\,-CO_2]{\text{① 稀}^-OH,\text{② } H^+} CH_3C(=O)(CH_2)_4C(=O)CH_3$

（6）$CH_3COCH_2COOC_2H_5 \xrightarrow[\text{② } BrCH_2COOC_2H_5]{\text{① } C_2H_5ONa} \xrightarrow[\text{② } CH_3I]{\text{① } C_2H_5ONa}$

$$CH_3CO—C(CH_2COOC_2H_5)(CH_3)—COOC_2H_5 \xrightarrow[\text{③ } \triangle,\,-CO_2]{\text{① 稀}^-OH,\text{② } H^+} CH_3COCH(CH_3)CH_2COOH$$

（7）$CH_3COCH_2COOC_2H_5 \xrightarrow[\text{② } (CH_3)_3CCOCl]{\text{① } NaH}$

$$\xrightarrow[\text{③ } \triangle,\,-CO_2]{\text{① 稀}^-OH,\text{② } H^+} CH_3COCH_2COC(CH_3)_3$$

(8) $CH_3COCH_2COOC_2H_5 \xrightarrow[\text{② } PhCH_2Cl]{\text{① } C_2H_5ONa} \xrightarrow[\text{② } CH_3CH_2Br]{\text{① } C_2H_5ONa}$

$\xrightarrow[\text{③ △,}-CO_2]{\text{① 稀}^-OH\text{,② }H^+} CH_3COCH(CH_2CH_3)CH_2Ph$

练习 14.5 以丙二酸二乙酯为原料，合成下列化合物：

(1) 丁二酸 (2) 4-氧亚基戊酸 (3) 2-甲基戊酸

(4) 戊酸 (5) 戊二酸 (6) 4-甲基戊酸

简答： (1) $CH_2(COOC_2H_5)_2 \xrightarrow[\text{② } I_2]{\text{① } C_2H_5ONa} \xrightarrow[\text{③ △,}-CO_2]{\text{① 稀}^-OH\text{,② }H^+} \begin{matrix} CH_2COOH \\ | \\ CH_2COOH \end{matrix}$

(2) 原料 $\xrightarrow[\text{② } CH_3COCH_2Br]{\text{① } C_2H_5ONa} \xrightarrow[\text{③ △,}-CO_2]{\text{① 稀}^-OH\text{,② }H^+} CH_3\overset{O}{\overset{\|}{C}}CH_2CH_2COOH$

(3) 原料 $\xrightarrow[\text{② } CH_3CH_2CH_2Br]{\text{① } C_2H_5ONa} \xrightarrow[\text{② } CH_3I]{\text{① } C_2H_5ONa} \xrightarrow[\text{③ △,}-CO_2]{\text{① 稀}^-OH\text{,② }H^+} CH_3CH_2CH_2CH(CH_3)—COOH$

(4) 原料 $\xrightarrow[\text{② } CH_3CH_2CH_2Br]{\text{① } C_2H_5ONa} \xrightarrow[\text{③ △,}-CO_2]{\text{① 稀}^-OH\text{,② }H^+} CH_3CH_2CH_2CH_2COOH$

(5) 原料 $\xrightarrow[\text{② } CH_2Cl_2]{\text{① } C_2H_5ONa} \xrightarrow[\text{③ △,}-CO_2]{\text{① 稀}^-OH\text{,② }H^+} HOOCCH_2CH_2CH_2COOH$

(6) 原料 $\xrightarrow[\text{② } CH_3CH(CH_3)CH_2Br]{\text{① } C_2H_5ONa} \xrightarrow[\text{③ △,}-CO_2]{\text{① 稀}^-OH\text{,② }H^+} CH_3CH(CH_3)CH_2CH_2COOH$

练习 14.6 如何合成下列化合物？用反应式表示。

(1) 1,3-环戊二酮 ⟶ 双环烯酮（结构式）

(2) $CH_3—\overset{O}{\overset{\|}{C}}—CH=CH_2$ ⟶ 环己-1,3-二酮-4-COOEt（结构式）

答： (1) 1,3-环戊二酮 $\xrightarrow[\text{② } C_2H_5Br]{\text{① } C_2H_5ONa}$ 2-乙基-1,3-环戊二酮 $\xrightarrow[\text{乙烯基丙基酮}]{C_2H_5ONa\text{(催化量)}}$ 加成产物 $\xrightarrow{R_2NH,\triangle}$ 双环烯酮

(2) 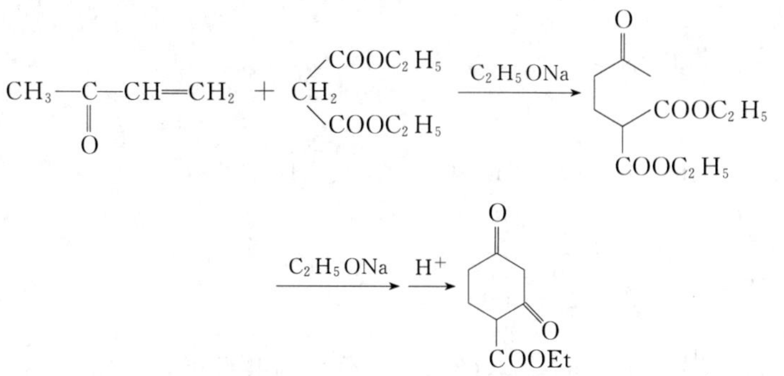 $CH_3-\underset{\underset{O}{\|}}{C}-CH=CH_2 + CH_2(COOC_2H_5)_2 \xrightarrow{C_2H_5ONa} CH_3COCH_2CH_2CH(COOC_2H_5)_2$

$\xrightarrow{C_2H_5ONa} \xrightarrow{H^+}$ 4-COOEt-环己-1,3-二酮（结构式：环己烷-1,3-二酮，4 位连 COOEt）

14.4 习题和参考答案

（一）命名下列化合物：

(1) $HOCH_2\overset{CH_3}{\overset{|}{C}}HCH_2COOH$　　(2) $(CH_3)_2CH\overset{O}{\overset{\|}{C}}CH_2COOCH_3$

(3) $CH_3CH_2COCH_2CHO$　　(4) $Ph\overset{O}{\overset{\|}{C}}CH_2CO_2C_2H_5$

(5) $ClCOCH_2COOH$　　(6) $Ph\overset{O}{\overset{\|}{C}}CH_2\overset{O}{\overset{\|}{C}}CH_3$

答：(1) 4-羟基-3-甲基丁酸　　(2) 4-甲基-3-氧亚基戊酸甲酯

(3) 3-氧亚基戊醛　　(4) 3-苯基-3-氧亚基丙酸乙酯

(5) 氯甲酰基乙酸　　(6) 1-苯基丁-1,3-二酮

（二）下列羧酸酯中，哪些能进行自身酯缩合反应？写出其反应式。

(1) 甲酸乙酯　　(2) 乙酸正丁酯

(3) 丙酸乙酯　　(4) 2,2-二甲基丙酸乙酯

(5) 苯甲酸乙酯　　(6) 苯乙酸乙酯

答：(1)、(4)和(5)无 α-氢原子，不能进行自身酯缩合反应。

(2) $CH_3COOCH_2CH_2CH_2CH_3 \xrightarrow[\text{② } H^+]{\text{① } C_2H_5ONa} CH_3COCH_2COOCH_2CH_2CH_2CH_3$

(3) $CH_3CH_2COOC_2H_5 \xrightarrow[\text{② } H^+]{\text{① } C_2H_5ONa} CH_3CH_2CO\underset{\underset{CH_3}{|}}{C}HCOOC_2H_5$

(6) $PhCH_2COOC_2H_5 \xrightarrow[\text{② } H^+]{\text{① } C_2H_5ONa} PhCH_2CO\underset{\underset{Ph}{|}}{C}HCOOC_2H_5$

（三）下列各对化合物（或离子），哪些是互变异构体？哪些是共振结构？

(1) $CH_3-\overset{OH}{\overset{|}{C}}=CH-\overset{O}{\overset{\|}{C}}-CH_3$ 和 $CH_3-\overset{O}{\overset{\|}{C}}-CH_2-\overset{O}{\overset{\|}{C}}-CH_3$

(2) $CH_3—C(=O)—O^-$ 和 $CH_3—C(—O^-)=O$

(3) $CH_2═CH—CH═CH_2$ 和 $^-CH_2—CH═CH—\overset{+}{C}H_2$

(4) [9(10H)-菲酮结构] 和 [9-菲酚结构]

答：(1)和(4)分别为互变异构体，(2)和(3)分别为共振极限结构。

(四) 写出下列化合物分别与乙酰乙酸乙酯的钠盐作用后的产物。

(1) 烯丙基溴　(2) 溴乙酸甲酯

(3) 溴丙酮　(4) 丙酰氯

(5) 1-溴-3-氯丙烷(等物质的量)　(6) 2-溴代丁二酸二甲酯

答：(1) $CH_3COCH(CH_2CH═CH_2)COOC_2H_5$　(2) $CH_3COCH(CH_2COOCH_3)COOC_2H_5$

(3) $CH_3COCH(CH_2COCH_3)COOC_2H_5$　(4) $CH_3COCH(COCH_2CH_3)COOC_2H_5$

(5) $CH_3COCH(CH_2CH_2CH_2Cl)COOC_2H_5$　(6) $CH_3COCH(CH(COOCH_3)CH_2COOCH_3)COOC_2H_5$

(五) 以甲醇、乙醇及无机试剂为原料，经乙酰乙酸乙酯合成下列化合物。

(1) 3-甲基丁-2-酮　(2) 己-2-醇

(3) 戊-2,4-二酮　(4) 4-氧亚基戊酸

(5) 己-2,5-二酮

答：$CH_3CH_2OH \xrightarrow[H_2SO_4]{K_2Cr_2O_7} CH_3COOH \xrightarrow[H_2SO_4,\triangle]{C_2H_5OH} CH_3COOC_2H_5$

$$\xrightarrow[②\ CH_3COOH]{①\ C_2H_5ONa} CH_3COCH_2COOC_2H_5$$

(1) $CH_3OH \xrightarrow{HI} CH_3I$

$$CH_3COCH_2COOC_2H_5 \xrightarrow[②\ CH_3I]{①\ C_2H_5ONa} \xrightarrow[②\ CH_3I]{①\ C_2H_5ONa}$$

$$CH_3COC(CH_3)_2COOC_2H_5 \xrightarrow[③\ \triangle,-CO_2]{①\ 稀\ ^-OH,②\ H^+} CH_3COCH(CH_3)—CH_3$$

(2) $CH_3OH \xrightarrow[Ag]{O_2} HCHO$

$$CH_3CH_2OH \xrightarrow[②\ Mg,乙醚]{①\ NaBr,H_2SO_4} \xrightarrow[②\ H_2O,H^+]{①\ HCHO} CH_3CH_2CH_2OH \xrightarrow[H_2SO_4]{NaBr} CH_3CH_2CH_2Br$$

$$CH_3COCH_2COOC_2H_5 \xrightarrow[\text{② } CH_3CH_2CH_2Br]{\text{① } C_2H_5ONa} \underset{\displaystyle |\atop CH_2CH_2CH_3}{CH_3COCHCOOC_2H_5} \xrightarrow[\text{③ } \triangle,-CO_2]{\text{① 稀}^-OH,\text{② } H^+}$$

$$CH_3COCH_2CH_2CH_2CH_3 \xrightarrow[C_2H_5OH]{NaBH_4} \underset{\displaystyle |\atop OH}{CH_3CHCH_2CH_2CH_2CH_3}$$

(3) $CH_3COOH \xrightarrow{PCl_3} CH_3COCl$

$$CH_3COCH_2COOC_2H_5 \xrightarrow[\text{② } CH_3COCl]{\text{① NaH}}$$

$$\underset{\displaystyle |\atop COCH_3}{CH_3COCHCOOC_2H_5} \xrightarrow[\text{③ } \triangle,-CO_2]{\text{① 稀}^-OH,\text{② } H^+} CH_3COCH_2COCH_3$$

(4) $CH_3COOH \xrightarrow[\text{红磷}]{Br_2} BrCH_2COOH \xrightarrow[H_2SO_4,\triangle]{C_2H_5OH} BrCH_2COOC_2H_5$

$$CH_3COCH_2COOC_2H_5 \xrightarrow[\text{② } BrCH_2COOC_2H_5]{\text{① } C_2H_5ONa} \underset{\displaystyle |\atop CH_2COOC_2H_5}{CH_3COCHCOOC_2H_5}$$

$$\xrightarrow[\text{③ } \triangle,-CO_2]{\text{① 稀}^-OH,\text{② } H^+} CH_3COCH_2CH_2COOH$$

(5) $2\ CH_3COCH_2COOC_2H_5 \xrightarrow[\text{② } I_2]{\text{① } C_2H_5ONa} \begin{matrix} CH_3COCHCOOC_2H_5 \\ | \\ CH_3COCHCOOC_2H_5 \end{matrix}$

$$\xrightarrow[\text{③ } \triangle,-CO_2]{\text{① 稀}^-OH,\text{② } H^+} CH_3COCH_2CH_2COCH_3$$

(六) 完成下列反应式:

(1) 丙酸乙酯 + 乙二酸二乙酯 $\xrightarrow[\text{② } H^+]{\text{① } C_2H_5ONa}$

(2) 乙酸乙酯 + 甲酸乙酯 $\xrightarrow[\text{② } H^+]{\text{① } C_2H_5ONa}$

(3) 苯甲酸乙酯 + 丁二酸二乙酯 $\xrightarrow[\text{② } H^+]{\text{① } C_2H_5ONa}$

(4) $CH_3\overset{\displaystyle O \atop \|}{C}(CH_2)_4\overset{\displaystyle O \atop \|}{C}OC_2H_5 \xrightarrow[\text{② } H^+]{\text{① } C_2H_5ONa}$

(5) $CH_3\overset{\displaystyle O \atop \|}{C}(CH_2)_3\overset{\displaystyle O \atop \|}{C}OC_2H_5 \xrightarrow[\text{② } H^+]{\text{① } C_2H_5ONa}$

(6) $H_2C\begin{matrix} \diagup CH_2CH_2COOC_2H_5 \\ \diagdown CH_2CH_2COOC_2H_5 \end{matrix} \xrightarrow[\text{② } H^+]{\text{① } C_2H_5ONa}$

(7) $CH_3CH_2OOCCH_2CH_2\overset{\displaystyle COOC_2H_5 \atop |}{C}H\underset{\displaystyle | \atop COOC_2H_5}{C}HCH_3 \xrightarrow[\text{② } H^+]{\text{① } C_2H_5ONa}$

习题(六)
(4)(5)

答：（1）$\mathrm{CH_3}$ | $\mathrm{COCHCOOC_2H_5}$ | $\mathrm{COOC_2H_5}$　　（2）$\mathrm{HCOCH_2COOC_2H_5}$

（3）$\mathrm{C_6H_5{-}COCHCOOC_2H_5}$ | $\mathrm{CH_2COOC_2H_5}$　　（4）O, $\mathrm{-CCH_3}$, O

（5）O, O　　（6）O, $\mathrm{COOC_2H_5}$

（7）$\mathrm{COOC_2H_5}$, $\mathrm{-CH_3}$, $\mathrm{C_2H_5OOC}$, O

（七）用丙二酸二乙酯法合成下列化合物：

（1）$\mathrm{CH_3{-}CH{-}CHCOOH}$（$\mathrm{CH_3}$，$\mathrm{CH_3}$）　　（2）$\mathrm{HOOCCH_2CHCH_2COOH}$（$\mathrm{CH_3}$）

（3）$\mathrm{HOOCCH_2CHCH_2CH_2COOH}$（$\mathrm{CH_3}$）　　（4）$\mathrm{H_3C}$, O, O

习题（七）（4）

（5）$\mathrm{-COOH}$　　（6）HOOC, COOH

答：（1）$\mathrm{H_2C(COOC_2H_5)_2}$ $\xrightarrow[\text{② } \mathrm{CH_3CHBrCH_3}]{\text{① } \mathrm{C_2H_5ONa}}$ $\xrightarrow[\text{② } \mathrm{CH_3I}]{\text{① } \mathrm{C_2H_5ONa}}$

$\mathrm{CH_3CH(CH_3){-}C(CH_3)(COOC_2H_5)_2}$ $\xrightarrow[\text{③ } \triangle, -\mathrm{CO_2}]{\text{① 稀 } ^-\mathrm{OH}, \text{② } \mathrm{H^+}}$ $\mathrm{CH_3CH(CH_3){-}CH(CH_3)COOH}$

（2）$\mathrm{2\ H_2C(COOC_2H_5)_2}$ $\xrightarrow[\text{② } \mathrm{CH_3CHBr{-}Br}]{\text{① } \mathrm{C_2H_5ONa}}$ $\mathrm{CH_3CH{-}CH(COOC_2H_5)_2}$ | $\mathrm{CH(COOC_2H_5)_2}$

$\xrightarrow[\text{③ } \triangle, -\mathrm{CO_2}]{\text{① 稀 } ^-\mathrm{OH}, \text{② } \mathrm{H^+}}$ $\mathrm{HOOCCH_2{-}CH(CH_3){-}CH_2COOH}$

（3）$\mathrm{2\ H_2C(COOC_2H_5)_2}$ $\xrightarrow[\text{② } \mathrm{CH_3CHBrCH_2{-}Br}]{\text{① } \mathrm{C_2H_5ONa}}$ $\mathrm{CH_3CHCH_2{-}CH(COOC_2H_5)_2}$ | $\mathrm{CH(COOC_2H_5)_2}$

$\xrightarrow[\text{③ } \triangle, -\mathrm{CO_2}]{\text{① 稀 } ^-\mathrm{OH}, \text{② } \mathrm{H^+}}$ $\mathrm{HOOCCH_2{-}CH(CH_3)CH_2{-}CH_2COOH}$

(4) $H_2C(COOC_2H_5)_2 \xrightarrow[\text{② } CH_3-CH-CH_2 \text{ (环氧)}]{\text{① } C_2H_5ONa}$ $[CH_3-CH(OH)-CH_2-CH(COOC_2H_5)_2]$

$\longrightarrow$ 5-甲基-3-乙氧羰基-γ-丁内酯（H_3C，$COOC_2H_5$） $\xrightarrow[\text{③ }\triangle, -CO_2]{\text{① 稀}^-OH, \text{② } H^+}$ 5-甲基-γ-丁内酯（H_3C）

(5) $H_2C(COOC_2H_5)_2 \xrightarrow[\text{② } Br(CH_2)_4Br]{\text{① } C_2H_5ONa}$ $Br(CH_2)_4CH(COOC_2H_5)_2 \xrightarrow{C_2H_5ONa}$

环戊烷-1,1-$(COOC_2H_5)_2$ $\xrightarrow[\text{③ }\triangle, -CO_2]{\text{① 稀}^-OH, \text{② } H^+}$ 环戊烷-COOH

(6) $2\ H_2C(COOC_2H_5)_2 \xrightarrow[\text{② } CH_2Br_2]{\text{① } C_2H_5ONa}$ $H_2C[CH(COOC_2H_5)_2]_2 \xrightarrow[\text{② } BrCH_2CH_2Br]{\text{① } C_2H_5ONa}$

$(C_2H_5OOC)_2$环戊烷$(COOC_2H_5)_2$ $\xrightarrow[\text{③ }\triangle, -CO_2]{\text{① 稀}^-OH, \text{② } H^+}$ HOOC-环戊烷-COOH（1,3-）

(八) 写出下列反应的反应机理：

2-甲基-2-甲氧羰基环戊酮（CH_3，$COOCH_3$） $\xrightarrow[CH_3OH]{NaOCH_3}$ $\xrightarrow{H_3O^+}$ H_3C-环戊酮-$COOCH_3$（2,5-位）

答：环戊酮（CH_3，$COOCH_3$） $\xrightarrow{^-OCH_3}$ 四面体中间体（^-O，OCH_3，CH_3，$COOCH_3$） $\longrightarrow$

$CH_3O\underset{\|}{\overset{}{C}}CH_2CH_2CH_2\overset{-}{C}(CH_3)COOCH_3$（C=O） $\xrightarrow[-CH_3O^-]{CH_3OH}$ $CH_3OCCH_2CH_2CH_2CH(CH_3)COOCH_3$（C=O）

$\xrightarrow[-CH_3OH]{CH_3O^-}$ $CH_3OC(=O)\overset{-}{C}HCH_2CH_2CH(CH_3)-C(=O)OCH_3$ $\longrightarrow$ $CH_3OC(=O)$-环戊烷（O^-，OCH_3，CH_3） $\xrightarrow{-CH_3O^-}$

$CH_3OC(=O)$-环戊酮-CH_3 $\xrightarrow[-CH_3OH]{CH_3O^-}$ $CH_3OC(=O)$-环戊酮负离子-CH_3 $\xrightarrow[-H_2O]{H_3O^+}$ $CH_3OC(=O)$-环戊酮-CH_3

(九) 完成下列转变：

(1) 2-乙氧羰基环戊酮（$COOC_2H_5$） $\longrightarrow$ 双环产物（$COOC_2H_5$，$=CH_2$，CH_3）

习题(九)(1)

(2) $\begin{array}{l}CH_2COOC_2H_5\\ |\\ CH_2COOC_2H_5\end{array}$ ⟶ O═〈cyclohexane〉═O

(3) $\begin{array}{l}COOC_2H_5\\ CH_2\\ COOC_2H\end{array}$ ⟶ (1,2-cyclopentanedione: O, O)

习题(九)(3)

(4) $CH_3COCH_2COOC_2H_5$ ⟶ $\begin{array}{c}OH \quad\quad\quad OH\\ CH_3CHCHCH_2CCH_3\\ C_2H_5 \quad CH_3\end{array}$

习题(九)(5)

(5) (2-oxocyclopentyl)$COOC_2H_5$ ⟶ (2-oxocyclopentyl)CH_2CH_2CN

习题(九)(6)

(6) $CH_3COCH_2COOC_2H_5$ ⟶ $(CH_3\overset{O}{\overset{\|}{C}})_2CHCH_2Ph$

习题(九)(7)

(7) OCH_3–C_6H_4–CHO ⟶ (OCH_3–C_6H_4)CH(CH_2COCH_3)$_2$

答：(1) (2-oxocyclopentyl)$COOC_2H_5$ $\xrightarrow[CH_2{=}CHCCH_2CH_3\ (\overset{\|}{O})]{C_2H_5ONa(催化量)}$ (2-oxocyclopentane-1-yl, 1-$COOC_2H_5$, 1-$CH_2CH_2\overset{O}{\overset{\|}{C}}CH_2CH_3$)

$\xrightarrow[\triangle]{N(C_2H_5)_3}$ (CH_3, O; $COOC_2H_5$) $\xrightarrow[DMSO]{Ph_3P{=}CH_2}$ (CH_3, CH_2; $COOC_2H_5$)

(2) 2 $\begin{array}{l}CH_2COOC_2H_5\\ |\\ CH_2COOC_2H_5\end{array}$ $\xrightarrow[②\ H^+]{①\ C_2H_5ONa}$ O═〈ring, $COOC_2H_5$, C_2H_5OOC〉═O ＋

O═〈ring, C_2H_5OOC, $COOC_2H_5$〉═O $\xrightarrow[③\ \triangle,-CO_2]{①\ 稀^-OH,②\ H^+}$ O═〈cyclohexane〉═O

(3) 2 $\begin{array}{l}COOC_2H_5\\ |\\ CH_2\\ |\\ COOC_2H_5\end{array}$ $\xrightarrow[②\ CH_2Cl_2]{①\ C_2H_5ONa}$ $\begin{array}{l}CH(COOC_2H_5)_2\\ |\\ CH_2\\ |\\ CH(COOC_2H_5)_2\end{array}$ $\xrightarrow[③\ \triangle,-CO_2]{①\ 稀^-OH,②\ H^+}$

$\begin{array}{l}CH_2COOH\\ |\\ CH_2\\ |\\ CH_2COOH\end{array}$ $\xrightarrow[H^+,\triangle]{2\ C_2H_5OH}$ $\begin{array}{l}CH_2COOC_2H_5\\ |\\ CH_2\\ |\\ CH_2COOC_2H_5\end{array}$ $\xrightarrow[C_2H_5ONa]{C_2H_5O\overset{O}{\overset{\|}{C}}-\overset{O}{\overset{\|}{C}}OC_2H_5}$ $\xrightarrow{H^+}$

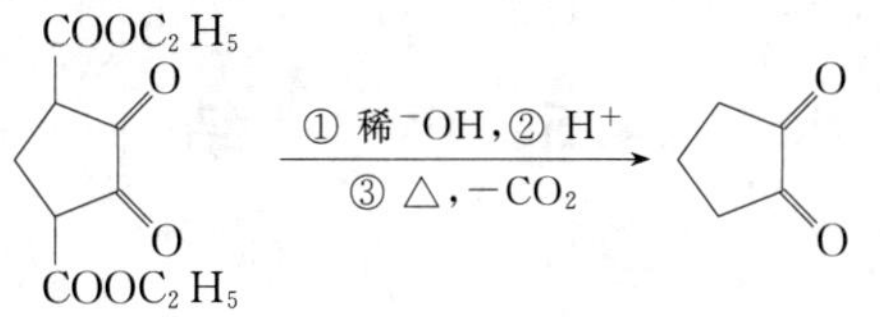

$$\text{2,5-二氧代环戊烷-1,3-二甲酸二乙酯 }(C_2H_5OOC\text{—}, \text{—COOC}_2H_5) \xrightarrow[\text{③ }\triangle, -CO_2]{\text{① 稀}^-OH, \text{② }H^+} \text{环戊-1,2-二酮}$$

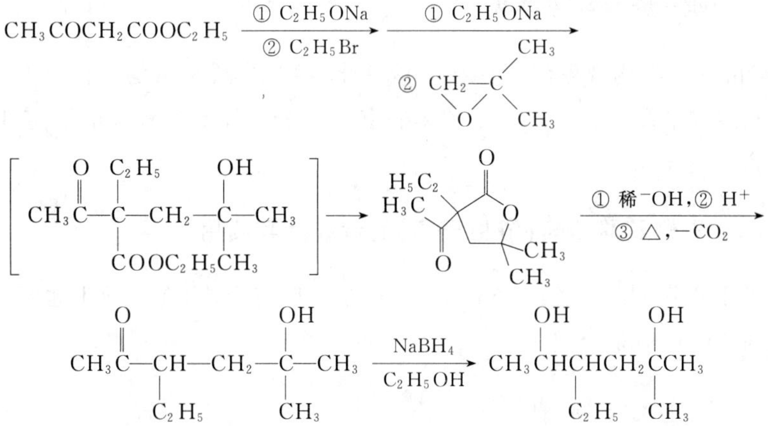

(4) $CH_3COCH_2COOC_2H_5 \xrightarrow[\text{② }C_2H_5Br]{\text{① }C_2H_5ONa} \xrightarrow[\text{② }CH_2\text{—}C(CH_3)_2\text{（环氧）}]{\text{① }C_2H_5ONa}$

$$\left[CH_3\overset{O}{\overset{\|}{C}}\text{—}\overset{C_2H_5}{\underset{COOC_2H_5}{C}}\text{—}CH_2\text{—}\overset{OH}{\underset{CH_3}{C}}\text{—}CH_3\right] \longrightarrow \text{内酯（}H_5C_2, H_3C\overset{O}{\overset{\|}{C}}\text{—，}CH_3, CH_3\text{）} \xrightarrow[\text{③ }\triangle, -CO_2]{\text{① 稀}^-OH, \text{② }H^+}$$

$$CH_3\overset{O}{\overset{\|}{C}}\text{—}\underset{C_2H_5}{CH}\text{—}CH_2\text{—}\overset{OH}{\underset{CH_3}{C}}\text{—}CH_3 \xrightarrow[C_2H_5OH]{NaBH_4} CH_3\overset{OH}{CH}\underset{C_2H_5}{CH}CH_2\overset{OH}{\underset{CH_3}{C}}CH_3$$

(5) $$\text{2-乙氧羰基环戊酮 }(COOC_2H_5) \xrightarrow[(C_2H_5)_3N]{CH_2\text{=}CH\text{—}CN} \text{2-}(COOC_2H_5)\text{-2-}(CH_2CH_2CN)\text{环戊酮}$$

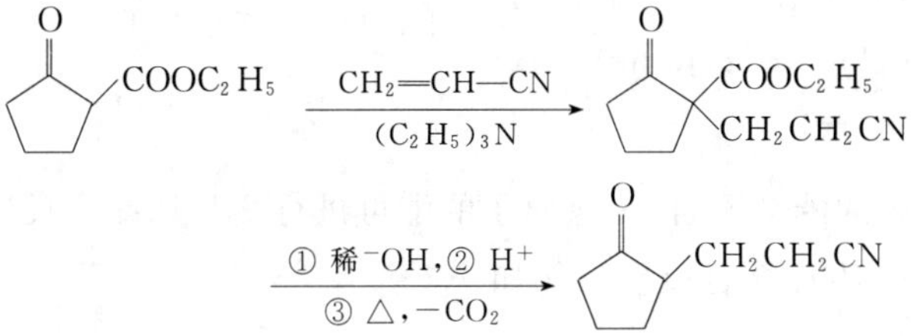

$$\xrightarrow[\text{③ }\triangle, -CO_2]{\text{① 稀}^-OH, \text{② }H^+} \text{2-}(CH_2CH_2CN)\text{环戊酮}$$

(6) $CH_3COCH_2COOC_2H_5 \xrightarrow[\text{② }CH_3COCl]{\text{① }NaH} CH_3CO\underset{COCH_3}{CH}COOC_2H_5 \xrightarrow[\text{② }PhCH_2Br]{\text{① }C_2H_5ONa}$

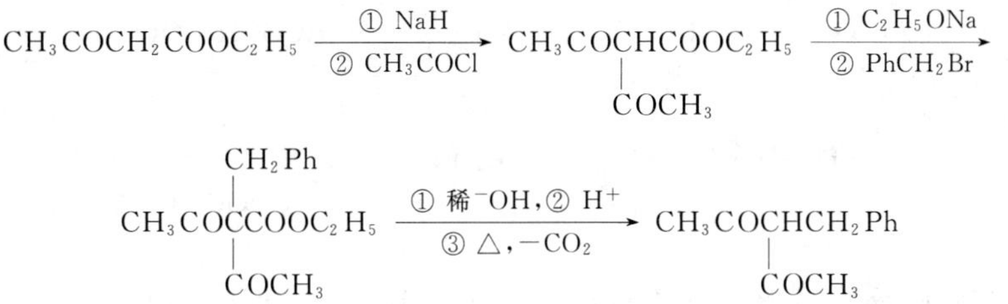

$$CH_3CO\overset{CH_2Ph}{\underset{COCH_3}{C}}COOC_2H_5 \xrightarrow[\text{③ }\triangle, -CO_2]{\text{① 稀}^-OH, \text{② }H^+} CH_3CO\underset{COCH_3}{CH}CH_2Ph$$

(7) $$\text{对甲氧基苯甲醛 }(OCH_3, CHO) \xrightarrow[^-OH]{CH_3\overset{O}{\overset{\|}{C}}CH_3} \text{4-(对甲氧基苯基)-3-丁烯-2-酮} \xrightarrow[C_2H_5ONa]{CH_3COCH_2COOC_2H_5}$$

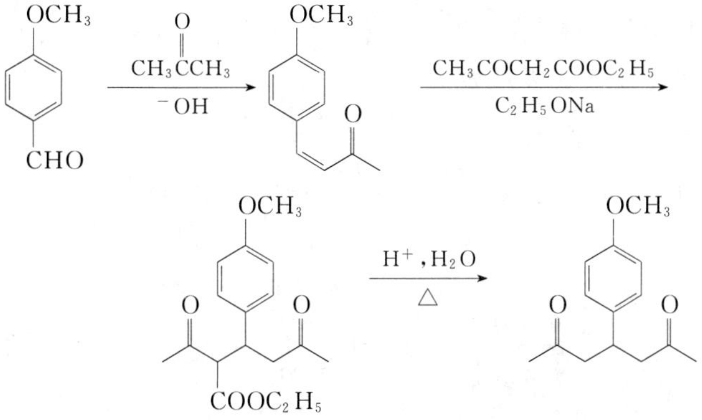

$$\text{3-乙氧羰基-4-(对甲氧基苯基)庚-2,6-二酮 }(COOC_2H_5) \xrightarrow[\triangle]{H^+, H_2O} \text{4-(对甲氧基苯基)庚-2,6-二酮}$$

14.5 小　　结

14.5.1 酮-烯醇互变异构

酮-烯醇互变异构现象广泛存在于羰基化合物中，酸和碱均可催化其异构化过程并促使其达成平衡。β-二羰基化合物的烯醇式异构体具有较大的稳定性，在平衡状态下其含量较高。

14.5.2 乙酰乙酸乙酯(俗称三乙)的合成及其应用

三乙可用两分子乙酸乙酯经 Claisen 酯缩合反应合成，在工业上也可用乙烯酮的二聚体与乙醇反应来合成。

$$2\,CH_3COOC_2H_5 \xrightarrow[\text{② } H^+]{\text{① } C_2H_5ONa} CH_3COCH_2COOC_2H_5$$

$$\begin{array}{l} CH_2{=}C{-}O \\ \quad\;\; | \quad\; | \\ \;\; H_2C{-}C{=}O \end{array} \xrightarrow[H_2SO_4]{C_2H_5OH} CH_3COCH_2COOC_2H_5$$

另外，含有 α-氢原子的酯与不含 α-氢原子的酯可进行交叉酯缩合反应，二酯可进行分子内的 Dieckmann 闭环缩合反应。例如：

$$HCOOC_2H_5 + CH_3COOC_2H_5 \xrightarrow[\text{② } H^+]{\text{① } C_2H_5ONa} HCOCH_2COOC_2H_5$$

$$\begin{array}{l} CH_2CH_2COOC_2H_5 \\ | \\ CH_2CH_2COOC_2H_5 \end{array} \xrightarrow[\text{② } H^+]{\text{① } C_2H_5ONa} \text{2-(COOC}_2\text{H}_5\text{)-2-H-环戊酮}$$

三乙与强碱反应可形成三乙负离子 $CH_3CO\bar{C}HCOOC_2H_5$，它可与含有活泼卤原子的化合物发生亲核取代反应，在三乙上引入一个或两个其他基团，其产物经酮式分解可形成甲基酮。可用反应式表示如下：

$$CH_3COCH_2COOC_2H_5 \xrightarrow[\text{② R—X}]{\text{① 强碱}} \xrightarrow[\text{② R}'\text{—X}]{\text{① 强碱}} CH_3CO\underset{R'}{\overset{R}{C}}COOC_2H_5$$

$$\xrightarrow[\substack{\text{③ } \triangle,\,-CO_2 \\ \text{酮式分解}}]{\text{① 稀}^-OH,\text{② } H^+} CH_3\overset{O}{\overset{\|}{C}}CH\begin{array}{l} R \\ R' \end{array}$$

14.5.3 丙二酸二乙酯的合成及其应用

丙二酸二乙酯可由 α-卤代乙酸合成：

$$\underset{\displaystyle Cl}{\overset{}{CH_2COONa}} \xrightarrow{NaCN} \underset{\displaystyle CN}{CH_2COONa} \xrightarrow[H_2SO_4]{C_2H_5OH} CH_2(COOC_2H_5)_2$$

丙二酸二乙酯的性质与三乙相似;在有机合成中可用于合成取代乙酸,该过程可用反应式表示如下:

$$H_2C(COOC_2H_5)_2 \xrightarrow[\text{② R—X}]{\text{① 强碱}} \xrightarrow[\text{② R}'\text{—X}]{\text{① 强碱}} RR'C(COOC_2H_5)_2 \xrightarrow[\text{③ △,}-CO_2]{\text{① 稀}^-OH\text{,② }H^+} RR'CHCOOH$$

14.5.4 β–二羰基化合物的其他反应

Knoevenagel 缩合是含活泼氢原子的化合物在弱碱的作用下,与羰基化合物的缩合反应;Michael 加成是含活泼氢原子的化合物在强碱的作用下,与 α,β–不饱和化合物的 1,4–亲核加成反应。

第十五章　胺

15.1　本章重点和难点

15.1.1　重点

Hofmann 降解

（1）胺的分类和命名。

（2）胺的结构。

（3）胺的制法：烃基化醛和酮的还原胺化，Gabriel 合成法，腈、酰胺和硝基化合物的还原，Hofmann 降解。

胺与亚硝酸的反应

（4）氢键对胺的熔点、沸点和溶解度等物理性质的影响，胺在红外光谱和核磁共振氢谱中的特征峰。

（5）胺的化学性质：胺的碱性、烃基化、酰基化、磺酰化（Hinsberg 反应）、与亚硝酸反应、氧化反应，芳胺芳环上的亲电取代反应。

（6）季铵盐和季铵碱的生成，季铵碱的消除反应及消除取向，Hofmann 规则。

季铵碱与 Hofmann 规则

（7）重氮化反应，芳香重氮化合物重氮基被氢原子、羟基、卤原子和氰基取代的反应及其在合成中的应用，重氮基被还原，偶合反应的特点。

15.1.2　难点

醛和酮的还原胺化，胺的碱性强弱，Hofmann 规则，芳香重氮盐的反应及其在合成中的应用。

15.2　例　　题

例一　乙基甲基胺(A)、三甲胺(B)和正丙胺(C)互为异构体，试将其按沸点由高到低排列成序，并说明理由。

答：在胺分子中，氮原子的电负性比与之相连的碳原子大，因此胺是极性分子，分子间存在着偶极作用力。伯胺和仲胺氮原子上还连有氢原子，分子间还能形成氢键，而叔胺则不能。在低级胺的同分异构体中，分子间氢键是导致沸点升高的主要因素。(C)分子中有两个氢原子可以形成氢键，(A)分子中有一个氢原子能够形成氢键，(B)为叔胺不能形成分子间氢键。因此，上述三种胺的沸点由高到低的顺序是(C)>

(A)>(B)。

例二　N,N-二甲基苯胺的碱性($pK_b=8.79$)比苯胺($pK_b=9.40$)略强，但N,N-二甲基-2,4,6-三硝基苯胺的碱性比2,4,6-三硝基苯胺强约40000倍，为什么？

例二

答：从结构上看，N,N-二甲基苯胺和苯胺都是氨基的氮原子直接与苯环相连，氮原子上的未共用电子对所在轨道与苯环π轨道构成共轭体系。由于共轭效应的影响，氮原子上的电子云密度降低，碱性均较弱。但在N,N-二甲基苯胺分子中，由于与氮原子直接相连的两个甲基给电子的影响，其碱性比苯胺略强。

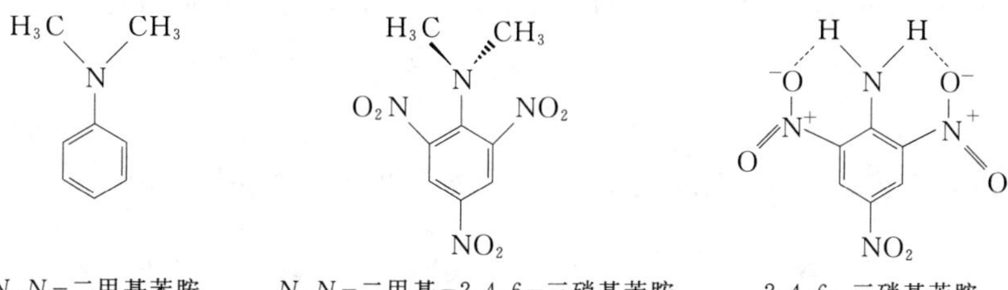

N,N-二甲基苯胺　　N,N-二甲基-2,4,6-三硝基苯胺　　2,4,6-三硝基苯胺

对比N,N-二甲基-2,4,6-三硝基苯胺和2,4,6-三硝基苯胺，与N,N-二甲基苯胺和苯胺相似，其碱性似乎也应当相差不大。但在N,N-二甲基-2,4,6-三硝基苯胺分子中，由于二甲氨基[$—N(CH_3)_2$]体积较大，且在其两个邻位有两个较大的硝基，它们在空间相互作用，使得C—N键发生旋转，$—N(CH_3)_2$的N、C、C原子所在平面与苯环接近垂直(如上所示)，造成氮原子上未共用电子对所在的轨道与苯环的π轨道之间的p,π-共轭效应消失，分子中只存在三个硝基的吸电子诱导效应的影响，故碱性减弱较少。而在2,4,6-三硝基苯胺分子中，由于氨基的体积较小，空间效应不大，且硝基中的氧原子与氨基上氢原子生成的氢键还有助于氨基与苯环共平面，因此，氮上未共用电子对不仅可以通过与芳环的p,π-共轭作用离域到苯环上，还可以离域到硝基上，使碱性大为减弱。

例三　盐酸普鲁卡因亦称奴佛卡因，为白色针状晶体或结晶粉末，溶于水和乙醇。它是一种局部麻醉剂，用于脊髓麻醉和封闭疗法等，也用于制备普鲁卡因青霉素等。试由对硝基甲苯及必要的易得原料合成之。盐酸普鲁卡因的构造式如下：

例三

$$H_2N-C_6H_4-\underset{\underset{O}{\|}}{C}-OCH_2CH_2\overset{+}{N}H(C_2H_5)_2\ Cl^-$$

答：首先将盐酸普鲁卡因逆推到普鲁卡因，然后根据普鲁卡因的构造式，将其拆分为几个简单的结构单元：

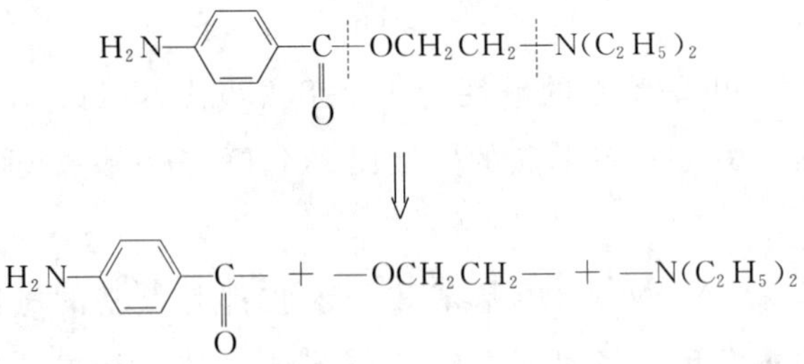

$$H_2N-C_6H_4-\underset{\displaystyle O}{\overset{}{\underset{\|}{C}}}\,\vdots\,-OCH_2CH_2-\,\vdots\,N(C_2H_5)_2$$

$$\Downarrow$$

$$H_2N-C_6H_4-\underset{\displaystyle O}{\underset{\|}{C}}- \quad + \quad -OCH_2CH_2- \quad + \quad -N(C_2H_5)_2$$

再根据结构单元考虑需要哪些原料：

① $H_2N-C_6H_4-\underset{\displaystyle O}{\underset{\|}{C}}-$ 与所指定原料 $O_2N-C_6H_4-CH_3$ 对比可知，将后者的$-CH_3$转变为$-COOH$，$-NO_2$ 转变为$-NH_2$ 即可，至于何时转变则根据需要而定。

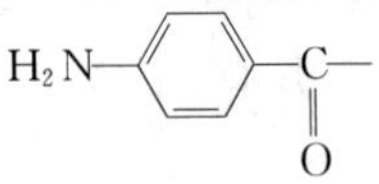

② $-OCH_2CH_2-$可考虑 $HOCH_2CH_2Cl$ 或 环氧乙烷（$\underset{O}{\bigtriangledown}$），两者均易得到。

③ $-N(C_2H_5)_2$ 可考虑 $HN(C_2H_5)_2$。

从成本、工艺绿色程度综合考虑，合成盐酸普鲁卡因的主要原料为

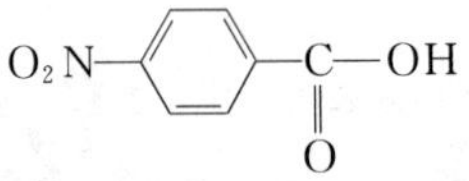

$$O_2N-C_6H_4-\underset{\displaystyle O}{\underset{\|}{C}}-OH \qquad \underset{O}{\bigtriangledown} \qquad HN(C_2H_5)_2$$

其合成路线如下：

$$O_2N-C_6H_4-CH_3 \xrightarrow[H^+,\triangle]{KMnO_4} O_2N-C_6H_4-COOH \xrightarrow{SOCl_2} O_2N-C_6H_4-COCl$$

$$\underset{O}{\bigtriangledown} + HN(C_2H_5)_2 \longrightarrow HOCH_2CH_2N(C_2H_5)_2$$

$$O_2N-C_6H_4-COCl + HOCH_2CH_2N(C_2H_5)_2 \longrightarrow$$

$$O_2N-C_6H_4-\underset{\displaystyle O}{\underset{\|}{C}}-OCH_2CH_2\overset{+}{N}H(C_2H_5)_2\ Cl^-$$

$$\xrightarrow{SnCl_2,HCl} H_2N-C_6H_4-\underset{\displaystyle O}{\underset{\|}{C}}-OCH_2CH_2\overset{+}{N}H(C_2H_5)_2\ Cl^-$$

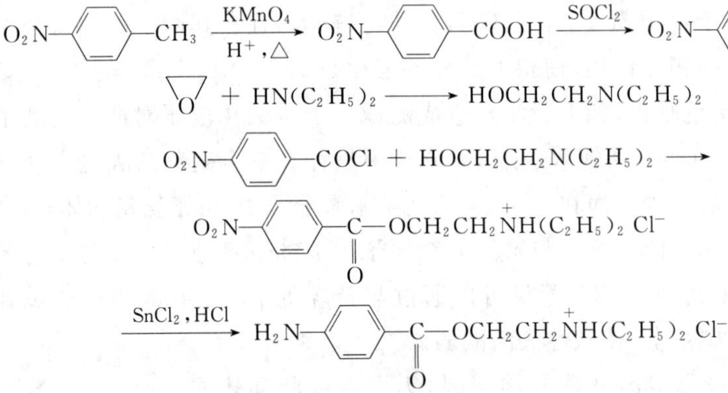

15.3 练习和参考答案

练习 15.1 分别指出下列化合物是芳胺还是脂肪胺，并用 1°，2°，3°表示其属于伯、仲、叔胺哪一类。

(1) 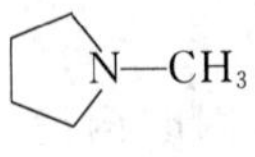 N-甲基四氢吡咯（五元环 $N-CH_3$）　　(2) 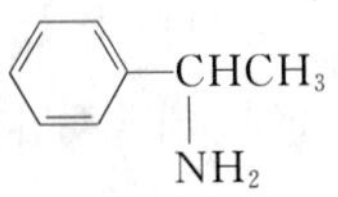 $C_6H_5-\underset{\displaystyle NH_2}{\underset{|}{C}}HCH_3$

(3) 环己基$-NHCH_3$ 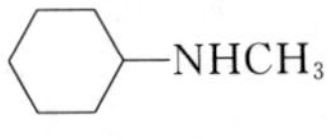　　(4) 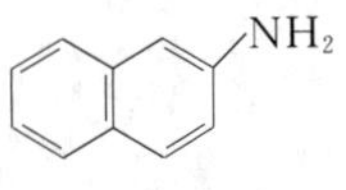 2-萘胺（萘环上$-NH_2$）

答：(1) 3°,(2) 1°,(3) 2°,以上三种均为脂肪胺;(4) 1°,芳胺。

练习 15.2 命名下列化合物：

(1) $CH_3CH_2CH_2CHN(CH_3)_2$（CHN 上连 CH_3）　(2) 萘-2-基—NH—(对亚苯基)—NH—萘-2-基

(3) (间甲基苯基)—$NHCH_3$，H_3C　(4) H_3C—(苯环)—NH—(苯环)—CH_3

(5) $CH_3(CH_2)_4CH_2\overset{+}{N}(CH_3)_3\ I^-$　(6) $CH_3CH_2CH_2CH\overset{+}{N}(CH_3)_3\ {}^-OH$（CH 上连 CH_3）

答：(1) *N*,*N*-二甲基戊-2-胺　(2) *N*,*N*′-二(萘-2-基)苯-1,4-二胺

(3) *N*,3-二甲基苯胺　(4) 二(4-甲基苯基)胺

(5) 碘化己基(三甲基)铵　(6) 氢氧化三甲基(1-甲基丁基)铵

练习 15.3 完成下列转变：

(1) 环丙基—COOH ⟶ 环丙基—NH_2　(2) 苯基—CH_2Cl ⟶ 苯基—$CH_2CH_2NH_2$

(3) $CH_2{=}CHCH{=}CH_2 \longrightarrow H_2N(CH_2)_6NH_2$

(4) H—C(CH_3)(CH_2—环己基)—$CONH_2$ ⟶ H—C(CH_3)(CH_2—环己基)—NH_2

(5) 苯基—NO_2 ⟶ (3-氯苯基)—NH—环己基　(6) 苯 ⟶ (3-氨基苯基)—$COCH_3$（$COCH_3$，NH_2）

练习 15.3(6)

答：(1) 环丙基—COOH $\xrightarrow[\text{② } NH_3,\triangle]{\text{① } SOCl_2}$ 环丙基—$CONH_2$ $\xrightarrow[NaOH]{Br_2}$ 产物

(2) 苯基—CH_2Cl $\xrightarrow{NaCN}$ 苯基—CH_2CN $\xrightarrow[Ni]{H_2}$ 产物

(3) $CH_2{=}CHCH{=}CH_2 \xrightarrow[\triangle]{Br_2} BrCH_2CH{=}CHCH_2Br \xrightarrow{NaCN} \xrightarrow[Ni]{H_2}$ 产物

(4) H—C(CH_3)(CH_2—环己基)—$CONH_2$ $\xrightarrow[NaOH]{Br_2}$ 产物

(5) NO_2 → NH— Cl (6) → $COCH_3$ NH_2

(6) $\xrightarrow[AlCl_3]{CH_3COCl}$ $\xrightarrow[H_2SO_4]{HNO_3}$ $COCH_3$ NO_2 $\xrightarrow[HCl]{SnCl_2}$ 产物

练习 15.4 下列（Ⅰ）商品名称为抗老化剂 3C；（Ⅱ）是比（Ⅰ）性能更为优良的橡胶抗老化剂。试由相应的胺和醛（或酮）合成之。

—NH— —$NHCH(CH_3)_2$ （Ⅰ） —NH— —$NH\overset{CH_3}{C}HCH_2CH(CH_3)_2$ （Ⅱ）

答：经由还原胺化反应合成：

—NH— —NH_2 + $CH_3\overset{O}{\overset{\|}{C}}CH_3$ $\xrightarrow[\triangle]{H_2,Ni}$ —NH— —$NHCH(CH_3)_2$ （Ⅰ）

—NH— —NH_2 + $CH_3\overset{O}{\overset{\|}{C}}CH_2CH(CH_3)_2$ $\xrightarrow[\triangle]{H_2,Ni}$

—NH— —$NH\overset{CH_3}{C}HCH_2CH(CH_3)_2$ （Ⅱ）

练习 15.5

练习 15.5 根据化合物 $C_9H_{13}N$ 的红外光谱（液膜）和核磁共振氢谱（90 MHz，$CDCl_3$），写出该化合物的构造式。

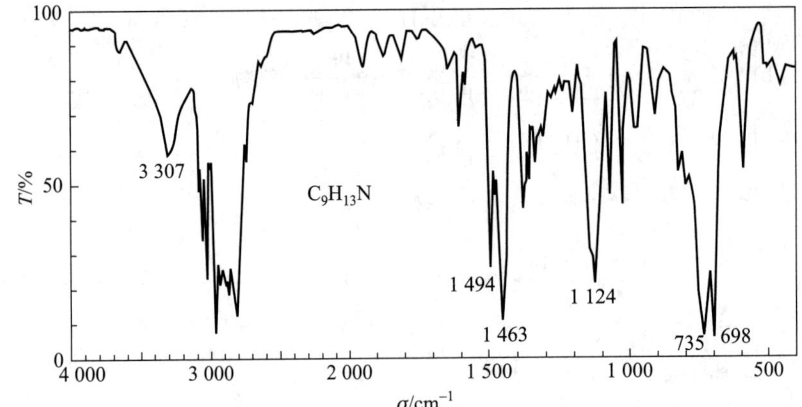

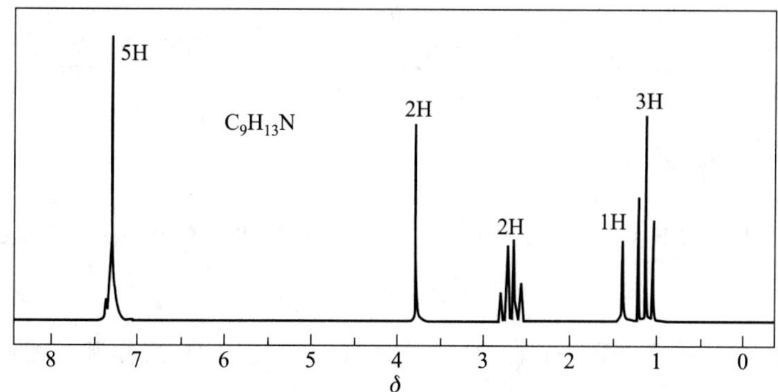

答： —$CH_2NHC_2H_5$

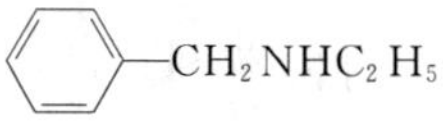

练习 15.6　将下列每组化合物按碱性由大至小排列成序。

(1) (A) 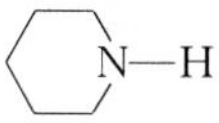 N—H　　(B) NH_3

(C) 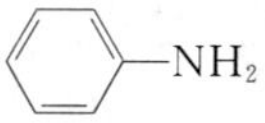 —NH_2　　(D) 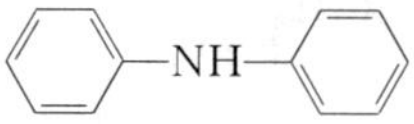 —NH—

(2) (A) 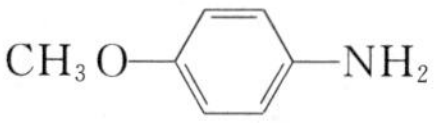 CH_3O—NH_2　　(B) 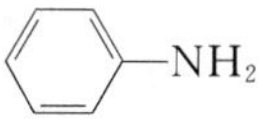 —NH_2

(C) 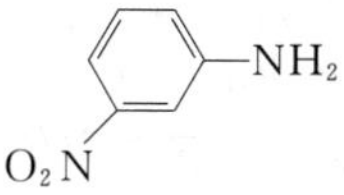 —NH_2，O_2N　　(D) 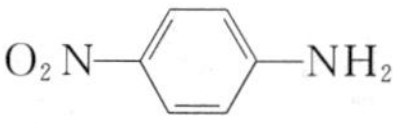 O_2N—NH_2

答：(1) (A)＞(B)＞(C)＞(D)　(2) (A)＞(B)＞(C)＞(D)

练习 15.7　一种混合物中含有下列三种物质，请予以分离提纯。

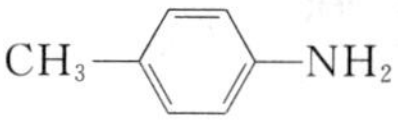

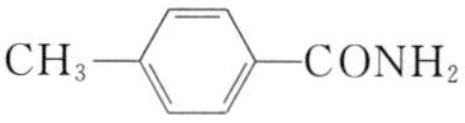

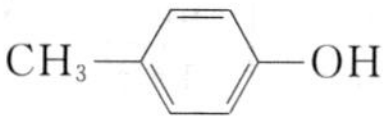

CH_3—NH_2　　CH_3—$CONH_2$　　CH_3—OH

答：首先加入盐酸，对甲苯胺成盐进入水相，分离后向水相中加碱使之游离出来。余下二者加稀 NaOH 溶液，对甲苯酚成盐溶于水；过滤得到对甲基苯甲酰胺固体；水层酸化后析出对甲苯酚。

练习 15.8　下列化合物是橡胶、乳胶的通用防老化剂。试用对苯二胺与合适的酚合成之。

(1) 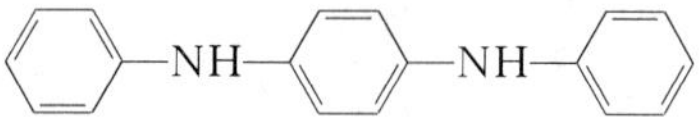 —NH—NH—

(2) 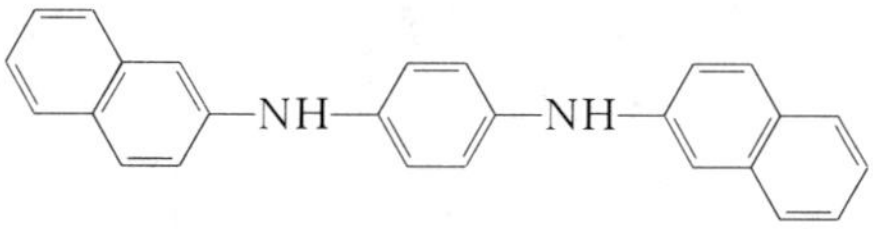 —NH—NH—

答：(1) NH_2，NH_2　＋2　OH　$\xrightarrow[\triangle]{ZnCl_2}$　—NH—NH—

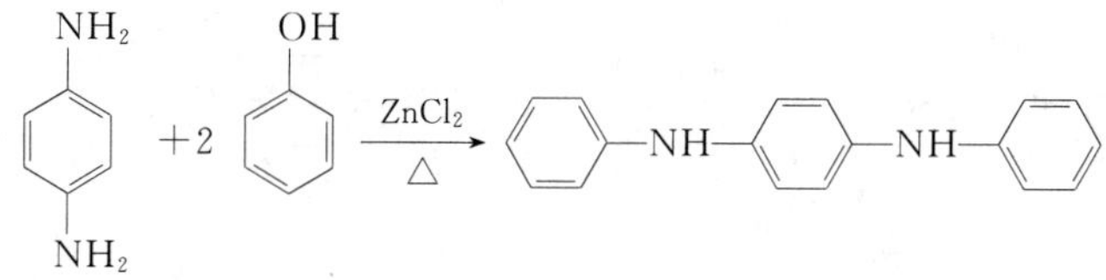

(2) 对苯二胺 +2 β-萘酚 $\xrightarrow[\triangle]{ZnCl_2}$ 萘基—NH—C₆H₄—NH—萘基

练习 15.9 $C_2H_5O-C_6H_4-NHCOCH_3$ 又称非那西汀(phenacetin),是解热镇痛药物 APC 中的主要成分之一;o-$HOC_6H_4-CO-NH-C_6H_4-OH$ 又称柳胺酚(osalmide),是一种利胆药物;$3,4$-$Cl_2C_6H_3-NHCOCH_2CH_3$ 又称敌稗,是一种除草剂。试以氯苯为原料合成上述化合物(其他试剂任选)。

答: $C_6H_5Cl \xrightarrow[H_2SO_4]{HNO_3} \xrightarrow{C_2H_5ONa}$ p-$C_2H_5OC_6H_4NO_2$ $\xrightarrow[稀\ HCl]{Fe}$ p-$C_2H_5OC_6H_4NH_2$ $\xrightarrow{(CH_3CO)_2O}$ 非那西汀

$C_6H_5Cl \xrightarrow[H_2SO_4]{HNO_3} \xrightarrow[H_2O]{NaOH} \xrightarrow{H^+}$ p-$HOC_6H_4NO_2$ $\xrightarrow[稀\ HCl]{Fe}$ p-$HOC_6H_4NH_2$ $\xrightarrow[\triangle]{o\text{-}HOC_6H_4COOH}$ 柳胺酚

$C_6H_5Cl \xrightarrow[H_2SO_4]{HNO_3} \xrightarrow[Fe]{Cl_2}$ $3,4$-$Cl_2C_6H_3NO_2$ $\xrightarrow[稀\ HCl]{Fe}$ $3,4$-$Cl_2C_6H_3NH_2$ $\xrightarrow{CH_3CH_2COCl}$ 敌稗

练习 15.10 下列异氰酸酯是除 TDI 外较常用的聚氨酯原料,试由指定原料合成之。

(1) 由 $C_6H_5-CH_2-C_6H_5$ 合成

$O=C=N-C_6H_4-CH_2-C_6H_4-N=C=O$ (MDI)

(2) 由 萘 合成 1,5-二异氰酸萘酯($O=C=N-C_{10}H_6-N=C=O$)(NDI)

答: (1) $C_6H_5-CH_2-C_6H_5 \xrightarrow[②\ Fe,稀\ HCl]{①\ HNO_3,H_2SO_4} H_2N-C_6H_4-CH_2-C_6H_4-NH_2$

$\xrightarrow[180\ ℃]{COCl_2}$ MDI

(2) 萘 $\xrightarrow{HNO_3, H_2SO_4}$ 1,5-二硝基萘 (NO_2, NO_2) $\xrightarrow{Fe, 稀\ HCl}$ 1,5-二氨基萘 (NH_2, NH_2) $\xrightarrow[180\ ℃]{COCl_2}$ NDI

练习 15.11 (3,4-二氯苯基)氨基甲酸甲酯又称灭草灵，是高效、低毒和低残留的稻田除草剂之一。试由氯苯合成之。

答： 氯苯 (Cl) $\xrightarrow[② Cl_2, Fe]{① HNO_3, H_2SO_4}$ 3,4-二氯硝基苯 (NO_2, Cl, Cl) $\xrightarrow{Fe, 稀\ HCl}$ 3,4-二氯苯胺 (NH_2, Cl, Cl) $\xrightarrow[② CH_3OH]{① COCl_2, 180\ ℃}$ $NHCOOCH_3$ (苯环 3-Cl, 4-Cl)

练习 15.12 完成下列转变：

(1) $CH_3-C_6H_4-NH_2 \longrightarrow HOOC-C_6H_3(Br)-NH_2$ (Br 位于 NH_2 邻位)

(2) $CH_3-C_6H_5 \longrightarrow HOOC-C_6H(Br)_3-NH_2$ (Br, NH_2, Br, Br)

简答：(1) 对甲苯胺 (NH_2, CH_3) $\xrightarrow[② KMnO_4, H^+]{① (CH_3CO)_2O}$ $NHCOCH_3$ / COOH $\xrightarrow[② H_2O, H^+, \triangle]{① Br_2, Fe}$ NH_2, Br / COOH

(2) 甲苯 (CH_3) $\xrightarrow[② HNO_3, H_2SO_4\ ③ Fe, HCl]{① KMnO_4, H^+}$ 间氨基苯甲酸 (COOH, NH_2) $\xrightarrow{Br_2}$ COOH, Br, Br, NH_2, Br

练习 15.13 写出下列季铵碱受热分解时，生成的主要烯烃的结构：

(1) $(CH_3)_2CH\overset{+}{N}(CH_3)_2CH_2CH_3\ ^{-}OH$

(2) 2-甲基哌啶环 $\overset{+}{N}(CH_3)_2\ ^{-}OH$ (CH_3)

(3) $CH_3CH_2CH(\overset{+}{N}(CH_3)_3)CH(CH_3)_2\ ^{-}OH$

(4) 环己基 1-CH_3, 1-$\overset{+}{N}(CH_3)_3\ ^{-}OH$

答：（1）$CH_2{=}CH_2 + CH_3CH{=}CH_2$　（2）$N(CH_3)_2$

（3）$CH_3CH{=}CHCH(CH_3)_2$　（4）$=CH_2$

练习 15.14 完成下列转变：

练习 15.14(1)

（1）$\xrightarrow[\text{② 湿 } Ag_2O]{\text{① 过量 } CH_3I}$? $\xrightarrow[\triangle]{}$? $\xrightarrow[\text{② 湿 } Ag_2O]{\text{① } CH_3I}$? $\xrightarrow[\triangle]{}$?

N H　CH_3

（2）$-NH_2 \xrightarrow[\text{② 湿 } Ag_2O]{\text{① 过量 } CH_3I}$? $\xrightarrow[\triangle]{}$?

答：（1）$\overset{+}{N}$ CH_3 ^-OH，H_3C CH_3，N，H_3C CH_3，$\overset{+}{N}(CH_3)_3^-OH$，

（2）$-\overset{+}{N}(CH_3)_3\ {}^-OH$，

练习 15.15 由指定原料合成下列化合物（其他试剂任选）：

（1）由丙烯酸、乙二胺和环氧乙烷合成胍血生

$$BrCH_2CH_2\overset{O}{\overset{\|}{C}}-N\quad N-\overset{O}{\overset{\|}{C}}CH_2CH_2Br$$

练习 15.15(2)

（2）由丁-1,3-二烯合成尼龙-66

答：（1）$H_2NCH_2CH_2NH_2 + CH_2-CH_2$（O）$\longrightarrow$ HN　OH NH$_2$ $\xrightarrow[350\ ^\circ C]{Al_2O_3}$ HN　NH

哌嗪

$CH_2{=}CH-COOH \xrightarrow{HBr} BrCH_2CH_2COOH \xrightarrow{SOCl_2} BrCH_2CH_2COCl \xrightarrow{\text{哌嗪}}$ 胍血生

（2）$CH_2{=}CH-CH{=}CH_2 \xrightarrow[\triangle]{Cl_2} ClCH_2CH{=}CHCH_2Cl \xrightarrow{NaCN}$

$NCCH_2CH{=}CHCH_2CN \xrightarrow{H_2,Ni} H_2N(CH_2)_6NH_2$

$\xrightarrow[\triangle]{H_2O,H^+} \xrightarrow{H_2,Ni} HOOC(CH_2)_4COOH$　$\xrightarrow[\triangle]{\text{缩聚}}$

$\longrightarrow$ [NH　NH　O　O]$_n$

尼龙-66

练习 15.16 写出下列芳胺重氮化产物的构造式：

（1）$H_3C-\bigcirc-NH_2 \xrightarrow[0\sim5\ ^\circ C]{NaNO_2,HCl}$　（2）OCH_3 $-NH_2 \xrightarrow[0\sim5\ ^\circ C]{NaNO_2,H_2SO_4}$

(3) 5-硝基-2-萘胺（NH_2, NO_2） $\xrightarrow[0\ ℃]{NaNO_2, HCl}$

(4) 2,4-二氯苯胺（NH_2, Cl, Cl） $\xrightarrow[0\ ℃]{NaNO_2, HCl}$ $\xrightarrow{HBF_4}$

答：(1) $H_3C-C_6H_4-N_2^+\ Cl^-$

(2) OCH_3，$\overset{+}{N_2}\ HSO_4^-$

(3) $N_2^+\ Cl^-$，NO_2

(4) $N_2^+\ BF_4^-$，Cl，Cl

练习 15.17 由指定原料合成下列化合物(其他试剂任选)：

练习 15.17(1)

(1) 由甲苯合成 1,3-二溴-5-甲基苯 (2) 由苯甲酸合成 2,4,6-三溴苯甲酸

(3) 由甲苯合成 1-甲基-3-硝基苯 (4) 由苯合成 3,5-二溴苯胺

简答：(1) CH_3 $\xrightarrow[②\ Fe,\ 稀\ HCl]{①\ HNO_3, H_2SO_4}$ CH_3，NH_2 $\xrightarrow{Br_2}$ CH_3，Br，Br，NH_2

$\xrightarrow[②\ H_3PO_2]{①\ NaNO_2, HCl,\ 0\sim5\ ℃}$ CH_3，Br，Br

(2) COOH $\xrightarrow[②\ Fe,\ 稀\ HCl]{①\ HNO_3, H_2SO_4}$ COOH，NH_2 $\xrightarrow{Br_2}$ COOH，Br，Br，NH_2，Br

$\xrightarrow[②\ H_3PO_2]{①\ NaNO_2, HCl,\ 0\sim5\ ℃}$ COOH，Br，Br，Br

(3) CH_3 $\xrightarrow[②\ Fe,稀\ HCl\quad ③\ (CH_3CO)_2O]{①\ HNO_3, H_2SO_4}$ CH_3，$NHCOCH_3$ $\xrightarrow[②\ H_2O,\ H^+]{①\ HNO_3, H_2SO_4}$ CH_3，NO_2，NH_2

$\xrightarrow[②\ H_3PO_2]{①\ NaNO_2, HCl,\ 0\sim5\ ℃}$ CH_3，NO_2

（4）苯 $\xrightarrow[\text{② } HNO_3, H_2SO_4]{\text{① } Cl_2, Fe}$ 4-氯硝基苯（NO_2，Cl） $\xrightarrow[\text{② } Br_2]{\text{① } NH_3, \triangle}$ 2,6-二溴-4-硝基苯胺（NO_2，Br，Br，NH_2）

$\xrightarrow[\text{② } H_3PO_2]{\text{① } NaNO_2, HCl, 0\sim5\ ℃}$ 3,5-二溴硝基苯（NO_2，Br，Br） $\xrightarrow{Fe, 稀\ HCl}$ 3,5-二溴苯胺（NH_2，Br，Br）

练习 15.18 完成下列转变：

（1）H_2N—C₆H₄—NO_2（间位） ⟶ HO—C₆H₄—NO_2（间位）

（2）邻硝基甲苯（CH_3，NO_2） ⟶ 邻甲苯酚（CH_3，OH）

（3）邻氯硝基苯（NO_2，Cl） ⟶ 邻甲氧基苯酚（OH，OCH_3）

（4）H_3C—C₆H₅ ⟶ HOOC—C₆H₄—OH（对位）

简答：（1）反应物 $\xrightarrow[0\sim5\ ℃]{NaNO_2, H_2SO_4}$ $\xrightarrow[\triangle]{稀\ H_2SO_4}$ 产物

（2）反应物 $\xrightarrow{Fe, HCl}$ 邻甲苯胺（CH_3，NH_2） $\xrightarrow[\text{② 稀 } H_2SO_4, \triangle]{\text{① } NaNO_2, H_2SO_4,\ 0\sim5\ ℃}$ 产物

（3）反应物 $\xrightarrow[\text{② } Fe, HCl]{\text{① } CH_3ONa}$ 邻甲氧基苯胺（NH_2，OCH_3） $\xrightarrow[\text{② 稀 } H_2SO_4, \triangle]{\text{① } NaNO_2, H_2SO_4,\ 0\sim5\ ℃}$ 产物

（4）反应物 $\xrightarrow[\text{② } KMnO_4, H^+ \quad \text{③ } Fe, HCl]{\text{① } HNO_3, H_2SO_4}$ HOOC—C₆H₄—NH_2（对位） $\xrightarrow[\text{② 稀 } H_2SO_4, \triangle]{\text{① } NaNO_2, H_2SO_4,\ 0\sim5\ ℃}$ 产物

练习 15.19 完成下列各反应式：

（1）间溴苯胺（Br，NH_2） $\xrightarrow[0\sim5\ ℃]{NaNO_2, HBr}$（A） $\xrightarrow[HBr]{CuBr}$（B）

（2）邻硝基苯胺（NO_2，NH_2） $\xrightarrow[0\sim5\ ℃]{NaNO_2, HCl}$（C） $\xrightarrow[KCN]{CuCN}$（D）

(3) O_2N—(3,5-二碘-4-氨基苯) $\xrightarrow[0\sim5\ ℃]{NaNO_2, H_2SO_4}$ (E) $\xrightarrow{KI}$ (F)

答：(1) (A) 间溴苯基—$N_2^+\ Br^-$　(B) 间二溴苯（Br, Br）

(2) (C) 邻硝基苯基—$N_2^+\ Cl^-$（NO_2）　(D) 邻硝基苯腈（NO_2, CN）

(3) (E) O_2N—(3,5-二碘苯基)—$N_2^+\ HSO_4^-$（I, I）　(F) O_2N—(3,4,5-三碘苯)（I, I, I）

练习 15.20　完成下列各反应式：

(1) 邻氨基苯甲酸（NH_2, COOH） $\xrightarrow[0\sim5\ ℃]{NaNO_2, HCl}$ (A) $\xrightarrow{C_6H_5N(CH_3)_2}$ (B)

(2) NaO_3S—C_6H_4—NH_2 $\xrightarrow[0\sim5\ ℃]{NaNO_2, HCl}$ (C) $\xrightarrow[NaOH]{\text{2-萘酚（OH）}}$ (D)

(3) $Cl^-\ N_2^+$—C_6H_4—C_6H_4—$N_2^+\ Cl^-$ + 2 邻羟基苯甲酸（COOH, OH） ⟶ (E)

答：(1) (A) 邻羧基苯基—$N_2^+\ Cl^-$（COOH）　(B) $(CH_3)_2N$—C_6H_4—N═N—C_6H_4（HOOC）

(2) (C) NaO_3S—C_6H_4—$N_2^+\ Cl^-$　(D) NaO_3S—C_6H_4—N═N—(2-羟基-1-萘基)（HO）

(3) (E) HO—(HOOC)C_6H_3—N═N—C_6H_4—C_6H_4—N═N—C_6H_3(COOH)—OH

练习 15.21　由苯、萘为原料合成下列染料：

(1) C_6H_5—N═N—(2,4-二氨基苯基)（H_2N, NH_2）

碱性菊橙

(2) O_2N—C_6H_4—N═N—(2-羟基-1-萘基)（HO）

对位红

(3) Ph—N=N—(2-羟基-1-萘基)

苏丹红

答:(1) 苯 $\xrightarrow[\text{② Fe, HCl}]{\text{① } HNO_3, H_2SO_4}$ $C_6H_5NH_2$ $\xrightarrow[0\sim5\ ℃]{NaNO_2, HCl}$ $C_6H_5N_2^+Cl^-$ (A)

苯 $\xrightarrow[\text{② Fe, HCl}]{\text{① } HNO_3, H_2SO_4}$ 间苯二胺(NH_2, NH_2) $\xrightarrow{(A)}$ 产物

(2) 苯 $\xrightarrow[\text{② Fe, HCl ③ } (CH_3CO)_2O]{\text{① } HNO_3, H_2SO_4}$ $C_6H_5NHCOCH_3$ $\xrightarrow[\text{② } H_2O, ^-OH]{\text{① } HNO_3, H_2SO_4}$ 对硝基苯胺(NO_2, NH_2)

$\xrightarrow[0\sim5\ ℃]{NaNO_2, HCl}$ 对硝基苯重氮盐(NO_2, $N_2^+Cl^-$) (B)

萘 $\xrightarrow[165\ ℃]{H_2SO_4}$ 2-萘磺酸(SO_3H) $\xrightarrow[\text{② } H^+]{\text{① NaOH, 熔融}}$

2-萘酚(OH) $\xrightarrow[NaOH]{(B)}$ 产物

(3) 萘 $\xrightarrow{[见(2)]}$ 2-萘酚(OH) $\xrightarrow[NaOH]{(A)[见(1)]}$ 产物

15.4 习题和参考答案

(一) 写出下列化合物的构造式或命名:

(1) 仲丁胺 (2) 丙-1,3-二胺

(3) 溴化四丁铵 (4) *N*,*N*-二甲基苯-1,4-二胺

(5) $(CH_3)_2NCH_2CH_2OH$ (6) H_2N—C_6H_4—$NHCH_2$—C_6H_5

(7) $(CH_3)_3\overset{+}{N}$—$CH(CH_3)$—CH_2—C_6H_5 ^-OH (8) H_2NCH_2—C_6H_4—$CH_2CH_2NH_2$

(9) 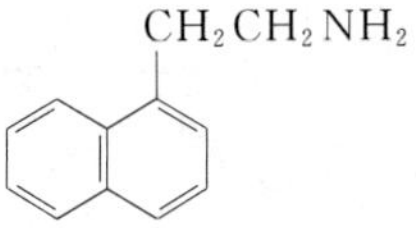 1-萘基上连 $CH_2CH_2NH_2$

答：(1) $CH_3CHCH_2CH_3$（2位连 NH_2）　　(2) $H_2NCH_2CH_2CH_2NH_2$

(3) $(CH_3CH_2CH_2CH_2)_4N^+\ Br^-$　　(4) 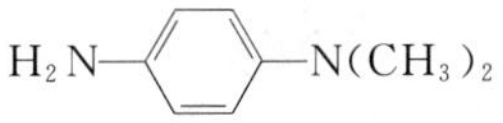 $H_2N-C_6H_4-N(CH_3)_2$

(5) 2-(二甲氨基)乙醇　　(6) N-苄基苯-1,4-二胺

(7) 氢氧化三甲基(1-甲基-2-苯基乙基)铵

(8) 2-[4-(氨甲基)苯基]乙胺　　(9) 2-(萘-1-基)乙胺

(二) 两种异构体(A)和(B)，分子式都是 $C_7H_6N_2O_4$，分别用混酸硝化，得到同样产物。将(A)和(B)氧化得到的两种酸分别与 NaOH 和 CaO 的混合物共热，得到同样产物 $C_6H_4N_2O_4$，后者用 Na_2S 还原，则得间硝基苯胺。写出(A)和(B)的构造式及各步反应式。

答：(A)和(B)是 2,4-二硝基甲苯（CH_3、NO_2、NO_2）和 2,6-二硝基甲苯（O_2N、CH_3、NO_2）。

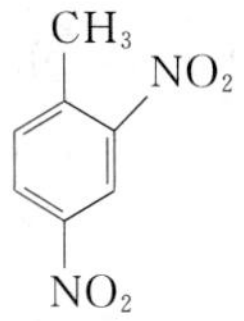

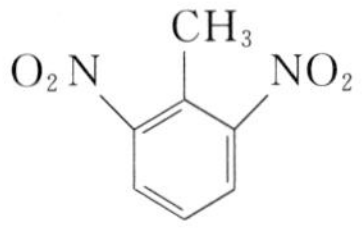

各步反应式：

2,4-二硝基甲苯 $\xrightarrow[H_2SO_4]{HNO_3}$ 2,4,6-三硝基甲苯 $\xleftarrow[H_2SO_4]{HNO_3}$ 2,6-二硝基甲苯

2,4-二硝基甲苯 $\xrightarrow[\text{② } H^+]{\text{① } KMnO_4,\triangle}$ 2,4-二硝基苯甲酸（COOH）

2,6-二硝基甲苯 $\xrightarrow[\text{② } H^+]{\text{① } KMnO_4,\triangle}$ 2,6-二硝基苯甲酸（COOH）

两者 $\xrightarrow[\triangle]{NaOH(CaO)}$ 间二硝基苯（NO_2、NO_2）$\xrightarrow{Na_2S}$ 间硝基苯胺（NH_2、NO_2）

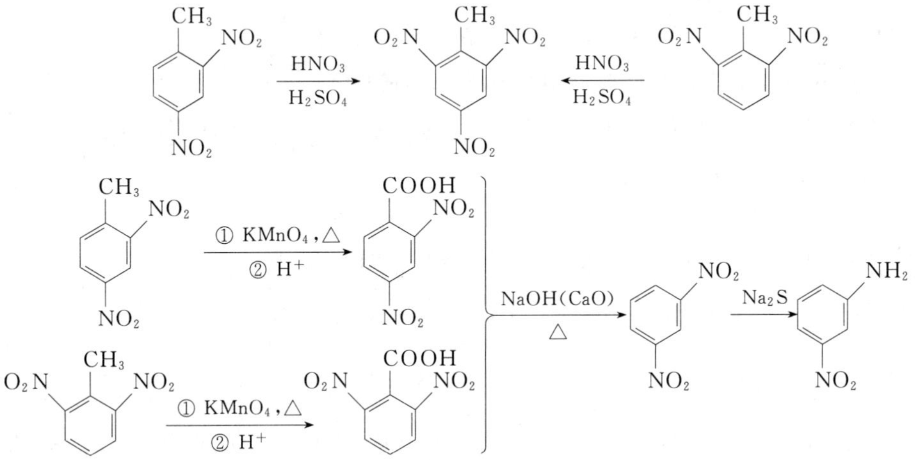

(三) 完成下列转变：

(1) 丙烯 ⟶ 异丙胺　　(2) 丁醇 ⟶ 戊胺和丙胺

(3) 3,5-二溴苯甲酸 ⟶ 3,5-二溴苯胺

(4) 乙烯 ⟶ 丁-1,4-二胺

(5) 乙醇、异丙醇 ⟶ 乙基异丙基胺　　(6) 苯、乙醇 ⟶ N-乙基-1-苯基乙胺

习题(三)(2)

简答：(1) $CH_3CH{=}CH_2 \xrightarrow[\text{② } K_2Cr_2O_7,H_2SO_4]{\text{① } H_2O,H_3PO_4} CH_3\underset{\underset{O}{\|}}{C}CH_3 \xrightarrow[H_2,Ni]{NH_3} CH_3\underset{\underset{NH_2}{|}}{C}HCH_3$

(2) $CH_3(CH_2)_3OH \xrightarrow[\text{② } NaCN]{\text{① } HCl,ZnCl_2} CH_3CH_2CH_2CH_2CN \xrightarrow[Ni]{H_2} CH_3(CH_2)_4NH_2$

$\xrightarrow[\text{② } SOCl_2 \text{ ③ } NH_3]{\text{① } K_2Cr_2O_7,H_2SO_4} CH_3CH_2CH_2CONH_2 \xrightarrow[NaOH]{Br_2} CH_3CH_2CH_2NH_2$

(3) 3,5-二溴苯甲酸（COOH，Br，Br） $\xrightarrow{SOCl_2}\xrightarrow{NH_3}\xrightarrow[NaOH]{Br_2}$ 3,5-二溴苯胺（NH_2，Br，Br）

(4) $CH_2{=}CH_2 \xrightarrow[\text{② } NaCN]{\text{① } Br_2} NCCH_2CH_2CN \xrightarrow[Ni]{H_2} H_2N(CH_2)_4NH_2$

(5) $C_2H_5OH \xrightarrow[\text{② } NH_3]{\text{① } HBr} C_2H_5NH_2$

$CH_3\underset{\underset{OH}{|}}{C}HCH_3 \xrightarrow{K_2Cr_2O_7,H^+} CH_3\underset{\underset{O}{\|}}{C}CH_3 \xrightarrow[H_2,Ni]{C_2H_5NH_2} CH_3\underset{\underset{NHCH_2CH_3}{|}}{C}HCH_3$

(6) $C_2H_5OH \xrightarrow[\text{② } P_2O_5,\triangle]{\text{① } KMnO_4,H^+} (CH_3CO)_2O \xrightarrow[AlCl_3]{C_6H_6} C_6H_5COCH_3 \xrightarrow[H_2,Ni]{C_2H_5NH_2} C_6H_5\underset{\underset{NHCH_2CH_3}{|}}{C}HCH_3$

(四) 将下列各组化合物按碱性由强到弱排列成序：

(1) (A) $CH_3CH_2CH_2NH_2$ (B) $CH_3\underset{\underset{OH}{|}}{C}HCH_2NH_2$ (C) $\underset{\underset{OH}{|}}{C}H_2CH_2CH_2NH_2$

(2) (A) $CH_3CH_2CH_2NH_2$ (B) $HOCH_2CH_2NH_2$

(C) $CH_3OCH_2CH_2NH_2$ (D) $N{\equiv}C{-}CH_2CH_2NH_2$

(3) (A) $C_6H_5{-}NHCOCH_3$ (B) $C_6H_5{-}NHSO_2CH_3$

(C) $C_6H_5{-}NHCH_3$ (D) N-甲基哌啶（环己亚胺 $N{-}CH_3$）

答：(1) (A)>(C)>(B) (2) (A)>(B)>(C)>(D)

(3) (D)>(C)>(A)>(B)

(五) 试拟一个分离环己烷甲酸、三丁胺和苯酚的方法。

答：

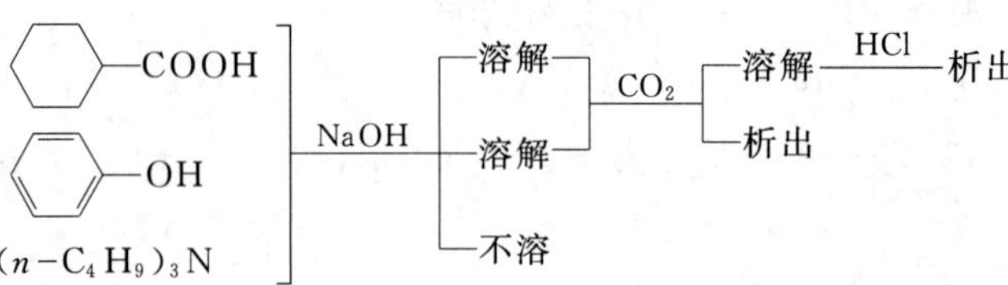

（六）用化学方法鉴别下列各组化合物：

（1）（A）哌啶（环己亚胺，NH） （B）$C_6H_5-NH_2$ （C）环己基$-N(CH_3)_2$

（2）（A）$C_6H_5-CH_2CH_2NH_2$ （B）$C_6H_5-CH_2NHCH_3$ （C）$C_6H_5-CH_2N(CH_3)_2$

（D）$H_3C-C_6H_4-NH_2$ （E）$C_6H_5-N(CH_3)_2$

（3）（A）硝基苯 （B）苯胺 （C）*N*－甲基苯胺 （D）*N*，*N*－二甲基苯胺

答：（1）用 $NaNO_2/HCl$（即 HNO_2）鉴别，生成黄色油状物者为（A），生成溶于水物质且加热有气体放出者为（B），仅成盐溶解者为（C）。

（2）分别与 $NaNO_2/HCl$ 反应，低温有氮气放出者为（A），加热有氮气放出者为（D），有黄色油状物生成者为（B），仅成盐溶解者为（C），生成绿色固体者为（E）。

（3）首先分别加盐酸，不溶者为（A），其余均溶；溶者分别加 $NaNO_2/HCl$，加热有气体放出者为（B），生成黄色油状物者为（C），有绿色固体生成者为（D）。

（七）试分别写出丁胺、苯胺与下列化合物反应的产物。

（1）稀盐酸　（2）稀硫酸

（3）乙酸　（4）稀 NaOH 溶液

（5）乙酸酐　（6）异丁酰氯

（7）苯磺酰氯＋KOH（水溶液）　（8）溴乙烷

（9）过量的 CH_3I，然后加湿 Ag_2O　（10）（9）的产物加热

（11）$CH_3COCH_3+H_2+Ni$　（12）HNO_2（即 $NaNO_2+HCl$），0 ℃

（13）邻苯二甲酸酐　（14）氯乙酸钠

简答：丁胺的反应产物如下：

（1）$CH_3CH_2CH_2CH_2\overset{+}{N}H_3\ Cl^-$　（2）$CH_3CH_2CH_2CH_2\overset{+}{N}H_3\ HSO_4^-$

（3）$CH_3CH_2CH_2CH_2\overset{+}{N}H_3\ {}^-OCOCH_3$　（4）不反应

（5）$CH_3CH_2CH_2CH_2NHCOCH_3$

（6）$CH_3CH_2CH_2CH_2NHCOCH(CH_3)_2$

（7）$CH_3CH_2CH_2CH_2\overset{-}{N}SO_2C_6H_5\ K^+$

（8）$CH_3CH_2CH_2CH_2NHC_2H_5$

（9）$CH_3CH_2CH_2CH_2\overset{+}{N}(CH_3)_3\ {}^-OH$

（10）$CH_3CH_2CH=CH_2$

（11）$CH_3CH_2CH_2CH_2NHCH(CH_3)_2$

（12）丁醇、丁烯、氯丁烷等的混合物

（13）N－丁基邻苯二甲酰亚胺（苯环并五元环，两个 C=O，$NCH_2CH_2CH_2CH_3$）

(14) $CH_3CH_2CH_2CH_2NHCH_2COO^- \ Na^+$

苯胺的反应产物与丁胺相似,仅(12)小题得到苯重氮盐,其余略。

(八)写出下列反应的最终产物:

(1) 1-氯甲基萘(CH_2Cl) $\xrightarrow{NaCN}$ $\xrightarrow[②\ H_2O]{①\ LiAlH_4}$ $\xrightarrow{(CH_3CO)_2O}$

(2) 硝基苯($-NO_2$) $\xrightarrow{Fe,HCl}$ $\xrightarrow{2HCHO,\ 2H_2,Ni}$ $\xrightarrow[0\sim5\ ℃]{NaNO_2,HCl}$

(3) $CH_3(CH_2)_2CH{=}CH_2$ $\xrightarrow[ROOR]{HBr}$ $\xrightarrow{\text{邻苯二甲酰亚胺钠}\ (N^-\ Na^+)}$ $\xrightarrow[\triangle]{H_2O,\ ^-OH}$

(4) 环己酮($=O$) $\xrightarrow{HN(CH_3)_2,H_2,Ni}$ $\xrightarrow{H_2O_2}$

答:(1) 1-萘基$-CH_2CH_2NHCOCH_3$ (2) $ON-C_6H_4-N(CH_3)_2$(对位)

(3) $CH_3(CH_2)_4NH_2$ (4) 环己基$-\overset{+}{N}(CH_3)_2(O^-)$

(九)解释下列实验现象:

$$HOCH_2CH_2NH_2 \xrightarrow{1\ mol(CH_3CO)_2O,K_2CO_3} HOCH_2CH_2NHCOCH_3$$

$$HOCH_2CH_2NH_2 \xrightarrow{1\ mol(CH_3CO)_2O,HCl} CH_3COOCH_2CH_2\overset{+}{N}H_3\ Cl^- \xrightarrow{K_2CO_3} HOCH_2CH_2NHCOCH_3$$

答:$HOCH_2CH_2NH_2$ 在碱性条件下 NH_2 的亲核性强,故在 N 上酰基化;而在强酸性条件下,氨基质子化为正离子$^+NH_3$,无亲核性,故在 OH 上酰基化,该产物在 K_2CO_3 作用下发生如下反应:

$$CH_3COOCH_2CH_2\overset{+}{N}H_3\ Cl^- \xrightarrow{K_2CO_3} CH_3\underset{\underset{O}{\|}}{C}OCH_2CH_2\ddot{N}H_2 \longrightarrow CH_3-\text{(}{}^-O\text{, 环 }\overset{+}{N}H_2\text{—O)}$$

$$\xrightarrow{-H^+} CH_3-\text{(}{}^-O\text{, 环 NH—O)} \longrightarrow CH_3\underset{\underset{O}{\|}}{C}NHCH_2CH_2O^- \xrightarrow[-\ ^-OH]{H_2O} CH_3CONHCH_2CH_2OH$$

(十)由指定原料合成下列化合物(其他试剂任选)。

(1) 由 3-甲基丁-1-醇分别制备:(A) $(CH_3)_2CHCH_2CH_2NH_2$,

(B) $(CH_3)_2CHCH_2CH_2CH_2NH_2$ 和(C) $(CH_3)_2CHCH_2NH_2$

习题(十)(2)

(2) 由苯合成 $C_6H_5-C(OH)(CH_3)-CH_2NH_2$

(3) 由 $CH_3CH_2NH_2$ 和 1,5-二溴戊烷合成 N-乙基哌啶 N-氧化物（$\overset{+}{N}$—^-O，CH_2CH_3）

答：(1) $CH_3CH(CH_3)CH_2CH_2OH \xrightarrow[\text{② } NH_3\text{(过量)}]{\text{① } HBr}$ (A)

$CH_3CH(CH_3)CH_2CH_2OH \xrightarrow[\text{② } NaCN]{\text{① } HBr} \xrightarrow{H_2, Ni}$ (B)

$CH_3CH(CH_3)CH_2CH_2OH \xrightarrow[\text{② } NH_3, \triangle]{\text{① } KMnO_4, H^+} CH_3CH(CH_3)CH_2CONH_2 \xrightarrow[NaOH]{Br_2}$ (C)

(2) $C_6H_6 \xrightarrow[AlCl_3]{(CH_3CO)_2O} C_6H_5COCH_3 \xrightarrow[\text{② } H_2, Ni]{\text{① } HCN}$ 产物

(3) $CH_3CH_2NH_2 + Br(CH_2)_5Br \xrightarrow{\triangle}$ (哌啶环)N—C_2H_5 $\xrightarrow{H_2O_2}$ 产物

(十一) 由苯、甲苯或萘合成下列化合物(其他试剂任选)。

(1) 2-氨基-3,5-二溴苄胺（苯环上 NH_2、CH_2NH_2、Br、Br）

(2) $CH_3CH_2O-C_6H_4-CH_2-\overset{O}{\overset{\|}{C}}-O-C_6H_4-I$

(3) 3,5-二溴苯基 $-CH_2COOH$（苯环上 Br、Br）

(4) $H_3C-C_6H_4-\overset{O}{\overset{\|}{C}}-C_6H_5$（间甲基二苯甲酮）

(5) $CH_3CH_2-C_{10}H_6-N=N-C_{10}H_5(OH)$（HO）

(6) $H_2N-C_6H_3(NH_2)-N=N-C_6H_4-N=N-C_6H_3(H_2N)-NH_2$

(7) $O_2N-C_6H_3(Br)-N=N-C_6H_4-N(CH_2CH_2OH)_2$

习题(十一)(5)

简答：(1) $C_6H_5CH_3 \xrightarrow[\text{浓 } H_2SO_4]{\text{浓 } HNO_3}$ 邻硝基甲苯（NO_2，CH_3）$\xrightarrow[\text{② } NH_3]{\text{① } Cl_2, h\nu}$ 邻硝基苄胺（NO_2，CH_2NH_2）

$\xrightarrow[\text{② } Br_2]{\text{① } SnCl_2, HCl}$ 产物

(2) 苯 $\xrightarrow[\text{③ } C_2H_5Br]{\text{① 浓 } H_2SO_4 \text{ ② NaOH, 熔融}}$ $C_6H_5OC_2H_5$ $\xrightarrow[\text{② NaCN}]{\text{① HCHO, HCl, } ZnCl_2}$ $p\text{-}C_2H_5OC_6H_4CH_2CN$ $\xrightarrow[\text{② } SOCl_2]{\text{① } H^+, H_2O, \triangle}$ $p\text{-}C_2H_5OC_6H_4CH_2COCl$

(A)

苯 $\xrightarrow{Cl_2, Fe}$ C_6H_5Cl $\xrightarrow[\text{② NaOH ③ Fe, 稀 HCl}]{\text{① 浓 } HNO_3, \text{浓 } H_2SO_4}$ $p\text{-}HOC_6H_4NH_2$ $\xrightarrow[\text{② KI}, \triangle]{\text{① } NaNO_2, HCl, 0\sim5\ ℃}$ $p\text{-}HOC_6H_4I$ $\xrightarrow[\text{吡啶}]{\text{(A)}}$ 产物

(3) 甲苯 $\xrightarrow[\text{② Fe, HCl ③ } Br_2, H_2O]{\text{① 浓 } HNO_3, \text{浓 } H_2SO_4}$ 2,6-二溴-4-甲基苯胺（NH_2, Br, Br, CH_3） $\xrightarrow[\text{② } H_3PO_2]{\text{① } NaNO_2, HCl, 0\sim5\ ℃}$

3,5-二溴甲苯（Br, Br, CH_3） $\xrightarrow[\text{③ } H^+, H_2O, \triangle]{\text{① } Cl_2, h\nu \text{ ② NaCN}}$ 产物

(4) 甲苯 $\xrightarrow[\text{② Fe, HCl ③ } CH_3COCl]{\text{① 浓 } HNO_3, \text{浓 } H_2SO_4}$ $p\text{-}CH_3C_6H_4NHCOCH_3$ $\xrightarrow[\text{② } ^-OH, H_2O]{\text{① 浓 } HNO_3, \text{浓 } H_2SO_4}$ 4-甲基-2-硝基苯胺（CH_3, NH_2, NO_2） $\xrightarrow[\text{② } H_3PO_2]{\text{① } NaNO_2, HCl, 0\sim5\ ℃}$

$m\text{-}CH_3C_6H_4NO_2$ $\xrightarrow[\text{② } NaNO_2, HCl, 0\sim5\ ℃ \text{ ③ CuCN, KCN}]{\text{① Fe, HCl}}$ $m\text{-}CH_3C_6H_4CN$ $\xrightarrow[\text{② } SOCl_2]{\text{① } H^+, H_2O, \triangle}$ $\xrightarrow[AlCl_3]{\text{苯}}$ 产物

(5) 萘 $\xrightarrow[165\ ℃]{\text{浓 } H_2SO_4}$ 2-萘磺酸（SO_3H） $\xrightarrow[\text{② } H^+]{\text{① NaOH, 熔融}}$ 2-萘酚（OH）

β-萘酚

萘 $\xrightarrow[\text{② Zn-Hg, HCl}]{\text{① } CH_3COCl, AlCl_3, CS_2}$ 1-乙基萘（C_2H_5） $\xrightarrow[\text{② Fe, HCl}]{\text{① 浓 } HNO_3, \text{浓 } H_2SO_4}$ 4-乙基-1-萘胺（C_2H_5, NH_2） $\xrightarrow[\text{② β-萘酚, NaOH, } H_2O]{\text{① } NaNO_2, HCl, 0\sim5\ ℃}$ 产物

(6) 苯 $\xrightarrow[\text{② Fe,HCl}]{\text{① 浓 }HNO_3,\text{ 浓 }H_2SO_4}$ 间苯二胺 (B)（NH_2，NH_2） $\xrightarrow[0\sim5\ ℃]{NaNO_2,HCl}$ 苯-1,3-双重氮盐（$N_2^+Cl^-$，$N_2^+Cl^-$） $\xrightarrow{2(B)}$ 产物

(7) 苯 $\xrightarrow[\text{② Fe,HCl}]{\text{① 浓 }HNO_3,\text{ 浓 }H_2SO_4}$ 苯胺（$C_6H_5-NH_2$） $\xrightarrow{2\ \text{环氧乙烷}}$ $C_6H_5-N(CH_2CH_2OH)_2$ (C)

苯胺（NH_2） $\xrightarrow[\text{② 浓 }HNO_3,\text{ 浓 }H_2SO_4;\ \text{③ }Br_2,Fe]{\text{① }CH_3COCl}$ 2-溴-4-硝基乙酰苯胺（$NHCOCH_3$，Br，NO_2） $\xrightarrow{H^+,H_2O}$ 2-溴-4-硝基苯胺（NH_2，Br，NO_2） $\xrightarrow[\text{② (C)}]{\text{① }NaNO_2,HCl,\ 0\sim5\ ℃}$ 产物

（十二）2-羟基-2′,4,4′-三氯二苯醚［Cl 与 HO 分别位于醚氧两侧苯环的邻位，两环对位各有一个 Cl：Cl—C_6H_3(Cl)—O—C_6H_3(OH)—Cl］，商品名称“卫洁灵”，对细菌尤其是厌氧菌具有很强的杀伤力，被广泛用在牙膏、香皂等保洁用品中。试由苯为起始原料合成之。

答：苯 $\xrightarrow[\text{② 浓 }HNO_3,\text{ 浓 }H_2SO_4]{\text{① }Cl_2,Fe}$ 2,4-二氯硝基苯（O_2N，Cl，Cl）(A)

苯 $\xrightarrow[\text{③ }H^+]{\text{① 浓 }H_2SO_4;\ \text{② NaOH,熔融}}$ 苯酚（OH） $\xrightarrow[80\sim100\ ℃]{Cl_2,Fe}$ 2,4-二氯苯酚（Cl，Cl，OH） $\xrightarrow[NaOH,H_2O]{(A)}$

Cl—C_6H_3(Cl)—O—C_6H_3(NO_2)—Cl $\xrightarrow{Fe,HCl}$ $\xrightarrow[\text{② 稀 }H_2SO_4,\triangle]{\text{① }NaNO_2,H_2SO_4,\ 0\sim5\ ℃}$ 产物

（十三）“心得安”具有抑制心脏收缩、保护心脏及避免过度兴奋的作用，是一种治疗心血管病的药物，其构造式如下。试由萘-1-酚合成之(其他试剂任选)。

1-萘基—$OCH_2\underset{\displaystyle OH}{\underset{|}{C}}HCH_2NHCH(CH_3)_2\cdot HCl$

答：萘-1-酚（OH） + 环氧氯丙烷（CH_2Cl） $\xrightarrow{NaOH}$ ［1-萘基—$OCH_2-\underset{\displaystyle O^-}{\underset{|}{C}}H-CH_2Cl$］

$\longrightarrow$ (1-萘基缩水甘油醚) $\xrightarrow{(CH_3)_2CHNH_2}\xrightarrow{HCl}$ 产物

（十四）（2-硝基苯偶氮基-4-甲基苯酚，结构式中含 NO_2、HO、—N═N—、CH_3）是合成紫外线吸收剂 Tinuvin P 的中间体，请以1-氯-2-硝基苯、甲苯为原料合成之(无机试剂任选)。

答：1-氯-2-硝基苯 $\xrightarrow{NH_3}$ 2-硝基苯胺 $\xrightarrow[0\sim5\ ℃]{NaNO_2,HCl}$ 2-硝基苯重氮盐（$N_2^+Cl^-$，NO_2）

甲苯（CH_3）$\xrightarrow[\text{② NaOH，熔融 ③ } H^+]{\text{① 浓 } H_2SO_4}$ 对甲苯酚（CH_3，OH）$\xrightarrow[pH=8\sim10]{\text{2-硝基苯重氮盐}(N_2^+Cl^-,\ NO_2)}$ 产物

（十五）脂肪族伯胺与亚硝酸钠、盐酸作用，通常得到醇、烯和卤代烃的混合物，合成上无实用价值，但β-氨基醇与亚硝酸作用可主要得到酮。例如：

1-(氨甲基)环戊醇（OH，CH_2NH_2）$\xrightarrow{NaNO_2,HCl}$ 环己酮（═O）

五元环　　　　六元环

这种扩环反应在合成七～九元环状化合物时，特别有用。

(1) 这种扩环反应与何种重排反应相似?

(2) 试由环己酮合成环庚酮。

答：(1) 与频哪醇重排反应相似。

(2) 环己酮（═O）$\xrightarrow{HCN}$ 1-羟基环己腈（OH，CN）$\xrightarrow{H_2,Ni}$ 1-(氨甲基)环己醇（OH，CH_2NH_2）

$\xrightarrow[-N_2]{NaNO_2,HCl}$ 碳正离子（OH，$\overset{+}{C}H_2$）$\xrightarrow{\text{重排}}$ 环庚基碳正离子（$^+$—OH）$\xrightarrow{-H^+}$ 环庚酮（═O）

（十六）化合物(A)是一种胺，分子式为 C_7H_9N。(A)与对甲苯磺酰氯在 KOH 溶液中作用，生成清亮的液体，酸化后得白色沉淀。当(A)用 $NaNO_2$ 和 HCl 在 0～5 ℃处理后再与萘-1-酚作用，生成一种深颜色的化合物(B)。(A)的 IR 谱图表明在 815 cm^{-1}处有一强峰。试推测(A)、(B)的构造式并写出各步反应式。

提示：(A) H_3C—C_6H_4—NH_2（对甲苯胺）　　(B) H_3C—C_6H_4—N═N—（萘环）—OH（4-对甲苯偶氮基萘-1-酚）

反应式略。

（十七）化合物（A）的分子式为 $C_{15}H_{17}N$，用对甲苯磺酰氯和 KOH 处理后无明显变化。这个混合物酸化后得一澄清的溶液。（A）的[1]H NMR 谱图（90 MHz，$CDCl_3$）如下所示。写出（A）的构造式。

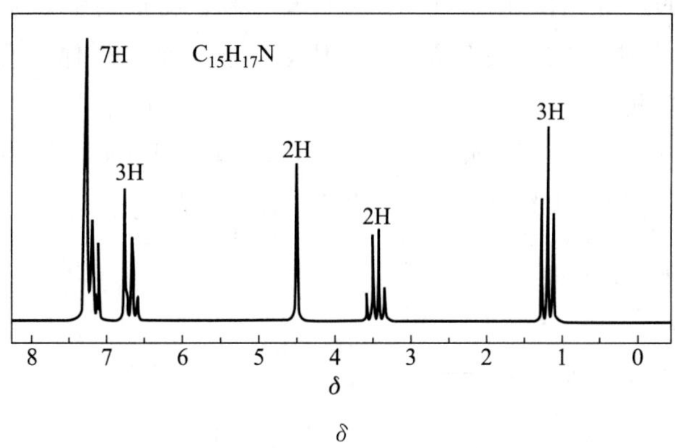

答：（A） $C_6H_5—CH_2—N(C_2H_5)—C_6H_5$

（十八）毒芹碱（coniine，$C_8H_{17}N$）是毒芹的有毒成分，其[1]H NMR 谱图中没有双峰。毒芹碱与 2 mol CH_3I 反应，再与湿 Ag_2O 反应，热解产生中间体$C_{10}H_{21}N$，后者进一步甲基化并转变为氢氧化物，再热解生成三甲胺、辛-1,5-二烯和辛-1,4-二烯。试推测毒芹碱的结构式。

答：（2-丙基哌啶，N—H）

15.5 小　　结

15.5.1 胺的结构与性质的关系

在胺分子中，氮原子上具有一对未共用电子，且氮原子的电负性（3.0）比氧原子的电负性（3.5）小，因此容易给出电子，具有较强的给电子能力。这种特性在其物理性质和化学性质等方面均有所反映。

胺分子中的氮原子与水分子中的氢原子能形成氢键，因此相对分子质量低的伯、仲、叔胺均易溶于水；另外，伯胺和仲胺分子中氮原子上连有的氢原子也能与水分子中的氧原子形成氢键，叔胺则无此氢原子。因此互为异构体的伯、仲、叔胺在水中的溶解度依次降低。

伯胺和仲胺由于氮原子上连有氢原子，分子之间也能形成氢键，而叔胺则不能。因此低级伯胺和仲胺的沸点比相对分子质量和结构相近的烷烃高，但比醇低。例如：

	$CH_3(CH_2)_4NH_2$	$CH_3(CH_2)_4CH_3$	$C_2H_5NH_2$	C_2H_5OH
相对分子质量	87	86	45	46
沸点/℃	130	69	17	78.5

伯胺和仲胺的红外光谱在 3 500～3 200 cm^{-1}有很特征的中等强度缔合的 N—H 伸缩振动吸收峰，其中伯胺有两个吸收峰(因有两个氢原子)，仲胺有一个吸收峰，而叔胺在此区间无吸收峰。

在胺分子中，由于氮原子能够提供未共用电子对，因此胺是一种 Lewis 碱，可与酸作用生成盐；胺还能发生烷基化、酰基化等反应，详见下文。

15.5.2 胺的制法

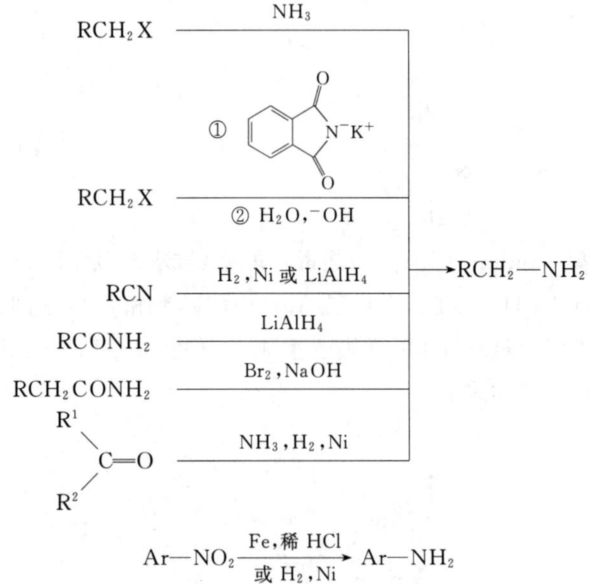

$$Ar—NO_2 \xrightarrow[\text{或 } H_2,Ni]{Fe,\text{稀 } HCl} Ar—NH_2$$

15.5.3 胺的化学性质

(1) 胺的碱性

$$R—\underset{}{\overset{R'}{\overset{|}{N}}}—R'' \xrightarrow{HX} R—\underset{\underset{H}{|}}{\overset{R'}{\overset{|}{\overset{+}{N}}}}—R''X^-$$

R,R′,R″可为 H、烷基、芳基，

X 可为卤原子、OSO_3H、OAc 等

(2) 烷基化

$$NH_3 \xrightarrow[NaOH]{RX} RNH_2 \xrightarrow[NaOH]{RX} R_2NH \xrightarrow[NaOH]{RX} R_3N \xrightarrow{RX} R_4\overset{+}{N}X^-$$

(3) 酰基化和磺酰化

$$\begin{matrix}\text{RNHCOR}'' \\ \text{R—N(R}')\text{—COR}''\end{matrix} \xleftarrow[\text{吡啶}]{\text{R}''\text{COX 或(R}''\text{CO)}_2\text{O}} \begin{matrix}\text{RNH}_2 \\ \text{RNHR}'\end{matrix} \xrightarrow[\text{Hinsberg 反应}]{\text{TsCl, NaOH}} \begin{matrix}\text{RNHTs} \\ \text{R—N(R}')\text{—Ts}\end{matrix} \xrightarrow{\text{浓 NaOH}} \text{R}\bar{\text{N}}\text{Ts Na}^+ \text{(水溶性盐)}$$

(4) 季铵碱的生成和 Hofmann 消除

$$R_4\overset{+}{N}X^- \xrightarrow{\text{湿 } Ag_2O} R_4\overset{+}{N}\ ^-OH$$

$$H_3C\text{—}C(R')(R'')\overset{+}{N}R_3\ ^-OH \xrightarrow{\triangle} H_2C{=}C(R')(R'') + H_2O + NR_3$$

15.5.4 芳胺芳环上的化学反应

芳胺的氨基与脂肪胺相似，也具有亲核性，能发生烷基化、酰基化、磺酰化等反应。但在芳胺分子中，氮原子上未共用电子对与苯环上的 π 电子存在 p-π 共轭效应，故其碱性及亲核性减弱；但同时芳环上的电子云密度增加，使环上亲电取代反应容易进行，也容易被氧化。以苯胺为例，芳胺芳环上的反应如下所示：

$$C_6H_5NH_2 \xrightarrow{Br_2,\ H_2O} \text{2,4,6-三溴苯胺}$$

$$C_6H_5NH_2 \xrightarrow{\text{① } H_2SO_4;\ \text{② } HNO_3,\ H_2SO_4} m\text{-}O_2N\text{—}C_6H_4\text{—}\overset{+}{N}H_3$$

$$C_6H_5NH_2 \xrightarrow{H_2SO_4,\ \text{烘焙}} H_3\overset{+}{N}\text{—}C_6H_4\text{—}SO_3^-$$

$$C_6H_5NH_2 \xrightarrow{MnO_2} O{=}C_6H_4{=}O$$

15.5.5 重氮盐的制备和反应

以苯胺生成的重氮盐的反应为例：

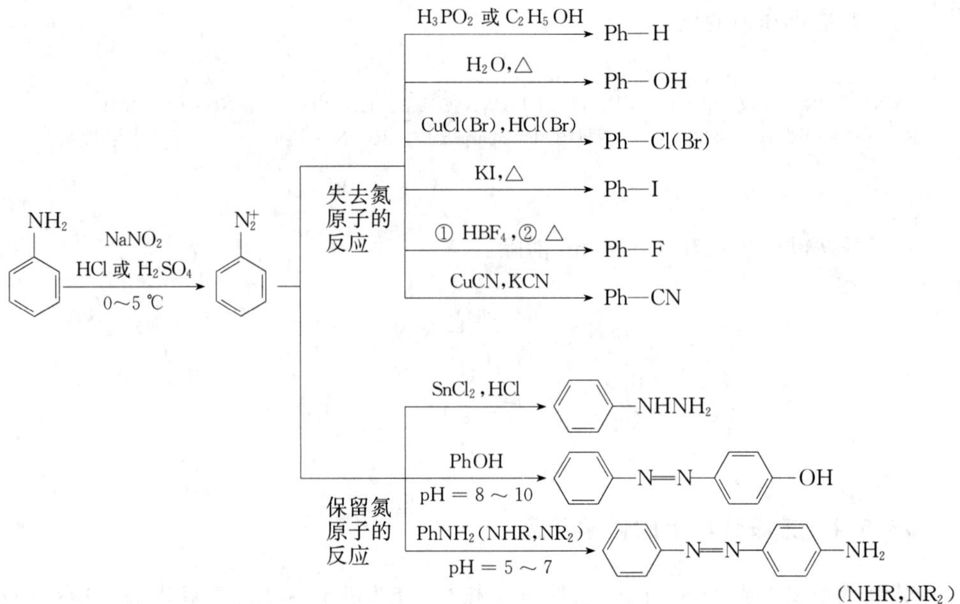

NH₂
NaNO₂
HCl 或 H₂SO₄
0～5 ℃
N₂⁺
失去氮原子的反应
H₃PO₂ 或 C₂H₅OH
Ph—H
H₂O,△
Ph—OH
CuCl(Br),HCl(Br)
Ph—Cl(Br)
KI,△
Ph—I
① HBF₄,② △
Ph—F
CuCN,KCN
Ph—CN
保留氮原子的反应
SnCl₂,HCl
NHNH₂
PhOH
pH = 8 ～ 10
N═N
OH
PhNH₂(NHR,NR₂)
pH = 5 ～ 7
NH₂
(NHR,NR₂)

第十六章　含硫、含磷和含硅有机化合物

16.1　本章重点和难点

16.1.1　重点

硫醇、硫酚和硫醚的制备

季鏻盐的制备和应用

有机硅化合物在合成中的应用

（1）硫醇、硫酚、硫醚、亚砜、砜、磺酸及其衍生物，膦、膦酸、磷酸酯，有机硅烷、卤硅烷、硅醇、硅氧烷和硅醚，表面活性剂，阳离子交换树脂等常见含硫、含磷、含硅有机化合物的分类和命名。

（2）硫醇、硫醚的制备方法。

（3）烷基膦与相应的胺在结构上的异同点，硅原子与碳原子在成键时的异同点。

（4）有机硫化合物、有机磷化合物作为亲核试剂的亲核取代反应、亲核加成反应，氧化反应，水解反应。

（5）卤硅烷的反应，$(CH_3)_3Si$ 基团作为保护基团在合成中的应用。

16.1.2　难点

硫醇、硫醚和硫酚的氧化，磷叶立德的形成及反应，卤硅烷与有机金属试剂反应制备有机硅化合物，$(CH_3)_3Si$ 基团作为保护基团在合成中的应用。

16.2　例　　题

例一　以苯乙烯和乙醇为原料合成

$$\underset{\displaystyle OH}{C_6H_5\overset{|}{C}HCH_2SCH_2CH_3}$$

答：产物分子中含有 C—S—C 键，可以从硫醚的合成角度考虑。与混醚的合成相似，该化合物可以有两种合成途径：

$$\underset{\displaystyle OH}{C_6H_5\overset{|}{C}HCH_2}\overset{(a)}{\vdots}S{-}CH_2CH_3 \xRightarrow{(a)} \underset{\substack{\displaystyle OH\\(\text{Ⅰ})}}{C_6H_5\overset{|}{C}HCH_2Br} + \underset{(\text{Ⅱ})}{HSCH_2CH_3}$$

$$C_6H_5CH(OH)CH_2-S \overset{(b)}{\vdots} CH_2CH_3 \overset{(b)}{\Longrightarrow} \underset{(\text{Ⅲ})}{C_6H_5CH(OH)CH_2SH} + \underset{(\text{Ⅳ})}{BrCH_2CH_3}$$

由于途径(b)中的原料(Ⅲ)没有适当的合成方法，而途径(a)中的原料可按下列途径合成：

$$C_6H_5CH(OH)CH_2Br \Longrightarrow C_6H_5CH{=}CH_2 + Br_2/H_2O$$

$$HSCH_2CH_3 \Longrightarrow CH_3CH_2Br + S{=}C(NH_2)_2$$

$$CH_3CH_2Br \Longrightarrow CH_3CH_2OH$$

根据以上分析，可选用途径(a)，并首先合成前体(Ⅰ)和(Ⅱ)：

$$C_6H_5CH{=}CH_2 \xrightarrow{Br_2/H_2O} C_6H_5CH(OH)CH_2Br$$

$$CH_3CH_2OH \xrightarrow{NaBr/H_2SO_4} CH_3CH_2Br \xrightarrow[\text{② } NaOH/H_2O]{\text{① } S{=}C(NH_2)_2} CH_3CH_2SH$$

然后以烷硫负离子作为亲核试剂，溴代物作为底物进行亲核取代反应。

$$C_6H_5CH(OH)CH_2Br + CH_3CH_2SH \xrightarrow[-H_2O,\,-NaBr]{NaOH} C_6H_5CH(OH)CH_2SCH_2CH_3$$

例二 完成下列转变：

$$\text{4a-甲基-4,4a,5,6,7,8-六氢萘-2(3H)-酮（含 }CH_3\text{）} \longrightarrow \text{对应的脱羰烯烃（含 }CH_3\text{）}$$

答：这是将羰基转变为亚甲基但不能影响碳碳双键存在的转换。由于羰基与碳碳双键共轭，Clemmensen 还原法和 Wolff-Kishner 还原法是不适用的。选择乙二硫醇作为亲核试剂，首先生成环状缩硫酮，然后经还原生成目标分子：

$$\text{烯酮} \xrightarrow[BF_3,\,0\,^\circ C]{HSCH_2CH_2SH} \text{环状缩硫酮} \xrightarrow[80\,^\circ C]{H_2/Ni,\,C_2H_5OH} \text{目标烯烃}$$

这是将羰基在中性介质中转换为甲叉基的方法，并且碳碳双键不受影响。

16.3 练习和参考答案

练习 16.1 烯丙基二硫化合物 $CH_2{=}CHCH_2S{-}SCH_2CH{=}CH_2$ 是大蒜油组分之一，试由烯丙基溴合成之。

答： $CH_2{=}CHCH_2Br \xrightarrow[C_2H_5OH]{KOH/H_2S} CH_2{=}CHCH_2SH$

$\xrightarrow{H_2O_2} CH_2{=}CHCH_2S{-}SCH_2CH{=}CH_2$

练习 16.2 完成下列反应式：

(1) $CH_3CH_2{-}S{-}H + (CH_3)_2CHCH_2CH_2CH_2Br \xrightarrow{^-OH}$

(2) Na_2S (1 mol) + $BrCH_2CH_2CH_2CH_2Br \longrightarrow$

答：(1) $CH_3CH_2{-}S{-}CH_2CH_2CH_2CH(CH_3)_2$　(2) 四氢噻吩（五元环，含 S）

练习 16.3 完成下列反应式：

(1) $C_6H_5{-}SCH_3 + NaIO_4 \xrightarrow{H_2O}$?

(2) $CH_3SCH_3 \xrightarrow{H_2O_2}$? $\xrightarrow{CH_3C(=O)OOH}$?

答：(1) $C_6H_5{-}S(=O){-}CH_3$　(2) $CH_3{-}S(=O){-}CH_3$，$CH_3{-}S(=O)_2{-}CH_3$

练习 16.4 命名下列化合物：

(1) $CH_3(CH_2)_8CH{=}CHCH_2SO_3H$　(2) $CH_3O{-}C_6H_3(CH_3){-}SO_3H$（$SO_3H$ 的邻位有 CH_3）

(3) 萘环 2-位连 SO_3H　(4) 苯环上 NH_2 与 SO_3H 处于间位

答：(1) 十二碳-2-烯-1-磺酸　(2) 4-甲氧基-2-甲基苯磺酸

(3) 2-萘磺酸　(4) 3-氨基苯磺酸

练习 16.5 完成下列转变(经磺酸盐)：

(1) 间氨基苯磺酸（SO_3H，NH_2）$\longrightarrow$ 间氨基苯酚（OH，NH_2）　(2) 苯磺酸（SO_3H）$\longrightarrow$ 苯硫酚（SH）

（3）苯 ⟶ 间苯二酚（1,3-二羟基苯）　　（4）萘 ⟶ 1-萘甲腈（CN）

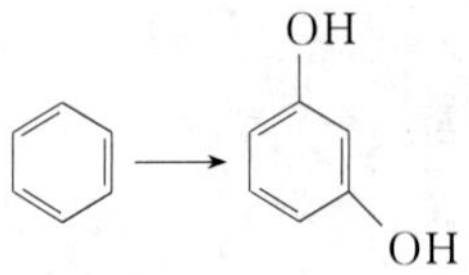

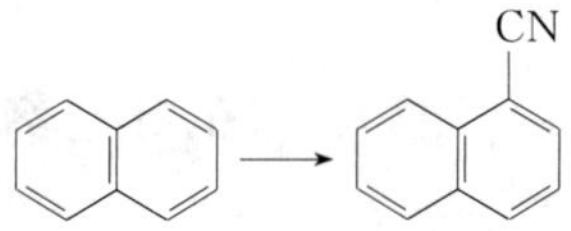

答：（1）间氨基苯磺酸（SO_3H，NH_2）$\xrightarrow[\text{熔融}]{NaOH}\xrightarrow{H^+}$ 间氨基苯酚（OH，NH_2）

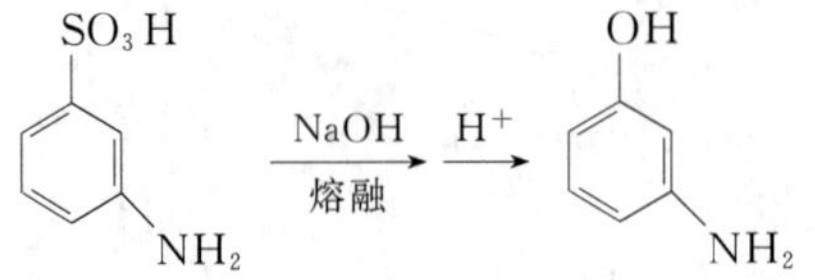

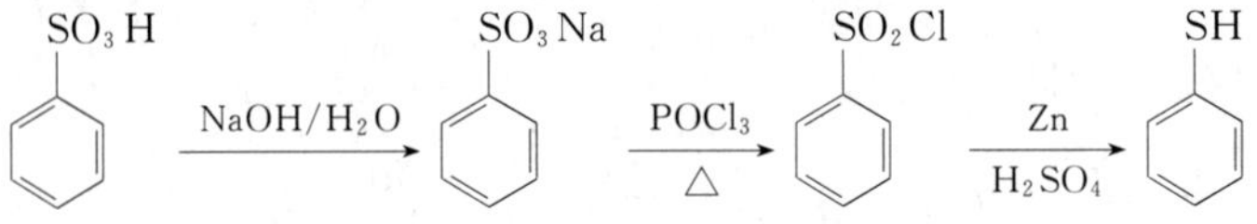

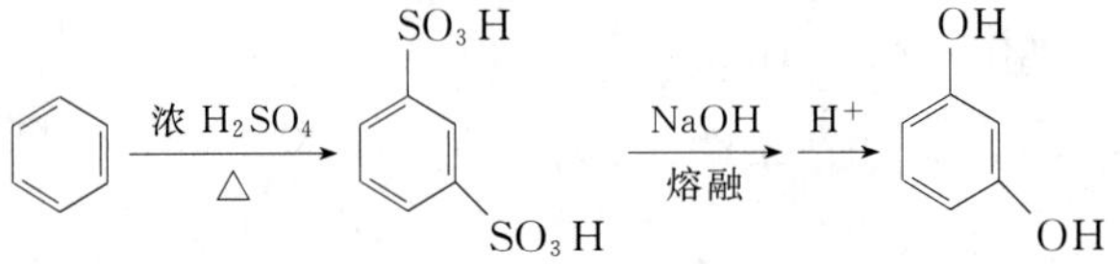

（2）苯磺酸（SO_3H）$\xrightarrow{NaOH/H_2O}$ 苯磺酸钠（SO_3Na）$\xrightarrow[\triangle]{POCl_3}$ 苯磺酰氯（SO_2Cl）$\xrightarrow[H_2SO_4]{Zn}$ 苯硫酚（SH）

（3）苯 $\xrightarrow[\triangle]{\text{浓 } H_2SO_4}$ 间苯二磺酸（SO_3H，SO_3H）$\xrightarrow[\text{熔融}]{NaOH}\xrightarrow{H^+}$ 间苯二酚（OH，OH）

（4）萘 $\xrightarrow[65\ ℃]{\text{浓 } H_2SO_4}$ 1-萘磺酸（SO_3H）$\xrightarrow[\text{② } NaCN,\triangle]{\text{① } NaOH}$ 1-萘甲腈（CN）

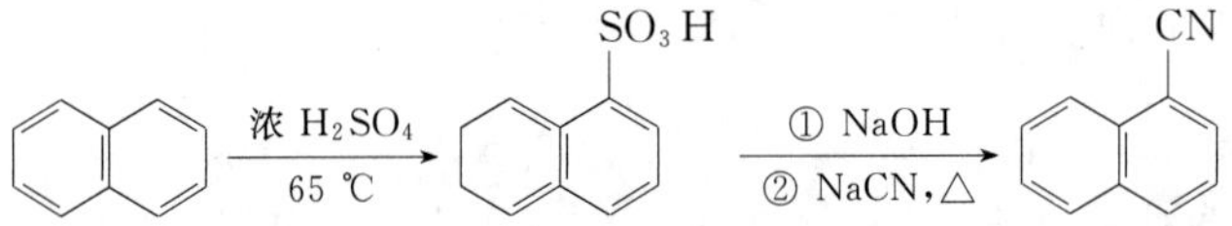

练习 16.6 （1）以苯胺和 2-氨基噻唑为原料，合成磺胺噻唑。（2）怎样才能将磺胺噻唑转换成琥珀酰磺胺噻唑？

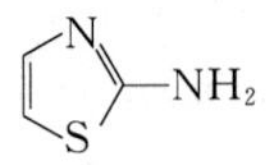

2-氨基噻唑（噻唑环上 $-NH_2$）　　磺胺噻唑（噻唑-2-基 $-NH-SO_2-$ 苯环，对位 NH_2）　　琥珀酰磺胺噻唑（噻唑-2-基 $-NH-SO_2-$ 苯环，对位 $NHCCH_2CH_2COOH$，C=O）

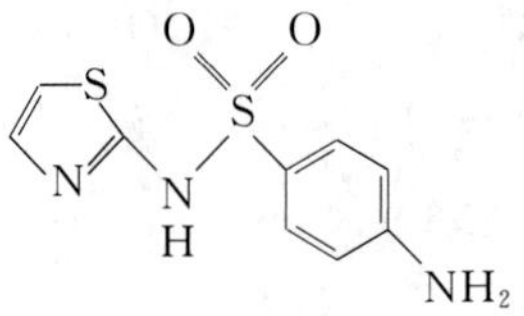

答：（1）苯胺（NH_2）$\xrightarrow{\text{乙酸酐}}$ 乙酰苯胺（HN-乙酰基）$\xrightarrow{2\ ClSO_3H}$ 对乙酰氨基苯磺酰氯（HN-乙酰基，SO_2Cl）

$\xrightarrow[(CH_3CH_2)_3N]{\text{2-氨基噻唑（}H_2N\text{）}}$ 乙酰磺胺噻唑（HN-乙酰基；O=S=O，N-H-噻唑基）$\xrightarrow{NaOH/H_2O}$ 磺胺噻唑（NH_2；O=S=O，N-H-噻唑基）

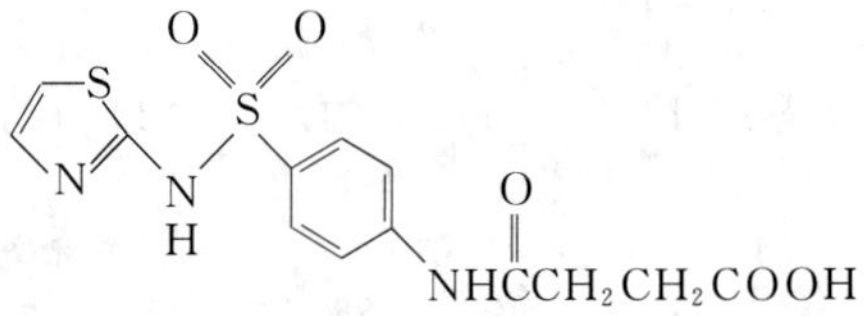

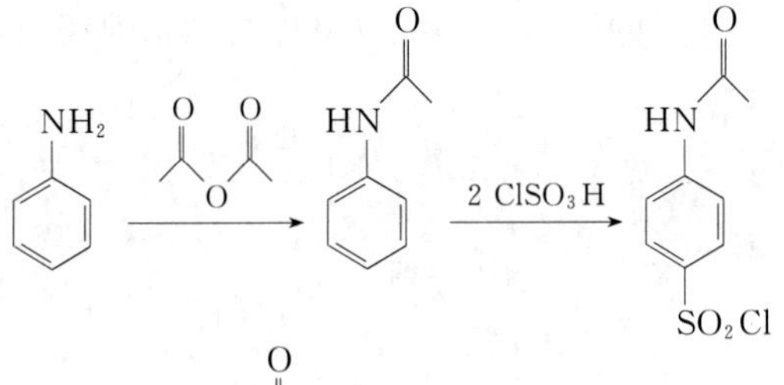

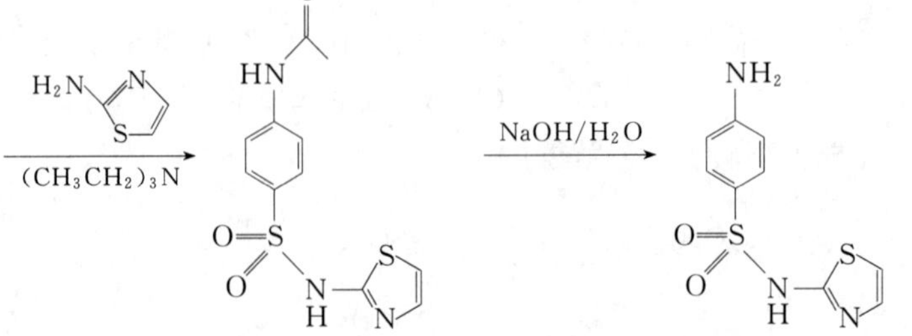

(2) 磺胺噻唑（NH_2—C₆H₄—SO_2—NH—噻唑基） + 丁二酸酐 $\xrightarrow{\triangle}$ 噻唑基—NH—SO_2—C₆H₄—$NHCCH_2CH_2COOH$（C=O）

练习 16.7 合成下列化合物：

(1) $C_6H_5CH{=}CHCOOCH_3$　　(2) CH_3O—C₆H₄—$CH{=}CHCN$

答：(1) $Ph_3P + ClCH_2COOCH_3 \longrightarrow [Ph_3\overset{+}{P}—CH_2COOCH_3]Cl^- \xrightarrow{CH_3ONa}$

$Ph_3\overset{+}{P}—\overset{-}{C}HCOOCH_3 \xrightarrow{PhCHO} PhCH{=}CHCOOCH_3$

(2) $Ph_3P + ClCH_2CN \longrightarrow [Ph_3\overset{+}{P}—CH_2CN]Cl^- \xrightarrow{n-BuLi} Ph_3\overset{+}{P}—\overset{-}{C}HCN$

$Ph_3\overset{+}{P}—\overset{-}{C}HCN + H_3CO$—C₆H₄—$CHO \longrightarrow H_3CO$—C₆H₄—$CH{=}CHCN$

练习 16.8 合成下列化合物：

(1) $(CH_3)_3SiCH(CH_3)_2$　　(2) $CH_2{=}CHCH_2Si(OCH_2CH_3)_3$

(3) $(CH_3)_2Si(OH)_2$

答：(1) $(CH_3)_3SiCl + (CH_3)_2CHMgCl \longrightarrow (CH_3)_3SiCH(CH_3)_2$

(2) $SiCl_4 + CH_2{=}CHCH_2MgCl \longrightarrow CH_2{=}CHCH_2SiCl_3$

$CH_2{=}CHCH_2SiCl_3 + 3C_2H_5OH \longrightarrow CH_2{=}CHCH_2Si(OC_2H_5)_3$

(3) $(CH_3)_2SiCl_2 + 2Na_2CO_3 \xrightarrow{H_2O} (CH_3)_2Si(OH)_2$

16.4 习题和参考答案

（一）命名下列化合物：

(1) $CH_3C(CH_3)_2CH_2CH(SH)CH_2CH(CH_3)CH_3$　　(2) 邻硝基苯硫酚（SH、NO_2 邻位）

(3) 环己基—S—异丙基　　(4) 1,2-二(SCH_3)苯

(5) O_2N—C₆H₃(Cl)—SO_3H　　(6) O_2N—C₆H₄—SO_2Cl

(7) 6-甲基萘-2-磺酸（CH_3、HO_3S）　　(8) $H_3C—\overset{O}{\overset{\|}{C}}—NH—\overset{O}{\underset{O}{\overset{\|}{\underset{\|}{S}}}}$—C₆H₄—$NH_2$

答：(1) 2,2,6-三甲基庚-4-硫醇 (2) 2-硝基苯硫酚

(3) 异丙基环己基硫醚 (4) 邻二甲硫基苯

(5) 3-氯-4-硝基苯磺酸 (6) 4-硝基苯磺酰氯

(7) 6-甲基萘-2-磺酸 (8) *N*-(4-氨基苯磺酰基)乙酰胺

习题(二)

(二) 选择正确的丁-2-醇的对映体，由它通过使用对甲苯磺酸酯的方法制备(*R*)-丁-2-硫醇，写出反应式。

答：(S)-H—C(CH₃)(OH)—CH₂CH₃ $\xrightarrow[(CH_3CH_2)_3N]{TsCl}$ (S)-H—C(CH₃)(OTs)—CH₂CH₃ $\xrightarrow{NaSH}$ (R)-HS—C(CH₃)(H)—CH₂CH₃

TsCl = $H_3C-C_6H_4-SO_2-Cl$

(三) 根据下列原料及条件，确定化合物(A)～(E)的结构。

$$\text{苄基溴} + \text{硫脲} \longrightarrow (A) \xrightarrow[\text{② } H^+]{\text{① } ^-OH, H_2O} (B) \xrightarrow{H_2O_2} (C)$$

$$(B) \xrightarrow{^-OH} (D) \xrightarrow{\text{苄基溴}} (E)$$

答：(A) Br^- $C_6H_5-CH_2\overset{+}{S}=C(NH_2)_2$ (B) $C_6H_5-CH_2SH$

(C) $C_6H_5-CH_2S-SCH_2-C_6H_5$ (D) $C_6H_5-CH_2SNa$

(E) $C_6H_5-CH_2SCH_2-C_6H_5$

(四) "芥子气"曾在第一次世界大战中被用作化学武器。它可由环氧乙烷经下列步骤合成：

$$2\ \text{环氧乙烷} + H_2S \longrightarrow C_4H_{10}O_2S \xrightarrow[ZnCl_2]{HCl} C_4H_8Cl_2S(\text{芥子气})$$

试写出各步反应式。

答：环氧乙烷 + $H_2\ddot{S}$ ⟶ $HOCH_2CH_2\ddot{S}H$ $\xrightarrow{\text{环氧乙烷}}$ $HOCH_2CH_2SCH_2CH_2OH$ ($C_4H_{10}O_2S$)

$$HOCH_2CH_2SCH_2CH_2OH \xrightarrow[ZnCl_2]{HCl} ClCH_2CH_2SCH_2CH_2Cl$$

芥子气

（五）半胱氨酸是氨基酸的一种，其构造式如下所示：

$$HO_2CCHCH_2SH$$
$$|$$
$$NH_2$$

（1）它在生物氧化中生成胱氨酸（$C_6H_{12}N_2O_4S_2$），试写出胱氨酸的构造式。

（2）生物体中通过代谢作用，先将胱氨酸转化成半胱亚磺酸（$C_3H_7NO_4S$），然后再转化成磺酸基丙氨酸（$C_3H_7NO_5S$）。写出这些化合物的构造式。

答：（1） HOOCCHCH$_2$S—SCH$_2$CHCOOH（两个 CH 上各连 NH$_2$）

（2） HOOCCH(NH$_2$)CH$_2$S(=O)—OH ， HOOCCH(NH$_2$)CH$_2$S(=O)$_2$—OH

（六）给出下列化合物(A)、(B)、(C)的构造式：

（1） 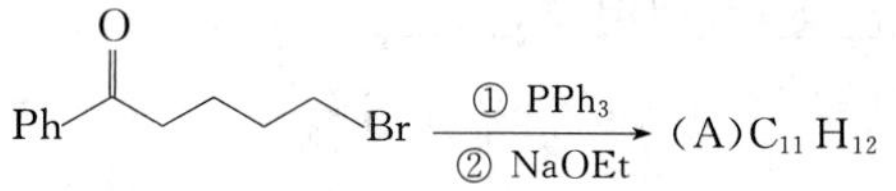 PhCO(CH$_2$)$_4$Br $\xrightarrow[\text{② NaOEt}]{\text{① PPh}_3}$ (A)$C_{11}H_{12}$

（2） Br(CH$_2$)$_3$Br $\xrightarrow[\text{② BuLi}]{\text{① PPh}_3}$ (B)$C_{39}H_{34}P_2$ $\xrightarrow{\text{邻苯二甲醛 (CHO, CHO)}}$ (C)$C_{11}H_{10}$

答：(A) Ph　　(B) 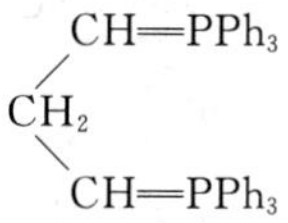 CH=PPh$_3$ / CH$_2$ / CH=PPh$_3$　　(C)

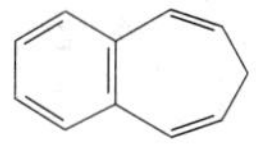

（七）以 2-甲基环己酮为原料，选择适当的硅试剂和其他试剂制备下列化合物：

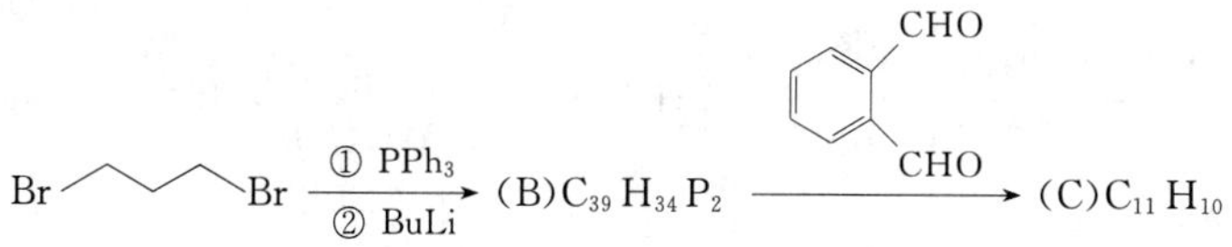

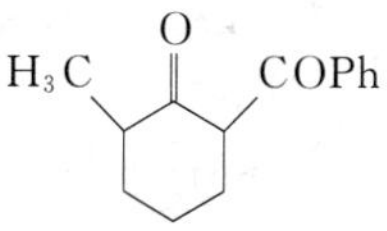

H$_3$C　O　COPh

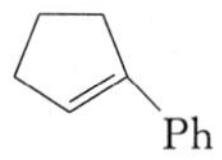

答： H$_3$C　O $\xrightarrow[\text{② (CH}_3)_3\text{SiCl}]{\text{① LDA}}$ H$_3$C　OSi(CH$_3$)$_3$ $\xrightarrow[\text{② H}_2\text{O}]{\text{① PhCOCl, TiCl}_4}$ H$_3$C　O　O

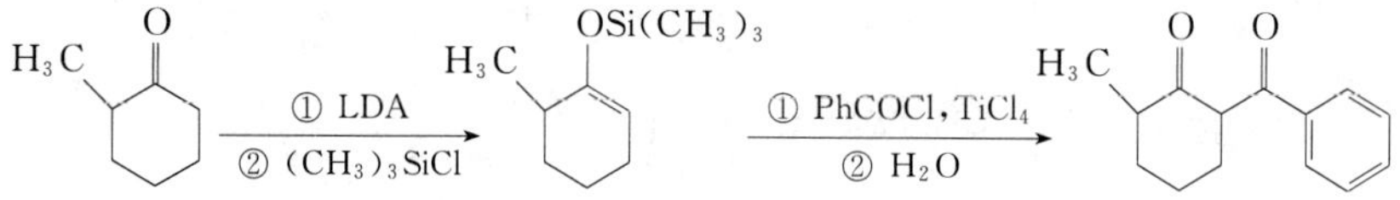

16.5 小　结

16.5.1 硫醇和硫酚的制备和主要反应

$$R-X \xrightarrow[\text{② NaOH}]{\text{① }(NH_2)_2C=S} R-SH$$

R—SH 的反应：

$$R-SH \xrightarrow{\text{强氧化剂：}KMnO_4/H^+\text{ 或 }HNO_3} R-SO_3H$$

$$R-SH \underset{Zn/H^+}{\overset{\text{弱氧化剂：}I_2+NaOH\text{ 等}}{\rightleftharpoons}} R-S-S-R$$

$$R-SH \xrightarrow{HgO} (RS)_2Hg$$

$$R-SH \xrightarrow[\text{碱}]{CH_2=CHY\ (\text{Y：吸电子基})} RSCH_2-CH_2-Y$$

$$R-SH \xrightarrow[H^+]{R-\overset{O}{\overset{\|}{C}}-R'(H)} R-\underset{R'(H)}{\overset{SR}{C}}-SR \xrightarrow{H_2/Ni} R-\underset{R'(H)}{\overset{H}{C}}-H$$

$$R-SH \xrightarrow{R'Br/NaOH} R-S-R'$$

16.5.2 硫醚的主要反应

$$R-S-R' \xrightarrow[\text{亲核取代反应}]{R''CH_2X} \begin{matrix}R\\R'\end{matrix}\!\!>S^+-CH_2R''X^- \xrightarrow[\text{亲核取代反应}]{Nu:} R''CH_2-Nu$$

$$R-S-R' \xrightarrow[\text{氧化反应}]{H_2O_2} R-\overset{O}{\overset{\|}{S}}-R' \xrightarrow{\text{发烟 }HNO_3} R-\underset{O}{\underset{\|}{\overset{O}{\overset{\|}{S}}}}-R'$$

16.5.3 芳磺酸及其衍生物的反应与制备

$$Ar-H \xrightarrow{SO_3} Ar-SO_3H$$

$$Ar-SO_3H \xrightarrow{NaOH} Ar-SO_3Na \xrightarrow[\text{熔融}]{NaOH} \xrightarrow{H_3O^+} Ar-OH$$

$$Ar-SO_3H \xrightarrow{PCl_5} Ar-SO_2Cl \xrightarrow{RNH_2} Ar-SO_2NHR$$

$$Ar-SO_3H \xrightarrow[\triangle]{H_2O,H^+} Ar-H$$

$$ArCH_2X \xrightarrow[\text{② }H_3O^+]{\text{① }Na_2SO_3} ArCH_2-SO_3H$$

16.5.4 有机磷化合物的亲核反应

$$Ph_3P \xrightarrow[\text{② }R'Li]{\text{① }RCH_2X} Ph_3\overset{+}{P}-\overset{-}{C}HR \xrightarrow{R-\overset{O}{\overset{\|}{C}}-R'(H)} RCH=CRR'(H)$$

$$Ph_3P + \underset{O}{\bigtriangledown} \longrightarrow CH_2{=\!=}CH_2 + Ph_3P{=\!=}O$$

$$(R'O)_3P \xrightarrow[\triangle]{RCH_2X} (R'O)_2\overset{O}{\overset{\|}{P}}CH_2R \xrightarrow[\text{② } RCOR'(H)]{\text{① NaH}} RCH{=\!=}CRR'(H)$$

16.5.5 有机硅化合物的主要反应

$$R_2SiCl_2 \xrightarrow{RMgX\text{ 或 }RLi} R_3SiCl$$

R_3SiCl:

- $\xrightarrow[LDA]{RCH_2COR'} RCH{=\!=}\overset{OSiR_3}{\overset{|}{C}}R'$
  - $\xrightarrow{R''Li} R''RCHCOR'$
  - $\xrightarrow{R''COCl} R(R''CO)CHCOR'$
- $\xrightarrow{H_2O} R_3SiOH$
- $\xrightarrow{R'OH} R_3SiOR' \xrightarrow{H_3O^+} HOR'$
- $\xrightarrow{[H]} R_3SiH$
- $\xrightarrow{R'MgX\text{ 或 }R'Li} R_3SiR'$

第十七章　杂环化合物

17.1　本章重点和难点

杂环化合物的结构与芳香性

17.1.1　重点

(1) 芳香性杂环化合物的结构,含氮杂环化合物的碱性。

(2) 含一个杂原子的五元杂环化合物的亲电取代反应及定位规律。

(3) 六元杂环化合物亲电取代反应和亲核取代反应的难易与定位规律。

五元杂环化合物的化学性质

17.1.2　难点

杂环化合物的结构与芳香性,含氮杂环化合物的碱性,杂环化合物亲电取代反应、亲核取代反应的难易和定位规律,吲哚合成及 Fischer 合成法的机理。

17.2　例　　题

六元杂环化合物的化学性质

例一　回答下列问题:

(1) 用化学方法除去吡咯中少量丁二醛。

(2) 用简便的方法分离喹啉、苯酚和硝基苯的混合物。

解析: 上述两个问题是有机化学实验中经常遇到的问题,通常是利用各化合物之间的物理性质或化学性质的差异来解决,要求方法简便、容易操作。问题(1)是提纯问题,可以将杂质转换或破坏掉;问题(2)是分离问题,需要通过物理手段或化学手段将各成分一一分开,而且要求分离后的组分能够复原、产率高。

答:(1) 吡咯是微溶于水的油状液体,而丁二醛具有典型脂肪醛性质。因此,可以利用醛羰基的化学反应将其除去。例如,在上述混合物中加入饱和亚硫酸氢钠溶液,丁二醛可与亚硫酸氢钠作用生成不溶于一般有机溶剂的结晶状固体 1,4-二羟基丁-1,4-二磺酸钠,滤除该固体并用乙醚萃取,分出油相,经过蒸馏即可得到纯的吡咯。

(2) 上述三种化合物中,喹啉有碱性、苯酚呈弱酸性,而硝基苯是中性物质。故可以利用它们分别和强酸、强碱成盐的特点将其一一分离开。具体如下:先将混合物用盐酸酸化,分离得水相 A 和油相 B,水相 A 用氢氧化钠溶液中和后分出的油相经减压蒸馏纯化得喹啉。油相 B 中加入氢氧化钠溶液,再分液得油相 C 和水相 D。油相 C 经蒸馏纯化得硝基苯。水相 D 用盐酸酸化后再分离,所得油相经蒸馏纯化得苯酚。分离过程也可表示如下:

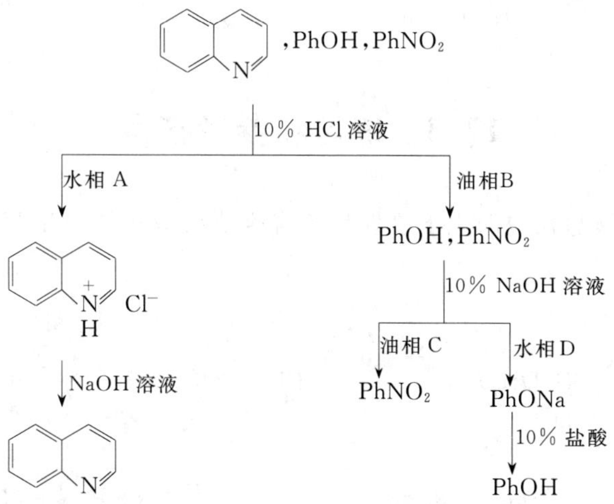

喹啉, PhOH, $PhNO_2$

10% HCl 溶液

水相 A:喹啉盐酸盐(Cl^-) —NaOH 溶液→ 喹啉

油相B:PhOH, $PhNO_2$ —10% NaOH 溶液→ 油相 C:$PhNO_2$;水相 D:PhONa —10% 盐酸→ PhOH

例二 完成下列反应:

(1) 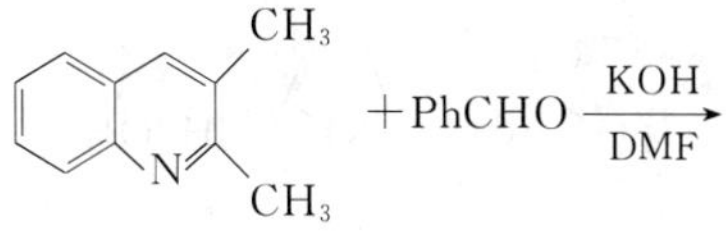 2,3-二甲基喹啉 + PhCHO $\xrightarrow[\text{DMF}]{\text{KOH}}$

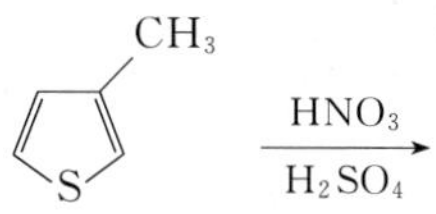

(2) 3-甲基噻吩 $\xrightarrow[H_2SO_4]{HNO_3}$

(3) 呋喃 + $CH_3OOC-C\equiv C-COOCH_3$ 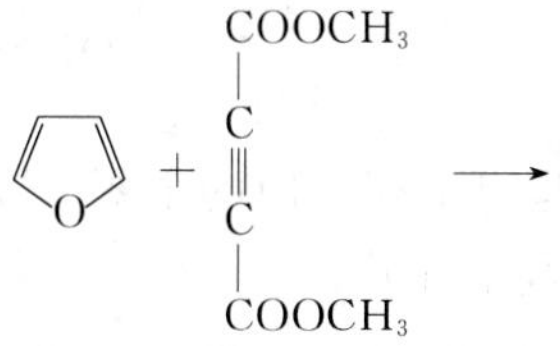 $\longrightarrow$

解析:2,3-二甲基喹啉的 2 位甲基酸性强,因为其共轭碱的负电荷可以离域到电负性较大的 N 原子上,而 3 位甲基上负电荷只能离域到 C 原子上:

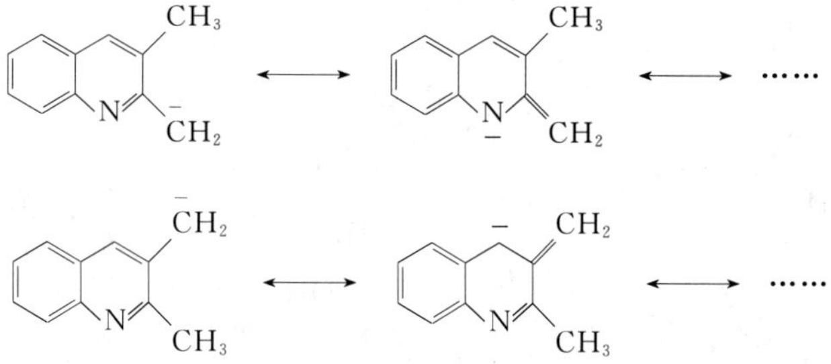

CH_3, $\overset{-}{C}H_2$ $\longleftrightarrow$ $\overset{-}{N}$, CH_2 $\longleftrightarrow$ ……

$\overset{-}{C}H_2$, CH_3 $\longleftrightarrow$ CH_2, CH_3 $\longleftrightarrow$ ……

因此,2 位甲基可以和醛发生类 Aldol 缩合反应。吡啶 2 位、4 位的甲基,异喹啉 1 位的甲基等也都有较强酸性。

对 3-甲基噻吩而言,2 位既是硫原子邻位,也是甲基邻位,故 2 位硝化最有利,这与 2-甲基萘亲电取代反应主要发生在 1 位相似。

呋喃的芳香性比较弱，容易和亲双烯体发生 Diels－Alder 反应。

答：(1) 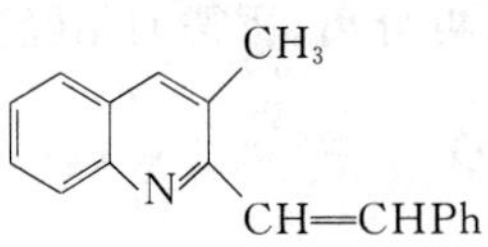 　(2) 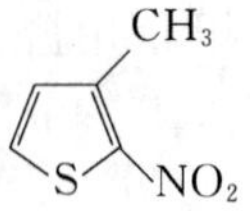 　(3)

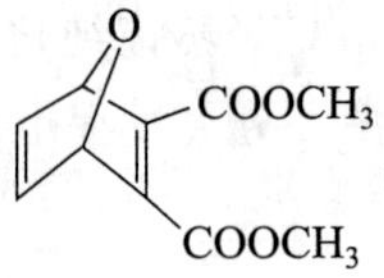

17.3　练习和参考答案

练习 17.1　糠醇在酸催化下可发生聚合生成糠醇树脂。试写出该反应的反应机理：

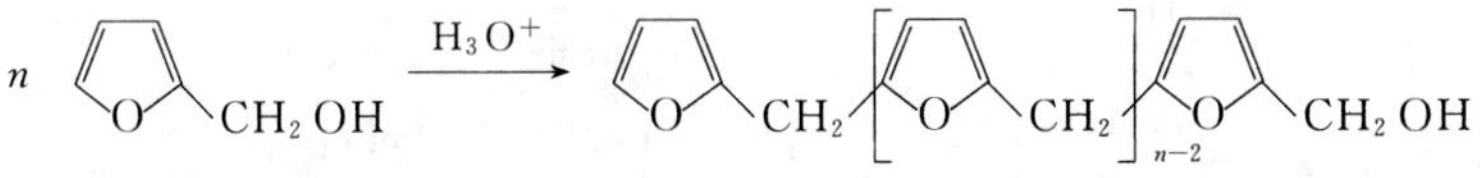

答：

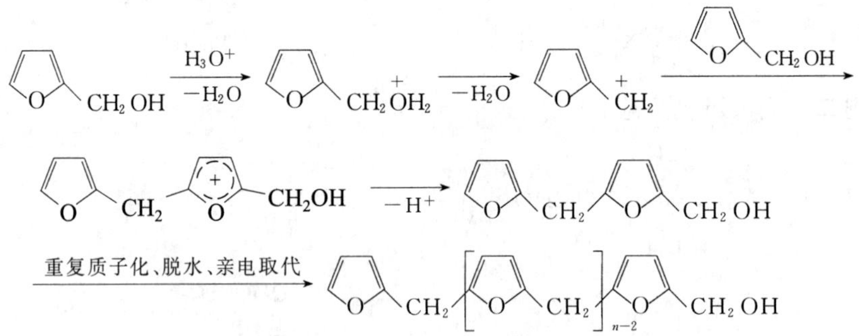

重复质子化、脱水、亲电取代

练习 17.2　写出下列反应的主要一元取代产物：

(1) 呋喃 ＋ $(CH_3CO)_2O$　(2) 噻吩 ＋ H_2SO_4　(3) 吡咯 ＋ $C_6H_5N_2^+Cl^-$

提示：乙酰化、磺化、偶合均发生在 2 位。

练习 17.3　化合物(1)称为切叶蚁激素(熔点为 73 ℃)，是蚂蚁世界的一种"导航"信息素。其他三种化合物具有特定香气，可作香料。用系统命名法命名之。

(1) 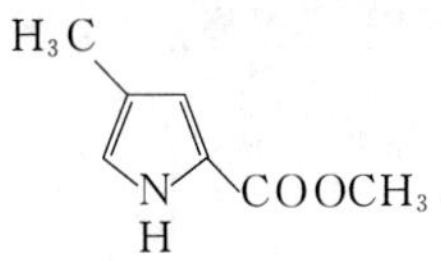　(2)

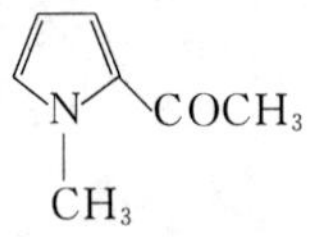

(3) 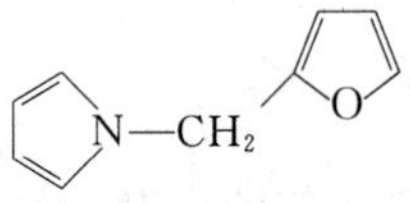　(4)

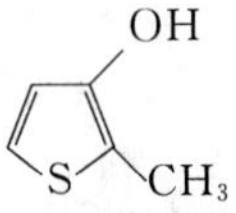

答：(1) 4－甲基吡咯－2－甲酸甲酯　(2) 1－甲基－2－乙酰基吡咯

(3) 1－(呋喃－2－甲基)吡咯　(4) 2－甲基－3－羟基噻吩

练习 17.4　通常认为 Fischer 合成法中，腙经历了酸催化下互变异构、协同重排、亲核加成关环、消除等过程，试写出其反应机理。

答：

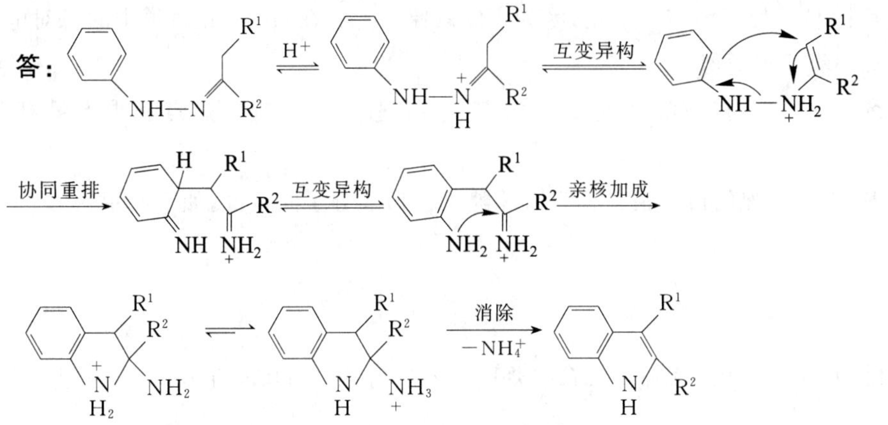

练习 17.5 吡咯的亲电取代通常发生在 2 位，而吲哚的亲电取代通常发生在 3 位，写出它们亲电取代反应中间体的共振杂化体并解释之。

答：亲电试剂进攻吡咯的 2 位生成的中间体由三个极限结构构成，而进攻 3 位生成的中间体只能写出两个极限结构，所以吡咯的亲电取代发生在 2 位活化能更低，更有利。

亲电试剂进攻 2 位：

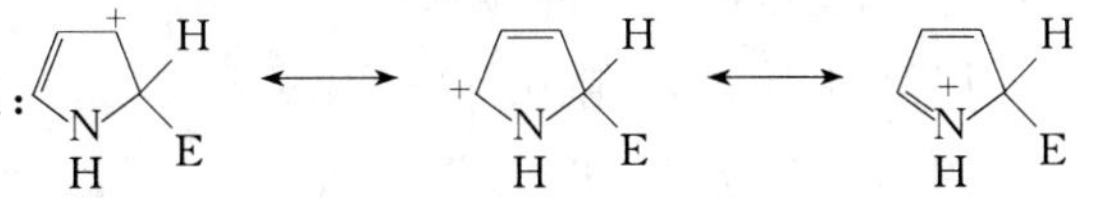

亲电试剂进攻 3 位：

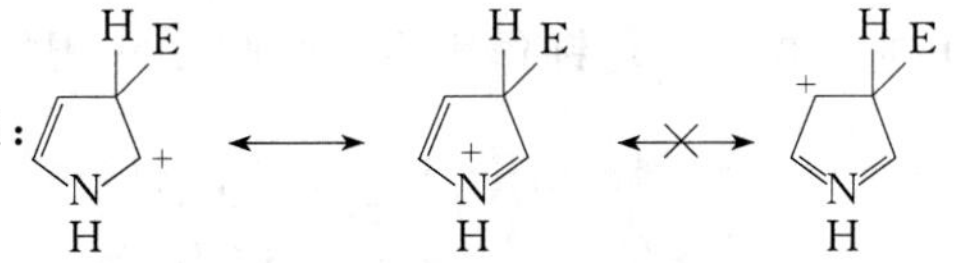

而亲电试剂进攻吲哚的 2 位生成的中间体虽然可以写出 5 个极限结构，但是只有一个极限结构保留了完整的苯环芳香 π 体系，而进攻 3 位生成的中间体可以写出 2 个保留完整的苯环芳香 π 体系的极限结构，故而亲电试剂进攻吲哚的 3 位有利。

亲电试剂进攻 2 位：

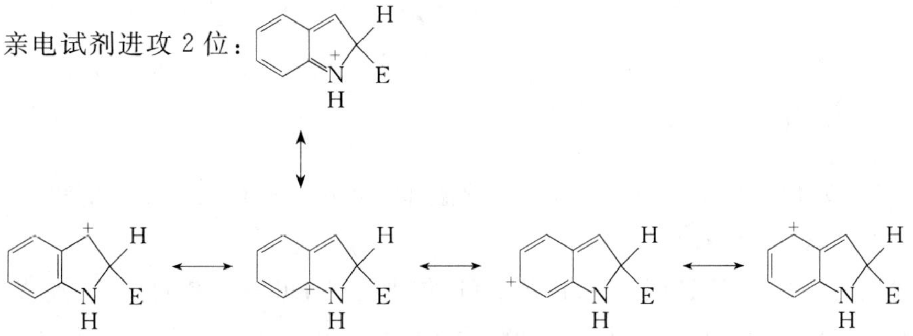

亲电试剂进攻 3 位：

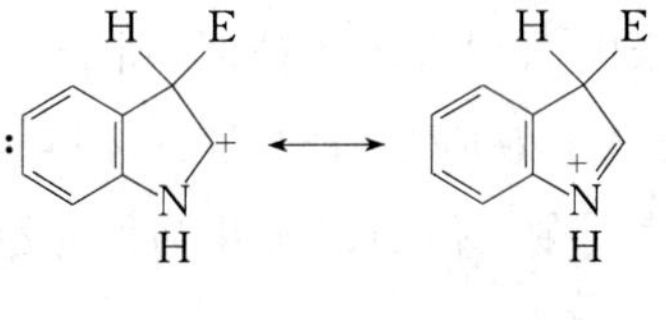

练习 17.6 咪唑在酸性溶液中哪一个氮原子将被质子化？

答：3 位氮原子将被质子化，因为 3 位氮原子上有在 sp^2 杂化轨道中的孤对电子，与吡啶的氮原子类似。

练习 17.7 在呋喃、噻吩、吡咯、咪唑和噻唑中，咪唑的熔点和沸点最高，为什么？

答：因为咪唑的极性最大且只有咪唑可以形成分子间氢键，如下所示：

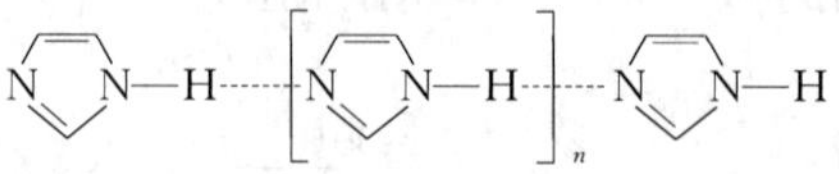

N—H······[N—H]ₙ······N—H

练习 17.8 用系统命名法命名烟酰二乙胺等四个吡啶衍生物。

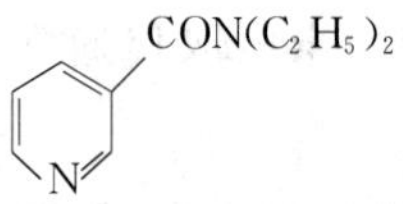

$CON(C_2H_5)_2$ $CONHNH_2$ $CONH_2$ HO CH_2OH CH_2OH H_3C

烟酰二乙胺（尼可刹米） 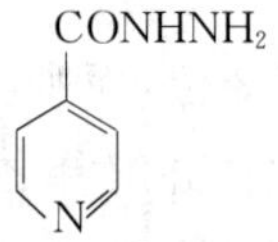 异烟肼（雷米封） 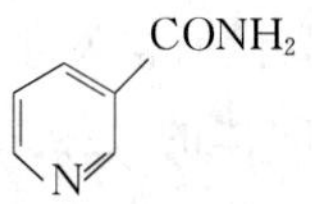 烟酰胺（维生素PP，维生素B_3） 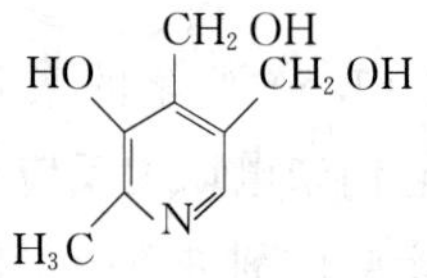 维生素B_6

答：(1) *N*,*N*－二乙基吡啶－3－甲酰胺

(2) 吡啶－4－甲酰肼 (3) 吡啶－3－甲酰胺

(4) 4,5－二羟甲基－3－羟基－2－甲基吡啶

练习 17.9 写出吡啶与氢氧化钾作用生成吡啶－2－酮的反应机理。

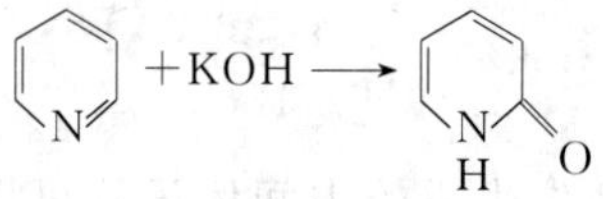

$+KOH \longrightarrow$

答：

$\xrightarrow{^-OH}$ $\xrightarrow{-H_2}$ $\longleftrightarrow$ $\xrightarrow[^-OH]{H_2O}$

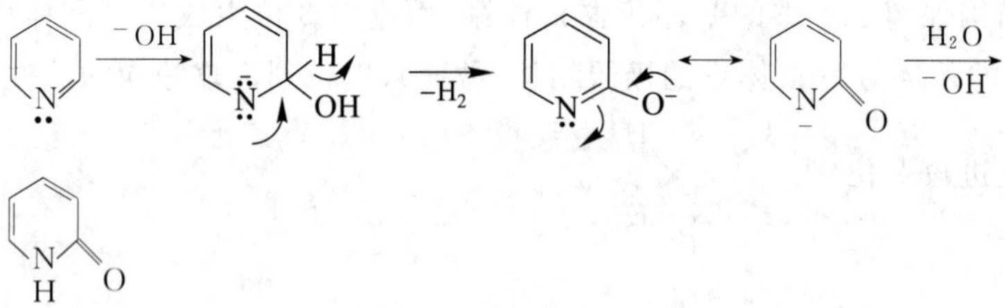

练习 17.10 2－氨基吡啶能在比吡啶温和的条件下进行硝化或磺化，取代主要发生在 5 位，说明其原因。

答：首先，氨基是强给电子取代基，可以使吡啶环上电子云密度提高，所以2－氨基吡啶能在比吡啶温和的条件下进行硝化或磺化。其次，5 位是强给电子取代基氨基的对位和吡啶氮原子的间位，亲电试剂进攻 5 位时，所产生正电荷能够离域到氨基氮原子上，活化能低；进攻 3 位时电子效应与 5 位类似，但存在一定空间效应。因此2－氨基吡啶的硝化和磺化主要发生在 5 位。以硝化为例，反应机理如下：

练习 17.11 4-甲基吡啶与3-甲基吡啶相比，前者的甲基酸性较强，试解释之。

答: 这可以从它们的共轭碱的稳定性去解释，4-甲基吡啶共轭碱的负电荷可以离域到电负性大的氮原子上，而3-甲基吡啶的共轭碱则不能。因此，4-甲基吡啶甲基上的氢更容易解离，酸性更强。

练习 17.12 写出4-氯吡啶与氨作用的中间体的共振结构式。

答:

练习 17.13 吡啶不发生 Friedel-Crafts 反应，为什么？请设计出合成3-苯甲酰基吡啶的路线。

答: 因为吡啶氮原子的吸电子效应，使吡啶环上电子云密度下降，同时吡啶N原子易与催化剂 Lewis 酸结合，使得吡啶环上电子云密度进一步下降，因而不能发生 Friedel-Crafts 反应。3-苯甲酰基吡啶的合成路线如下：

$$\text{3-吡啶甲酸 (COOH)} \xrightarrow{SOCl_2} \text{3-吡啶甲酰氯 (COCl)} \xrightarrow{C_6H_6,\ AlCl_3} \text{3-苯甲酰基吡啶 (COPh)}$$

练习 17.14 下面反应的产物是吡啶-4-甲酸，而非苯甲酸，这说明什么？

$$\text{4-苯基吡啶} \xrightarrow[NaOH]{KMnO_4} \xrightarrow{H_3O^+} \text{吡啶-4-COOH}$$

答: 这说明吡啶环上电子云密度比苯环低，和苯环相比不容易被氧化。

练习 17.15 为什么哌啶的碱性比吡啶强很多？

答: 因为吡啶氮原子的孤对电子在 sp^2 杂化轨道中，离氮原子核较近，不易给出；而哌啶氮原子上的孤对电子在 sp^3 杂化轨道中，离氮原子核较远，容易给出，故碱性较强。

练习 17.16 预测4-氯嘧啶和5-氯嘧啶哪一种与 CH_3ONa 的亲核取代反应更

容易进行。

答:4-氯嘧啶和 CH_3ONa 的亲核取代反应更容易进行,因为中间体的负电荷能够离域到两个电负性大的氮原子上,比较稳定。而5-氯嘧啶的中间体则不能。

练习 17.17 以下列化合物为主要原料,用 Skraup 合成法将分别得到什么产物?

(1) 邻硝基苯胺　　(2) 对氨基苯酚　　(3) 对甲苯胺

答:(1) 8-硝基喹啉　　(2) 6-羟基喹啉　　(3) 6-甲基喹啉

17.4 习题和参考答案

(一) 写出下列化合物的构造式:

(1) 呋喃-2-甲醇　　(2) α,β'-二甲基噻吩

(3) 溴化 N,N-二甲基四氢吡咯　　(4) 2,5-二氢噻吩

(5) 2-甲基-5-乙烯基吡啶　　(6) 2-乙基-1-甲基吡咯

答:(1) OH　　(2) 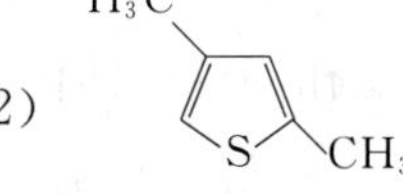

(3) $\overset{+}{N}$ Br^- H_3C CH_3

(4) S　　(5) $CH{=}CH_2$ N H_3C　　(6) N CH_2CH_3 CH_3

(二) 完成下列各题:

(1) 鉴别萘、喹啉和8-羟基喹啉　　(2) 鉴别吡啶和喹啉

(3) 除去混在苯中的少量噻吩　　(4) 除去混在甲苯中的少量吡啶

答:(1) 能溶于10%盐酸又能溶于5%氢氧化钠溶液者为8-羟基喹啉,仅能溶于10%盐酸者为喹啉,均不溶者为萘。

(2) 与水互溶者为吡啶,不溶于水者为喹啉。

(3) 在混合物中加入98%硫酸,于室温搅拌一段时间,使噻吩生成噻吩磺酸。分去硫酸相,油相用碳酸钠溶液和蒸馏水洗涤,即可得到不含噻吩的苯。

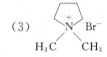

(4) 将混合物用稀盐酸洗,吡啶因形成盐酸盐溶于稀盐酸中而被除去。

(三) 下列各杂环化合物哪些具有芳香性?在具有芳香性的杂环中,指出杂原子中参与 π 体系的电子对。

(1) N S　　(2) H_3C—N　N—CH_3　　(3) H_3C N—N O CH_3

(4) N H N　　(5) N N N H

答：化合物(1)、(3)、(4)具有芳香性。(1)中硫原子、(3)中氧原子、(4)的1位氮原子各有一对电子参与了芳香体系形成。

(四) 当用盐酸处理吡咯时，如果吡咯能生成正离子，它的结构将是怎样？请用轨道表示。这个吡咯正离子是否具有芳香性？

答：当用盐酸处理吡咯时，吡咯的氮原子首先质子化变为 sp^3 杂化，然后质子转移到 C3 上，轨道图表示如下：

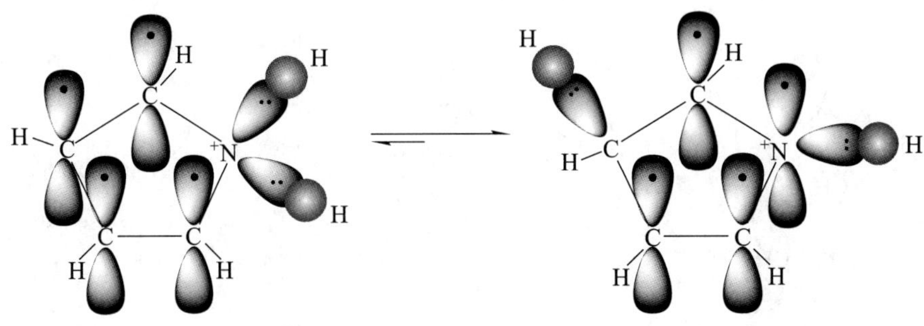

上述两种吡咯正离子只有 4 个 π 电子且不能形成电子环流，没有芳香性。

(五) 写出下列反应的主要产物：

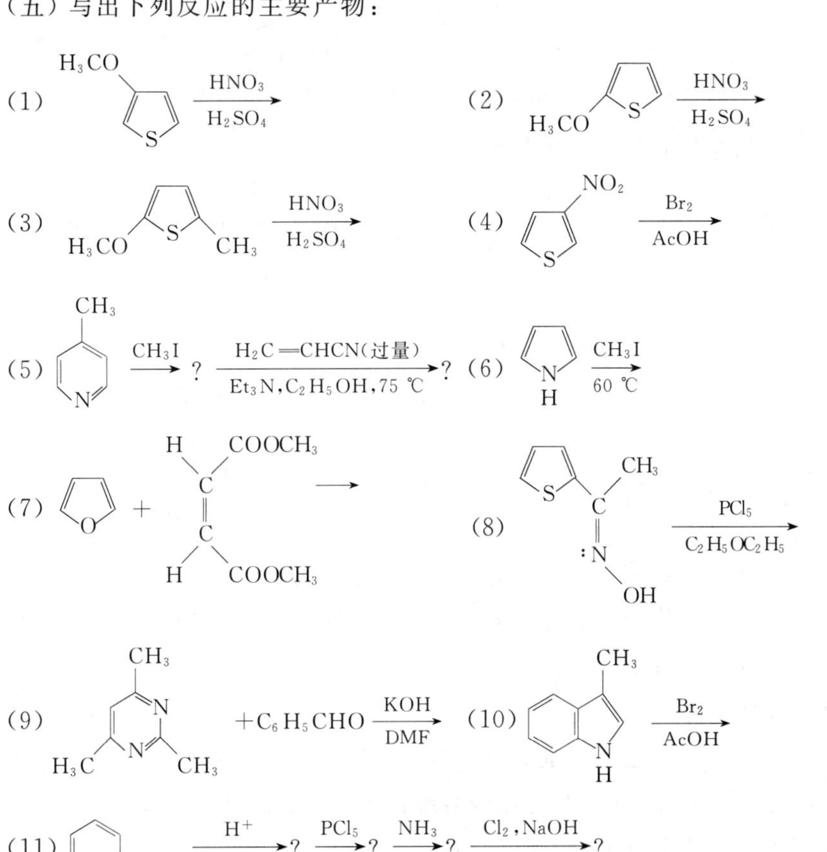

习题(五)

答：(1) 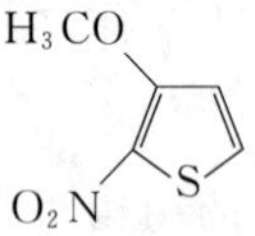 (2) 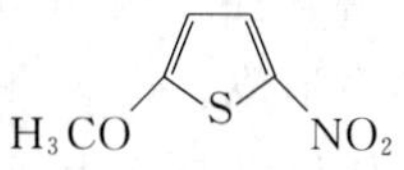 (3)

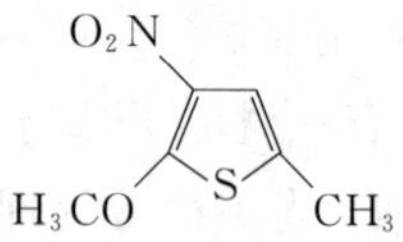

(4) 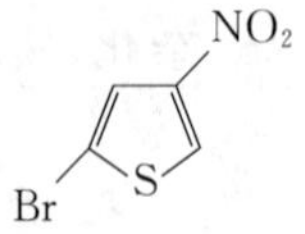 (5) 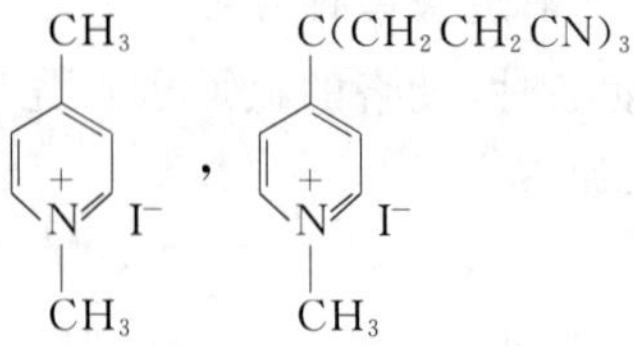 ，

(6) 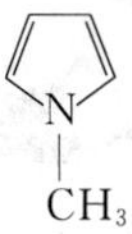 (7) 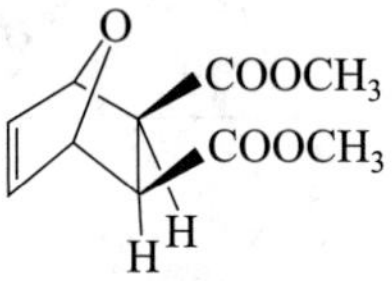 (8)

(9) 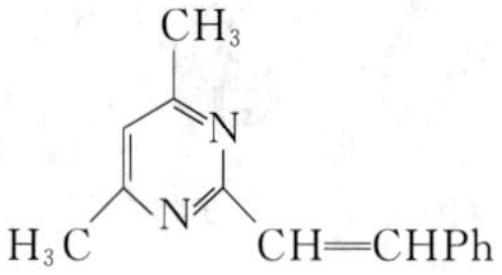 (10)

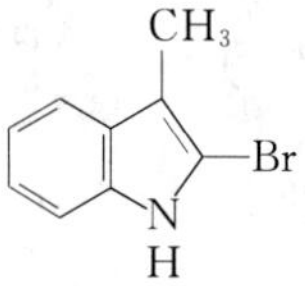

(11) 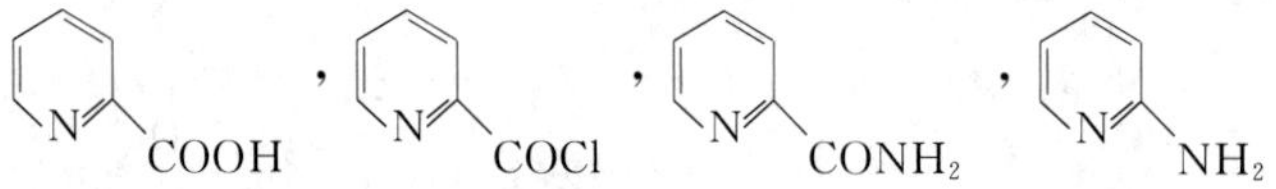 ， ， ，

（六）怎样从糠醛制备下列化合物？

(1) 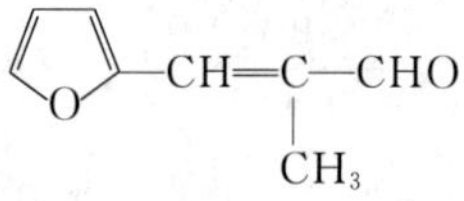 (2)

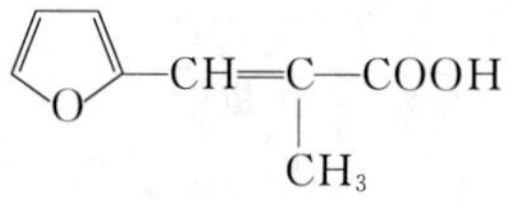

答：(1)

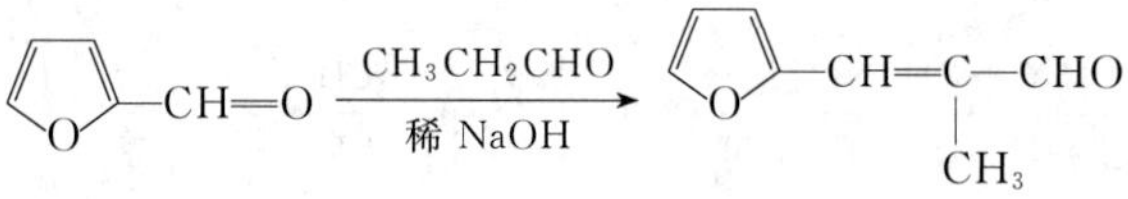

(2)

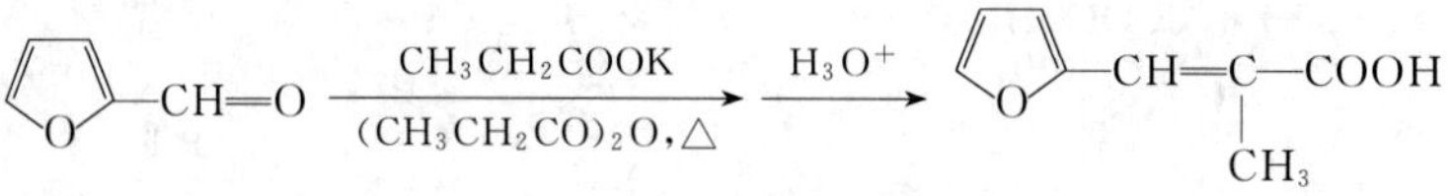

（七）杂环化合物 $C_5H_4O_2$ 经氧化后生成羧酸 $C_5H_4O_3$。将此羧酸的钠盐与氢氧化钠和氧化钙的混合物作用，转变为 C_4H_4O，后者与金属钠不起作用，也不具有醛和酮的性质。原来的 $C_5H_4O_2$ 是什么？

答：糠醛，即呋喃-2-甲醛。

（八）溴代丁二酸二乙酯与吡啶作用生成反丁烯二酸二乙酯。吡啶在这里起什么作用？它比通常使用的氢氧化钾乙醇溶液有什么优点？

答：吡啶的作用是脱 HBr，吡啶不会使酯水解。

（九）奎宁是一种生物碱，存在于南美洲的金鸡纳树皮中，因此也叫金鸡纳碱。

奎宁是一种抗疟药，虽然多种抗疟药已人工合成，但奎宁仍被使用。奎宁的结构如下：

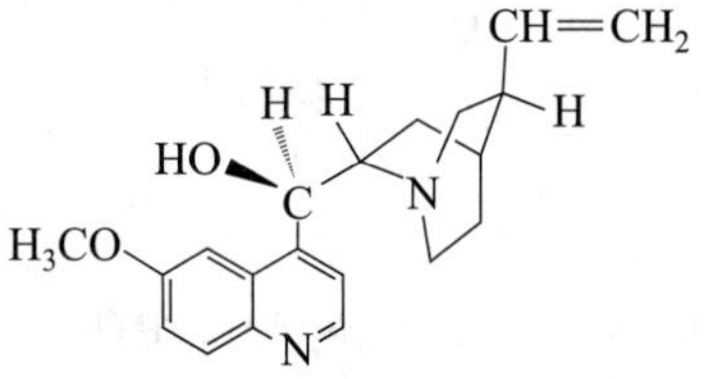

分子中有两个氮原子，哪一个碱性强些？

答：桥头氮原子碱性强，因为其孤对电子在 sp^3 杂化轨道中。

（十）用浓硫酸在 220～230 ℃时使喹啉磺化，得到喹啉磺酸(A)。将(A)与碱共熔，得到喹啉的羟基衍生物(B)。(B)与应用 Skraup 合成法从邻氨基苯酚制得的喹啉衍生物完全相同。(A)和(B)是什么？(A)和(B)进行亲电取代反应时，苯环活泼还是吡啶环活泼？

答：(A)为 8－喹啉磺酸，(B)为 8－羟基喹啉。喹啉在进行亲电取代反应时，苯环活泼。

（十一）1－甲基异喹啉甲基质子的酸性比 3－甲基异喹啉甲基质子的酸性强，解释其原因。

答：从它们共轭碱的极限结构来看，1－甲基异喹啉的共轭碱有三个极限结构保留完整芳香 π 体系，较稳定。而 3－甲基异喹啉的共轭碱只有两个保留芳香 π 体系的极限结构。也就是说，1－甲基异喹啉的共轭碱比 3－甲基异喹啉的稳定。所以，1－甲基异喹啉甲基上质子的酸性比 3－甲基异喹啉甲基上的质子的酸性强。

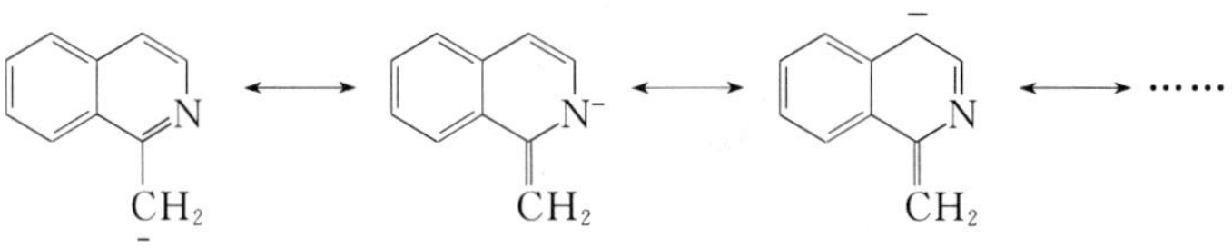

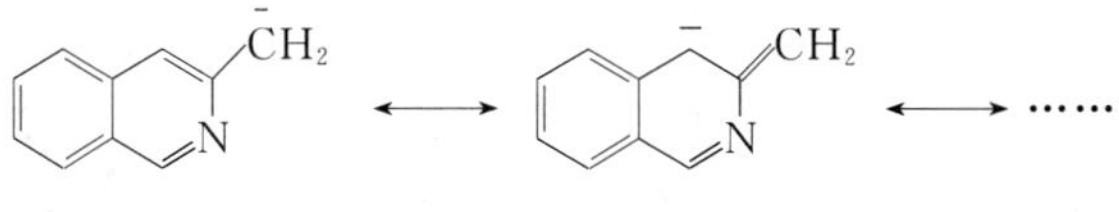

（十二）喹啉和异喹啉的亲核取代反应主要分别发生在 C2 和 C1 上，为什么不易分别发生在 C4 和 C3 上？

答：喹啉的 2 位比 4 位距离吸电子的氮原子近，电子云密度最低，2 位空间效应比 4 位小。所以喹啉的亲核取代主要发生在 2 位。而亲核试剂进攻异喹啉 1 位所形成的中间体的极限结构中有两个保留了完整的芳香 π 体系，进攻 3 位所形成的中间体的极限结构中只有一个保留了完整的芳香 π 体系，即进攻 1 位产生的中间体稳定，活化能低。因此，异喹啉的亲核取代主要发生在 1 位。

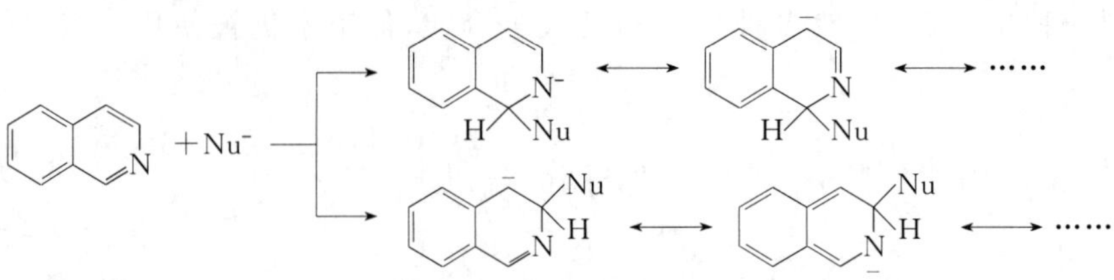

$+Nu^-$

（十三）吡啶-2,3-二甲酸脱羧生成β-吡啶甲酸，为什么脱羧反应发生在α位？

答：α-羧基酸性强，与氮形成偶极离子。

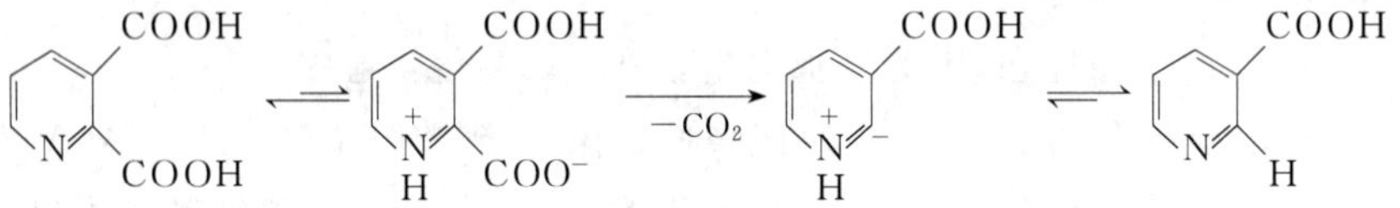

$-CO_2$

（十四）古液碱(A)($C_8H_{15}NO$)是一种生物碱，存在于古柯植物中。它不溶于氢氧化钠水溶液，但溶于盐酸。它不与苯磺酰氯作用，但与苯肼作用生成相应的苯腙。(A)与 NaOI 作用生成黄色沉淀和一种羧酸(B)($C_7H_{13}NO_2$)。(A)用 CrO_3 强烈氧化，转变成古液酸($C_6H_{11}NO_2$)，即 *N*-甲基吡咯烷-2-甲酸。写出(A)和(B)的构造式。

答：(A) $-CH_2COCH_3$（N-CH_3）　(B) 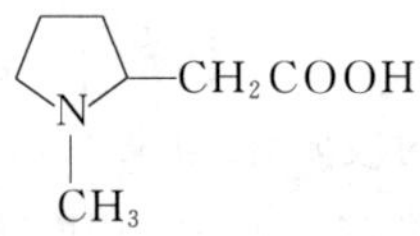 $-CH_2COOH$（N-CH_3）

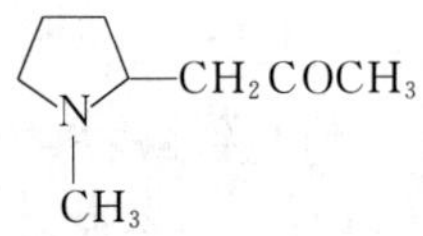

习题(十五)

（十五）褪黑激素是脑垂体分泌的一种能够调节人类昼夜节奏生理功能的吲哚衍生物，对于保证足够睡眠起着关键作用。其结构如下，试由对硝基氯苯为主要原料合成之。

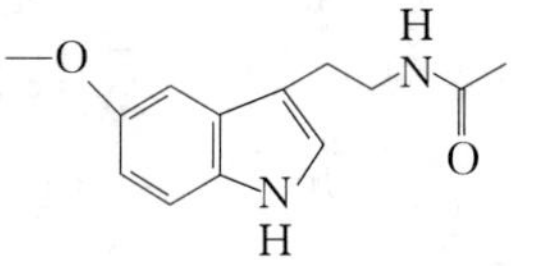

答：主要中间体制备：

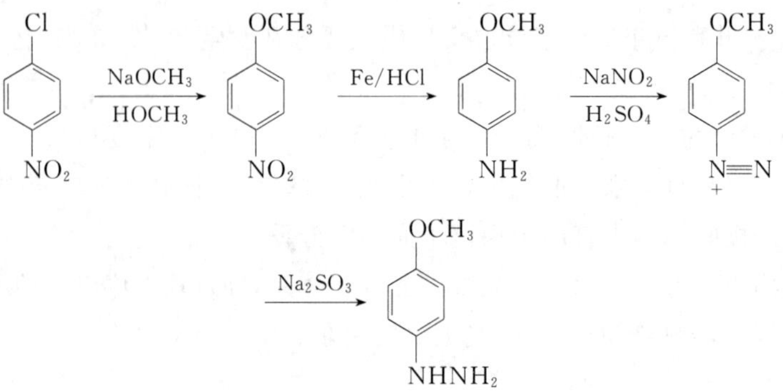

$NaOCH_3$ / $HOCH_3$；Fe/HCl；$NaNO_2$ / H_2SO_4；Na_2SO_3

浓 HCl
△
Cl OH
PDC
Cl CHO

路线一：

O
NHNH$_2$
Cl CHO
H_2SO_4
O Cl
N
H
CH_3CONH_2/NaH
DMSO
O NHAc
N
H

路线二：

O
NHNH$_2$
CH_3CHO
H_2SO_4
O
N
H
① ClCOCOCl
② NH_3
O O NH_2
O
N
H
① $LiAlH_4$
② Ac_2O
O NHAc
N
H

17.5 小　　结

(1) 呋喃、噻吩、吡咯易发生亲电取代反应，且发生在杂原子邻位；吲哚也容易发生亲电取代反应，但主要发生在 3 位。

(2) 噁唑、噻唑和咪唑的亲电取代反应比呋喃、噻吩、吡咯难，且亲电取代反应主要发生在 5 位。

(3) 咪唑、吡啶、异喹啉、喹啉、噻唑、嘧啶具有碱性且依次减弱。

(4) 吡啶和喹啉氮原子的邻、对位容易发生亲核取代反应。

(5) 杂环化合物与苯的芳香性相比，按苯、吡啶、噻吩、吡咯、呋喃的次序递减，呋喃易发生亲电加成和 Diels－Alder 反应。

第十八章　类　脂　类

18.1　本 章 重 点

(1) 油脂、蜡、磷脂和前列腺素结构上的特点。

(2) 萜类化合物的分类及异戊二烯规则，甾族化合物的共同结构特征、所包含的四个环(A、B、C、D)稠合的碳骨架及其编号。

(3) 类脂化合物的官能团，与含有同样官能团的一般化合物的相似性质。

18.2　例　　题

例　试判断下列化合物属于几萜类化合物，使用虚线分开其异戊二烯单元。

(1) 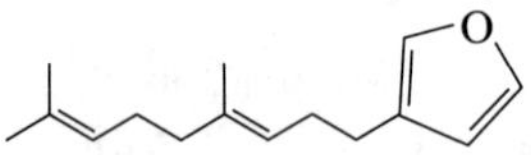　　　　(2)

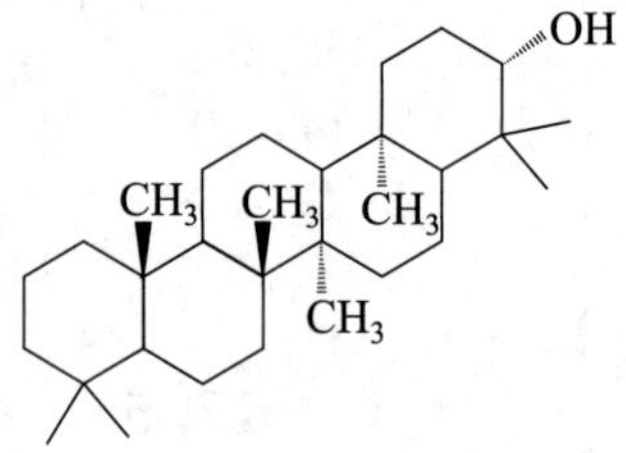

答：判断化合物属于几萜类化合物的一般原则：根据分子中所含的碳原子数是否是异戊二烯碳原子数(5 个碳原子)的整数倍；分子中的碳骨架是否是由异戊二烯碳骨架(C—C(C)—C—C)连接而成的。分割时每个单元必须均为异戊二烯碳骨架。

化合物(1)分子中含有 15 个碳原子，是异戊二烯碳原子数的 3 倍，且包含 3 个异戊二烯碳骨架。因此它属于倍半萜。

化合物(2)分子中含有 30 个碳原子，是异戊二烯碳原子数的 6 倍，且包含 6 个异戊二烯碳骨架，属于三萜。

(1) 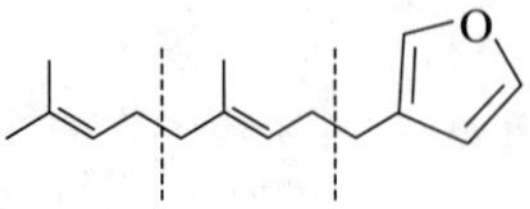　　　　(2)

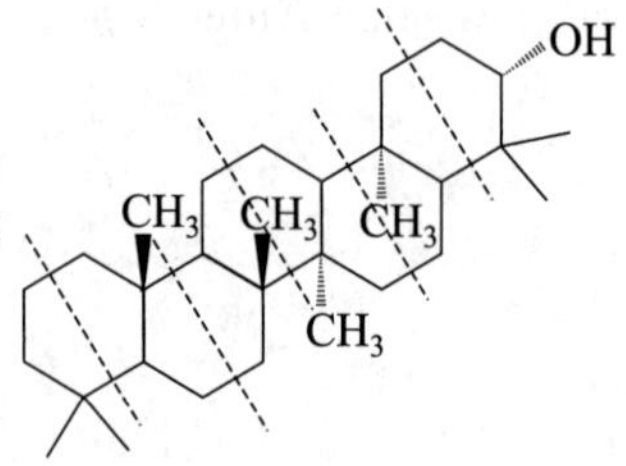

18.3　习题和参考答案

（一）下列化合物均存在于天然植物中，可从天然精油中分离得到，很多亦可人工合成，是重要的萜类香料，用来配制香精。它们均有俗名，试用系统命名法命名之，并分别指出它们属于几萜（单萜、倍半萜、二萜等）类化合物。

(1) 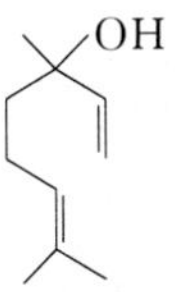 芳樟醇　(2) 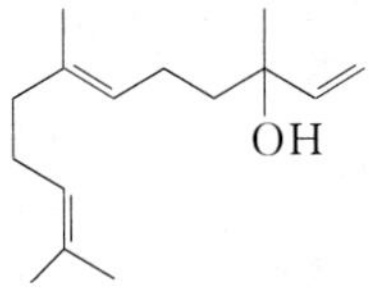 橙花叔醇　(3) 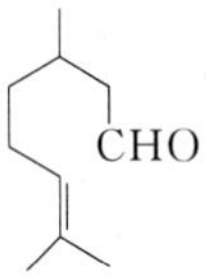 香茅醛

(4) 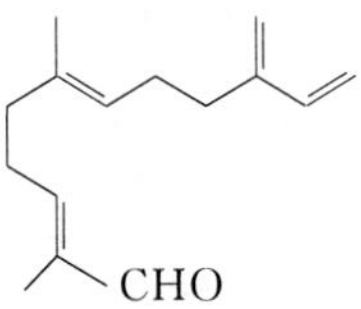 β-甜橙醛　(5) 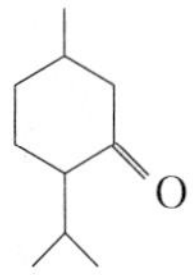 薄荷酮　(6) 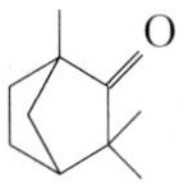 (+)-葑酮

答：(1) 3,7-二甲基辛-1,6-二烯-3-醇（单萜）

(2) 3,7,11-三甲基十二碳-1,6,10-三烯-3-醇（倍半萜）

(3) 3,7-二甲基辛-6-烯醛（单萜）

(4) 2,6-二甲基-10-甲亚基十二碳-2,6,11-三烯醛（倍半萜）

(5) 2-异丙基-5-甲基环己酮（单萜）

(6) 1,3,3-三甲基二环[2.2.1]庚-2-酮（单萜）

（二）1,3-二硬脂酰-2-油酰甘油水解后将得到什么脂肪酸？什么三酰甘油水解后，能得到与1,3-二硬脂酰-2-油酰甘油水解后相同的脂肪酸？

答：水解后得到$2CH_3(CH_2)_{16}COOH$和$(Z)-CH_3(CH_2)_7CH{=\!=}CH(CH_2)_7COOH$。1,2-二硬脂酰-3-油酰甘油水解后能得到与之相同的产物。

（三）油脂、蜡和磷脂在结构上的主要区别是什么？

提示：见主教材。

（四）试用化学方法鉴别下列各组化合物：

(1) 三油酸甘油酯和三硬脂酸甘油酯

(2) 鲸蜡和石蜡

答：(1) 通过测定碘值进行鉴别，三油酸甘油酯能与 ICl 加成。

(2) 鲸蜡能水解，而石蜡则不能。

（五）下列化合物分别属于几萜类化合物？试用虚线分开其结构中的异戊二烯单元。

（1）

莰烯

（2）

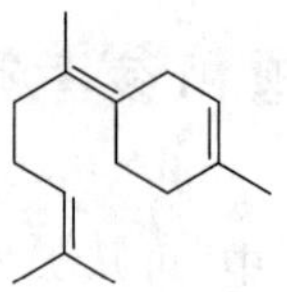

红没药烯

（3）

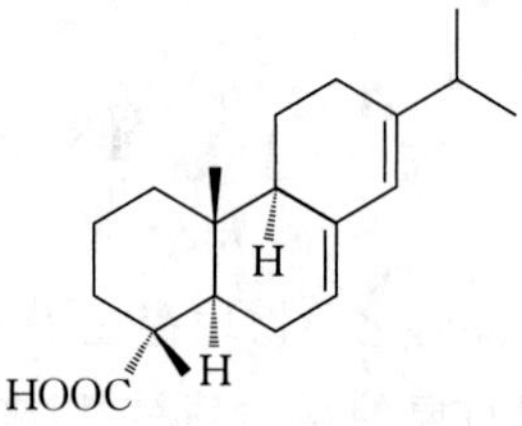

HOOC H H

松香酸

（4）

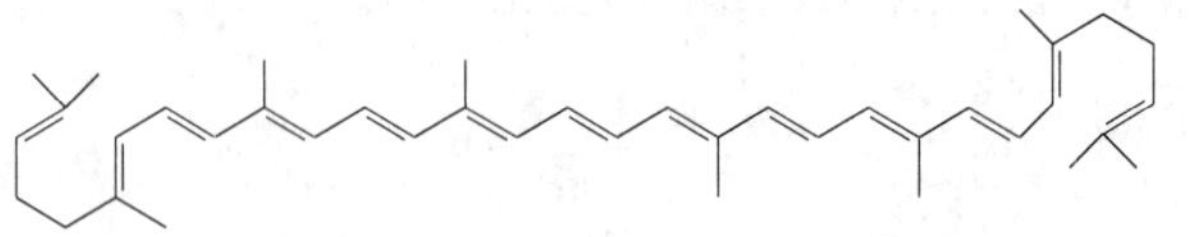

番茄红素

答：（1）

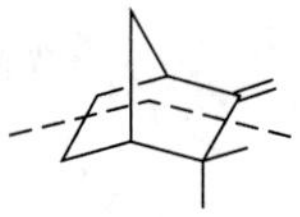

（单萜）

（2）

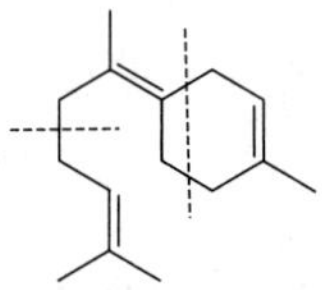

（倍半萜）

（3）

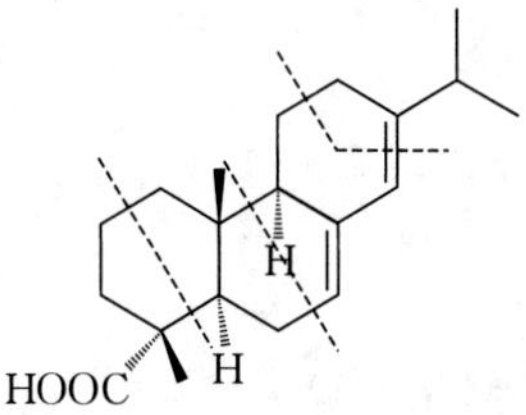

H HOOC H

（二萜）

（4）

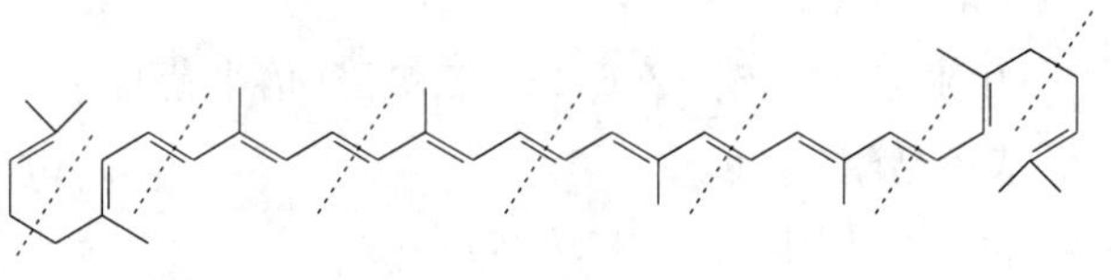

（四萜）

（六）完成下列各反应式：

（1） 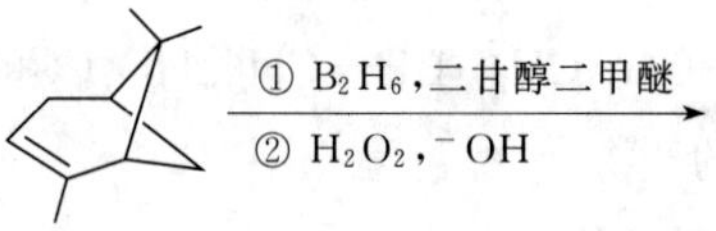 $\xrightarrow[\text{② } H_2O_2, ^-OH]{\text{① } B_2H_6\text{，二甘醇二甲醚}}$

（2） $\xrightarrow{Br_2}$

（3） 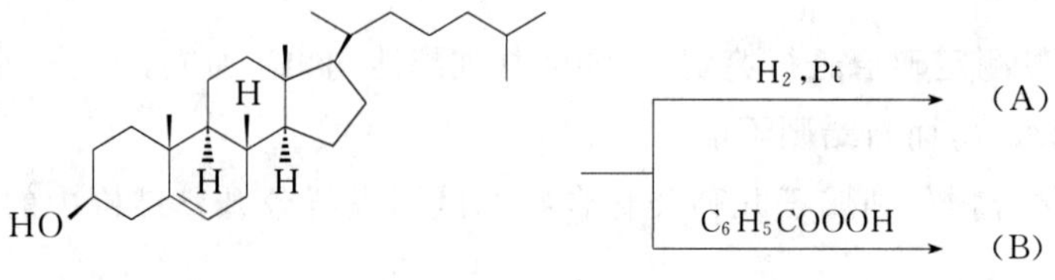 H H H HO

$\xrightarrow{H_2, Pt}$ (A)

$\xrightarrow{C_6H_5COOOH}$ (B)

答：(1)

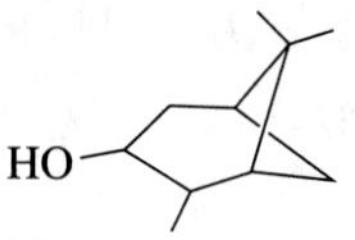

(2)

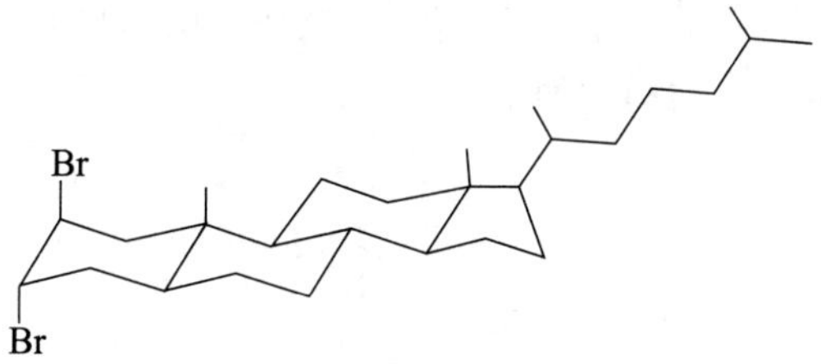

(3)（A）

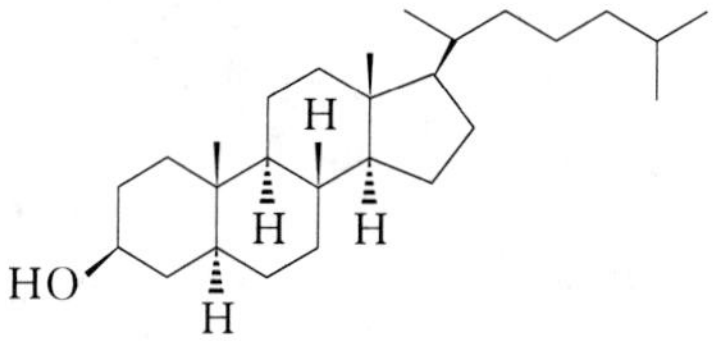

（B）

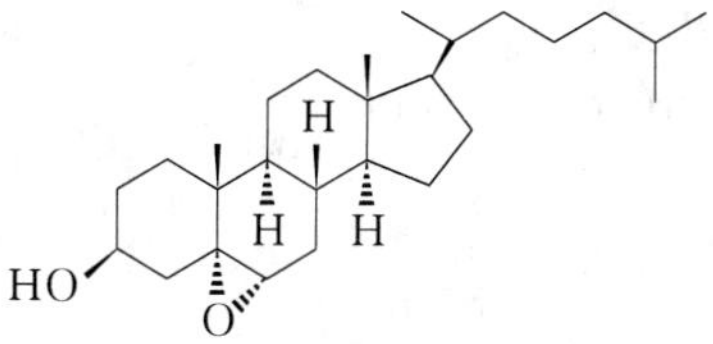

（七）写出下列反应可能的反应机理：

(1) $\xrightarrow{H_3PO_4}$

(2) $\xrightarrow{H^+}$

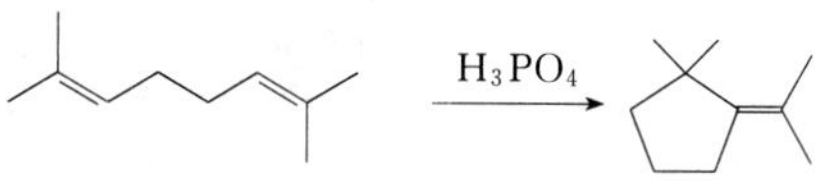

习题(七)(1)

答：(1) $\xrightarrow{H^+}$ $\longrightarrow$ $\xrightarrow{-H^+}$

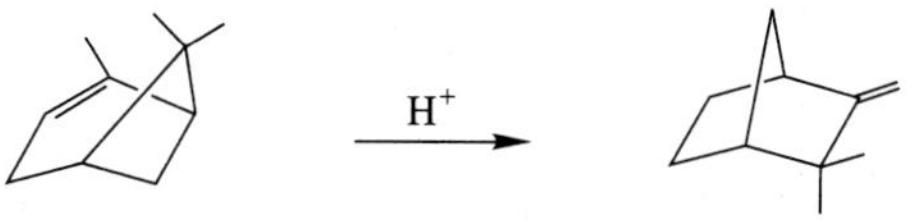

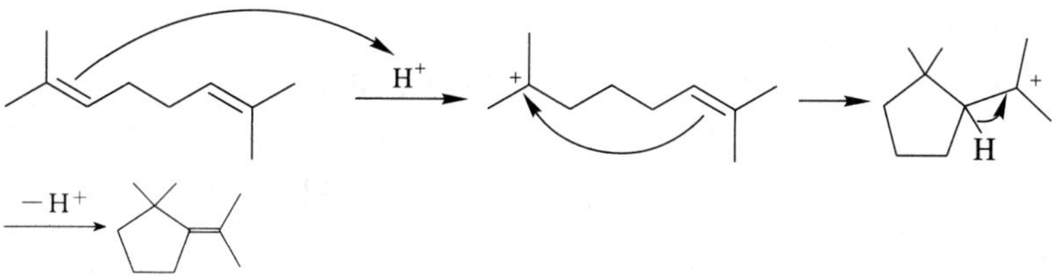

(2) $\xrightarrow{H^+}$ $\longrightarrow$ $\longrightarrow$ $\equiv$ $\xrightarrow{-H^+}$

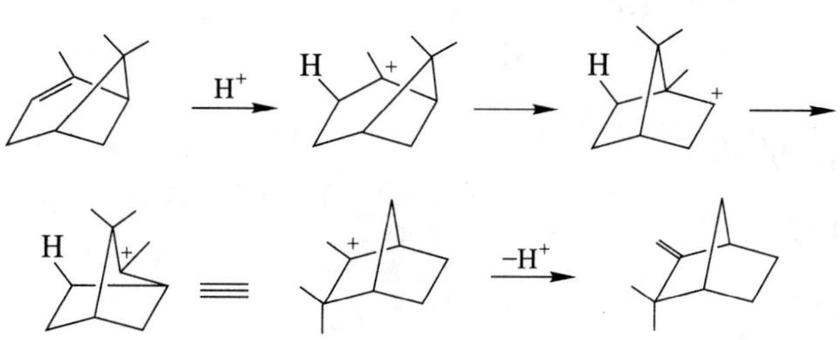

（八）某单萜分子式为 $C_{10}H_{18}$(A)，催化加氢生成分子式为 $C_{10}H_{22}$ 的化合物(B)。用高锰酸钾氧化(A)，则得到乙酸、丙酮和 4－氧代戊酸。试推测(A)和(B)的构造式。

答：由“用高锰酸钾氧化(A)，则得到乙酸、丙酮和 4－氧代戊酸”可知，可能含有两个不饱和键，且可能存在两种可能。结构式如下：

（Ⅰ）　　　　（Ⅱ）

其中，(Ⅰ)不包含异戊二烯碳骨架，而(Ⅱ)则含有两个异戊二烯碳骨架，是单萜。故可推断如下：

(A)　　　　(B)

（九）十八碳－11－烯酸是油酸的构造异构体，它可以通过下列一系列反应合成。试写出十八碳－11－烯酸和各中间产物的结构式。

$$辛-1-炔 \xrightarrow[液氨]{NaNH_2} (A)C_8H_{13}Na \xrightarrow{ICH_2(CH_2)_7CH_2Cl} (B)C_{17}H_{31}Cl$$

$$\xrightarrow{NaCN} (C)C_{18}H_{31}N \xrightarrow[H_2O]{KOH} (D)\ C_{18}H_{31}O_2K \xrightarrow[H_2O]{H^+}$$

$$(E)\ C_{18}H_{32}O_2 \xrightarrow[Pd,BaSO_4,喹啉-硫]{H_2} 十八碳-11-烯酸(C_{18}H_{34}O_2)$$

答：(A) $CH_3(CH_2)_5C{\equiv}CNa$

(B) $CH_3(CH_2)_5C{\equiv}CCH_2(CH_2)_7CH_2Cl$

(C) $CH_3(CH_2)_5C{\equiv}CCH_2(CH_2)_7CH_2CN$

(D) $CH_3(CH_2)_5C{\equiv}CCH_2(CH_2)_7CH_2COOK$

(E) $CH_3(CH_2)_5C{\equiv}CCH_2(CH_2)_7CH_2COOH$

十八碳－11－烯酸：

(Z)—$CH_3(CH_2)_5CH{=}CHCH_2(CH_2)_7CH_2COOH$

18.4 小　　结

油脂、磷脂和蜡在结构上的差别如下所示：

$$\begin{array}{l} CH_2OCOR^1 \\ | \\ CHOCOR^2 \\ | \\ CH_2OCOR^3 \end{array} \qquad \begin{array}{l} \quad\quad\quad\ \ CH_2OCOR^1 \\ \quad\quad\quad\ \ | \\ R^2COO{-}CH \qquad\quad O \\ \quad\quad\quad\ \ | \qquad\quad\ \ \| \\ \quad\quad\quad\ \ CH_2{-}O{-}P{-}O(CH_2)_2\overset{+}{N}(CH_3)_3 \\ \quad\quad\quad\quad\quad\quad\quad\ \ | \\ \quad\quad\quad\quad\quad\quad\quad\ \ OH \end{array} \qquad RCOOR'$$

油脂　　　　磷脂　　　　蜡

在油脂、磷脂和蜡分子中，R 可以相同亦可不同。例如：

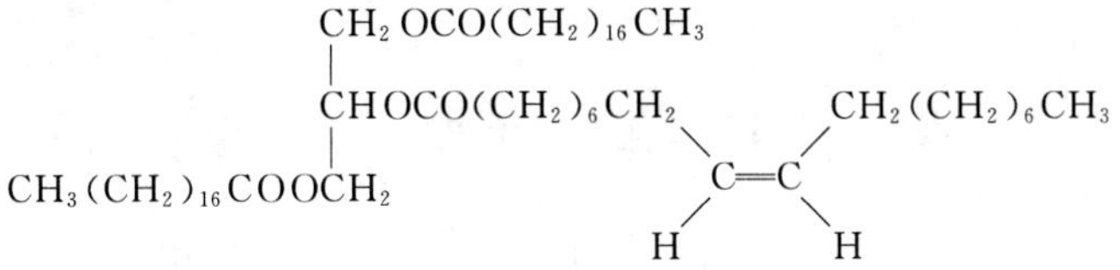

$$
\begin{array}{l}
CH_2OCO(CH_2)_{16}CH_3 \\
| \\
CHOCO(CH_2)_6CH_2-CH{=}CH-CH_2(CH_2)_6CH_3 \quad (顺式,\ 两个 H 位于同侧) \\
| \\
CH_3(CH_2)_{16}COOCH_2
\end{array}
$$

1,3-二硬脂酰-2-油酰甘油(熔点 43 ℃)

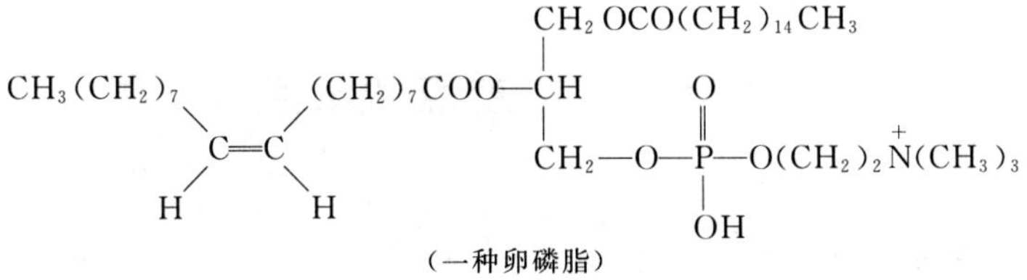

$$
\begin{array}{l}
\qquad\qquad CH_2OCO(CH_2)_{14}CH_3 \\
CH_3(CH_2)_7CH{=}CH(CH_2)_7COO-CH \quad (顺式) \\
\qquad\qquad CH_2-O-\overset{\displaystyle O}{\overset{\|}{P}}(OH)-O(CH_2)_2\overset{+}{N}(CH_3)_3
\end{array}
$$

(一种卵磷脂)

$$C_{25}H_{51}COOC_{26}H_{53}$$

白蜡(中国蜡)(熔点 80～85 ℃)

萜类化合物的分类：根据分子中所含异戊二烯碳骨架的多少，萜可分为单萜(2 个异戊二烯单元，共 10 个碳原子)、倍半萜(3 个异戊二烯单元，共 15 个碳原子)、二萜(4 个异戊二烯单元，共 20 个碳原子)和三萜(6 个异戊二烯单元，共 30 个碳原子)等。

前列腺素是一类化合物，它们具有 20 个碳原子，且 C8 和 C12 相连构成一个五元环，在 C11 和 C15 上连有羟基。随 9 位碳原子上的官能团不同，它可分为 F 和 E 系列。

第十九章 糖　　类

19.1 本章重点和难点

19.1.1 重点

单糖的化学性质

(1) 基本概念　糖类、差向异构体、异头物、脱氧糖、氨基糖、脎、苷、还原糖、非还原糖、吡喃糖、变旋现象、转化糖、环糊精。

(2) 结构　葡萄糖的结构(Fischer 投影式、Haworth 式),单糖的稳定构象。

(3) 糖类化合物的化学性质　氧化、还原、成脎、成苷,以及醚和酯的生成。

单糖的氧环式结构和构象

19.1.2 难点

Haworth 式,单糖的构象,糖类的氧化,变旋现象。

单糖的构型和标记法

19.2 例　　题

例一　确定糖类的构型通常是用 D,L-标记法还是 R,S-标记法?糖类分子中手性碳原子构型的标记通常用哪种方法?试标记下列糖类分子和各手性碳原子的构型,并命名各化合物。

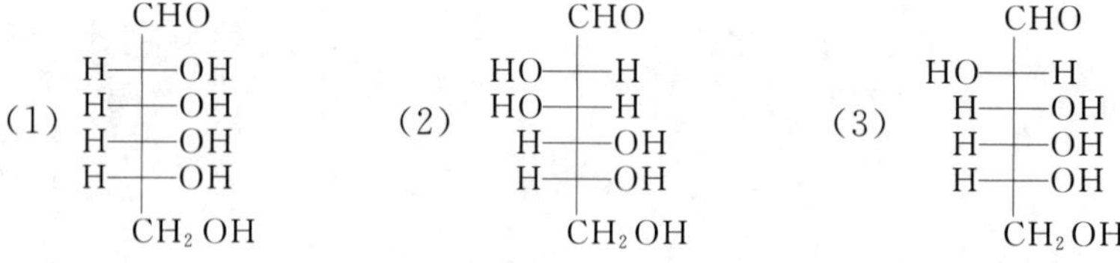

答: 糖类分子的构型通常用 D,L-标记法,而分子中手性碳原子的构型则通常采用 R,S-标记法。

D,L-标记法是以甘油醛为标准。在单糖分子中距羰基最远的手性碳原子与 D-(+)-甘油醛的手性碳原子构型相同者,定为 D 型;与 L-(−)-甘油醛构型相同者,定为 L 型。

本题中的三个糖类分子,其距羰基最远的手性碳原子(即第五个碳原子)均与 D-(+)-甘油醛的构型相同,故均为 D 型。其名称分别为(1) D-阿洛糖、(2) D-

甘露糖、(3) D－阿卓糖。

糖类分子中各手性碳原子的构型则是根据 R,S－标记法的原则进行标记，标记结果及其名称分别为 (1) ($2R,3R,4R,5R$)－2,3,4,5,6－五羟基己醛，(2) ($2S,3S,4R,5R$)－2,3,4,5,6－五羟基己醛，(3) ($2S,3R,4R,5R$)－2,3,4,5,6－五羟基己醛。

例二 在室温下用稀碱水处理 D－葡萄糖，得到 D－葡萄糖、D－甘露糖和D－果糖的混合物，试解释之。

答： 由于碱可以催化羰基的烯醇化，当 D－葡萄糖用稀碱处理则生成烯二醇中间体（此反应只发生在醛基和 α－羟基的碳原子之间，其他碳原子不受影响）；由于烯二醇羟基中的氢原子比较活泼，又可发生互变异构，若 C2 羟基中氢原子转移到 C1 上，则形成果糖；同样 C1 羟基中的氢原子也可以转移到 C2 上，但此时发生差向异构化，产生两种异构体，一种是 D－葡萄糖，另一种则是 D－甘露糖。现用反应式表示如下：

```
                                                 CHO
                                            HO───┼───H
                                            HO───┼───H
                                             H───┼───OH
     CHO                  CHOH          ⇗    H───┼───OH
  H───┼───OH               ‖           ⇙         CH2OH
 HO───┼───H      ⇌        C───OH                D－甘露糖
  H───┼───OH         HO───┼───H                  CH2OH
  H───┼───OH          H───┼───OH                  │
     CH2OH            H───┼───OH       ⇖         C═O
   D－葡萄糖               CH2OH        ⇘   HO───┼───H
                       烯二醇中间体              H───┼───OH
                                             H───┼───OH
                                                 CH2OH
                                                D－果糖
```

例三 麦芽糖用溴水氧化生成羧酸(A)，(A)与$(CH_3O)_2SO_2/NaOH$ 作用生成八甲基衍生物(B)，(B)用稀盐酸水解，生成 2,3,4,6－四－O－甲基－D－吡喃葡萄糖(C)和 2,3,5,6－四－O－甲基－D－葡萄糖酸(D)。试写出(A)～(D)的结构式。

答： 麦芽糖用溴水能氧化成酸，说明分子中有一个苷羟基，能转变为醛基，当用溴水氧化则变成羧基，得到(A)。当(A)与$(CH_3O)_2SO_2/NaOH$ 反应时，分子中的羟基被甲基化，由于生成八甲基衍生物，说明(A)分子中含有八个游离的羟基。(B)水解生成 2,3,4,6－四－O－甲基－D－吡喃葡萄糖(C)，说明分子中有一个葡萄糖分子的 δ－碳原子(C5)上的羟基与醛基生成半缩醛，是吡喃糖；水解同时生成 2,3,5,6－四－O－甲基－D－葡萄糖酸(D)，说明(D)分子中含有一个羟基；由于(D)的 C4 上的羟基未甲基化，可知麦芽糖中一分子葡萄糖 C4 上的羟基与另一分子葡萄糖的 C1 苷羟基（也未甲基化）形成了 1,4－苷键。

由此可推出，(A)～(D)的结构如下：

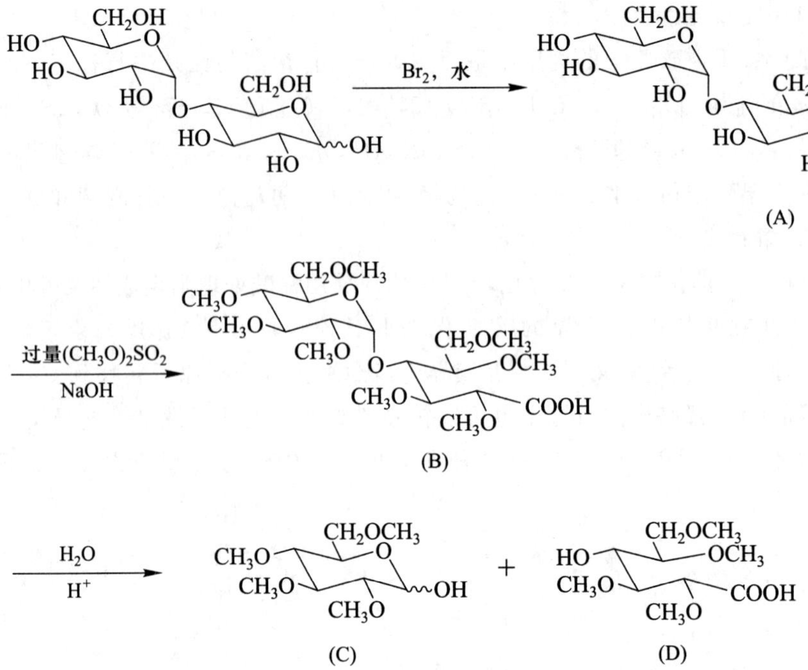

$\xrightarrow{Br_2,\ 水}$ (A)

$\xrightarrow[NaOH]{过量(CH_3O)_2SO_2}$ (B)

$\xrightarrow[H^+]{H_2O}$ (C) + (D)

19.3 练习和参考答案

主教材
图 19-1

练习 19.1 用 R,S-标记法标出古洛糖、阿拉伯糖和苏阿糖（结构见主教材图 19-1）各手性碳原子的构型。

答： 古洛糖、阿拉伯糖和苏阿糖各手性碳原子的构型如下所示：

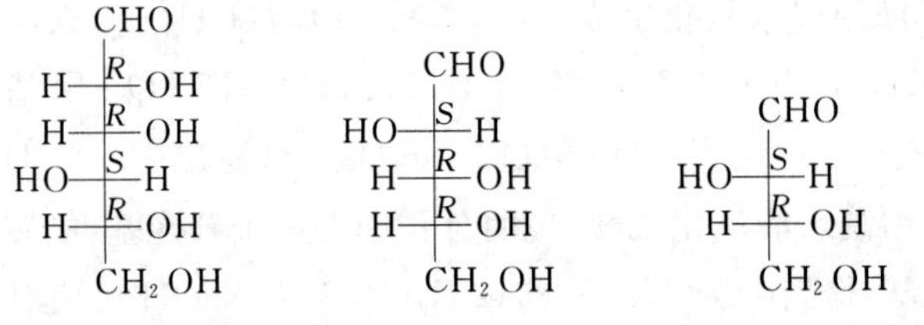

D-（-）-古洛糖　D-（-）-阿拉伯糖　D-（-）-苏阿糖

练习 19.2 写出 β-D-呋喃半乳糖的 Haworth 式（半乳糖的结构见主教材图 19-1）。

答：

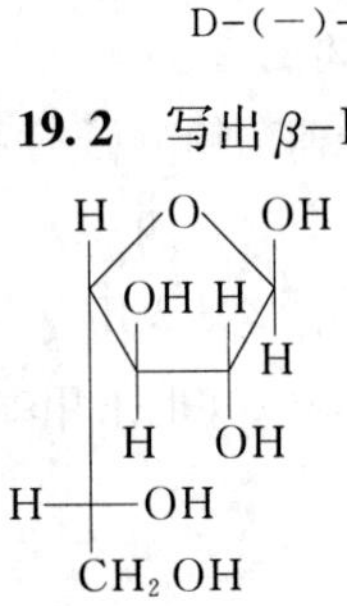

练习 19.3 写出 β-D-吡喃甘露糖（A）、α-D-吡喃半乳糖（B）、α-L-吡喃葡萄糖（C）（结构见主教材图 19-1）较稳定的构象式。

答:(A) HOH$_2$C OH HO O HO OH (B) HO CH$_2$OH O HO HO OH

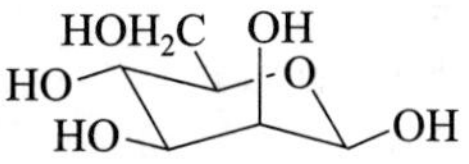

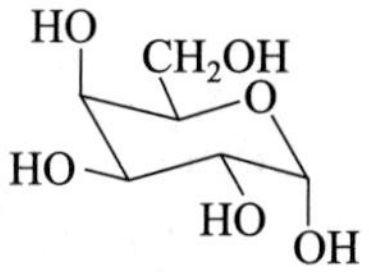

(C) CH$_2$OH O OH OH OH HO

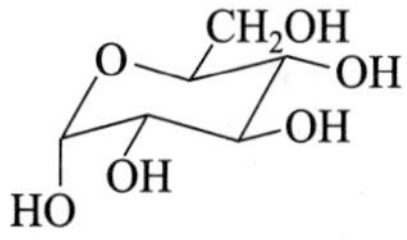

练习 19.4 写出下列单糖用溴水氧化的产物。

(1) D-赤藓糖 (2) D-甘露糖

(3) D-来苏糖 (4) β-D-吡喃木糖

答:(1)、(2)、(3)均为醛糖,用开链式表示时,均为醛基被氧化为羧基。

(1) 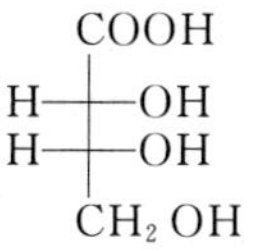 COOH; H—OH; H—OH; CH$_2$OH

(2) COOH; HO—H; HO—H; H—OH; H—OH; CH$_2$OH

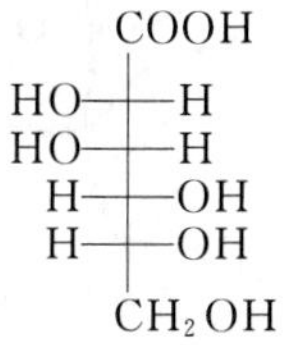

(3) 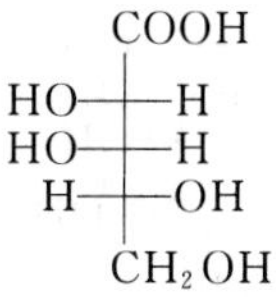 COOH; HO—H; HO—H; H—OH; CH$_2$OH

(4) 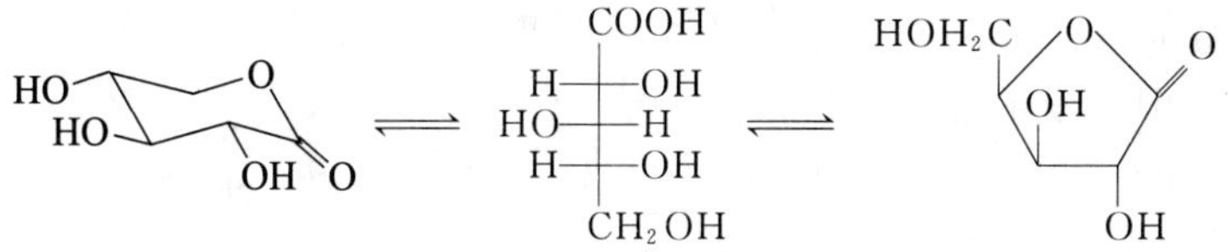 HO HO O OH O ⇌ COOH; H—OH; HO—H; H—OH; CH$_2$OH ⇌ HOH$_2$C O O OH OH

练习 19.5 下列糖类分别用稀硝酸氧化,其产物有无旋光性?

(1) D-赤藓糖 (2) D-葡萄糖 (3) D-半乳糖 (4) D-核糖

提示:氧化产物为相应糖二酸,除(2)的产物有旋光性外,其他均无。

练习 19.6 下列化合物与过量高碘酸反应,将生成什么化合物?写出反应式。

(1) D-核糖 (2) D-半乳糖 (3) $HOCH_2CH(OH)CH(OCH_3)_2$

(4) $CH_3COCH(OH)COCH_3$

提示:(1)和(2)均生成 HCOOH + HCHO,(3)生成 HCHO + $OHCCH(OCH_3)_2$,(4)生成HCOOH + CH_3COOH。反应式略。

练习 19.7 写出 D-果糖和 D-甘露糖分别与硼氢化钠作用的反应式。

提示:D-果糖和 D-甘露糖分子中的羰基均被还原成羟基,反应式略。

练习 19.8 三种单糖和过量苯肼作用生成相同的脎,其中一种单糖的 Fischer 投影式如下所示,写出另外两种异构体的 Fischer 投影式。

CHO; HO—H; H—OH; HO—H; H—OH; CH$_2$OH

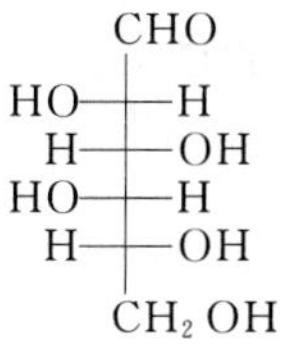

答：其他两种单糖为

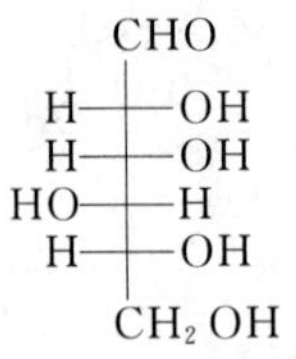

$$\begin{array}{c} CHO \\ H-\!\!\!-\!\!\!+\!\!\!-\!\!\!-OH \\ H-\!\!\!-\!\!\!+\!\!\!-\!\!\!-OH \\ HO-\!\!\!-\!\!\!+\!\!\!-\!\!\!-H \\ H-\!\!\!-\!\!\!+\!\!\!-\!\!\!-OH \\ CH_2OH \end{array} \quad 和 \quad \begin{array}{c} CH_2OH \\ | \\ C=O \\ H-\!\!\!-\!\!\!+\!\!\!-\!\!\!-OH \\ HO-\!\!\!-\!\!\!+\!\!\!-\!\!\!-H \\ H-\!\!\!-\!\!\!+\!\!\!-\!\!\!-OH \\ CH_2OH \end{array}$$

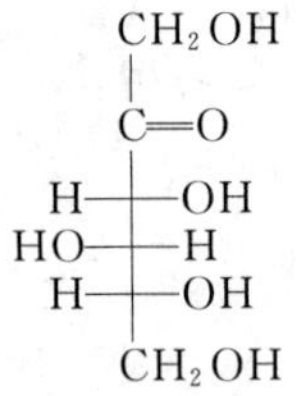

练习 19.9 写出 D－核糖（见主教材图 19－1）与下列试剂作用的反应式和产物的名称：

（1）甲醇（干燥 HCl）　（2）苯肼（过量）　（3）溴水

（4）稀硝酸　（5）苯甲酰氯　（6）HCN，水解

答：（1）

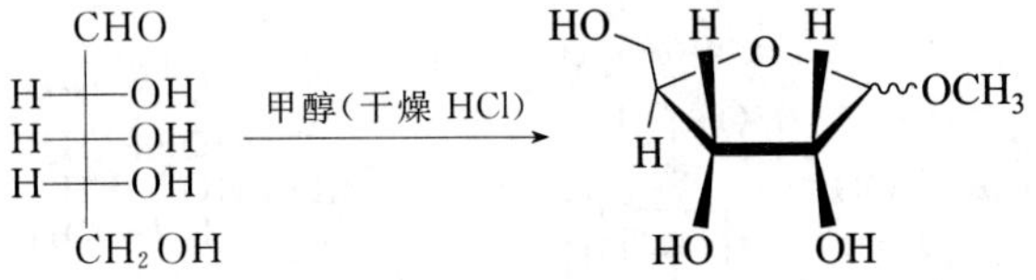

$$\begin{array}{c} CHO \\ H-\!\!\!-\!\!\!+\!\!\!-\!\!\!-OH \\ H-\!\!\!-\!\!\!+\!\!\!-\!\!\!-OH \\ H-\!\!\!-\!\!\!+\!\!\!-\!\!\!-OH \\ CH_2OH \end{array} \xrightarrow{甲醇（干燥\ HCl）}$$ (呋喃环：HO–CH₂, H, O, H, ∿OCH₃; H; HO, OH)

甲基－D－呋喃核糖苷

（2）

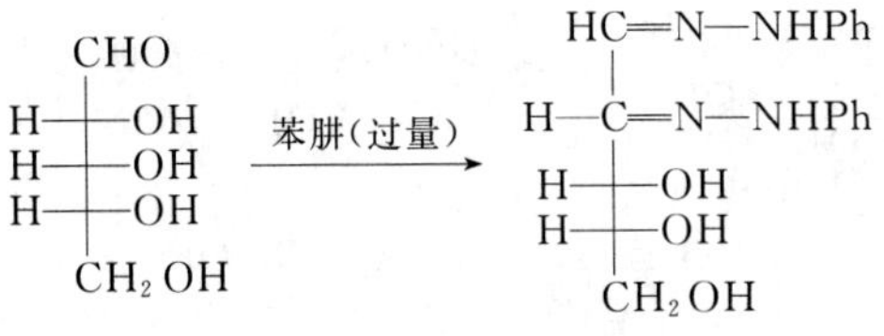

$$\begin{array}{c} CHO \\ H-\!\!\!-\!\!\!+\!\!\!-\!\!\!-OH \\ H-\!\!\!-\!\!\!+\!\!\!-\!\!\!-OH \\ H-\!\!\!-\!\!\!+\!\!\!-\!\!\!-OH \\ CH_2OH \end{array} \xrightarrow{苯肼（过量）} \begin{array}{c} HC=N-NHPh \\ | \\ H-C=N-NHPh \\ H-\!\!\!-\!\!\!+\!\!\!-\!\!\!-OH \\ H-\!\!\!-\!\!\!+\!\!\!-\!\!\!-OH \\ CH_2OH \end{array}$$

D－核糖脎

（3）

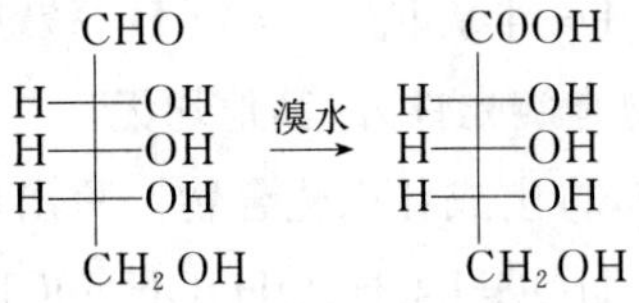

$$\begin{array}{c} CHO \\ H-\!\!\!-\!\!\!+\!\!\!-\!\!\!-OH \\ H-\!\!\!-\!\!\!+\!\!\!-\!\!\!-OH \\ H-\!\!\!-\!\!\!+\!\!\!-\!\!\!-OH \\ CH_2OH \end{array} \xrightarrow{溴水} \begin{array}{c} COOH \\ H-\!\!\!-\!\!\!+\!\!\!-\!\!\!-OH \\ H-\!\!\!-\!\!\!+\!\!\!-\!\!\!-OH \\ H-\!\!\!-\!\!\!+\!\!\!-\!\!\!-OH \\ CH_2OH \end{array}$$

D－核糖酸

（4）

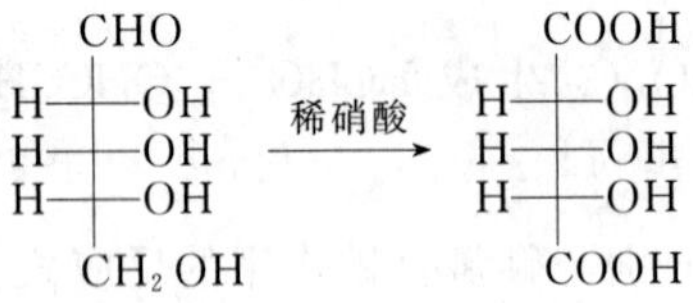

$$\begin{array}{c} CHO \\ H-\!\!\!-\!\!\!+\!\!\!-\!\!\!-OH \\ H-\!\!\!-\!\!\!+\!\!\!-\!\!\!-OH \\ H-\!\!\!-\!\!\!+\!\!\!-\!\!\!-OH \\ CH_2OH \end{array} \xrightarrow{稀硝酸} \begin{array}{c} COOH \\ H-\!\!\!-\!\!\!+\!\!\!-\!\!\!-OH \\ H-\!\!\!-\!\!\!+\!\!\!-\!\!\!-OH \\ H-\!\!\!-\!\!\!+\!\!\!-\!\!\!-OH \\ COOH \end{array}$$

核糖二酸

（5）

$$\begin{array}{c} CHO \\ H-\!\!\!-\!\!\!+\!\!\!-\!\!\!-OH \\ H-\!\!\!-\!\!\!+\!\!\!-\!\!\!-OH \\ H-\!\!\!-\!\!\!+\!\!\!-\!\!\!-OH \\ CH_2OH \end{array} \xrightarrow{PhCOCl}$$ (呋喃环：PhCOO–CH₂, H, O, H, ∿OOCPh; H; PhCOO, OOCPh)

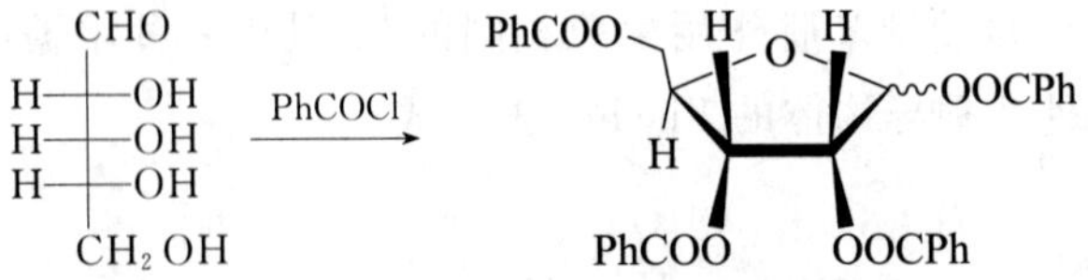

1,2,3,5－四－*O*－苯甲酰基－D－呋喃核糖

(6) D-核糖（CHO；H—OH；H—OH；H—OH；CH_2OH） $\xrightarrow[\text{② } H_3O^+,\triangle]{\text{① HCN}}$ CHO；H—OH；H—OH；H—OH；H—OH；CH_2OH ＋ CHO；HO—H；H—OH；H—OH；H—OH；CH_2OH

D-（＋）-阿洛糖　D-（＋）-阿卓糖

练习 19.10 写出下列反应式中(A)的结构式。

$$\beta\text{-D-葡萄糖} \xrightarrow[\text{NaOH}]{\text{过量}(CH_3O)_2SO_2} (A)$$

答：(A) CH_3O，CH_3O，CH_3O，CH_2OCH_3，OCH_3（β-甲基 2,3,4,6-四-O-甲基-D-吡喃葡萄糖苷结构式）

19.4 习题和参考答案

（一）写出 D-（＋）-葡萄糖的对映体。α-和β-的δ-氧环式 D-（＋）-葡萄糖是否是对映体？为什么？

答：D-（＋）-葡萄糖的对映体为 CHO；HO—H；H—OH；HO—H；HO—H；CH_2OH 。

α-和β-的δ-氧环式 D-（＋）-葡萄糖不是对映体，因为除苷羟基的构型不同外，其他手性碳原子的构型均相同(彼此不是镜像关系)，它们是异头物。

（二）写出下列各化合物立体异构体开链式的 Fischer 投影式：

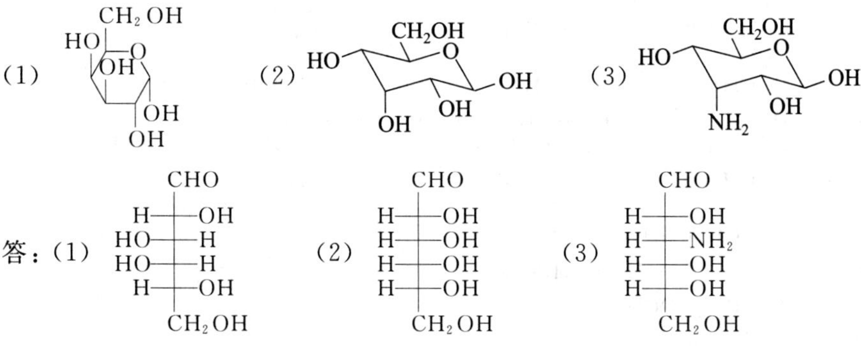

（三）完成下列反应式：

（1）（呋喃糖结构：CH_2OH，O，HO，OH，OH）$\xrightarrow{Ag(NH_3)_2NO_3}$

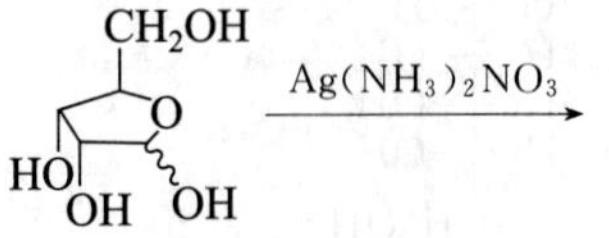

（2）（吡喃糖结构：CH_2OH，O，HO，HO，OH，OH）$\xrightarrow[干\ HCl]{CH_3OH}$

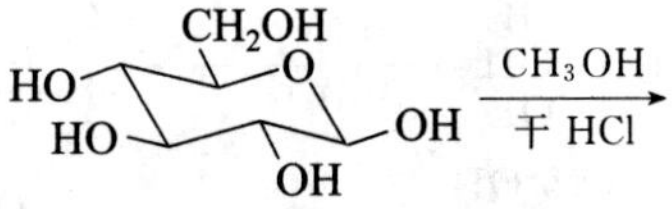

（3）（A）$\xrightarrow{HNO_3}$ 内消旋酒石酸

（4）（B）$\xrightarrow{NaBH_4}$ 旋光性丁四醇

（5）（吡喃糖苷结构：CH_2OH，O，HO，HO，OH，OCH_3）$\xrightarrow{HIO_4}$

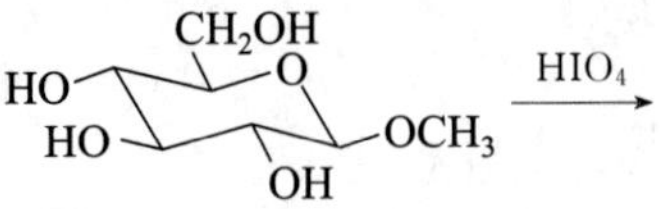

（6）（Ph，O，O，O，HO，HO，OCH_3）$\xrightarrow[KOH]{PhCH_2Cl}$

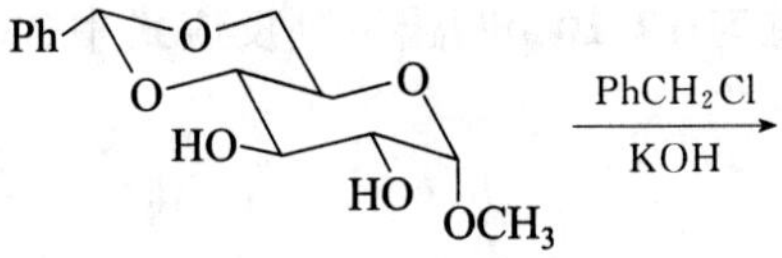

（7） 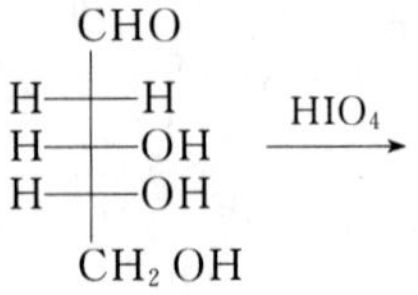
CHO
H—H
H—OH
H—OH
CH_2OH
$\xrightarrow{HIO_4}$

（8）（双糖结构：CH_2OH，O，HO，HO，OH，O，OH，OH，CH_2OH，O，CH_2OH）$\xrightarrow[吡啶]{(CH_3CO)_2O}$

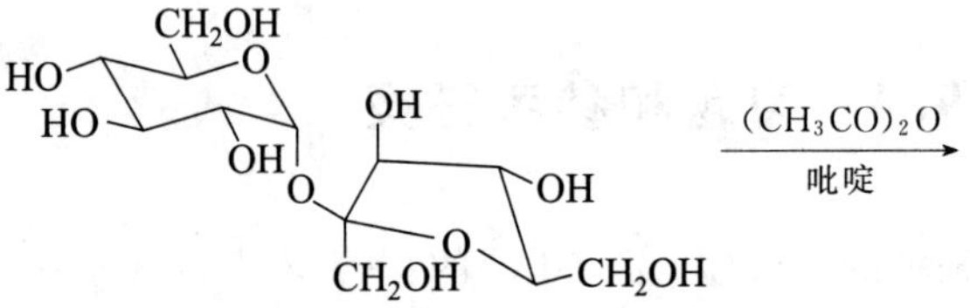

答：（1）
COO^-
H—OH
H—OH
H—OH
CH_2OH

（2）（吡喃糖苷结构：CH_2OH，O，HO，HO，OH，OCH_3）

（3）
CHO
H—OH
H—OH
CH_2OH
或
CHO
HO—H
HO—H
CH_2OH
$\xrightarrow{HNO_3}$
COOH
H—OH
H—OH
COOH

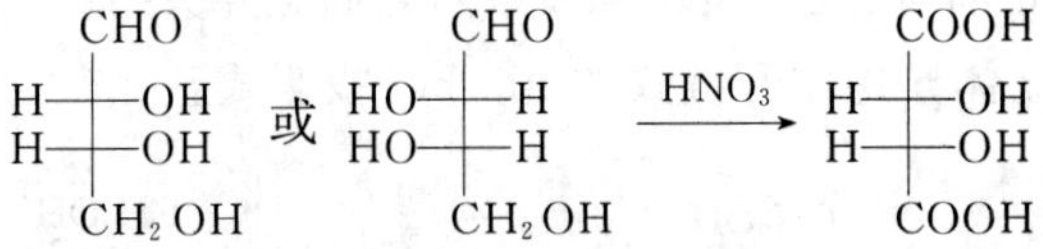

（4） 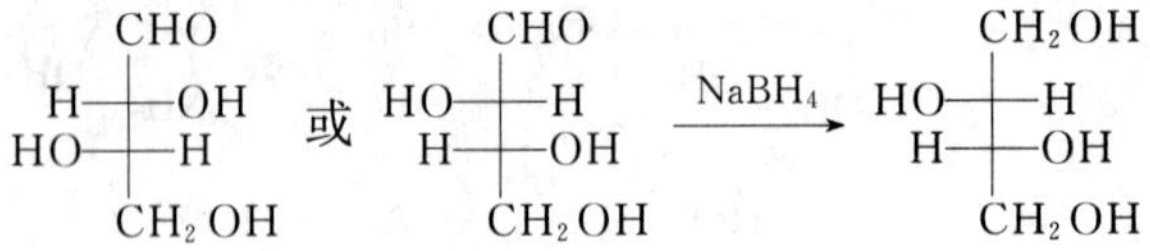
CHO
H—OH
HO—H
CH_2OH
或
CHO
HO—H
H—OH
CH_2OH
$\xrightarrow{NaBH_4}$
CH_2OH
HO—H
H—OH
CH_2OH

（5） 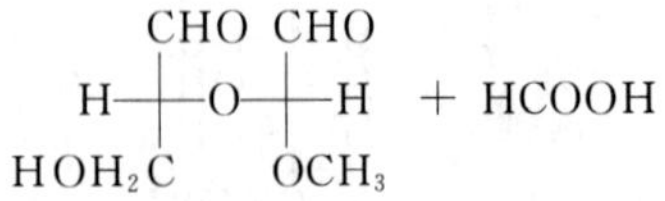
CHO CHO
H—O—H + HCOOH
HOH_2C OCH_3

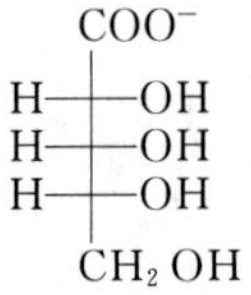

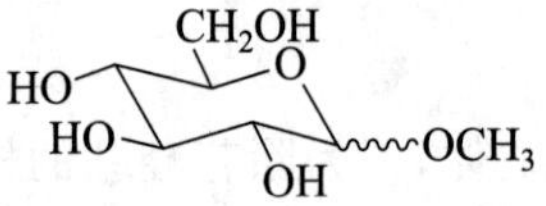

（6）（Ph，O，O，O，$PhCH_2O$，$PhCH_2O$，OCH_3）

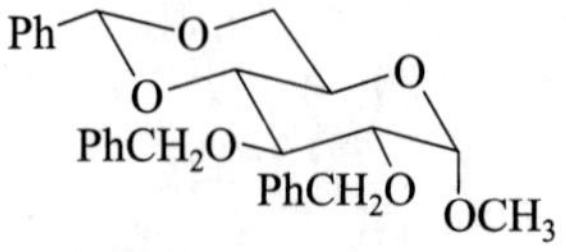

(7) OHC—CH_2—CHO + HCOOH + HCHO

(8) CH_2OAc　AcO　O　AcO　AcO　O　OAc　OAc　O　CH_2OAc　CH_2OAc

(四) 回答下列问题：

(1) 下列两种异构体分别与苯肼作用，产物是否相同？

(A)　OHC—CH_2—CH(OH)—CH(OH)—CH(OH)—CH_2OH

(B)　CH_2(OH)—CH(OH)—CH(OH)—CH_2—CH(OH)—CHO

(2) 糖苷既不与 Fehling 试剂作用，也不与 Tollens 试剂作用，且无变旋光现象，试解释之。

(3) 什么叫差向异构体？它与异头物有无区别？

(4) 酮糖和醛糖一样能与 Tollens 试剂或 Fehling 试剂反应，但酮糖不与溴水反应，为什么？

(5) 写出 D−吡喃甘露糖(A)和 D−吡喃半乳糖(B)最稳定的构象式(α−或β−吡喃糖)。

提示：(1) 产物不同。

(2)和(3)略(见主教材)。

(4) Tollens 试剂和 Fehling 试剂溶液呈碱性，而酮糖在碱性水溶液中可以发生异构化，由酮糖转变为醛糖，故能与这两种试剂反应。但溴水溶液 pH ＝ 5，不发生异构化，故酮糖不与溴水反应。

(5) (A) HOH_2C　OH　O　HO　HO　OH　　(B) HO　CH_2OH　O　OH　HO　HO

(五) 有两种具有旋光性的丁醛糖(A)和(B)，与苯肼作用生成相同的脎。用硝酸氧化(A)和(B)都生成含有四个碳原子的二元酸，但前者有旋光性，后者无旋光性。试推测(A)和(B)的结构。

答：(A)
$$\begin{array}{c} CHO \\ HO-\!\!\!-\!\!\!+\!\!\!-H \\ H-\!\!\!+\!\!\!-OH \\ CH_2OH \end{array}$$
(B)
$$\begin{array}{c} CHO \\ H-\!\!\!+\!\!\!-OH \\ H-\!\!\!+\!\!\!-OH \\ CH_2OH \end{array}$$

(六) 一种核酸用酸或碱水解后，生成 D−戊醛糖(A)、磷酸及若干嘌呤和嘧啶。用硝酸氧化(A)，生成内消旋二元酸(B)。(A)用羟氨处理生成肟(C)，后者用乙酐处理转变成氰醇的乙酸酯(D),(D)用稀硫酸水解给出丁醛糖(E),(E)用硝酸氧化得到内消旋二元酸(F)。写出(A)～(F)的结构式。

提示：$\rangle C=N-OH$（H 连于 C）$\xrightarrow[\text{(用乙酐作脱水剂)}]{H_2O}$ $-C\equiv N$

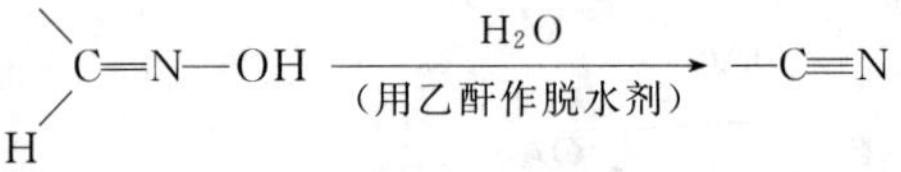

答：(A) CHO / H—C—OH / H—C—OH / H—C—OH / CH_2OH

(B) COOH / H—C—OH / H—C—OH / H—C—OH / COOH

(C) CH=NOH / H—C—OH / H—C—OH / H—C—OH / CH_2OH

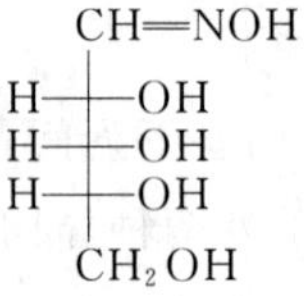

(D) 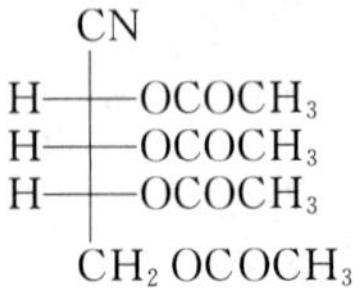 CN / H—C—$OCOCH_3$ / H—C—$OCOCH_3$ / H—C—$OCOCH_3$ / CH_2OCOCH_3

(E) 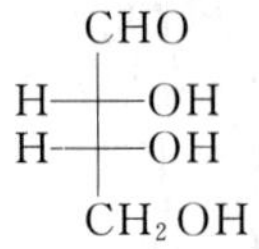 CHO / H—C—OH / H—C—OH / CH_2OH

(F) 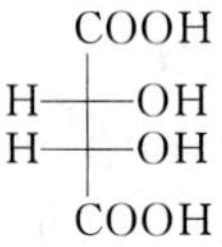 COOH / H—C—OH / H—C—OH / COOH

19.5 小　　结

现以己醛糖为例，将单糖的化学性质用通式表示如下：

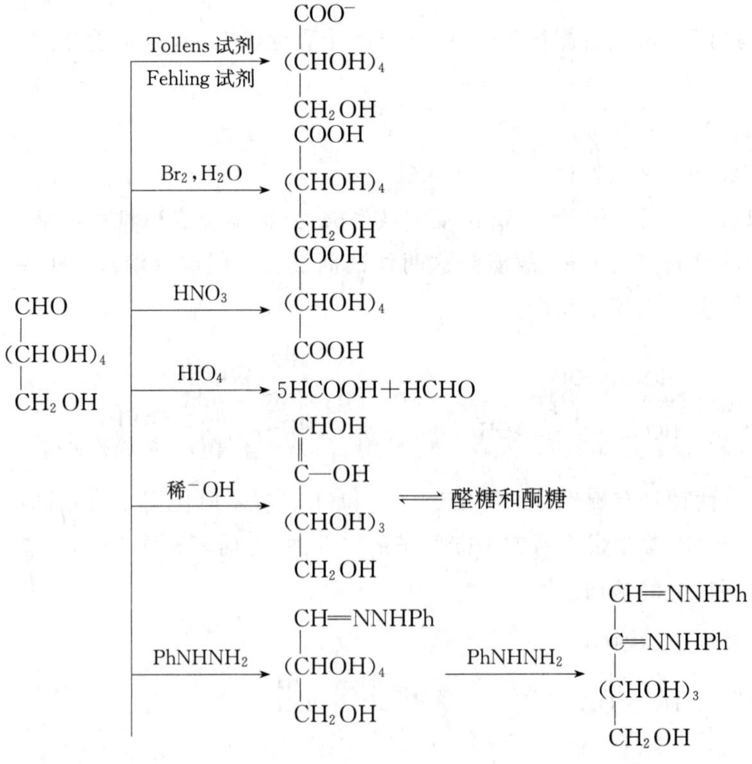

CHO—$(CHOH)_4$—CH_2OH

- $\xrightarrow{\text{Tollens 试剂 / Fehling 试剂}}$ COO^-—$(CHOH)_4$—CH_2OH
- $\xrightarrow{Br_2, H_2O}$ COOH—$(CHOH)_4$—CH_2OH
- $\xrightarrow{HNO_3}$ COOH—$(CHOH)_4$—COOH
- $\xrightarrow{HIO_4}$ 5HCOOH＋HCHO
- $\xrightarrow{\text{稀}^-OH}$ CHOH=C(—OH)—$(CHOH)_3$—CH_2OH ⇌ 醛糖和酮糖
- $\xrightarrow{PhNHNH_2}$ CH=NNHPh—$(CHOH)_4$—CH_2OH $\xrightarrow{PhNHNH_2}$ CH=NNHPh—C=NNHPh—$(CHOH)_3$—CH_2OH

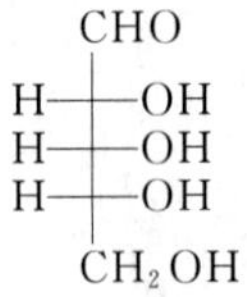

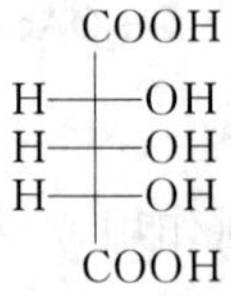

$\xrightarrow[\text{HCl}]{CH_3OH}$ HO, HO, OH, OH, O, OCH_3 $\xrightarrow[\text{NaOH}]{\text{过量}(CH_3O)_2SO_2}$ H_3CO, H_3CO, OCH_3, OCH_3, O, OCH_3

$\xrightarrow[\text{或 } CH_3I, Ag_2O]{(CH_3O)_2SO_2, {}^-OH}$ H_3CO, H_3CO, OCH_3, OCH_3, O, OCH_3

$\xrightarrow[\text{吡啶}]{Ac_2O}$ AcO, AcO, OAc, OAc, O, OAc

第二十章　氨基酸、蛋白质和核酸

20.1　本章重点和难点

20.1.1　重点

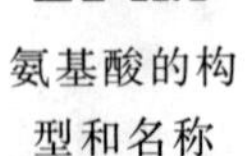

氨基酸的构型和名称

(1) 基本概念　氨基酸、必需氨基酸、等电点、多肽、肽键、蛋白质、酶、核酸、RNA、DNA。

(2) 氨基酸的制法　Gabriel 合成法和 Strecker 合成法。

(3) 氨基酸的化学性质　两性和等电点，α－氨基酸的显色反应。

20.1.2　难点

氨基酸的制法

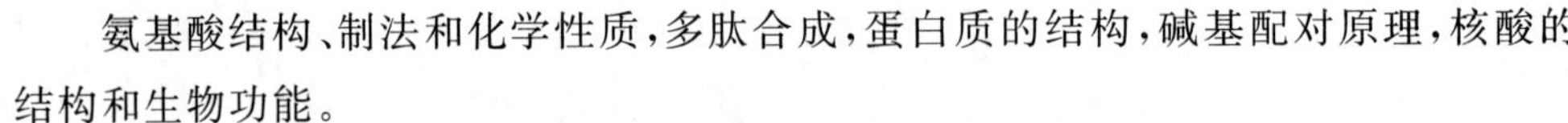

氨基酸结构、制法和化学性质，多肽合成，蛋白质的结构，碱基配对原理，核酸的结构和生物功能。

20.2　例　　题

氨基酸的化学性质

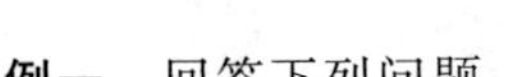

例一　回答下列问题：

(1) 为什么对氨基苯磺酸能以偶极离子形式存在，但又只能溶于碱而不溶于酸？

(2) 为什么苯丙氨酸能以偶极离子形式存在，而对氨基苯甲酸则不能？

多肽合成和固相合成

答：(1) 在对氨基苯磺酸中，氨基与苯环相连，虽然碱性很弱，但—SO_3H 具有酸性，能提供 H^+ 给弱碱性的芳氨基，故能形成溶解度较小的偶极离子($p-\overset{+}{N}H_3C_6H_4SO_3^-$)；此偶极离子遇碱，酸性的—$\overset{+}{N}H_3$ 能将 H^+ 给予碱，形成能溶于水的 $p-NH_2C_6H_4SO_3^-$。由于磺酸是很强的酸，其负离子 $ArSO_3^-$ 是很弱的碱，不能接受酸的 H^+，故在酸中对氨基苯磺酸仍以偶极离子存在，而不能形成 $p-\overset{+}{N}H_3C_6H_4SO_3H$ 溶于酸。

(2) 苯丙氨酸是含有一个氨基和一个羧基的 α－氨基酸，能以偶极离子形式存在；但当氨基和羧基与苯环相连时，—NH_2 的碱性明显减弱，ArCOOH 的酸性不足以转移 H^+ 给 $ArNH_2$，故对氨基苯甲酸不能形成偶极离子。

例二　试由邻苯二甲酰亚胺和丙二酸酯为主要原料合成天冬氨酸。

答: 由天冬氨酸的构造式 $HOOCCH_2 \vdots CH(NH_2)COOH$ 可以看出,它可以利用丙二酸酯合成法和 Gabriel 合成法相结合的方法来合成。

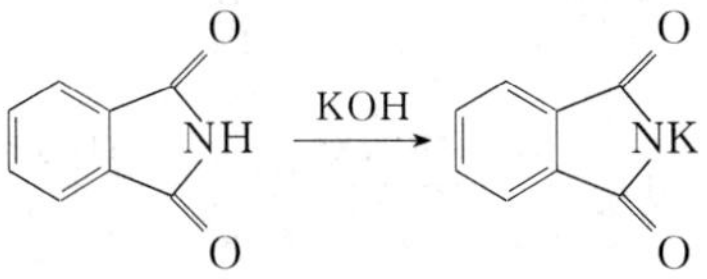

邻苯二甲酰亚胺 $\xrightarrow{KOH}$ 邻苯二甲酰亚胺钾(NK)

(Ⅰ)

$$CH_2(COOC_2H_5)_2 \xrightarrow[CCl_4]{Br_2} BrCH(COOC_2H_5)_2$$

(Ⅱ)

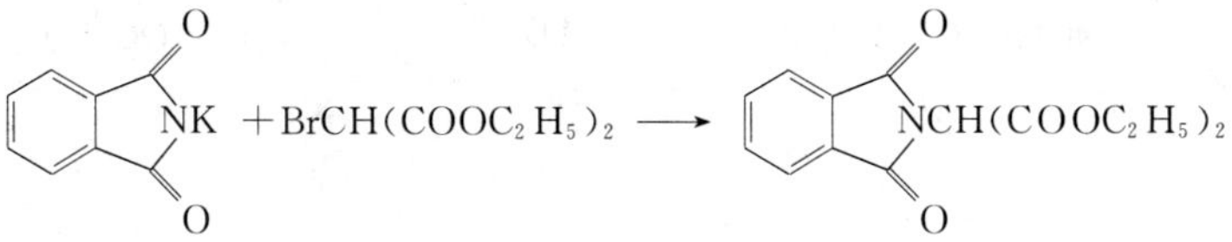

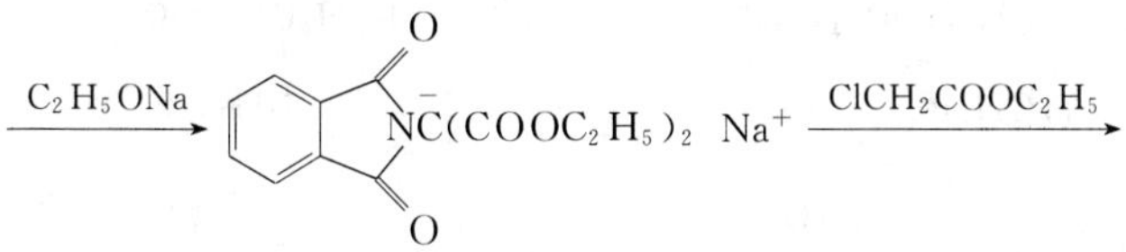

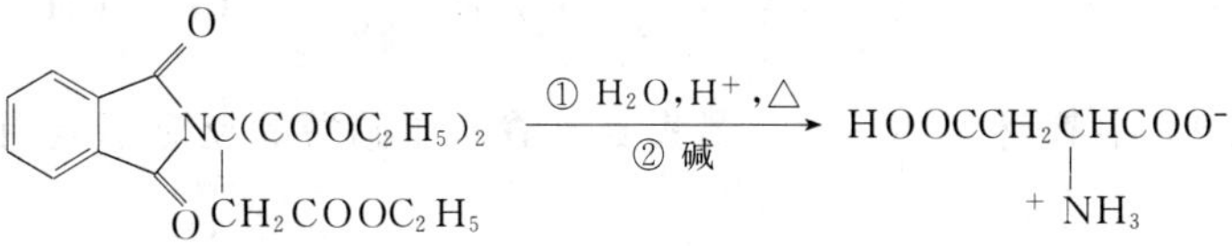

邻苯二甲酰亚胺钾(NK) $+ BrCH(COOC_2H_5)_2 \longrightarrow$ 邻苯二甲酰亚胺基-$NCH(COOC_2H_5)_2$

$\xrightarrow{C_2H_5ONa}$ 邻苯二甲酰亚胺基-$N\bar{C}(COOC_2H_5)_2\ Na^+ \xrightarrow{ClCH_2COOC_2H_5}$

邻苯二甲酰亚胺基-$NC(COOC_2H_5)_2(CH_2COOC_2H_5) \xrightarrow[② 碱]{① H_2O,H^+,\triangle} HOOCCH_2CH(\overset{+}{N}H_3)COO^-$

20.3 练习和参考答案

练习 20.1 用 R,S-标记法标记下列氨基酸手性碳原子的构型。

(1) 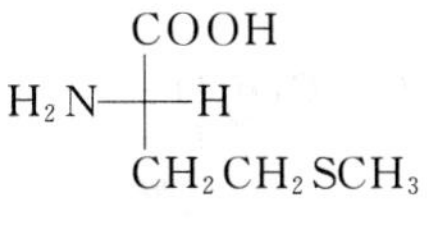 Fischer 投影式:上 COOH,左 H_2N,右 H,下 $CH_2CH_2SCH_3$

L-蛋氨酸

(2) 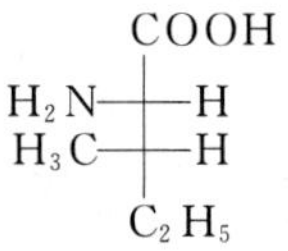 Fischer 投影式:上 COOH;H_2N—C—H;H_3C—C—H;下 C_2H_5

L-异亮氨酸

简答:(1) S　(2) $2S$, $3S$

练习 20.2 写出下列反应式中(A)~(H)的构造式:

(1) $(CH_3)_2CHCH_2COOH \xrightarrow[P]{Br_2} (A) \xrightarrow[过量]{NH_3} (B)$

(2) 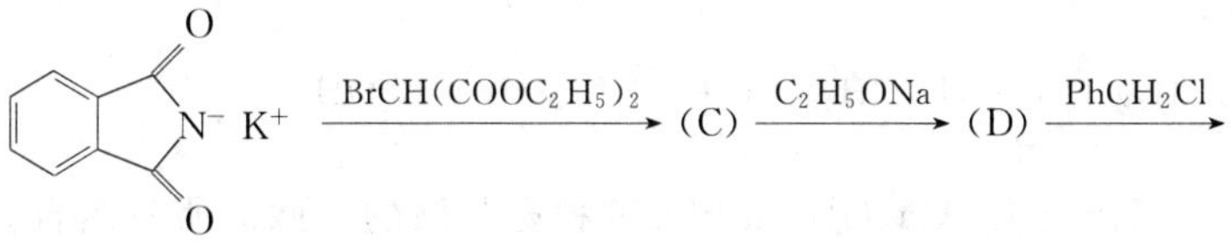 邻苯二甲酰亚胺 $N^-\ K^+ \xrightarrow{BrCH(COOC_2H_5)_2} (C) \xrightarrow{C_2H_5ONa} (D) \xrightarrow{PhCH_2Cl}$

(E) $\xrightarrow[\text{② } H^+]{\text{① } ^-OH, H_2O}$ (F) + 邻苯二甲酸（$C_6H_4(COOH)_2$）

(3) HO—C_6H_4—CH_2CHO $\xrightarrow{NH_3, HCN}$ (G) $\xrightarrow[\triangle]{H^+, H_2O}$ (H)

答：(A) $(CH_3)_2CH—CH(Br)COOH$　　(B) $(CH_3)_2CH—CH(\overset{+}{N}H_3)COO^-$

(C) 邻苯二甲酰亚胺基—$NCH(COOC_2H_5)_2$　　(D) 邻苯二甲酰亚胺基—$N\overset{-}{C}(COOC_2H_5)_2\ Na^+$

(E) 邻苯二甲酰亚胺基—$NC(COOC_2H_5)_2$（C 上连 CH_2Ph）　　(F) $PhCH_2CH(\overset{+}{N}H_3)COO^-$

(G) HO—C_6H_4—CH_2—$CH(NH_2)$—CN　　(H) HO—C_6H_4—CH_2—$CH(\overset{+}{N}H_3)$—COO^-

主教材
表 20-1

练习 20.3 主教材表 20-1 中哪些氨基酸与亚硝酸的反应不能用来进行定量测定？

答：脯氨酸（因不能使之重氮化然后放出 N_2）。

练习 20.4 下列氨基酸溶在水中时，溶液呈酸性、碱性还是中性？

(1) Glu (2) Gln (3) Leu (4) Lys (5) Ser

简答：(1) 酸性，(2)、(3)和(5)接近中性，(4)碱性。

练习 20.5 完成下列反应式：

(1) $RCH(NH_2)CH_2COOH \xrightarrow{\triangle}$　　(2) $RCH(NH_2)CH_2CH_2COOH \xrightarrow{\triangle}$

(3) $RCH(NH_2)CH_2CH_2CH_2COOH \xrightarrow{\triangle}$　　(4) $m\ CH_2(NH_2)(CH_2)_nCOOH \xrightarrow{\triangle}$　$n>4$

答：(1) RCH═CHCOOH　　(2) 5-R-2-吡咯烷酮（五元环内酰胺，R 连在 N 邻位碳上）　　(3) 6-R-2-哌啶酮（六元环内酰胺，R 连在 N 邻位碳上）

(4) $H_2N(CH_2)_nCO\left[NH(CH_2)_nCO\right]_{m-2}NH(CH_2)_nCOOH$

练习 20.6 写出含有 Ala、Gly 和 Phe 三种氨基酸的三肽的所有组合。

简答： Ala－Gly－Phe，Gly－Phe－Ala，Phe－Ala－Gly，Ala－Phe－Gly，Gly－Ala－Phe，Phe－Gly－Ala。

练习 20.7 写出 Pro－Leu－Ala 和 Leu－Lys－Met 的结构式。

答：

$$\text{(吡咯烷-2-基)}-\overset{O}{\overset{\|}{C}}-NH\underset{CH_2CH(CH_3)_2}{\underset{|}{CH}}\overset{O}{\overset{\|}{C}}-NH\overset{CH_3}{\overset{|}{CH}}-\overset{O}{\overset{\|}{C}}OH \text{ 和 } H_2N-\underset{CH_2CH(CH_3)_2}{\underset{|}{CH}}\overset{O}{\overset{\|}{C}}-NH\overset{(CH_2)_4NH_2}{\overset{|}{CH}}CONH\underset{(CH_2)_2SCH_3}{\underset{|}{CH}}-\overset{O}{\overset{\|}{C}}OH$$

练习 20.8 某五肽经部分水解生成三种三肽，试推测该五肽的结构。

Gly－Glu－Arg　Glu－Arg－Gly　Arg－Gly－Phe

简答： Gly－Glu－Arg－Gly－Phe

20.4 习题和参考答案

（一）命名下列化合物：

（1）$H_2NCH_2COONH_4$

（2）$CH_3\underset{NH_2}{\underset{|}{CH}}COOH$

（3）$HOCH_2\underset{NH_2}{\underset{|}{CH}}COOH$

（4）$CH_3\underset{NHCOCH_3}{\underset{|}{CH}}COOH$

（5）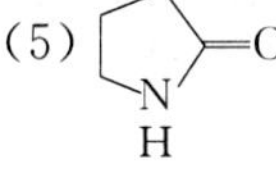

（6）$HSCH_2\underset{NH_2}{\underset{|}{CH}}COOH$

答：（1）甘氨酸铵（2－氨基乙酸铵）

（2）丙氨酸（2－氨基丙酸）

（3）丝氨酸（2－氨基－3－羟基丙酸）

（4）*N*－乙酰基丙氨酸（2－乙酰氨基丙酸）

（5）γ－丁内酰胺

（6）半胱氨酸（2－氨基－3－巯基丙酸）

（二）写出下列氨基酸的 Fischer 投影式，并用 *R*，*S*－标记法表示它们的构型。

（1）L－天冬氨酸　（2）L－半胱氨酸　（3）L－异亮氨酸

答：（1）
$$\begin{array}{c} COOH \\ H_2N-\overset{S}{+}-H \\ CH_2COOH \end{array}$$

（2）
$$\begin{array}{c} COOH \\ H_2N-\overset{R}{+}-H \\ CH_2SH \end{array}$$

（3）
$$\begin{array}{c} COOH \\ H_2N-\overset{S}{+}-H \\ H_3C-\overset{S}{+}-H \\ C_2H_5 \end{array}$$

（三）用化学方法区别 $CH_3\underset{NH_2}{\underset{|}{CH}}COO^-$ 和 $CH_3\underset{NHCOCH_3}{\underset{|}{CH}}COO^-$ 。

提示：前者与 $NaNO_2$/HCl 反应放出 N_2。

（四）指出下列氨基酸与过量 HCl 或 NaOH 溶液反应的产物。

（1）Pro　（2）Tyr　（3）Ser　（4）Asp

答：(1) 哌啶-2-甲酸盐酸盐（环上 $\overset{+}{N}H_2$ Cl^-），$-C(=O)-OH$ ，哌啶-2-甲酸钠（环上 NH），$-C(=O)-O^-\ Na^+$

(2) $HO-C_6H_4-CH_2CH(\overset{+}{N}H_3\ Cl^-)COOH$ ，$NaO-C_6H_4-CH_2CH(NH_2)COONa$

(3) $HO-CH_2CH(\overset{+}{N}H_3Cl^-)COOH$ ，$HO-CH_2CH(NH_2)COO^-\ Na^+$

(4) $HOOCCH_2CH(\overset{+}{N}H_3\ Cl^-)COOH$ ，$NaOOCCH_2CH(NH_2)COONa$

(五) 说明为什么 Lys 的等电点为 9.74 ，而 Trp 的是 5.88 。(提示：考虑为什么杂环 N 在 Trp 中不是碱性的。)

答：Lys 含有两个氨基和一个羧基，是碱性氨基酸，故等电点较大；而在 Trp 中，因为吲哚环中氮原子上未共用电子对的离域，N 不显碱性，即 Trp 可看成含一个氨基和一个羧基的中性氨基酸，故等电点较小。

(六) 按要求分别合成下列化合物(原料自选)：

(1) 应用丙二酸酯法合成苯丙氨酸[$PhCH_2CH(NH_2)COOH$]。

(2) 应用 Gabriel 合成法和丙二酸酯合成法相结合的方法合成蛋氨酸[$CH_3SCH_2CH_2CH(NH_2)COOH$]。

(3) 应用 Strecker 合成法合成蛋氨酸。

答：(1) $H-CH(COOC_2H_5)_2 \xrightarrow[\text{② } ClCH_2Ph]{\text{① } C_2H_5ONa} PhCH_2-CH(COOC_2H_5)_2 \xrightarrow[\text{② } H^+]{\text{① } ^-OH,\triangle}$

$PhCH_2-CH(COOH)_2 \xrightarrow[\text{回流}]{Br_2,\text{乙醚}} PhCH_2-CBr(COOH)_2 \xrightarrow{\triangle} \xrightarrow{NH_3}$

$PhCH_2CH(NH_2)COOH$

(2) 邻苯二甲酰亚胺钾（NK）$\xrightarrow{BrCH(COOC_2H_5)_2}$ 邻苯二甲酰亚胺基-$NCH(COOC_2H_5)_2$

$\xrightarrow[\text{② } ClCH_2CH_2SCH_3]{\text{① } C_2H_5ONa}$ 邻苯二甲酰亚胺基-$N-C(COOC_2H_5)_2$（$CH_2CH_2SCH_3$）

$\xrightarrow[\text{② } HCl,H_2O,\triangle]{\text{① } NaOH} CH_3SCH_2CH_2CH(\overset{+}{N}H_3)COO^- + CO_2 +$ 邻苯二甲酸（$C_6H_4(COOH)_2$）

(3) $H_2C{=}CHCHO + CH_3SH \longrightarrow CH_3SCH_2CH_2CHO \xrightarrow[HCN]{NH_3} CH_3SCH_2CH_2\underset{}{CH}(NH_2)CN$

$\xrightarrow[\text{② } H^+]{\text{① NaOH, } H_2O} CH_3SCH_2CH_2CH(\overset{+}{N}H_3)COOH$

（七）写出下列反应式中(A)～(I)的构造式。

(1) $HOOC(CH_2)_3CH_2COOH \xrightarrow[\text{② } NH_3]{\text{① } SOCl_2} (A) \xrightarrow[KOH]{Br_2} (B) \xrightarrow[P]{Br_2} (C)$

$\xrightarrow{\text{分子内亲核取代反应}}$ (吡咯烷环，N-H，2位) COOH(脯氨酸)

习题(七)(1)

(2) $PhCH_2CH(NH_2)COOH \xrightarrow[H_2SO_4]{C_2H_5OH} (D) \xrightarrow[\text{吡啶}]{\text{乙酐}} (E)$

(3) $\boxed{R}-CH_2Cl$(树脂) $\xrightarrow{(CH_3)_3COC(=O)NHCH(R)COO^-} (F) \xrightarrow[CH_2Cl_2]{F_3CCOOH} (G)$

$\xrightarrow[DCC]{(CH_3)_3COC(=O)NHCH(R')COOH} (H) \xrightarrow[CH_2Cl_2]{F_3CCOOH} (I) \xrightarrow{HF} \boxed{R}-CH_2F +$

$NH_2CH(R')C(=O)NHCH(R)C(=O)OH$

答：(1) (A) $H_2NCO(CH_2)_3CH_2COOH$　　(B) $H_2N(CH_2)_3CH_2COOH$

(C) $H_2N(CH_2)_3CHBrCOOH$

(2) (D) $PhCH_2CH(NH_2)COOC_2H_5$　　(E) $PhCH_2CH(NHCOCH_3)COOC_2H_5$

(3) (F) $\boxed{R}-CH_2OOCCH(R)NHCOOC(CH_3)_3$　　(G) $\boxed{R}-CH_2OOCCH(R)NH_2$

(H) $\boxed{R}-CH_2OOCCH(R)NHC(=O)CH(R')NHCOOC(CH_3)_3$　　(I) $\boxed{R}-CH_2OOCCH(R)NHC(=O)CH(R')NH_2$

（八）一种氨基酸的衍生物 $C_5H_{10}N_2O_3$（A）与 NaOH 溶液共热放出氨，并生成 $C_3H_5(NH_2)(COOH)_2$ 的钠盐，若把（A）进行 Hofmann 降解反应，则生成 2,4－二氨基丁酸，推测（A）的构造式，并写出反应式。

简答：(A)为 $\underset{\displaystyle NH_2}{HOOC\overset{}{C}H}(CH_2)_2CONH_2$ 或 $H_2NCH_2CH_2\underset{\displaystyle CONH_2}{CH}COOH$，反应式略。

（九）DNA 和 RNA 在结构上有什么主要差别？

简答：前者含有 2－脱氧核糖结构单元，后者含有核糖结构单元。

20.5 小　　结

20.5.1 α－氨基酸的制法

(1) α－卤代酸的氨解

$$RCH_2COOH \xrightarrow[\text{② } H_2O]{\text{① } X_2,P} \underset{\displaystyle X}{RCH}COOH \xrightarrow[\triangle]{NH_3} \underset{\displaystyle NH_2}{RCH}COOH$$

(2) Gabriel 合成法

$$\text{邻苯二甲酰亚胺钾(C}_6\text{H}_4\text{(CO)}_2\text{NK)} + \underset{\displaystyle R}{XCH}COOC_2H_5 \xrightarrow{\triangle} C_6H_4(CO)_2N\text{—}\underset{\displaystyle R}{CH}COOC_2H_5 \xrightarrow[\triangle]{H_2O,H^+}$$

$$C_6H_4(COOH)_2 + R\text{—}\underset{\displaystyle NH_2}{CH}COOH + C_2H_5OH$$

(3) Strecker 合成法

$$R\text{—}\underset{\displaystyle O}{\overset{}{\underset{\|}{C}}}\text{—}H \xrightarrow{NH_3,HCN} R\text{—}\underset{\displaystyle NH_2}{CH}CN \xrightarrow[\triangle]{H_2O,H^+} R\text{—}\underset{\displaystyle NH_2}{CH}COOH$$

(4) 蛋白质水解　在酸或碱的作用下，蛋白质水解生成多种氨基酸的混合物，经分离可得到纯的 α－氨基酸。

在酶的催化作用下，蛋白质水解可得到氨基酸，但必须采用一系列蛋白酶才能使一种蛋白质完全水解为氨基酸。

另外，还可利用微生物发酵法生成氨基酸，如工业上已利用这种方法生产谷氨酸、赖氨酸等多种氨基酸。

20.5.2 α－氨基酸的性质

α－氨基酸具有$—NH_2$和—COOH的典型性质，以及两者相互影响的一些特殊性质。

（1）氨基的反应

$$R—\underset{NH_2}{\underset{|}{C}}HCOOH \xrightarrow{H^+} R—\underset{\overset{+}{N}H_3}{\underset{|}{C}}HCOOH$$

$$R—\underset{NH_2}{\underset{|}{C}}HCOOH \xrightarrow[-N_2,\ -H_2O]{HNO_2} R—\underset{OH}{\underset{|}{C}}HCOOH$$

$$R—\underset{NH_2}{\underset{|}{C}}HCOOH \xrightarrow{\text{2,4-}(O_2N)_2C_6H_3F} R—\underset{HN—C_6H_3(NO_2)_2\text{-2,4}}{\underset{|}{C}}HCOOH$$

$$R—\underset{NH_2}{\underset{|}{C}}HCOOH \xrightarrow{(CH_3CO)_2O} R—\underset{NHCOCH_3}{\underset{|}{C}}HCOOH$$

$$R—\underset{NH_2}{\underset{|}{C}}HCOOH \xrightarrow{HCHO} R—\underset{N=CH_2}{\underset{|}{C}}HCOOH$$

$$R—\underset{NH_2}{\underset{|}{C}}HCOOH \xrightarrow[\text{或 } KMnO_4]{H_2O_2} R—\underset{NH}{\underset{\|}{C}}—COOH \xrightarrow[-NH_3]{H_2O} R—\underset{O}{\underset{\|}{C}}—COOH$$

（2）羧基的反应

$$R—\underset{NH_2}{\underset{|}{C}}HCOOH \xrightarrow{^-OH} R—\underset{NH_2}{\underset{|}{C}}HCOO^-$$

$$R—\underset{NH_2}{\underset{|}{C}}HCOOH \xrightarrow[HCl]{CH_3OH} R—\underset{\overset{+}{N}H_3}{\underset{|}{C}}HCOOCH_3$$

$$R—\underset{NH_2}{\underset{|}{C}}HCOOH \xrightarrow[\triangle]{R'NH_2} R—\underset{\overset{+}{N}H_3}{\underset{|}{C}}HCONHR'$$

$$R—\underset{NH_2}{\underset{|}{C}}HCOOH \xrightarrow{LiAlH_4} RCH(NH_2)CH_2OH$$

$$R—\underset{NH_2}{\underset{|}{C}}HCOOH \xrightarrow[\text{或小心加热或与 NaOH/CaO 共热}]{\text{在高沸点溶剂中回流}} RCH_2NH_2$$

（3）分子内原子间（主要是$—NH_2$和—COOH）相互影响的反应

$R-CH(NH_2)COOH$

$\xrightarrow[\text{[注]}]{\text{两性}}$ $R-CH(\overset{+}{N}H_3)COO^-$ $\xrightarrow{H^+}$ $R-CH(\overset{+}{N}H_3)COOH$；$\xrightarrow{^-OH}$ $R-CH(NH_2)COO^-$

$\xrightarrow[-RCHO,\ -CO_2,\ -H_2O]{\text{水合茚三酮}}$ （蓝紫色）

$\xrightarrow[\triangle]{RCH(NH_2)COOH}$ （交酰胺）

$\xrightarrow{Cu^{2+}(Fe^{3+},Co^{2+},Ni^{2+}\text{等金属离子})}$ Cu^{2+} 螯合物

$\xrightarrow[-CO_2,\ -NH_3]{H_2O,\text{酶}}$ RCH_2OH

［注］① α-氨基酸具有较高的熔点，熔融时常分解；② 一般溶于水而不溶于非极性有机溶剂；③ α-氨基酸的酸、碱解离常数比羧酸中的—COOH 和脂肪胺中的—NH_2 小很多；④ α-氨基酸在固态时或溶液中，经红外光谱检测，无—COOH特征吸收峰，而有—COO^- 吸收峰。以上事实说明，α-氨基酸一般以偶极离子形式存在。